界面活性剤と両親媒性高分子の機能と応用

Function and Application of Surfactant & Amphiphilic Polymers

監修：國枝博信
　　　坂本一民

シーエムシー出版

はじめに

　界面活性剤，両親媒性高分子は化粧品，香粧品，トイレタリー，医薬，農薬の基剤として用いられているのを始めとして，洗浄，食品，塗料，切削油，潤滑剤，接着剤，帯電防止剤など，極めて広範囲に利用されている。特に，近年，環境問題の高まりから，有機溶剤ベースの製品，生産工程を水ベース化する必要性が高まっているが，この問題を解決するにも界面活性剤，両親媒性高分子の機能を上手に用いる必要がある。

　本書においては，第1章において，界面活性剤，両親媒性高分子の溶液中，あるいは単独系における自己組織化に関して述べた。界面活性剤溶液，高分子溶液は構造を持った溶液である場合が多い。その物性を測定する手段は多種多様あるが，特に先進的な研究手法は産業において界面活性剤を扱う研究者，技術者にとって，難解になりつつある。すなわち，それぞれの測定法の専門家は当該測定法の理論の精緻化，精密測定に力を入れており，産業界の研究者にとって，実用系でどのように役に立つのか理解することが難しくなっている。そこで，界面活性剤，両親媒性高分子溶液の自己組織現象，ミセル・液晶・マイクロエマルション構造などを解明するために有力な手段である小角X線散乱法，パルス磁場勾配スピンエコーNMR法をなるべく平易に実例を示して述べた。

　第2，3章では，環境適合性界面活性剤や新規の界面活性物質の最近の研究について，各専門家にまとめて頂いた。第4章においては，界面活性剤と同様に応用によく用いられる両親媒性高分子を中心にその機能設計と応用に関して，各専門家に最新の話題を書いて頂いた。第5章では，界面活性剤，両親媒性高分子関連で，未来を開拓し，従来の方法，用途を超えた新しい素材の研究最前線について，各専門家に述べていただいた。

　これらの内容が，教科書的にならず，新しいシーズ，ニーズを探している第一線の技術者，研究者にとって，役に立つようにまとめた。したがって，従来の教科書，専門書に書かれている内容との重複はできるだけ避けるように心がけたつもりである。

　最後に多忙の中，優れた原稿を書かれた執筆者に厚く感謝を述べて，謝辞にかえたいと思う。

2005年6月

　　　　　　　　　　　　　　　　　　　　　　　　　　　　　　　　　　　國枝博信

普及版の刊行にあたって

本書は2005年に『界面活性剤・両親媒性高分子の最新機能』として刊行されました。普及版の刊行にあたり，内容は当時のままであり加筆・訂正などの手は加えておりませんので，ご了承ください。

2010年7月

シーエムシー出版　編集部

執筆者一覧（執筆順）

國枝 博信	横浜国立大学　大学院環境情報研究院　人工環境と情報部門　教授	
荒牧 賢治	（現）横浜国立大学　大学院環境情報研究院　人工環境と情報部門　准教授	
佐藤 高彰	（現）信州大学　ファイバーナノテク国際若手研究者育成拠点　助教	
北本　大	㈱産業技術総合研究所　環境化学技術研究部門　バイオ・ケミカル材料グループ　グループ長	
	（現）㈱産業技術総合研究所　イノベーション推進室　総括企画主幹	
南川 博之	（現）㈱産業技術総合研究所　ナノチューブ応用研究センター　主任研究員	
河合　滋	花王㈱　ヘルスケア第1研究所　主任研究員	
舛井 賢治	花王㈱　ヘルスケア第1研究所　主任研究員	
中島 義信	花王㈱　ヘルスケア第1研究所　室長	
岩永 哲朗	太陽化学㈱　インターフェイスソリューション事業部　研究開発グループ　主任研究員	
押村 英子	味の素㈱　アミノサイエンス研究所　機能製品研究部　香粧品研究室	
益山 新樹	（現）大阪工業大学　工学部　応用化学科　教授	
酒井 秀樹	（現）東京理科大学　理工学部　工業化学科　准教授	
阿部 正彦	東京理科大学　大学院理工学研究科　教授	
中間 康成	㈱資生堂　製品開発センター　新価値創出プロジェクト室　室長	
	（現）㈱資生堂　化粧品素材研究開発センター　センター長	
香春 武史	（現）花王㈱　ケアビューティ研究所　主任研究員	
堀内 照夫	神奈川大学　工学部　化学教室	
	（現）明星大学　理工学部　化学科　非常勤講師	

（つづく）

藤堂　浩明	（現）城西大学　薬学部　薬粧品動態制御学講座　助教
杉林　堅次	（現）城西大学　薬学部長；教授（薬粧品動態製制御学講座）
井村　知弘	（現）㈱産業技術総合研究所　環境化学技術研究部門　研究員
大竹　勝人	㈱産業技術総合研究所　ナノテクノロジー研究部門　グループ長 （現）東京理科大学　工学部　工業化学科　教授
早川　晃鏡	（現）東京工業大学　大学院理工学研究科　有機・高分子物質専攻　准教授
吉田　克典	㈱資生堂　R&D企画部
菖蒲　弘人	東京医科歯科大学　生体材料工学研究所　大学院生
秋吉　一成	東京医科歯科大学　生体材料工学研究所　教授
石原　一彦	（現）東京大学　大学院工学系研究科　マテリアル工学専攻　教授
渡邉　順司	東京大学　大学院工学系研究科　マテリアル工学専攻　助手 （現）甲南大学　理工学部　機能分子化学科　准教授
高井　まどか	（現）東京大学　大学院工学系研究科　マテリアル工学専攻　准教授
鈴木　淳史	（現）横浜国立大学　大学院環境情報研究院　教授
武政　　誠	日本学術振興会　特別研究員　PD （現）㈱理化学研究所　前田バイオ工学研究室　基礎科学特別研究員
西成　勝好	（現）大阪市立大学　大学院生活科学研究科　特任教授
坂本　一民	（現）東京理科大学　理工学部　工業化学科　客員教授
有賀　克彦	（現）㈱物質・材料研究機構　世界トップレベル研究拠点プログラム・国際ナノアーキテクトニクス研究拠点　主任研究者
福井　　寛	（現）福井技術士事務所　所長
南部　宏暢	（現）太陽化学㈱　執行役員　インターフェイスソリューション事業部　研究開発担当

執筆者の所属表記は，注記以外は2005年当時のものを使用しております．

目　　次

第1章　序論―界面活性剤，両親媒性高分子の自己組織化及び最新の構造測定法
國枝博信，荒牧賢治，佐藤高彰

1　はじめに ……………………………… 1
2　水―界面活性剤系 …………………… 1
3　小角X線散乱法による自己組織体構造の解明 …………………………………… 4
　3.1　はじめに ………………………… 4
　3.2　散乱の基本原理と散乱ベクトル …… 4
　3.3　ナノ粒子の構造決定 ……………… 6
　　3.3.1　ナノ粒子の形状因子と二体間距離分布関数 …………………… 6
　　3.3.2　ナノ粒子の構造因子 ………… 7
　3.4　両親媒性高分子が形成する液晶の構造決定 ……………………………… 10
　3.5　絶対強度測定（試料の単位体積あたりの散乱断面積を求める）―補足として ……………………………… 13
4　パルス磁場勾配スピンエコーNMR（PGSE-NMR） ………………………… 14
　4.1　はじめに ………………………… 14
　4.2　界面活性剤分子の拡散係数とミセルの拡散係数 ……………………… 14
　4.3　水溶性アルコール水溶液中のミセル構造 ………………………………… 15
　　4.3.1　水/グリセロール/$C_{12}EO_8$系 … 15
　　4.3.2　水/プロピレングリコール/$C_{12}EO_8$系 ……………………… 17
　4.4　マイクロエマルションの構造 …… 17
5　おわりに ……………………………… 18

第2章　機能性界面活性剤の開発と応用に関する新たな動き

1　バイオサーファクタントの特性と機能利用 ……………………………… 北本　大 … 21
　1.1　はじめに ………………………… 21
　1.2　種類と特徴 ……………………… 22
　1.3　バイオサーファクタントを生産する微生物の探索 ………………… 23
　1.4　微生物によるバイオサーファクタントの量産 ……………………… 24
　　1.4.1　マンノシルエリスリトールリピッド ………………………… 24
　　1.4.2　ソホロリピッド ……………… 25
　　1.4.3　ラムノリピッド ……………… 27
　　1.4.4　スピクルスポール酸 ………… 27
　　1.4.5　サーファクチン ……………… 27
　　1.4.6　エマルザン …………………… 28
　1.5　界面活性と自己集合特性 ……… 28
　1.6　生理活性 ………………………… 31
　1.7　石油技術への利用 ……………… 32

I

1.8	環境浄化技術への利用	32
1.9	省エネルギー技術への利用	33
1.10	タンパク質分離技術への利用	34
1.11	先端医療技術への利用	35
1.12	バイオサーファクタントの展望	35

2 合成糖脂質の構造と物性 …………… 南川博之 … 39

2.1	はじめに	39
2.2	合成糖脂質の分子構造と会合構造：分子設計のポイント	40
2.2.1	合成糖脂質の糖親水部	40
2.2.2	合成糖脂質の疎水部	41
2.2.3	親水基・疎水基の選択と糖脂質の作る液晶構造	43
2.3	合成糖脂質の応用展開	45
2.3.1	バイオテクノロジーへの展開	45
2.3.2	ナノテクノロジーでの事例：糖脂質ナノチューブ	47
2.4	まとめ	48

3 ジアシルグリセロールの乳化特性 …… 河合 滋, 舛井賢治, 中島義信 … 51

3.1	はじめに	51
3.2	DAG および DAG oil の基本的な特性	52
3.2.1	構造	52
3.2.2	基本的な物理化学的特性	52
3.2.3	溶媒としての DAG oil の特性	53
3.2.4	界面特性	53
3.3	乳化特性	53
3.3.1	W/O 乳化食品	54
3.3.2	O/W 乳化食品	57

4 ポリグリセリン脂肪酸エステルの特性とその応用 …… 岩永哲朗 … 62

4.1	はじめに	62
4.2	ポリグリセリンの構造	62
4.3	ポリグリセリン脂肪酸エステルの相挙動	65
4.3.1	ポリグリセリン脂肪酸エステル水溶液の曇点	65
4.3.2	ポリグリセリン脂肪酸エステルの油／水系における溶存状態	67
4.4	応用例	69
4.4.1	洗顔料	69
4.4.2	洗浄剤	71

5 アシルアミノ酸エステル系両親媒性油剤 …… 押村英子 … 74

5.1	はじめに	74
5.2	両親媒性油剤とは	74
5.3	アシルアミノ酸系油剤	76
5.3.1	アシルアミノ酸系油剤の一般構造	76
5.3.2	「アミノ酸系」であることの意義	76
5.3.3	アシルアミノ酸系両親媒性油剤の分子設計	77
5.4	研究例：ラウロイルサルコシンイソプロピルエステル（SLIP）	80
5.4.1	基本物性	80
5.4.2	応用面での特長	82
5.5	おわりに	88

6 ジェミニ型界面活性剤の特性と応用 …………… 益山新樹 … 90

6.1 はじめに ……………………… 90
6.2 これまでに合成されたジェミニ型
　　界面活性剤の構造 ……………… 91
　6.2.1 アニオン型 ………………… 91
　6.2.2 カチオン型 ………………… 91
　6.2.3 非イオンならびに両性型 …… 93
6.3 ジェミニ型構造と基本的な界面物
　　性の関係 ………………………… 93
　6.3.1 二鎖二親水基型構造 ……… 94
　6.3.2 多鎖多親水基型構造 ……… 97
　6.3.3 ジェミニ型化合物表面単分子
　　　　膜の挙動 ………………… 98
　6.3.4 ジェミニ型化合物が形成する
　　　　ベシクル ………………… 99
6.4 ジェミニ型界面活性剤の応用 …… 100
　6.4.1 ジェミニ型化合物の応用事例
　　　　……………………………… 100

6.4.2 ジェミニ型化合物の工業的な
　　　展開 ……………………… 101
6.5 おわりに ……………………… 102

7 刺激応答性界面活性剤を用いた界面物
　性のスイッチング
　　……………… 酒井秀樹，阿部正彦 … 104
7.1 はじめに ……………………… 104
7.2 光応答性界面活性剤を利用した分
　　子集合体形成の光スイッチング … 105
　7.2.1 ミセル形成および可溶化の光
　　　　スイッチング ……………… 105
　7.2.2 紐状ミセル形成および溶液粘
　　　　性の光スイッチング ……… 107
　7.2.3 ベシクル形成の光スイッチン
　　　　グ ………………………… 108
7.3 電気応答性界面活性剤を利用した
　　新規無機薄膜調製法 …………… 113

第3章　界面活性剤・両親媒性高分子が拓く新しい応用技術

1 異種界面活性剤の混合による機能性創
　出と香粧品への応用 …… 中間康成 … 117
1.1 はじめに ……………………… 117
1.2 アニオン界面活性剤／カチオン界
　　面活性剤混合系 ………………… 117
　1.2.1 溶液物性 ………………… 118
　1.2.2 香粧品への応用 ………… 119
1.3 アニオン界面活性剤／両性界面活
　　性剤混合系 ……………………… 122
　1.3.1 溶液物性 ………………… 123
　1.3.2 香粧品への応用 ………… 124
1.4 おわりに ……………………… 128

2 リンス，コンディショナー用カチオン
　性基剤 ………………… 香春武史 … 131
2.1 はじめに ……………………… 131
2.2 カチオン性界面活性剤 ………… 132
2.3 カチオン性界面活性剤の技術動向
　　………………………………… 134
2.4 その他のカチオン性基剤 ……… 138
　2.4.1 アミノ変性，アンモニウム変
　　　　性シリコーン ……………… 138
　2.4.2 カチオン化オリゴ糖 ……… 139
2.5 おわりに ……………………… 140

3 配管抵抗減少剤 ………… 堀内照夫 … 142

3.1 はじめに ……………………… 142
3.2 配管抵抗減少効果とは ………… 142
3.3 界面活性剤水溶液の性質 ……… 144
  3.3.1 界面活性剤の分子集合状態 … 144
  3.3.2 棒状ミセルの性質 ………… 145
3.4 第四級アンモニウム塩型カチオン界面活性剤誘導体水溶液の分子集合状態と配管抵抗減少効果 ……… 147
  3.4.1 DR効果の評価法 …………… 148
  3.4.2 DR効果に対するアルキルビス（2-ヒドロキシエチル）メチルアンモニウムクロリドのアルキル鎖長の影響 ……………… 150
  3.4.3 DR効果に対するcis-9-オクタデセニルアンモニウムクロリド誘導体の2-ヒドロキシエチル基の置換数の影響 ………… 151
  3.4.4 DR効果に対する[NaSal]/[HMODA]系水溶液のモル比の影響 ……………………… 151
  3.4.5 DR効果に対する界面活性剤の分子集合体のサイズおよび温度の影響 ……………………… 154
  3.4.6 [NaSal]/[cationics]系水溶液中の球―棒ミセル転移に対するカチオン界面活性剤の化学構造と温度の影響 ………… 158

3.5 おわりに ……………………… 164
4 界面制御とDDS
  …………… 藤堂浩明, 杉林堅次 … 166
4.1 はじめに ……………………… 166
4.2 薬物の溶解速度 ……………… 166
4.3 薬物の溶解速度の修飾 ……… 168
  4.3.1 結晶状態 …………………… 168
  4.3.2 塩 …………………………… 169
4.4 薬物の生体膜透過性の修飾 … 170
  4.4.1 吸収促進剤 ………………… 170
  4.4.2 リポソーム製剤 …………… 170
  4.4.3 エマルション ……………… 171
  4.4.4 TDSと皮膚透過性 ………… 173
4.5 おわりに ……………………… 176
5 超臨界状態の二酸化炭素を活用したリポソームの調製
  …… 阿部正彦, 井村知弘, 大竹勝人 … 179
5.1 はじめに ……………………… 179
5.2 効率的なリポソームの調製法 … 179
5.3 超臨界逆相蒸発法 …………… 181
5.4 超臨界逆相蒸発法によるリポソームの物性制御 …………………… 183
5.5 超臨界逆相蒸発法に適したリン脂質の分子構造 …………………… 185
5.6 リポソームの連続生産ならびに種々の有効成分の内包 ……………… 186
5.7 おわりに ……………………… 188

第4章 両親媒性高分子の機能設計と応用

1 高分子の自己組織化―分子設計に基づく階層構造の形成― …… 早川晃鏡 … 191

1.1 はじめに ……………………… 191
1.2 恒等周期の異なる秩序構造の階層化

　　　　　　　　　　　　　　……………… 191
　　1.2.1　階層化へのアプローチ—自己
　　　　　組織化の組み合わせ— ……… 191
　　1.2.2　剛直・柔軟型ブロック共重合
　　　　　体の階層構造 ………………… 193
　1.3　マイクロポーラス薄膜における化
　　　学的異種表面（Chemically Hetero-
　　　geneous Surface）の形成 ………… 196
　　1.3.1　自己組織化による化学的異種
　　　　　表面形成へのアプローチ …… 196
　　1.3.2　パターン化オリゴチオフェン
　　　　　表面の形成 …………………… 198
　　1.3.3　パターン化極性官能基表面の
　　　　　形成 …………………………… 199
　1.4　多分岐高分子による階層構造の形
　　　成 …………………………………… 199
　　1.4.1　デンドロンの階層化へのアプ
　　　　　ローチ ………………………… 199
　　1.4.2　両親媒性芳香族アミドデンド
　　　　　ロンの自己組織化 …………… 201
　1.5　おわりに ………………………… 201
2　両親媒性ブロックコポリマーの分子設
　計と物性制御 ……………吉田克典 … 204
　2.1　はじめに ………………………… 204
　2.2　両親媒性ブロックコポリマーの自
　　　己組織化 …………………………… 204
　2.3　両親媒性ブロックコポリマーの合
　　　成 …………………………………… 207
　　2.3.1　2種のモノマーの逐次重合（リ
　　　　　ビング重合）………………… 207
　　2.3.2　2種のポリマーの結合 ……… 209
　2.4　両親媒性ブロックコポリマーの物

　　　性 …………………………………… 211
　2.5　おわりに ………………………… 213
3　機能性ナノキャリアの設計とバイオマ
　テリアル応用
　　　　　……… 菖蒲弘人，秋吉一成 … 216
　3.1　はじめに ………………………… 216
　3.2　高分子ミセルの機能 …………… 216
　　3.2.1　DDSナノキャリアとしての高
　　　　　分子ミセルの設計 …………… 216
　　3.2.2　核酸キャリアとしての高分子
　　　　　ミセル ………………………… 217
　3.3　高分子ナノゲルの機能 ………… 218
　　3.3.1　疎水化高分子ナノゲルの設計
　　　　　……………………………………218
　　3.3.2　疎水化高分子ナノゲルのDDS
　　　　　応用 …………………………… 220
　　3.3.3　ナノゲルの分子シャペロン機
　　　　　能 ……………………………… 221
4　高度なバイオ工学を実現するリン脂質
　サーフェイステクノロジー
　　　　… 石原一彦，渡邉順司，高井まどか … 223
　4.1　バイオインターフェイスの必要性
　　　………………………………………… 223
　4.2　リン脂質サーフェイスの機能 … 224
　4.3　リン脂質サーフェイスを構築する
　　　ポリマーマテリアル ……………… 227
　4.4　リン脂質サーフェイステクノロジー
　　　の応用 ……………………………… 230
　4.5　ナノテクノロジーとの融合 …… 231
5　ハイドロゲルの膨潤特性と体積相転移
　—親水／疎水バランスと水素結合の形
　成・開裂による制御— … 鈴木淳史 … 233

v

5.1	はじめに ……………………… 233	5.6	ゲルの体積相転移と形態変化 …… 243
5.2	N-イソプロピルアクリルアミドゲルの体積相転移 ……………… 234	5.7	おわりに ……………………… 246
5.3	イオン化されたゲルの膨潤比と体積相転移 …………………… 237	6	天然高分子ゲルの最近の進歩 …………… 武政 誠，西成勝好 … 248
5.4	溶媒の繰り返し交換による水素結合の形成と温度変化による開裂 … 238	6.1	はじめに ……………………… 248
		6.2	ジェランガム ………………… 248
5.5	水素結合の形成と昇温による開裂を利用した膨潤比の制御 ……… 242	6.3	シゾフィラン ………………… 250
		6.4	キシログルカン ……………… 252
		6.5	マイクロゲル ………………… 253

第5章　界面活性剤・両親媒性高分子を用いた機能性固体材料開発

1	テンプレート法によるメソポーラス材料開発 ……………… 坂本一民 … 259	2.4	将来への提言－有機／無機ハイブリッド脂質の活用－ ………… 281
1.1	はじめに ……………………… 259	3	ナノテクノロジーによる微粒子表面の機能化処理 ……………… 福井 寛 … 285
1.2	テンプレート法によるメソポーラス材料開発の歴史 ……………… 260	3.1	はじめに ……………………… 285
1.3	テンプレート法の原理 ……… 262	3.2	表面処理方法 ………………… 285
1.4	共構造規定剤（CSDA）を用いたメソポーラスシリカの合成とキラル構造の転写 ……………… 266	3.2.1	湿式法 ……………………… 285
		3.2.2	乾式法 ……………………… 286
		3.3	PVD法による微粒子の表面改質　286
1.5	ハイブリッド化による構造強化と高機能化 ……………………… 267	3.4	CVD法による微粒子の表面改質　289
		3.4.1	金属被覆 …………………… 290
1.6	メソポーラスシリカを鋳型とするナノカーボンの作成 …………… 269	3.4.2	金属酸化物および窒化物被覆 ……………………………… 290
1.7	今後の期待 …………………… 271	3.4.3	有機化合物 ………………… 292
2	超分子集合体構造・機能の無機材料への転写・固定化 ……… 有賀克彦 … 273	3.4.4	機能性ナノコーティング …… 293
		3.5	おわりに ……………………… 295
2.1	はじめに―超分子集合体構造の転写・固定化の重要性― ………… 273	4	食べるナノテクノロジー――食品の界面制御技術によるアプローチ ……………………… 南部宏暢 … 297
2.2	超分子構造の転写 …………… 274		
2.3	超分子機能の固定化 ………… 278	4.1	はじめに ……………………… 297

4.2　超微粒子ピロリン酸第二鉄製剤
　　　（サンアクティブFe）………… 297
　4.2.1　開発の背景 ………………… 298
　4.2.2　安定性 …………………… 299
　4.2.3　風味・官能評価 …………… 300
　4.2.4　鉄吸収性 ………………… 300
　4.2.5　生体内鉄利用率 …………… 300
　4.2.6　安全性 …………………… 302
4.3　飲料への応用 ………………… 303
4.4　おわりに …………………… 304

第1章 序論―界面活性剤，両親媒性高分子の自己組織化及び最新の構造測定法

國枝博信[*1]，荒牧賢治[*2]，佐藤高彰[*3]

1 はじめに

1分子中に親水基と親油基を持つ両親媒性物質には比較的分子量の低い界面活性剤と高分子量の両親媒性高分子（高分子界面活性剤）がある。これらの界面活性物質は溶液の表・界面に吸着し，また，溶液内で自己組織化し，ミセル，ベシクル（リポソーム），液晶，ゲルなどを形成する。また，表・界面に吸着し，その張力（界面自由エネルギー）を下げたり，界面の性質を変化させる。これらの性質により，界面活性剤は水と油を混合する乳化や可溶化などの機能を持つ。また，表面の張力を下げることにより，起泡性，固体粒子の分散性が向上する。界面活性剤および界面活性物質の溶液物性などの基本的性質はミセル形成濃度（cmc），Krafft温度現象，ミセル構造・会合数，表・界面張力及び表・界面への吸着，溶液のレオロジー，表面レオロジー，曇点現象，可溶化，乳化，濡れ，洗浄作用，起泡・消泡，界面活性剤の分析・合成法などがあるが，これに関しては優れた成書が最近，発行されたのでそちらを参照して頂きたい[1]。ここでは，測定方法ではなく，界面活性剤，両親媒性高分子などの物質そのものに注目し，最新の研究動向を紹介することを目的とし，より実用的な側面を強調し，各分野の第一線の研究者にホットな話題を提供して頂く。

第一章では，界面活性剤，両親媒性高分子を取り扱う場合の実用的基礎として，水溶液中の自己組織化と，水—油系における自己組織化について，巨視的な相平衡の概念と，微視的な構造に関して述べる。

2 水—界面活性剤系

界面活性剤分子を水に溶解させると，単分散溶解度（cmc）を超えた濃度で，自己組織化がおこり，球状ミセル，棒状ミセル，wormlikeミセル，ベシクル（リポソーム），ラメラ液晶シート

---

*1　Hironobu Kunieda　横浜国立大学　大学院環境情報研究院　人工環境と情報部門　教授
*2　Kenji Aramaki　横浜国立大学　大学院環境情報研究院　人工環境と情報部門　助手
*3　Takaaki Sato　早稲田大学　理工学術院　講師

の分散，さらには，逆ヘキサゴナル液晶や逆キュービック液晶などの分散系が生成する。この自己組織化は界面活性剤の疎水部が水の中に存在するより，疎水部同士が集合した方が自由エネルギー的に有利なためである。上記の自己組織体（会合体）は親水部―疎水部の界面で曲率を持つ。界面が水に対して凸な場合を正の曲率，逆な場合を負の曲率と定義されている。もちろん，層状のラメラ液晶は曲率0（曲率半径は無限大）である。集合した自己組織体がどのような形態を取るかは，次の3つの相互作用で決まる。一つは親水基間の反発（斥力）である。この斥力はイオン性界面活性剤の場合は静電的な反発であり，非イオンの場合は，水和や，親水基自身の立体的な嵩高さから生ずる。2番目は親水部―疎水部の界面の界面張力（引力）である。3番目は，界面活性剤研究者にはあまり注目されていないが，疎水基間の反発である。高分子系では非常に重要になる。疎水鎖が長くなると，長く伸びきっているより，丸まっている方がエントロピー的には有利である。逆の言い方をすれば，自己組織体の中に無理矢理，疎水鎖を伸ばしていれると，縮まろうとして，斥力が疎水基間に働く。

　Israelachviliの有名な充填パラメータ（界面活性剤パラメータとも呼ばれる）で，自己組織体の形状（界面の曲率）を議論される場合が多い。このパラメータは次式で表される。

$$CP = \frac{v}{l \cdot a} \tag{1}$$

ここで，vは疎水鎖の体積，lは疎水鎖の有効長さ，aは親水部―疎水部界面の分子一個あたりの

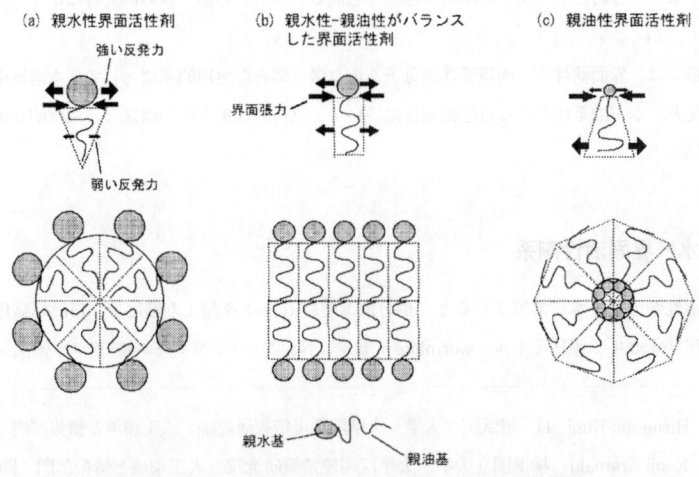

図1　界面活性剤分子間に働く反発力と界面活性剤膜の曲率との関係

第1章 序論—界面活性剤,両親媒性高分子の自己組織化及び最新の構造測定法

有効占有面積である。この値が小さいほど,正の曲率を持つ自己組織体が形成され,1で曲率0になり,それ以上で逆型の自己組織体が形成される。aは親水基間の斥力と界面張力のバランスで決まるとされている。この場合,疎水基間の斥力はほとんど考慮されていない。炭素数が16～18程度までの疎水鎖を持つ界面活性剤の場合,この斥力の無視はそれほど影響が無いが,高分子量のA-B型両親媒性高分子の場合は大きな影響を与える。A-B型の高分子の自己組織体に関しても上記の3つの力が働くが,界面活性剤分子のような親水基頭部というのではなく,親水側,疎水側とも長い分子鎖でありエントロピー弾性に基づく斥力が作用する。高分子の分野では,溶液中よりも,共重合高分子そのものが,どのような微細な領域を形成するかということが重要になることが多い。その場合,形態を決めるのはA鎖,B鎖の間の相互作用パラメータと重合度をかけたχNと分子全体の体積に対するA鎖の体積分率である。前者はA,B鎖の分離傾向を表し,値が小さいと明確な自己組織化が起こらない。後者は界面活性剤分野のHLB数と同じ意味を持っており(正確には20倍するとほぼHLB数と一致する),A,Bの界面での曲率と関係づけられる。

以上のように,界面活性剤の充填パラメータと共重合高分子系では考え方が大きく異なる。充填パラメータは疎水鎖間の斥力を無視しているので,炭素数が16～18までのイオン性界面活性剤系には適用できるが,それ以上,疎水鎖が大きい界面活性物質や,ポリオキシエチレン系非イオン界面活性剤のような低分子量のA-B型両親媒性高分子に相当する分子にはあまり意味を持たない変数といえる。非イオン界面活性剤やA-B型の両親媒性高分子は古典的なHLB数(分子

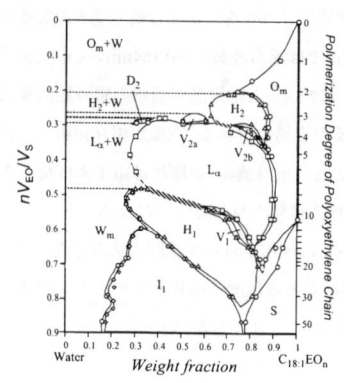 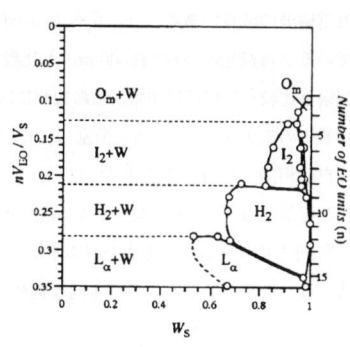

図2 ポリ(オキシエチレン)オレイルエーテル—水系(左),ポリ(オキシエチレン)—ポリジメチルシロキサン($Si_{14}C_3EOn$)—水系の25℃における相平衡図
界面活性剤重量濃度(横軸)と界面活性剤分子中の親水基の重量分率あるいは親水基の重合度(縦軸)を変数にしてある。

の全分子量に対する親水部の重量分率×20)の方が統一的に説明できる。図2に非イオン界面活性剤—水系[2]、ポリオキシエチレンポリジメチルシロキサン—水系[3]の相挙動を全分子に対する親水基の体積分率で表示してある。両者の相挙動は良い一致を見せていることが分かる。

さて、これらのミセル、液晶、また、炭化水素などの油を可溶化させたマイクロエマルションなどのナノ・ミクロ構造を解析する手法として威力を発揮するものに小角X線散乱(SAXS)法とパルス磁場勾配スピンエコーNMRがある。以下にはこれらの手法の概略と最近の応用例について述べる。

3 小角X線散乱法による自己組織体構造の解明

3.1 はじめに

散乱法は構造学的研究の分野でよく確立された手法であり、光散乱、X線散乱、中性子散乱などが挙げられる。その中でも小角X線散乱法(SAXS=Small Angle X-ray Scattering)は、約1nm～100nm(ナノは10^{-9})サイズ領域における構造決定に主要な役割を果たす[4~11]。ナノ材料と呼ばれる物質群の示す特徴的な性質が、それらを構成する粒子のサイズや形状と深い関連性があることから、機能性を有するナノ構造体の精密な構造決定の重要性は、基礎、応用研究、材料開発等の各分野でますます高まっていくと考えられる。

3.2 散乱の基本原理と散乱ベクトル

一般的に散乱実験でどの程度小さなサイズの物体を観測できるかを決定する最も基本的な要素は照射電磁波の波長である。ラボレベルの小角散乱装置では通常波長$\lambda=0.154$nmのCu K$_\alpha$線を用いている。可視光の波長(約600nm)と比較して遥かに短く、X線散乱が通常の限外顕微鏡による観察と比較して如何に微細構造の観測に適しているかが容易に分かる。X線が相互作用する相手は物質中の電子雲であり、X線散乱は物質中の電子密度分布の情報(正確には電子密度揺らぎの空間自己相関)を通じて統計平均量としての試料の構造情報を与えることになる。

小角X線散乱のデータをプロットする際、結晶構造解析に使用されるX線回折法の流儀に従って散乱角2θを横軸としている場合があるが、物理的根拠のある尺度で小角散乱データを記述するためには、散乱ベクトル長を基本的な横軸の単位としなくてはならない。

$$q = \frac{4\pi}{\lambda}\sin(\theta/2) \tag{2}$$

ここでqは散乱X線の検出角を表す(一般にX線回折ではここでのθと同義で2θが使われる

第1章 序論—界面活性剤, 両親媒性高分子の自己組織化及び最新の構造測定法

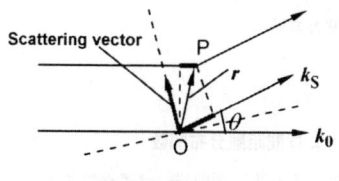

図3 散乱ベクトル

ので混同しないように注意)。X線散乱法では散乱電場そのものではなく, 散乱電場の自乗振幅に相当する散乱強度を観測することになるが, 試料内の異なる散乱点OとPからの散乱電場の干渉を考える際には散乱波の位相差 f を考慮しなくてはならない。図3に示すように散乱ベクトルを散乱波と入射波の波数ベクトルの差として $q = k_S - k_0$ と定義すると, 点Oと点Pで散乱された電場の位相差 f は, $f = -rq$ と書ける。ここで r はOからみたPの位置ベクトルである。

最も簡単な例として, もし両親媒性高分子が形成するラメラやヘキサゴナル液晶のように規則構造を有する試料からの鋭い反射が散乱曲線 $I(q)$ 上の q_{peak} の位置で観測されたとすると, この規則構造の Bragg 面間隔 d は単純に,

$$d = \frac{2\pi}{q_{peak}} \tag{3}$$

で与えられる。式 (3) の形から角周波数 ω の正弦波の周期 T が $T = 2\pi/\omega$ と与えられることと何らかの関連性があることが容易に推察できるであろう。実は「実空間と逆空間」は「時間領域と周波数領域」の関係同様, 数学的には Fourier 変換で結び付けられている。

散乱実験から直接得られるデータは逆空間 (q 空間) での情報であるため, それらをいかに逆フーリエ変換の手法によって我々の住む実空間情報に焼き直すかが散乱データの解析にとって重要な問題となる。また, 散乱曲線を測定可能な q の範囲が分析可能な構造体の最大及び最小サイズに直結する。

一般に SAXS 装置の分解能 (観測可能な構造体の最大サイズ) を最大の Bragg 間隔 $d_{max} = 2\pi/q_{min}$ によって表すことが慣例となっているが (ここで, q_{min} は散乱曲線が正しく測定可能な最小の散乱ベクトル長であり, 測定可能な最小散乱角を q_{min} として, $q_{min} = (4\pi/\lambda)\sin(\theta_{min}/2)$ である), 規則構造を有し散乱曲線に鋭い反射を示す系への応用についてはこの $d_{max} = 2\pi/q_{min}$ が分解能のおおよその目安を与える。なだらかな散乱曲線を与えるナノ粒子の構造分析に関しては, 形状因子のフーリエ変換の条件[12, 13]から分解能は $D_{max} = \pi/q_{min}$ (係数に注意) となる。例えば, 最新鋭のラボ仕様の SAXS 装置は調整次第で $q_{min} = 0.06 \text{nm}^{-1}$ が達成可能であるが, この場合, 分

解能は，規則構造を有する系に対してはBragg反射の条件より約105nm，ミセルや蛋白質等のナノ粒子系の場合は約52nm程度となる。

3.3 ナノ粒子の構造決定
3.3.1 ナノ粒子の形状因子と二体間距離分布関数
ナノ粒子と呼ばれる物質群は，ミセル，蛋白質，マイクロエマルション滴，無機粉体など多岐に渡る。$\Delta\rho(r_1)$を粒子内の位置r_1におけるの電子密度揺らぎとすると，体積Vの内部での電子密度揺らぎの空間自己相関関数は

$$\gamma(r) = \langle \int_V \Delta\rho(r_1) \Delta\rho(r_1-r) \, dr_1 \rangle \tag{4}$$

と書ける。$\Delta\rho(r_1-r)$は位置r_1から$-r$だけずらした点の電子密度揺らぎである。通常，$g(r)r^2 = p(r)$と書き，これを二体間距離分布関数（Pair distance distribution function）と呼ぶ。二体間距離分布関数は粒子のサイズ，形状，内部構造の情報を含み，ナノ粒子の構造評価に根本的な量となる。いま粒子の濃度が十分低く粒子間干渉性散乱の効果が無視できる場合を考えると，図4に示すように，形状因子$P(q)$は$p(r)$のフーリエ変換として，

$$P(q) = 4\pi \int_0^\infty p(r) \frac{\sin qr}{qr} dr \tag{5}$$

と与えられる。つまり$p(r)$は実空間での粒子の形状因子に相当する。まず簡単のため，粒子内部の電子密度が一定である場合を考えると，二体間距離分布関数は，粒子内部に取ることの出来るあらゆる長さ（＝粒子内にとった2点間の距離）を持つ対の数分布関数と解釈できる。つまり，粒子の最大直径をD_{max}とすると，$0 < r_1 < r_2 < \cdots \leq D_{max}$となる長さ$r_i$を持つ対の数分布を$r$の関数として表したものである。球状粒子の場合，$D_{max}$は直径と一致する。

より厳密には，長さr_iの対の両端（jとk）にある微小体積dV中の電子密度揺らぎをそれぞれ$n_j = \Delta r_j dV_j$, $n_k = \Delta r_k dV_k$として，これらの積の和$\Sigma n_j n_k$をrの関数としてプロットしたものである。従って，ミセルのようにコアシェル二重殻構造を持ち，電子密度揺らぎが溶媒に対して正の部分（親水部）と負の部分（疎水部）を有する場合は，対の両端での電子密度揺らぎの積$\Sigma n_j n_k$は正にも負にも成り得る。したがって，$p(r)$曲線の形状に影響を与え，$p(r)$の値も正にも負にも成り得る。このため，$p(r)$は粒子の最大直径や形状だけでなく，内部構造の情報も含んでいる。

ここで問題となるのは，図4に示すように，実空間での粒子の構造情報は，鋭いピークとし

第1章 序論―界面活性剤，両親媒性高分子の自己組織化及び最新の構造測定法

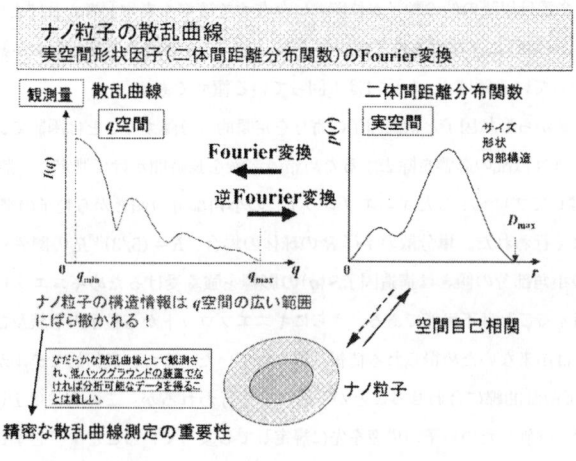

図4 ナノ粒子からの散乱（形状因子）

て現れる規則構造からの反射とは異なり，弱い信号としてq空間の広範囲にばら撒かれる。これが，ナノ粒子のサイズ，形状，内部構造などを調べるためには，非常に精密な測定と精緻な分析が必要とされる主な理由である。

3.3.2 ナノ粒子の構造因子

非イオン性の界面活性剤ミセルの場合であっても一般に1wt%以上の濃度領域では，粒子間の干渉性散乱の効果，すなわち構造因子$S(q)$が無視できなくなる。一般に粒子系からの散乱強度$I(q)$は，

$$I(q) = nP(q)S(q) \tag{6}$$

と与えられる。ここで，nは粒子の数密度，$P(q)$は形状因子である。$S(q)$は構造因子と呼ばれ，粒子間の干渉性散乱に相当する。液晶などの規則構造系の場合，$S(q)$は主に様々な結晶面からのBragg反射に関連するが，粒子系の$S(q)$は全相関関数（total correlation function）$h(r) = g(r) - 1$のフーリエ変換で与えられる。

$$S(q) - 1 = 4\pi n \int_0^\infty [g(r) - 1] r^2 \frac{\sin qr}{qr} dr \tag{7}$$

ここで，nは粒子の数密度である。二体相関関数$g(r)$の物理的意味は，1番目の粒子が原点に

存在した際に，2番目以降の他の粒子が位置 r に存在する確率を表すと考えればよい。$4\pi n g(r) r^2 dr$ は位置 $[r, r+dr]$ に存在する粒子数を与える。$g(r)>1$ は粒子の存在確率が系全体の平均を局所的に上回っている領域，$g(r)<1$ は下回っている領域である。

　従来は散乱曲線から形状因子と構造因子の寄与を定量的に分離することは困難であった。そこで，粒子間の干渉性散乱の影響を除去するため希薄溶液を長時間かけて測定し，散乱強度 $I(q)$ の対数を q^2 に対してプロットしたギニエプロット[4]の小角部分の傾きから粒子の慣性半径 R_g を求めることがよく行われた。単分散の半径 R の球体の場合，$R=(5/3)^{0.5} R_g$ の関係がある。しかし，散乱曲線の小角部分の傾きは構造因子 $S(q)$ の影響を強く受けるためギニエプロットの方法を濃厚系に適用することは不可能である。さらにギニエプロットから粒子の形状及び内部構造の情報を得ることは出来ないため得られる情報は限られていた。また，幾何的モデルから形状因子 $P(q)$ を計算して散乱曲線に合わせることが一般によく行われるが，この方法は $P(q)$ をモデル計算する時点で，評価したい粒子の構造を先に規定してしまっていることや，必ずしも正しくないモデルが実験で得た散乱曲線をある程度再現してしまう場合があるなど注意が必要である。構造因子の分析には低濃度で測定し決定した $P(q)$ を濃度の違いを考慮して定数倍し，$I(q)/P(q)$ から実効的な $S(q)$ を求めたり，体積分率を固定して剛体球モデルから $S(q)$ を計算したりされるが，界面活性剤が形成するミセルの場合，会合数やミセル形状が濃度にも依存するため，この仮定は一般に正しくない。さらにイオン性の界面活性剤が形成するミセルや蛋白質の場合，電荷の影響（静電反発による反発的相互作用）が，構造因子に大きく影響するため，これらの効果を $S(q)$ に正しく取り入れなければならない。

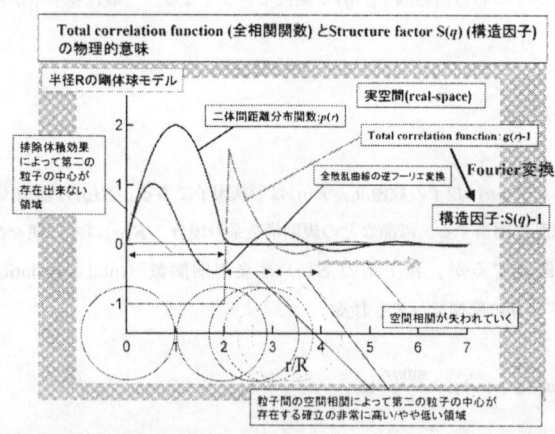

図5　粒子間の干渉性散乱（構造因子）

第1章 序論—界面活性剤,両親媒性高分子の自己組織化及び最新の構造測定法

近年,形状因子 $P(q)$ と構造因子 $S(q)$ を定量分離して二体間距離分布関数 $p(r)$ を得る新規分析法である GIFT(=*Generalized Indirect Fourier Transformation*)法が Glatter らによって開発された[6~8]。筆者らは,これらの手法を導入し,両親媒性高分子が水中で形成するミセル,機能性を付加した蛋白質,有機溶媒中での逆ミセルなどの構造分析に応用している。極低バックグラウンドの高精度測定技術との組み合わせによって,従来のSAXS研究の主流であった分析法に不可避であった先入観や曖昧さを排除した議論を行うことが可能となった。$p(r)$ からは粒子サイズ,形状,内部構造の情報が,$S(q)$ の分析からは,粒子の体積分率,相互作用半径,多分散性を主要なパラメータとして粒子間相互作用の情報が得られる。構造因子には試料の特性に応じ,剛体球ポテンシャルや粒子間の静電反発を考慮したポテンシャル,場合によっては親和的相互作用ポテンシャルを使い分ける必要があるが,形状因子に関しては一切の仮定無しでモデルフリーに計算出来る。得られた $p(r)$ の特徴から判断して粒子が球状であると仮定出来る場合は,さらに $p(r)$ を動径電子密度プロファイルに分解して位相問題を部分的に解決することも可能である。

図6に,絶対強度で測定された両親媒性高分子ミセル水溶液(水/ポリオキシエチレンコレステリルエーテル15wt%)の散乱曲線を示す[9]。GIFT法によって形状因子と構造因子の寄与に定量分離した結果も同時に示した。球状粒子からの散乱に典型的な特徴が見られるが,$q<0.4\mathrm{nm}^{-1}$ の小角部分で粒子間干渉性散乱の効果による散乱強度の低下が顕著に現れている。濃厚な粒子系からの散乱曲線の小角部分に現れる極大は相互作用ピークとも呼ばれ,粒子間の平均距離の目安を与えるが,$P(q)$ と $S(q)$ の相乗効果によって生じたものである。

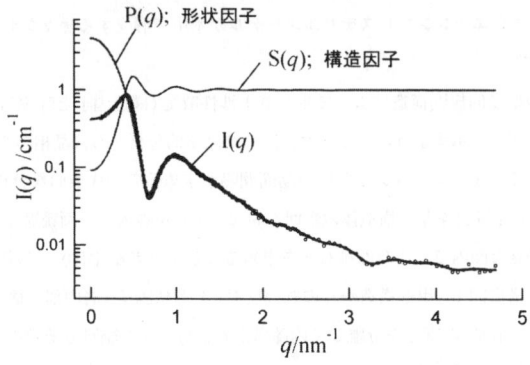

図6 絶対強度で測定された両親媒性高分子ミセル水溶液(水/ポリオキシエチレンコレステリルエーテル15wt%)の散乱曲線

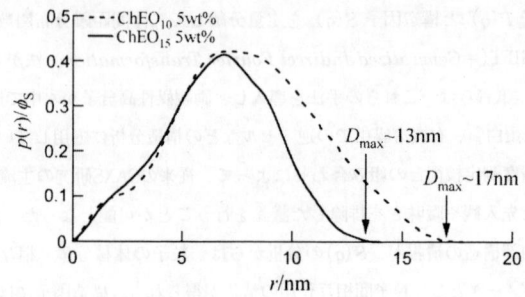

図7 GIFT法によって計算したポリオキシエチレンコレステリルエーテルが水中で形成するミセルの二体間距離分布関数

　図7に，GIFT法によって計算したポリオキシエチレンコレステリルエーテルミセルの二体間距離分布関数を示す。$ChEO_{15}$は直径約13nmの球状に近いミセルを$ChEO_{10}$は長軸の長さが17nm程度の短い棒状ミセルを形成することが分かる。また，r＝3nm付近のバンプはミセルの二重殻構造に起因する。

3.4　両親媒性高分子が形成する液晶の構造決定

　両親媒性高分子（界面活性剤）が水中で形成するナノ構造体の物性は，相挙動，力学物性，電気物性などと多角的に組み合わせて分析することが必要であるが，静的構造（時間平均した空間情報）はナノ構造体の機能性と深い関連性があるため，食品，工業，医療，環境などの広い分野で非常に重要な情報を与える。両親媒製高分子が水中で形成するミセルや液晶の構造決定への応用例としてポリオキシエチレンコレステリルエーテルが水中で形成する様々なナノ構造体を相図と共に図8に示す[9]。

　液晶などが持つ結晶的規則構造によって生じる干渉性散乱（構造因子と呼ぶ）は鋭いピークとして観測される。図9に示すように，ピーク位置の結晶学的分析から液晶相の空間群を決定し，構造体を特徴付けるディメンジョンとして液晶面間隔を求めるのが代表的な分析法である[9, 10]。さらに，決定された空間群を基に構造体の幾何学的なモデルを導入し，両親媒性高分子一分子あたりの分子軸に垂直な面内での占有面積などを求めることが出来る（図10）。最新の手法として，ラメラ液晶に関し構造因子（規則構造からの強い反射）と形状因子（層内部の構造の電子密度分布に起因する微弱な散乱）の寄与を分離して内部構造も含め，リン脂質分子膜中の水層の厚さをモデルフリーに分析する試みもなされている[11]が，ここで散乱実験より求めた面間隔をd，液晶中の界面活性剤分子の疎水部の長さをd_L，疎水部の体積分率をϕ_Lとすると，ラメラ（L_α），ヘ

第1章 序論―界面活性剤，両親媒性高分子の自己組織化及び最新の構造測定法

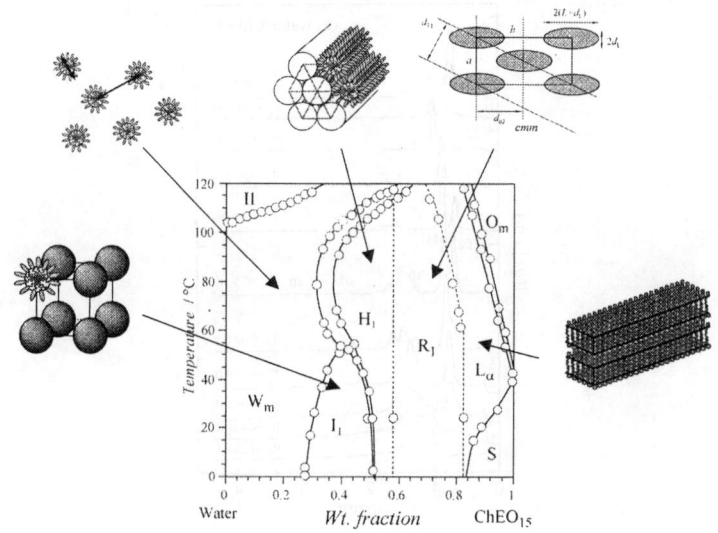

図8 水/ポリ（オキシエチレン）コレステリルエーテル（ChEO$_{15}$）系の相図と
多様なナノ構造体

キサゴナル（H$_1$）：キュービック（I$_1$）のそれぞれに対し，

$$d_\mathrm{L} = \frac{\phi_\mathrm{L}}{2} d \tag{8}$$

$$d_\mathrm{L} = \left[\frac{2}{\sqrt{3}\pi} \phi_\mathrm{L} \right]^{1/2} d \tag{9}$$

$$d_\mathrm{L} = \left[\frac{3\phi_\mathrm{L}}{4\pi n_\mathrm{C}} \right]^{1/3} d_{hkl} \sqrt{h^2 + k^2 + l^2} \tag{10}$$

の関係が成り立つ。式（10）でn_Cは単位格子中のミセル数である。
さらに，両親媒性高分子一分子あたりの分子軸に垂直な面内での占有面積a_sはL$_\alpha$，H$_1$，I$_1$のそれぞれに対し

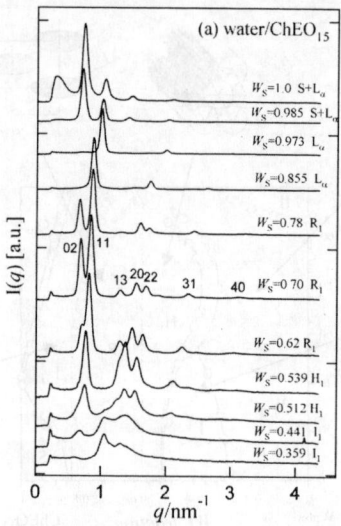

図9 両親媒性高分子（ポリオキシエチレンコレステリルエーテル（ChEO15））が水中で形成する液晶相の散乱曲線
S：固体，L_α：ラメラ液晶，R_1：リボン相，H_1：ヘキサゴナル液晶，I_1：キュービック液晶

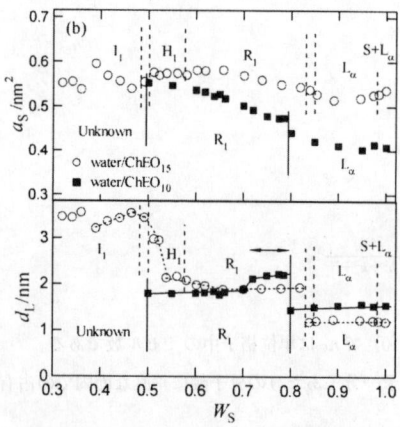

図10 両親媒性高分子（ポリオキシエチレンコレステリルエーテル（ChEO10及びChEO15））が水中で形成する液晶中の界面活性剤分子の疎水基の長さ d_L と一分子あたりの占有面積 a_S

第1章　序論—界面活性剤，両親媒性高分子の自己組織化及び最新の構造測定法

$$a_S = \frac{2v_L}{d}\frac{1}{\phi_L} \tag{11}$$

$$a_S = (2\sqrt{3})^{1/2}\frac{v_L}{d}\left[\frac{1}{\phi_L}\right]^{1/2} \tag{12}$$

$$a_S = (36\pi)^{1/3}\frac{n_C^{1/3}}{\sqrt{h^2+k^2+l^2}}\frac{v_L}{d}\left[\frac{1}{\phi_L}\right]^{1/3} \tag{13}$$

と計算できる。

3.5　絶対強度測定（試料の単位体積あたりの散乱断面積を求める）──補足として

　散乱曲線がcm^{-1}の単位で表示されているのをよく見かけるであろう。散乱断面積とはX線がどの程度の確率で散乱されるかを示す量であり，断面積という名のとおりcm^2の次元を持つ。小角X線散乱のデータから蛋白質などナノ粒子の分子量を求めるためには$q \to 0$（$\theta \to 0$）での単位体積あたりの散乱断面積$d\Sigma(0)/d\Omega\,[cm^{-1}]$，すなわち絶対強度で得られた散乱強度曲線$I_{abs}(q)$を$q \to 0$に外挿した値$I_{abs}(0)$が必要である。また，濃度，温度によって，会合数や構造が変化するミセルなどの研究では絶対強度測定を行い，濃度で規格化した二体間距離分布関数を求め，濃度依存性を検討することが極めて有効である。X線散乱測定は本質的には試料の散乱断面積の散乱角依存性を調べることに他ならないが，実測の散乱強度は，①試料の散乱断面積だけでなく，②入射X線強度，③X線照射面積，④試料の厚み，⑤試料の透過率，⑥検出器の検出効率，⑦装置のバックグランド等，多数の装置パラメータに依存する量となる。そこで測定条件に依らない試料固有の絶対量である散乱断面積を求めるためには，上に列挙した②〜⑦の要素を計算や実測で決定したり消去したりする操作が必要となる。完全に同一の光学系，繰り返し使用可能かつ完全に同じ位置と角度に装填可能な試料セル，非常に安定したX線源を用いることが出来れば，絶対強度が既知である標準試料と未知試料の測定から②③④⑥⑦の装置による効果を消去できる。通常，水が良い標準試料となり，その絶対強度（25℃で$1.633 \times 10^{-2}\,cm^{-1}$）を基に，未知試料の散乱を絶対強度に換算することができる。しかし，⑤試料の透過率は装置定数ではなく試料固有の物性であるから，正しく透過率補正された散乱強度を得なくてはならない。

4 パルス磁場勾配スピンエコーNMR (PGSE-NMR)

4.1 はじめに

動的(準弾性)光散乱測定からミセル,マイクロエマルション,ベシクルなどの微小粒子の拡散係数と粒径分布を求めることができる。しかし,動的光散乱法では溶液の濁度やほこりなどの不純物の影響を受けやすい。また,溶媒または分散媒に関する情報は得られない。パルス磁場勾配スピンエコーNMR (PGSE-NMR) により溶液中のプロトンやC^{13}などの原子核の自己拡散係数が求められる。原子核はそれが所属する分子とともに拡散し,さらに,界面活性剤溶液などでは界面活性剤分子はミセルなどの集合体として拡散する。そのため,PGSE-NMRにより,分子集合体や溶液の構造に関する情報が得られる。また,異なる化学的環境にある原子核は異なる化学シフトにNMRシグナルを与えるため,多成分系において特に威力を発揮する。ここではプロトンNMRでPGSE法を用いた測定からミセルとマイクロエマルションの構造を調べた例を紹介する。

4.2 界面活性剤分子の拡散係数とミセルの拡散係数

界面活性剤分子がミセルを形成しているとき,界面活性剤分子はミセルとともに溶液中を拡散するため,観測される界面活性剤分子の自己拡散係数はミセルの拡散係数と同じと考えることができる。このとき界面活性剤希薄溶液では下記のStokes-Einstein式からミセルの流体力学的半径R_Hを求めることができる。

$$R_H = \frac{kT}{6\pi\eta D} \tag{14}$$

ここでkはBoltzmann定数,Tは絶対温度,ηは溶媒の粘性率,Dは界面活性剤分子の自己拡散係数である。ミセル中にある界面活性剤分子は常にミセル中に留まっているわけではなく,ミセル中と水中を出入りしている。この出入りは炭化水素の炭素数が12程度の界面活性剤の場合,$10^{-7} \sim 10^{-3}$秒程度のオーダーの時間内で起こっている。しかし,PGSE-NMR法による観測時間は通常10^{-1}秒程度であるため,両者は区別されず,下記 (15) 式で表されるミセル中の分子と単分子溶解している分子の平均の自己拡散係数が観測される。

$$D = P \cdot D_1 + (1-P)D_2 \tag{15}$$

D_1およびD_2はそれぞれミセル中および単分散溶解している界面活性剤分子の拡散係数である。Pはミセル中にある界面活性剤分子数の全界面活性剤分子数中での割合である。通常の界面活性剤

第1章 序論—界面活性剤,両親媒性高分子の自己組織化及び最新の構造測定法

水溶液の場合、界面活性剤のcmc（単分子溶解している界面活性剤濃度に相当）は非常に低いため、観測された界面活性剤の自己拡散係数から(14)式を用いてミセルの流体力学的半径を求めて良い。ただし、アルコール水溶液や炭化水素などを溶媒として用いる場合は単分子溶解濃度が比較的高くなるため注意する必要がある。

界面活性剤分子はミセル内においても拡散する（側方拡散）。球状ミセル、短い棒状ミセルにおいてはその寄与は小さく無視できるが、みみず状（Worm-like）ミセルやL_3相（D_2相）などの3次元ネットワーク構造を持つミセルなどの場合は側方拡散の効果が大きく、界面活性剤分子の自己拡散係数はミセルのものより大きくなる。また、観測時間内において対象とする界面活性剤分子がミセル間を移動する場合も注意が必要である。

4.3 水溶性アルコール水溶液中のミセル構造

ポリ（オキシエチレン）型非イオン界面活性剤水溶液の曇点は水溶性のアルコールの添加によって変化することが報告されており、グリセロール、ポリエチレングリコール、ソルビトールなどは曇点を低下させ、グリコール類やプロパノールなどは曇点を上昇させる[14, 15]。これはミセル構造がアルコール水溶液の組成とアルコールの種類によって変化していることを示唆している。ここでは水-水溶性アルコール混合溶媒中での溶媒組成の変化にともなう非イオン界面活性剤ミセルの構造変化を PGSE-NMR によって調べた例を紹介する。

4.3.1 水/グリセロール/$C_{12}EO_8$系

界面活性剤の体積分率ϕ_sを 0.05 および 0.3 に固定し、アルコール水溶液中のアルコールの体積分率ψを変化させたときの溶液中の各分子の自己拡散係数D_sを測定した結果を図11に示す。グリセリン系ではψが0.65を越えると界面活性剤濃厚相と希薄相に相分離するため、$\psi=0.65$まで測定してある。$C_{12}EO_8$の cmc は 25℃において 1.09×10^{-4}M[16]（およそ$\phi_s=0.00006$）であるので、$\phi_s=0.05$ および 0.3 においてはほぼ全ての界面活性剤分子がミセルを形成していると考えられる。よって測定された$C_{12}EO_8$の自己拡散係数はミセルの拡散係数と同一のものと見なせる。

水をアルコールで置換するとき、ミセル構造が変化しないとすると Stokes-Einstein 式からミセルの自己拡散係数は溶媒の粘性率のみに依存する。このときミセルの自己拡散係数D_{mic}は$\psi=0$のときの自己拡散係数D_0と水の粘性率η_0、アルコール水溶液の粘性率ηを用いると下記の式で表される。

$$D_{mic}=\frac{\eta_0}{\eta}D_0 \qquad (16)$$

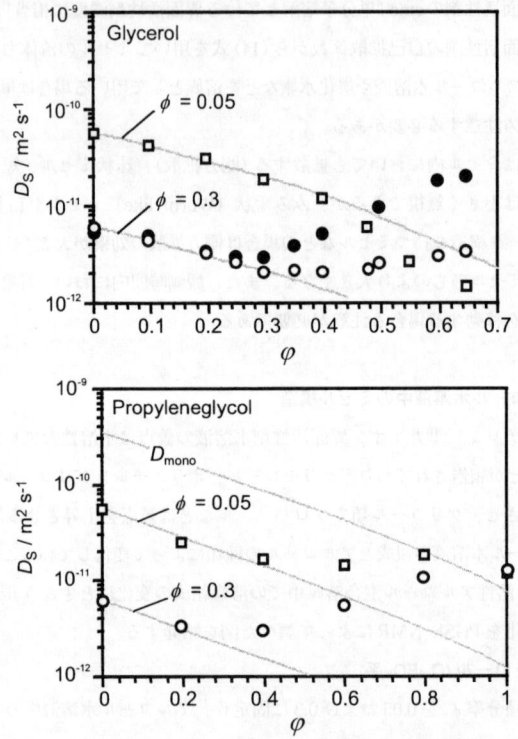

図11 アルコール水溶液中でのC$_{12}$EO$_8$の自己拡散係数

図11には（16）式の軌跡を点線で示してある。

$\phi_s = 0.05$においてグリセロール系のD_sの値は$\psi = 0 \sim 0.4$まではD_{mic}と同じであり，この範囲においてはミセルのサイズ・形状変化は起こっていないといえる。$\psi = 0.4$から0.65の範囲においてはD_sがD_{mic}より低くなっている。この範囲ではミセルが大きくなる，すなわちミセルの水和半径R_Hが増加しているといえる。

$\phi_s = 0.3$においてはグリセロール系のD_sの値は$\psi = 0 \sim 0.25$まではD_{mic}と同じであり，この範囲においてはミセルのサイズ・形状変化は起こっていないといえる。ψがそれ以上になると$\phi_s = 0.05$の場合とは逆にD_sはD_{mic}よりも高くなっている。

水/C$_{12}$EO$_5$系において界面活性剤濃度を増すとき，ミセルは成長する。このとき，25℃で観測される界面活性剤の自己拡散係数は1～2%の間では減少するが，それより高い界面活性剤濃度

第1章 序論—界面活性剤,両親媒性高分子の自己組織化及び最新の構造測定法

では逆に増加していく[17]。界面活性剤濃度が低いときは界面活性剤は個別のミセルとともに溶液中を拡散するために界面活性剤とミセルの自己拡散係数は同一であるが,ミセルの数密度が増すと界面活性剤分子がミセル間を移動できるようになり,界面活性剤の自己拡散係数はミセルのものより大きくなる。さらに数密度が増すとミセルは互いに融合し,bicontinuous構造をとるようになる。このとき,界面活性剤分子が界面活性剤膜中を水平方向へ拡散する,いわゆる側方拡散(lateral diffusion)が起き,界面活性剤の自己拡散係数はさらに高くなる。図11においてψが大きくなるとD_SがD_{mic}より高くなっているのはミセルが成長し,bicontinuous構造をとっているためと考えられる。さらに,水,グリセロールに不溶であるヘキサメチルジシラン(HMDS)を微量可溶化させ,その自己拡散係数も測定した(図11の●)。HMDSの自己拡散係数は$C_{12}EO_8$の値の数倍の大きさになっている。水/$C_{12}EO_5$/シクロヘキサン(またはヘキサデカン)系のO/W型マイクロエマルション(水/油比は9/1)は温度がラメラ液晶相への転移温度に近づくとbicontinuous構造になる。そのとき,マイクロエマルションに可溶化された油分子は界面活性剤分子よりも速く拡散することが報告されている[18]。ゆえに,本実験において$C_{12}EO_8$ミセルに可溶化されたHMDS分子の自己拡散係数が$C_{12}EO_8$のものより高いことからもψが大きいときのミセルの構造は bicontinuous 構造であるといえる。

4.3.2 水/プロピレングリコール/$C_{12}EO_8$系

水中に単分散溶解した$C_{12}EO_8$分子の25℃における自己拡散係数は3.5×10^{-10} m$^2 \cdot $s^{-1}である[17]。これを(3)式に適用すれば溶媒組成変化に伴う単分散溶解した$C_{12}EO_8$分子の自己拡散係数(D_{mono})が求まる。このD_{mono}の軌跡も図11に表してある。プロピレングリコール系ではψの増加によってD_SがD_{mic}から離れて,大きくなり,最終的にはD_{mono}近辺に達する。$C_{12}EO_8$のcmcは$\psi=0$のとき1.09×10^{-4} mol/L,$\psi=0.6$のとき1.45×10^{-2} mol/L,$\psi=0.8$のとき1.12×10^{-1} mol/Lと変化する。すなわちプロピレングリコール系ではψの増加によってミセルの形成は阻害され,単分散の$C_{12}EO_8$分子の割合が急激に増しているといえる。これらの結果より,プロピレングリコール系,ではψの増加によりミセルは崩壊し,最終的に少なくとも純粋なプロピレングリコール中ではミセルは形成されていないといえる。

4.4 マイクロエマルションの構造

水,油,界面活性剤からなるマイクロエマルションは界面活性剤が親水性から親油性に変化するときO/W型から両相連続(bicontinuous)型を経てW/O型に変化する。マイクロエマルションのこれらの構造は電気伝導度測定[19],電子顕微鏡観察[20],X線(中性子)散乱[21]などにより調べられるが,マイクロエマルション中の水分子,油分子のPGSE-NMRによる自己拡散係数測定から詳細に構造を知ることができる。O/W型の場合,水が連続相,油が分散相であるため,水

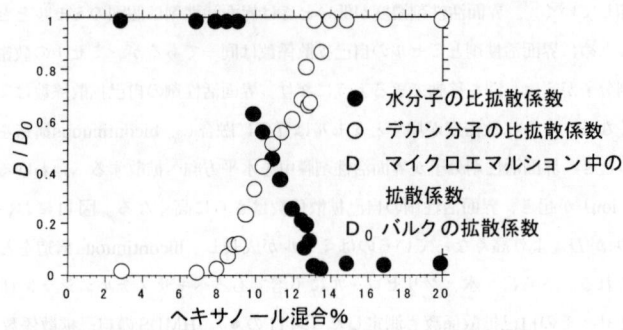

図12 水/ショ糖モノラウリン酸エステル/1-ヘキサノール/n-デカン系のマイクロエマルション中の水,デカン分子の比自己拡散係数

分子・油分子の自己拡散係数（それぞれD_{water}, D_{oil}）を比較すると$D_{water}\gg D_{oil}$となる。またW/O型の場合は$D_{water}\ll D_{oil}$となり,両連続型の場合は$D_{water}\sim D_{oil}$となる。通常マイクロエマルション粒子に束縛された溶媒分子と純溶媒中での溶媒分子の自己拡散係数（それぞれD, D_0）を比べると2桁程度D_0の方が大きい値をもつ。そのため,それらの比である比拡散係数D/D_0をとるとよい。すなわち,分散相内にある分子では$D/D_0\sim 0$, 連続相内にある分子では$D/D_0\sim 1$となる。

図12に水/ショ糖モノラウリン酸エステル/1-ヘキサノール/n-デカン系において形成されるマイクロエマルションでの実際の測定例を示す[22]。横軸はヘキサノールのショ糖エステル＋ヘキサノール中の混合%であり,右側に行くにつれて親油性になっている。図の左側では油分子の拡散係数はバルクの油のものに比してかなり小さく,油分子が束縛された環境にあることが分かる。このため,マイクロエマルションはO/W型とわかる。また,同様に図の右側ではW/O型と分かる。図の中間では水,油分子の拡散が同程度に起こっており, bicontinuous構造であることが分かる。

5 おわりに

界面活性剤や両親媒性高分子は溶液中,あるいは単独で自己組織化し,ナノメートルサイズの会合体を形成する。この自己組織体は従来からの応用である乳化,可溶化などを越えて,反応媒体,機能性物質創製のテンプレートなど大きな可能性を秘めている。また,このような自己組織化溶液は従来のランダム混合に基づく単純な溶液とは異なり,ナノ構造溶液として溶液科学の最

第1章 序論―界面活性剤,両親媒性高分子の自己組織化及び最新の構造測定法

前線にあると言える。本章がそれらの未来の分野に対しても参考になれば望外のよろこびである。

文　献

1) 界面活性剤評価・試験法,日本油化学会(2002)
2) H. Kunieda, K. Shigeta, K. Ozawa, M. Suzuki, *J. Phys. Chem. B*, **101**, 7952(1997)
3) H. Kunieda, Md. H. Uddin, M. Horii, Asao Harashima, *J. Phys. Chem. B*, **105**, 5419 (2001)
4) A. Guinier, G. Fournet, "Small-Angle Scattering of X-Rays.", Wiley, New York(1955)
5) O. Glatter, O. Kratky, "Small-AngleX-Ray Scattering", Academic Press, London(1982)
6) J. Brunner-Popela, O. Glatter, *J. Appl. Cryst.*, **30**, 431(1997)
7) B. Weyerich, J. Brunner-Popela, O. Glatter, *J. Appl. Cryst.*, **32**, 197(1999)
8) A. Bergmann, G. Fritz, O. Glatter, *J. Appl. Cryst.*, **33**, 1212(2000)
9) T. Sato, Md. K. Hossain, D. P. Acharya, O. Glatter, A. Chiba, H. Kunieda, *J. Phys. Chem. B*, **108**, 12927(2004)
10) H. Kunieda, Md. H. Uddin, M. Horii, H. Furukawa, A. Harashima, *J. Phys. Chem. B*, **105**, 5419(2001)
11) T. Frühwirth, G. Fritz, N. Freiberger, O. Glatter, *J. Appl. Cryst.*, **37**, 703(2004)
12) R. N. Bracewell, "Fourier Transform and its Applications." McGraw-Hill, New York (1965)
13) J. J. Müller, P. W. Schmidt, G. Damaschun, G. Walter, *J. Appl. Cryst.*, **13**, 280(1980)
14) M. Sagitani, Y. Ikeda, Y. Ogo, *J. Oleo Sci.*, **33**, 30(1984)
15) T. Iwanaga, M. Suzuki, H. Kunieda, *Langmuir*, **14**, 5775(1998)
16) ミルトン J. ローゼン著,坪根和幸,坂本一民訳,界面活性剤と界面現象,フレグランスジャーナル,132(1995)
17) P. G. Nilsson, H. Wennerström, B. Lindman, *J. Phys. Chem.*, **87**, 1377(1983)
18) U. Olsson, K. Nagai, H. Wennerström, *J. Phys. Chem.*, **92**, 6675(1988)
19) G. G. Warr, R. Sen, D. F. Evans, J. E. Trend, *J. Phys. Chem.*, **92** 774(1988)
20) W. Jahn, R. Strey, *J. Phys. Chem.*, **92** 2294(1988)
21) T. N. Zemb, S. T. Hyde, P. -J. Derian, I. S. Barnes, B. W. Ninham, *J. Phys. Chem.*, **91** 3814(1987)
22) N. Nakamura, Y. Yamaguchi, B. Håkansson, U. Olsson, T. Tagawa, H. Kunieda, *J. Dispers. Sci. Tech.*, **20** 535(1999)

第2章 機能性界面活性剤の開発と応用に関する新たな動き

1 バイオサーファクタントの特性と機能利用

北本 大*

1.1 はじめに

　生体内には各種の両親媒性物質が存在しているが，その多くは様々な界面で，物質，エネルギー，情報の交換に関与し，生命現象の維持に大きな役割を果たしている。例えば，細胞膜ではリン脂質が自己組織化によって二分子膜の基本構造を形成し，その膜中に物質の認識（結合）や輸送（透過）に関わるタンパク質や糖脂質が機能的に配置することで，細胞内外での情報伝達を可能としている。また，細胞表層では，糖脂質はコレステロール等と会合しラフト（筏）と呼ばれるミクロドメイン構造を形成し，このドメインが情報伝達，細胞接着，細胞周期，免疫等で重要な働きをしている[1]。

　一方，こうした生体由来の両親媒性物質は，天然系の界面活性剤として，古くから生活の中で利用されてきた。例えば，石けんを始め，植物系のサポニン（糖脂質），レシチン（リン脂質），タンニンや，動物系のカゼイン，キチン・キトサンなどの利用の歴史は長く，現在でも食品，化粧品産業などを中心として幅広い技術分野で使用されている[2]。バイオテクノロジーの発展による植物資源の増産や，分離技術の進歩によるダウンストリームプロセスの低コスト化などを背景として，天然素材を原料とする界面活性剤の開発が再び注目を集めている。また，このような開発動向は，化学物質のリスク削減や，循環型社会の育成といった観点からも，後押しされている。

　上記のような動植物由来の天然系の界面活性剤に加え，微生物によって生産される各種の界面活性剤が知られている。これらは，『バイオサーファクタント』（BS）と呼ばれ，1960年代に始まった「炭化水素発酵」（石油を原料とする発酵プロセス）の研究に端を発している。当時，炭化水素類を原料として，ある種の微生物を培養すると，菌体外（培地中）に両親媒性の物質が生産されることが知られていた。微生物の種類や反応条件によっては，その生産量が非常に多くなることから，こうした両親媒性物質，即ちBS自体が次第に注目されるようになった。

　研究が開始されてしばらくの間は，生分解性や安全性に優れた"環境調和型の界面活性剤"への応用研究が主流であった。しかし，ここ数年，ナノテクやライフサイエンスのアプローチから，

＊　Dai Kitamoto　㈱産業技術総合研究所　環境化学技術研究部門
　　バイオ・ケミカル材料グループ　グループ長

界面活性剤・両親媒性高分子の最新機能

BSが既存の合成界面活性剤には見られない高度な分子集合能(自己組織化)や生理活性(細胞分化誘導)などを持つことが判り,その研究動向は大きく変わりつつある。現在では,"環境適合性と多機能性を兼ね備えた新しい材料"として,省エネルギーから先端医療に関わる幅広い技術分野での応用が検討されている[3,4]。以下,本節では,バイオサーファクタントの微生物生産や物性・機能を中心に,各種技術分野への応用例を概説する。

1.2 種類と特徴

BSは,その親水基の構造から,①糖脂質型,②脂肪酸型,③リポペプチド型,④高分子型に分類され,現在では数十種類のものが知られている。親水基としては,上記分類にあるように糖やアミノ酸類が,疎水基としては各種の中鎖および長鎖脂肪酸(飽和,不飽和,分枝,ヒドロキシ型など)が代表的である[5]。

BSの工業的な利用はまだ限られているが,植物や動物系に比べると,原料に対する依存性が少ない,構造や機能の拡張性に優れている,生産や分離の効率が高いといった特徴を有し,今後実用化研究が大きく進展する可能性がある。表1に代表的なBSとその生産菌を示した。特に,

表1 バイオサーファクタントの種類と生産微生物[2,3]

バイオサーファクタント	生産微生物
糖脂質型	
マンノシルエリスリトールリピッド	*Pseudozyma antarctica*
ソホロリピッド	*Candida bombicola*
ラムノリピッド	*Pseudomonas aeruginosa*
トレハロースリピッド	*Rhodococcus erythropolis*
脂肪酸型	
スピクルスポル酸	*Penicillium spiculisporum*
コリノミコール酸	*Corynebacterium lepus*
アガリチン酸	*Poryporus officinalis Fris*
リポペプチド型	
サーファクチン	*Bacillus subtilis*
セラウェッチン	*Serratia marcescens*
ライケンシン	*Bacillus licheniformis*
アースロファクチン	*Arthrobacter sp.*
高分子型	
エマルザン	*Acinetobacter calcoaceticus*
アラサン	*Acinetobacter radioresistens*
リポサン	*Candida lipolytica*
バイオディスパーサン	*Acinetobacter calcoaceticus*

第2章 機能性界面活性剤の開発と応用に関する新たな動き

糖質型のBSは，生産性が高く，原料面（糖質系バイオマスの利用が可能）や機能面（生体に対して糖鎖に由来する特性を示す）でも優位にあるため，最も良く研究が進んでいる[6]。

合成界面活性剤に比べた場合，BSの構造的な特徴は，①複数の官能基（水酸基，カボキシル基，アミノ基）や不斉炭素，②複雑でかさ高い構造，③生分解を受けやすい構造，などを有することである。一方，その機能的な特徴としては，①低濃度で大きな界面活性，②緩やかで持続的な作用，③優れた分子集合体や液晶の形成能，④多彩な生理活性，などを発揮することである。

これらの物性や機能は，親水基と疎水基の「きれいに揃った構造」と「巧妙な組み合せ」に起因している。BSの合成は，すべて酵素反応によって位置選択的，立体選択的に行われる。そのため，"分子の形・向き" が揃っており，界面で効率的な分子集合や配向が可能になるため，合成界面活性剤に比べてより低濃度で機能を発揮できる。また，親水基と疎水基の組み合せは，生物の長い進化の過程で最適化されている。このような理由から，BSでは，合成界面活性剤（人類が化学合成によって得るもの）には見られない「離れ技」が可能となっている。

1.3 バイオサーファクタントを生産する微生物の探索

上述のようにBSは，分子内に多数の不斉炭素を有するため，化学的な合成は容易ではない。従って，BSの量産では経済性，資源循環性，環境負荷の面からも微生物プロセスが最適である。

特定のBSを得るためには，まず，それを生産する微生物を取得する必要がある。取得方法と

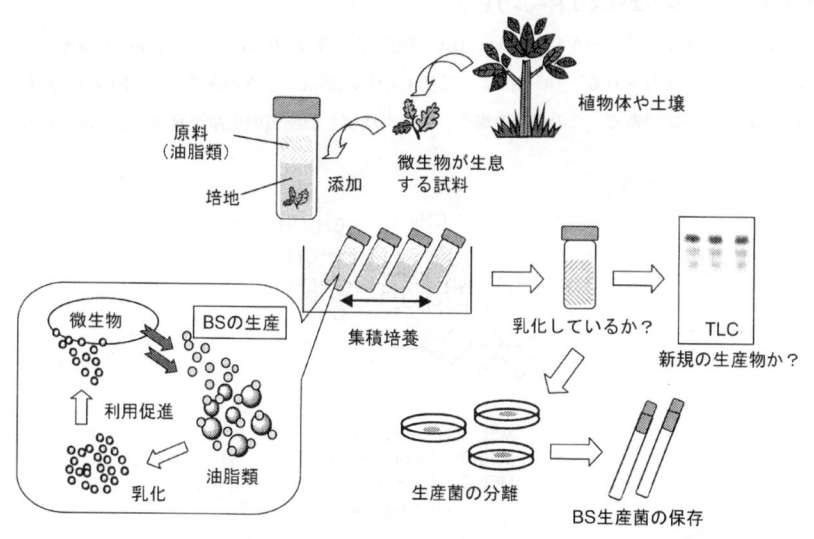

図1　バイオサーファクタント生産菌の探索手法

しては，一定のスクリーニング条件のもと，自然界から新たに生産菌を探索する場合と，既に自然界から分離され公的保存機関(日本のNBRC，米国のATCC，オランダのCBS，ドイツのDSMZなど)に登録されている菌株の中から探索する場合の両方がある。一般的なスクリーニングの概要を図1に示す。

例えば，原料(炭素源)に油脂や炭化水素類を用いると，これらを利用できない微生物は増殖しない一方，BSを生産可能な微生物は，原料を乳化し効率よく利用できるために，増殖が活発になる場合がある。この際，培養液はエマルションを形成するため肉眼的にも判断でき，またBSがある程度生産されていれば，培養液の表面張力は相当に低下する。従って，これらを指標に集積培養を繰り返すことで，多数の検体からBS生産菌をある程度の確率で選抜できる。

このようにして得られたBS生産菌について，培養条件を検討し，スケールアップを図ることで量産が可能になる。一般にBSの実用化のためには，少なくとも生産物の対原料収率が70％以上，蓄積量が $140\ \mathrm{gL}^{-1}$ 以上のプロセスが必要であると言われている[7]。

BS生産の原料（炭素源およびエネルギー源）には，主として大豆油，菜種油などの植物油脂や n-アルカンなどの炭化水素が用いられる。BS生産菌としては，細菌類が最も多く報告されているが，酵母やカビも利用されている。以下，代表的なBSについてその生産例を紹介する。

1.4 微生物によるバイオサーファクタントの量産
1.4.1 マンノシルエリスリトールリピッド

マンノシルエリスリトールリピッド（MEL，図2）は，酵母（*Pseudozyma antarctica*株など）によって大量に生産される[8]。酵母によって量産可能なBSは，現在のところ，MELと後述のソホロリピッドだけである。この酵母の場合，菌体の増殖と糖脂質の生産が連動していないため，

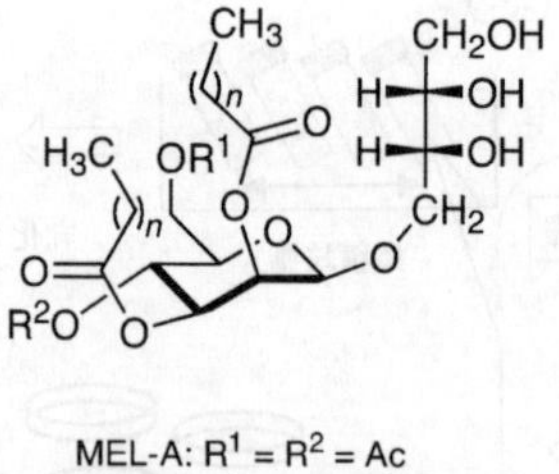

MEL-A: $R^1 = R^2 = Ac$
MEL-B: $R^1 = Ac,\ R^2 = H$
MEL-C: $R^1 = H,\ R^2 = Ac$
($n = 6\ \text{to}\ 10$)

図2 マンノシルエリスリトールリピッドの構造

第2章 機能性界面活性剤の開発と応用に関する新たな動き

発酵法でも休止菌体法でもMELの生産が可能である．例えば，グルコースなどの糖類から調製した菌体（休止菌体）を，非水溶性の原料と混合・撹拌するだけで，MELは容易に生産される（図3）．この手法で，大豆油を用いた場合，6日間で47 g L^{-1}（対原料収率は65％）のMELが得られる．原料をリアクターに添加し続けると，MELの生産は数週間継続し，最終的な蓄積量は120 g L^{-1}に達する．また，この手法でn-アルカンを原料に用いると，収率は87％まで向上し，その蓄積量は140 g L^{-1}に達する[9]．現在，MELは，㈱産業技術総合研究所から入手可能である．

1.4.2 ソホロリピッド

ソホロリピッド（SL，図4）は，酵母（*Candida bombicola*株，*Candida apicola*株など）によって，グルコースや天然油脂から大量に生産される[10,11]．ラクトン型のもの(SL-1からSL-4)と，開環した酸型のものがある．SLの場合も，菌体の増殖と糖脂質の2つのプロセスを分割可能である．例えば，まず糖類で菌体を充分に増殖させておき，次に同じリアクター内で原料を糖類から油脂類に転換すると，SLの生産が始まり培地中に大量に蓄積される．このような方法で，300〜400 g L^{-1}以上の高収率でSLが得られる．現在のところ，SLの最高収率は700 g L^{-1}にまで達している[4]．

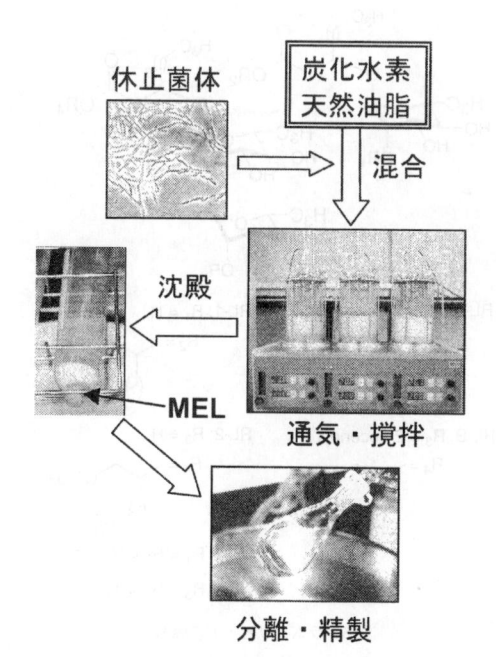

図3 休止菌体を利用したマンノシルエリスリトールリピッドの量産

酸型　　　　　　　　　　ラクトン型

SL-1: $R_1 = R_2 = Ac$
SL-2: $R_1 = Ac, R_2 = H$
SL-3: $R_1 = H, R_2 = Ac$
SL-4: $R_1 = R_2 = H$

図4　ソホロリピッドの構造

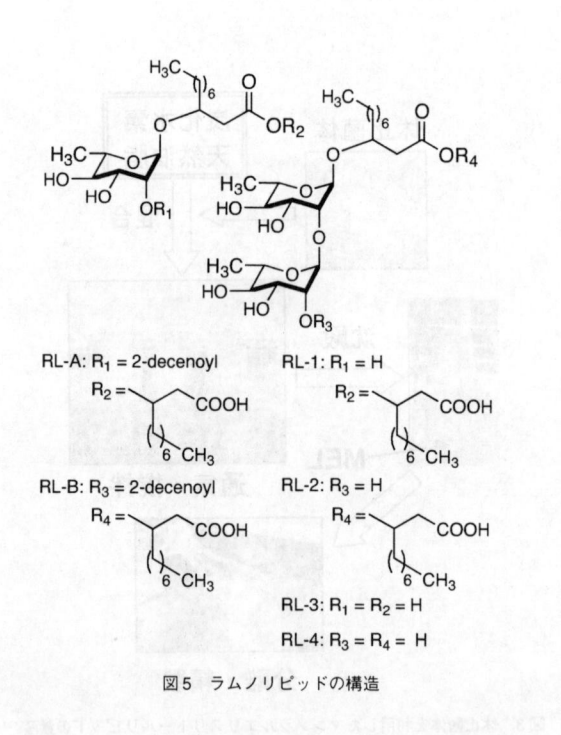

RL-A: R_1 = 2-decenoyl
RL-B: R_3 = 2-decenoyl

RL-1: $R_1 = H$
RL-2: $R_3 = H$
RL-3: $R_1 = R_2 = H$
RL-4: $R_3 = R_4 = H$

図5　ラムノリピッドの構造

第2章 機能性界面活性剤の開発と応用に関する新たな動き

1.4.3 ラムノリピッド

ラムノリピッド (RL, 図5) は，緑膿菌 (*Pseudomonas aeruginosa* 株) によって生産される。RLの場合，菌体の増殖と糖脂質の生産は同時に進行するため，量産は発酵法に限られる。n-アルカン，天然油脂，エタノール，グリセロールなどを炭素源として，窒素源の制限下で培養を行うと，培地中に大量に生産される[12, 13]。他のBSに比べると，RLの生合成系は遺伝子レベルまで良く研究されている。

RLの発見当初の収率は，わずか$2.5 gL^{-1}$であったが，現在では$100 gL^{-1}$以上に達しており，米国のJeneil Biosurfactant社により製造・市販されている。

1.4.4 スピクルスポール酸

スピクルスポール酸 ((4S,5S)-4,5-dicarboxy-4-pentadecanolide) は，脂肪酸型の代表的なBSであり，青カビ (*Penicillium spiculisporum* 株) によって，グルコースから$110 gL^{-1}$の収率で生産される[14, 15]。微生物の直接の生産物は，針状結晶として培養液中に沈殿するO-acidであるが，これは高温条件下で容易に閉環してスピクルスポール酸 (S-acid) を与える (図6)。現在，スピクルスポール酸は，磐田化学㈱や米国のDavos Chemical Corporationから入手可能である。

1.4.5 サーファクチン

ある種の細菌類は，環状のペプチドに脂肪酸が結合したリポペプチド型のBSを生産する。アミノ酸の数や，脂肪酸の鎖長が異なる数種類の構造が知られている。いずれも，強い界面活性と

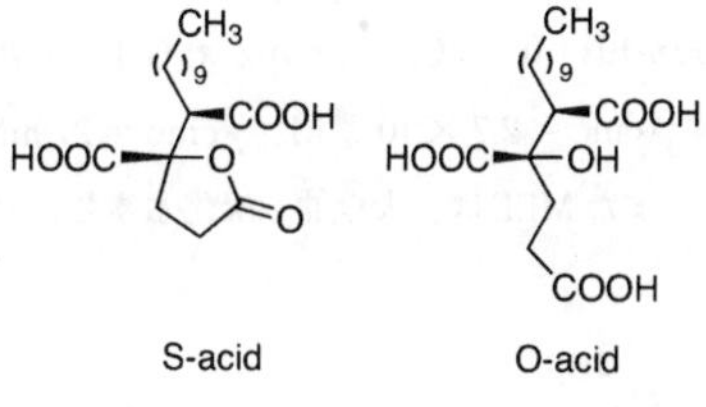

図6 スピクルスポール酸の構造

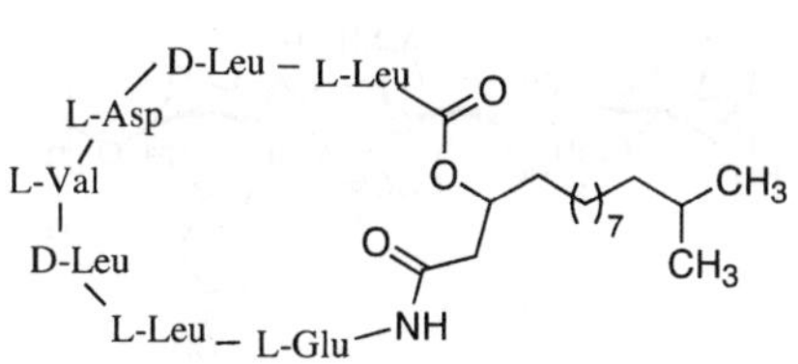

図7 サーファクチンの構造

抗菌活性を示すことが特徴である[16]。サーファクチン（SF, 図7）は, 最も代表的なリポペプチド型のBSであり, 枯草菌（納豆菌, *Bacillus subtilis*株）によって生産される。SFの主要な分子種は, ヘプタペプチドにβ-ヒドロキシ脂肪酸が結合した構造を持ち, 環の外側に12個の炭素鎖を持ち, 末端が分枝している。

酸素を制限して培養を行うと, $7\,gL^{-1}$程度の収率で得られる。生産物の回収には, 限外濾過膜分離, 水性二層分配, 固相抽出, 泡分画法などが利用されている[17]。

SFは1968年に発見されたが, その生産量が上記程度で非常に低く, 精製法も煩雑なため, これまで工業的な利用が困難であった。しかし最近, 昭和電工㈱により大量生産技術が確立され, 化粧品素材として実用化されている[18]。

1.4.6 エマルザン

多くの細菌類が, 多糖, タンパク質, リポ多糖, リポタンパク質等のポリマーを菌体外に生産することは良く知られている。エマルザン（EM, 図8）は, 最も代表的な高分子型BSであり, アニオン性のヘテロ多糖（N-アセチルガラクトサミン, N-アセチルヘキソサミンウロン酸などを含む）にヒドロキシ脂肪酸（炭素数10から18）が結合した分子量約100万の構造を持つ[9]。EMは, 細菌（*Acinetobacter calcoaceticus*株）によって, エタノールやn-アルカンから, $1\sim5\,gL^{-1}$の収率で生産される[19]。用いる原料によって, 脂肪酸部分（分子全体の$15\sim20\%$）の構造が変わり, 得られるEM自体の界面活性も変化する[20]。

1.5 界面活性と自己集合特性

MELは, 側鎖脂肪酸の鎖長が短い（$C_8\sim C_{12}$）にもかかわらず, 非常に小さな臨界ミセル濃度で大きな界面活性作用を示す（$cmc = 2.7\times10^{-6}\,M$, $\gamma cmc = 27\,mN/m$, 水/n-ヘキサデカンの界面張力$= 2\,mN/m$以下）。またMELは, 大豆油や炭化水素類に対して, ポリオキシエチレ

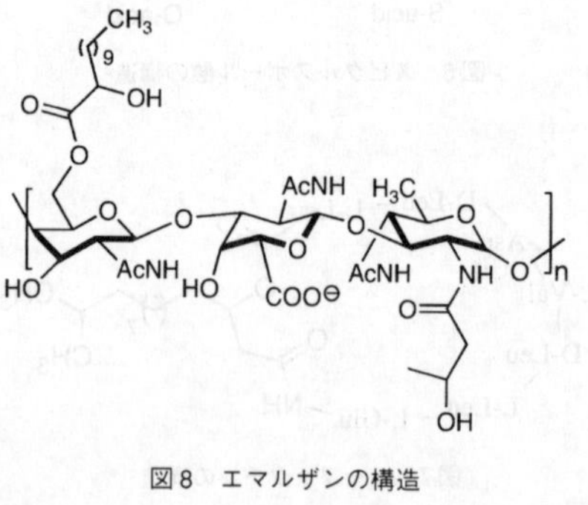

図8　エマルザンの構造

第2章 機能性界面活性剤の開発と応用に関する新たな動き

ン-ソルビタン脂肪酸エステル（Tween 80）等に比べ，数倍以上の乳化活性を示す[9]。さらに，MELはショ糖脂肪酸エステルに見られるような小麦粉製品に対する品質改良作用を示し，その糖骨格であるマンノシルエリスリトールは保湿作用も示す。

さらに，MELは非常にユニークな自己集合（自己組織化）特性を示す。MEL-A（1mM）の薄膜を水和させると，直径1〜20μmの油滴状の構造体（スポンジ相を有するコアセルベート）を形成する。一方，MEL-Aからアセチル基が一つはずれた構造をもつMEL-BやMEL-Cは，コアセルベートではなく，直径10〜20μmの巨大ベシクルを容易に形成する[21]。

通常の界面活性剤は，水溶液中で「自己集合」して容易にミセルを形成するが，「自己組織化」してベシクル（二分子膜）を形成することができるのは，ごく限られた物質だけである。すなわち，自己組織化には「特別な構造」が必要とされる。レシチンなどのリン脂質がベシクル（リポソーム）を形成することは良く知られているが，糖脂質の場合，単独系でベシクルを形成することは稀である。従って，MELのベシクル形成は，その親水基—疎水基のバランス，分子全体の形状，配向性，パッキング性が優れていることを裏付けている。

微生物が生産するSL自体はエマルションの安定化能を示さないが，その親水性誘導体やデシルアミド誘導体などは，乳化，湿潤，洗浄，可溶化など幅広い界面活性を示す。特に，そのプロピレンオキサイド付加体は，優れた皮膚の柔軟化作用や保湿作用があることが認められており，化粧品素材として実用化されている[10]。SLの洗浄特性（トリオレインの除去）は，ラクトン環の開環に伴って大きくなり，ラクトン環がすべて開環すると，ドデシル-β-D-マルトシド，直鎖アルキルベンゼンスルホン酸塩，ラウリル硫酸ナトリウムのような合成界面活性剤と同等になる。さらにSLは，起泡性が低く，生分解性も高いため，サラヤ㈱によって食器洗浄機用の洗剤としても実用化されている。

従来，食器洗浄機用の洗剤には，低起泡性の特性からブロックポリマー系が使われているが，その生分解性が低いことが問題であった。これに対し，SLを使用することで，従来の洗浄性や低起泡性を保持しつつ，生分解性も大幅に向上させることに成功している。商品に配合されている界面活性剤成分は，大豆油と糖を原料として発酵により得られるSFのみ（添加量は，わずか1％）であり，まさに天然由来の洗剤と言える。

SL（酸型）は，2つの親水部（糖部分と脂肪酸末端のカルボキシル基）を持つため，双頭型脂質に類似した自己組織化特性を示す。また，カルボキシル基を持つため，分子の集合形態が，pHに依存して変化する。酸性条件下（pH＜5.5）では，幅が5〜11μmで，長さが数百μmにも及ぶ巨大なリボンを容易に形成する[22]。pHの上昇に伴って，リボンの生成速度や生成率は低下するが，リボンの「ねじれ度合い」や「リボン間の絡み合い」は上昇し，二重らせんも発生する。

RLは，アニオン型であるがcmcが低く，乳化，分散，浸透，起泡作用にも優れている[23, 24]。

例えば，RL-A（ナトリウム塩）の界面活性は，cmc＝6.2×10^{-5} M，γcmc＝28 mN/m，水/ケロシンの界面張力＝0.2 mN/m程度である。こうした特性から，乳化剤，洗浄剤，排水処理用の微生物活性助剤，油処理剤，汚染土壌処理剤（重金属回収剤）などに利用可能である。

RLは，SL（酸型）と同様，分子末端にカルボキシル基を有するため，分子の集合形態がpHに依存して変化する[24]。例えば，RL-A，RL-B（pKa値は共に5.6）とも弱酸性下（pH4.3〜5.8）ではベシクル（数十nm〜数μm）を，中性付近（pH6.0〜6.5）ではラメラ液晶と脂質粒子を，pH6.8以上ではミセルを形成する（図9）。

スピクルスポール酸は，側鎖が短く多塩基であるため親水性が高いが，アルキルアミンで中和したり，官能基を化学修飾することにより，親水—疎水バランス（HLB）を始めとする特性を容易に調整できる。S-acidの1-ナトリウム塩の界面活性は，cmc＝2×10^{-2} M，γcmc＝34 mN/m，水/n-デカンの界面張力＝4.5 mN/m程度である。ナトリウム塩，および各種アルキルアミン塩は，α-銅フタロシアニンブルーや磁性粉などに対して優れた分散作用，分散安定化作用を示す。S-acidおよびO-acidの二置換ヘキシルアミン塩は，直鎖アルキルベンゼンスルホン酸塩

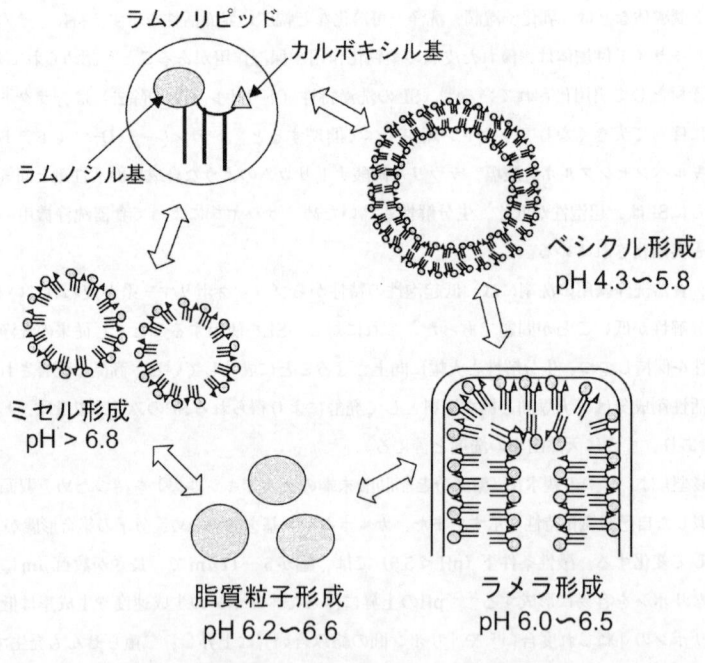

図9 ラムノリピッドのpHに依存した分子集合特性

第2章 機能性界面活性剤の開発と応用に関する新たな動き

やラウリン酸ナトリウムなどの合成界面活性剤と同等以上の洗浄特性を示す。

また，スピクルスポール酸は，生分解性(95%)，耐塩性と耐硬水性にも優れ，pH緩衝作用や，金属イオン補足作用もある。こうした特性から，乳化重合用乳化剤，エポキシ樹脂用硬化剤，帯電防止剤，電解コンデンサ駆動用電解液，コンクリート着色剤，重金属汚染に対する浄化剤などへの利用が可能である。さらに，S-acidとグルタミン酸やアルカノールアミドなどから得られるアミド誘導体は，低刺激性，湿潤性であり，化粧品素材への利用も可能である[24]。

S-acidおよびO-acidの各種のアルキルアミン塩は，ベシクル形成能を示す[25, 26]。例えば，S-acidの2-エチルヘキシルアミン塩は，pHが6.2〜5.8で，直径7〜8μmのベシクルを形成する。またS-acidは，RL同様，分子の集合形態がpHに依存して変化し，pH6.8以上ではミセルを，6.6〜6.3では脂質粒子を形成する。

SFは，ペプチド部分がβ-シート状の高次構造をとるため，大きな棒状ミセルを形成しやすい。その界面活性は，cmc $= 2.4 \times 10^{-5}$M，γcmc $= 27$ mN/m，水/n-ヘキサデカンの界面張力$= 1$ mN/m程度である。SFのナトリウム塩の場合，cmcは3×10^{-6}Mであり，SDSに比べると1/1000，Triton X-100に比べても1/10以下である[18]。このナトリウム塩は，少量で高い乳化安定性や分散性を示し，起泡性や泡安定性も有する。さらに，皮膚刺激性が従来のアミノ酸系界面活性剤に比べ際立って低い。SFを用いると各種オイルの透明ジェルを容易に調製できるため，化粧品の処方上有用であり，洗顔フォーム，クレンジング剤や各種乳液など，新しい化粧品素材として需要が拡大している。

EMの乳化力は小さいが，0.001〜0.01%の低濃度でも，O/W界面に吸着して非常に大きな乳化安定化作用を示す[19]。二価のカチオンの存在下（2〜10 mM Mg^{2+}），pH 5.0〜7.5で，最大の安定化作用を示す。既に乳化安定化剤として工業的に利用されている。エマルザンによる乳化は，酵素により容易に分解され脱乳化が可能なため，石油の三次回収剤，流出油処理剤，タンカー等の石油貯槽の洗浄剤等への利用が可能である[27]。

1.6 生理活性

MELは優れた抗菌活性を有し，枯草菌や黄色ブドウ球菌などのグラム陽性細菌の生育を低濃度（数 mgL^{-1}程度）で阻害する。その作用濃度は，ショ糖脂肪酸エステルやソルビタン脂肪酸エステル等に比べると，1/100〜1/300である[8]。これらの抗菌活性に加えて，MELはヒト急性前骨髄性白血病細胞（HL60）を始めとする各種の白血病細胞に対して数μMの濃度で，増殖抑制や分化誘導作用（腫瘍細胞を正常な細胞へと分化させる働き）を示す。さらにMELは，ラットの褐色細胞腫（PC12）や悪性腫瘍であるマウスのメラノーマ細胞（B16）に対しても同様の作用を示す[3]。興味深いことに，「微生物」の糖脂質であるMELが示す上記の活性は，「動物」の糖

脂質であるガングリオシドGM1やGM3が示す活性に非常に類似している。

SL (SL-1およびSL-2) は、枯草菌や放線菌に対して生育阻害作用を示す。また、*Candida apicola*株が生産する別種のSL (ラクトン型) は、グラム陰性細菌や細菌ファージに対しても強い増殖阻害作用を示す。これらの抗菌活性に加え、SLもヒト白血病細胞、ヒト急性リンパ性白血病由来細胞 (Jurkat細胞) や扁平上皮ガン細胞 (Tu-138) に対して増殖抑制、分化誘導作用を示す[6]。

RL (RL-1およびRL-2) は、枯草菌に対して10～35 mgL^{-1}で、植物病原性の卵菌類に対して5～30 mgL^{-1}で、生育阻害作用を示す[13]。これらの抗菌活性は、RLによる細胞膜の破壊、および溶菌作用に基づいている。さらに、RLは植物ウィルスであるタバコモザイクウィルスやポテトXウィルスに対しても、増殖抑制効果を示す[6]。

SFは、細菌やカビに対する強力な抗菌作用を有するばかりでなく、ヘルペスウィルスを始めとする各種のウィルスに対して増殖阻害作用も示す。これらの作用に加え、タンパク質変性阻害作用、血液凝固阻害、血栓溶解作用、生体膜におけるイオンチャンネルの誘導、など様々な生理活性を示す[28]。

1.7 石油技術への利用

BSの工業的な利用は、原油の三次回収技術に端を発している[29]。三次回収とは、ポンプによる一次回収、熱水注入による二次回収 (採取量は50～60％程度) に次いで、界面活性剤を利用して、岩盤等にしみ込んだ原油をマイクロエマルションとして回収する手法である。例えば、BS生産菌を油田に投入すると、生産菌は原油からBSを生産し、エマルションの形成を促すと同時に、ガスを発生し内圧を上昇させる。さらに有機酸等を生成することで岩盤の腐食も誘発し、これらの相乗的な効果により回収率の向上が可能となる。

BSは、三次回収以外にも様々な石油技術への利用が可能である。例えば、石油のパイプライン輸送の効率化にも適用可能である。例えば、EMは、ベネズエラ産原油の粘度を200,000から100cPまで減粘する効果を示し、これによって26,000マイルのパイプライン輸送が可能とされている。

1.8 環境浄化技術への利用

BSは、タンカーやオイルタンクの洗浄、流出油による汚染の除去にも効果を発揮する[30]。BSを含む培養液 (2トン) を、タンカーの船底に注入することにより、オイルスラッジから91％以上の原油を回収した例もある。1989年にアラスカ沖で起きた流出油汚染の際に、BS生産菌が、原油中の非揮発性成分、特に多環芳香族炭化水素 (PAH) の微生物分解に対して有効であること

第2章 機能性界面活性剤の開発と応用に関する新たな動き

が実証されている。この際,BSは藻類などの海洋生物に対して合成界面活性剤よりも影響が少なく,流出油対策に有効であることが報告されている[29]。

BSは,有害化学物質で汚染された水質や土壌の浄化技術へも利用可能である[30, 31]。近年,有害化学物質による環境汚染に対する処理技術として,バイオレメディエーション(生物を利用する浄化技術)が関心を集めている。バイオレメディエーションは,物理化学的な処理方法に比べ,コストや安全性に優れているが,分解・処理速度が遅いことが欠点である。特に,有機塩素化合物(PCBなど)や原油(PAHなど)による土壌汚染では,汚染物質が難溶性のため土壌へ強く吸着し,微生物による分解を受けにくくなっている。このような問題の解決策として,BSの活用が期待されている。すなわち,BSが持つ強力な界面活性(乳化能,可溶化能)を利用して,環境に負荷なく効率的に汚染物質を洗い出し,土壌中での微生物による分解を促進させることが可能である。

例えば,RLを汚染土壌に添加すると,n-ヘキサデカン,ナフタレン,フェナントレンなどの炭化水素が,合成界面活性剤(SDSやTween 80)に比べより効率良く可溶化・分散され,微生物によるこれらの分解・除去が促進される。この際,BSの界面活性作用によって微生物の移動も促進され,相乗的に分解速度が向上する[10]。

BSは,PCBやPAHに対するバイオレメディエーションに有効であるばかりでなく,重金属で汚染された土壌の効率的な浄化処理にも利用可能である。例えば,重金属(亜鉛,銅,鉛,カドミウムなど)はアニオン性のBS(ミセル)に捕捉され,限外濾過膜を利用した方法(ミセル促進膜分離法)で容易に回収される。実際,RLは土壌に結合したZn^{2+},Cu^{2+},Pb^{2+},Cd^{2+}を高い効率で吸着・除去できる。特にCd^{2+}に対しては顕著な効果があり,RLを等モル以上添加すると細胞に対するCd^{2+}の毒性が低下する[12]。RL以外にも,SL,SF,スピクルスポール酸[32]などは,汚染土壌中の重金属(Zn^{2+},Cu^{2+}など)に対して優れた選択吸着性を示す。

1.9 省エネルギー技術への利用

最近,氷蓄熱(エコ・アイス)が,「地球に優しい」空調システムとして広がっている。氷蓄熱は,安全性やエネルギー密度,システムのコンパクト性に優れている。しかし,貯蔵タンク内で氷の充填率を上昇させると,氷粒子の凝集・塊状化が起き易くなり,逆に採熱効率の低下,配管の閉塞を招くといった難点がある。現状では,この凝集を高濃度の化学添加物(溶剤や塩類)で抑制しており,排水処理まで含めたシステム全体の環境負荷は相当に大きくなってしまう。

筆者らは,界面活性剤が持つ固−散作用を,氷粒子の凝集抑制に利用することを考え,各種活性剤の氷蓄熱システムへの影響を調べた(図10)[33]。合成界面活性剤の中では,非イオン性,特に糖型の界面活性剤が優れた凝集抑制を示す。例えば,ソルビタン脂肪酸エステル(Span 80)は,

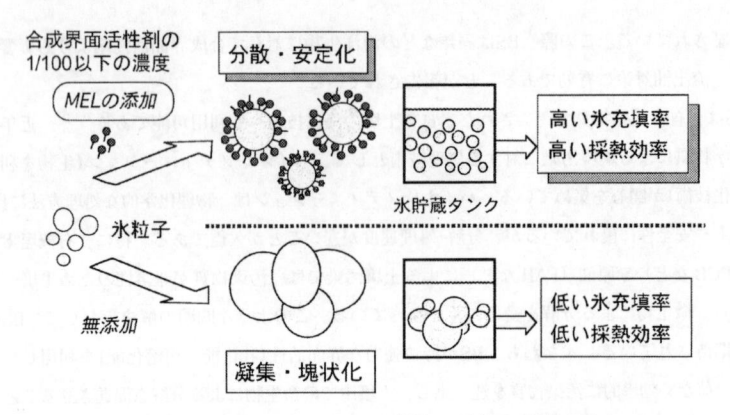

図10 バイオサーファクタントを利用した氷粒子の凝集抑制

1000 mgL^{-1}の添加で，30％の氷充填率を半日程度維持できる（要は，夜間電力で作った氷を昼過ぎまで分散できれば良い）．これに対し，MELはわずか10 mgL^{-1}の添加で35％，2.5 mgL^{-1}の添加でも30％の氷充填率を維持でき，極めて優れた抑制効果を示す．これより，BSは氷蓄熱システムの安全な効率化手法へ適用できることが判る．システムのトータルコストを考えた場合，BSの利用は上記のような化学添加物に対して非常に優位と言える．

1.10 タンパク質分離技術への利用

動物細胞表層の糖脂質であるガングリオシド類は，各種のレクチンや抗体（いずれも糖タンパク質）と特異的に結合することが知られている．しかし，これらの細胞脂質の量産や分離精製は困難で，機能性材料として工業的に利用することは不可能である．これに対し，糖脂質型のBSは量産が可能であり，ガングリオシド類似の機能を持つ新しい材料として着目されている．

実際，MELはヒト抗体（免疫アルブミン，IgG）に対して高い結合親和性を示す[34]．そこで，MELをIgGのアフィニティ分離担体へ利用することを考え，高分子ビーズ（生体適合性を有するポリメタクリル酸ヒドロキシエチル）上にMELを吸着担持させてMEL-高分子複合体を作製し，その結合特性を評価した．

この複合体は，IgGに対して非常に大きな結合定数と結合容量を示す．高分子自体は，IgGと血清アルブミン（血清中の最も主要なタンパク質）に対して全く結合選択性を示さない．しかし，MELをビーズ上に担持させるとIgGに対する結合選択性が発現し，その担持量の増加に伴い結合量も大きく上昇する．この複合体とIgGの結合定数（1.4×10^6 M^{-1}）は，IgGの代表的なアフィニティ分離担体であるプロテインAに比べ数倍以上になる．一方，複合体のIgGに対する結

第2章　機能性界面活性剤の開発と応用に関する新たな動き

合容量（複合体1g当たりの結合量）は，供給溶液のIgG濃度の増加に伴い上昇し，100 mg以上にも達する[35]。

MELとIgGの相互作用でユニークな点は，IgGの解離・溶出は中性条件下で効率的に行えることである。プロテインAの場合，IgGに対して高い結合選択性を示す一方，製造コストが極めて高く，さらに結合したIgGの溶出には強酸性条件が必須である。それゆえ，回収の際に，タンパク質の会合・変性を招く場合もある。MEL-高分子複合体の結合選択性や安定性等をさらに上昇できれば，プロテインAに替わる新しいアフィニティ分離担体となり得るかもしれない。

1.11 先端医療技術への利用

近年，リポソーム（主にリン脂質から形成されるマイクロカプセル）は薬剤や遺伝子の安全な輸送担体として注目を集めており，既にいくつかの抗菌剤や抗ガン剤のDDS（ドラッグ・デリバリー・システム）へと実用化されている。特に，リポソームを利用する遺伝子（DNA）の輸送技術は，従来のウィルス法に比べ安全かつ簡便であるため，ガンや遺伝病の21世紀の治療法と言われる「遺伝子治療」への実用化が熱望されている。しかし，これまでのリポソーム法は，細胞への遺伝子導入効率が非常に低いことが難点であった。通常，DNAは陰イオンを持つため，リポソーム材料には様々な陽イオン性の高分子，脂質，アミノ酸などが検討されてきたが，これらの材料だけでは導入効率のブレークスルーは達成困難であった。

上述のようにMELは，巨大リポソームの形成能[36]を始めとする様々な界面物性や生理活性（抗腫瘍性，糖タンパク質結合性）を有するため，新たなDDSへの利用が期待される。筆者らは，名古屋市立大学の中西守教授のグループと共同で新しいタイプのリポソームを開発した。このリポソームは，同グループが既に開発していたリポソーム材料（陽イオン性コレステロール誘導体）[37]にMELを組み込んだものである。ヒト子宮頸部ガン（HeLa）細胞など代表的な哺乳類の培養細胞に対する遺伝子導入では，極めて高い導入効率が得られる。従来の市販のリポソーム（リポフェクチンなど）に比べると，その導入効率は50〜70倍であり，リポソーム法としては世界最高レベルに達する[38]。MEL含有リポソームは，従来のものに比べ，①DNAに対する結合性が高い，②複合体のサイズがコンパクト（適正）である，③膜融合によって細胞への付着や取り込みが起こり易い，といった特徴がある[39]（図11）。

この新しいリポソームによって，遺伝子導入操作が大幅に効率化され，遺伝子機能の研究や，遺伝子治療の研究がスピードアップすることも期待される。

1.12 バイオサーファクタントの展望

ここで紹介したBSのユニークな物性や機能の多くは，その「きれいに揃った構造」あるいは

35

界面活性剤・両親媒性高分子の最新機能

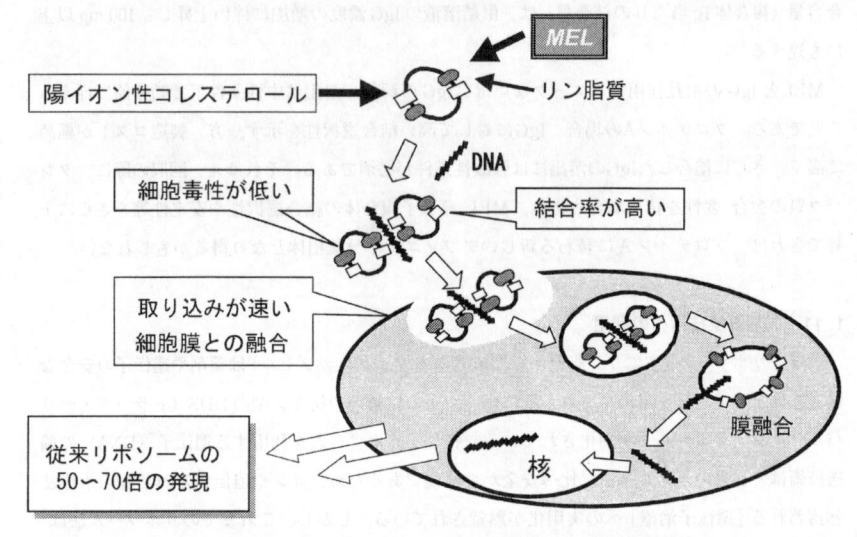

図11 陽イオン性リポソームを利用した細胞への遺伝子の導入

「特異な自己組織化」から発生している。現在, ナノテク領域では, 物質が持つ自己組織化特性を巧みに利用して, ナノ粒子からボトムアップにより新しい材料を創製しようという試みがある。しかし, 現状では, そのようなアプローチが可能で, バイオマス資源から容易に調製でき(有機合成に依存せず), しかも環境にも調和した素材・材料は, かなり限定されている。このような観点で見れば, BSは「高機能界面活性剤」に加え, 新しい「ナノバイオ素子」としても高いポテンシャルを有している[40]。

BSの幅広い技術分野での実用化にとって, 微生物生産のコストは依然大きな問題である。しかし, 最近のバイオテクノロジーの飛躍的革新により, この課題は確実に解決されつつある。既に, 家庭用洗剤への実用化が達成されていることが良い例である。今後, 周辺技術の進歩に伴って, BSの品目の多様化や機能開拓がさらに進展すれば, その用途はさらに広がり, グリーンテクノロジーやナノバイオテクノロジーのフラッグシップ製品になるかもしれない。

第2章 機能性界面活性剤の開発と応用に関する新たな動き

文　献

1) 川嵜敏祐, 井上圭三編, "糖と脂質の生物学", p.162, 共立出版(2001)
2) 北本大, "界面活性剤評価・試験法", p.35, 日本油化学会(2002)
3) D. Kitamoto, H. Isoda, T. Nakahara, *J. Biosci. Bioeng.*, **94**, 187(2002)
4) 北本大, オレオサイエンス, **3**, 663(2003)
5) J. D. Desai, I. M. Banat, *Microbiol. Mol. Biol. Rev.*, **61**, 47(1997)
6) 北本大, フレグランスジャーナル, **2002-5**, 29(2002)
7) バイオインダストリー協会(発酵と代謝研究会)編, "発酵ハンドブック", p.105, 共立出版(2001)
8) 北本大, 化学と生物, **41**, 410(2003)
9) D. Kitamoto, T. Ikegami, T. Suzuki, A. Sasaki, Y. Takeyama, Y. Idemoto, Y. Koura, H. Yanagishita, *Biotechnol. Lett.*, **23**, 1709(2001)
10) 木村義晴, フレグランスジャーナル, **1992-3**, 22(1992)
11) S. Lang, *Curr. Opin. Colloid Interface Sci.*, **7**, 12(2002)
12) R. M. Maier, G. Soberon-Chavez, *Appl. Microbiol. Biotechnol.*, **54**, 625(2000)
13) S. Lang, D. Wullbrandt, *Appl. Microbiol. Biotechnol.*, **51**, 22(1999)
14) T. Tabuchi, I. Nakamura, E. Higashi, T. Kobayashi, *J. Ferment. Technol.*, **55**, 43(1977)
15) T. Ban, T. Sato, T. -F. Yen, *J. Petro. Sci. Eng.*, **21**, 223(1998)
16) S.S. Cameotra and R. S. Makker, *Curr. Opin. Microbiology*, **7**, 262-266(2004)
17) F. Peypoux, J. M. Bonmatin, J, Wallach, *Appl. Microbiol. Biotechnol.*, **51**, 553(1999)
18) 米田正, 藤田一郎, 続木敏, フレグランスジャーナル, **2001-12**, 93(2001)
19) E. Rosenberg, E. Z. Ron, *Appl. Microbiol. Biotechnol.*, **52**, 154(1999)
20) J. Zhang, S. -H. Lee, R. A. Gross, D. Kaplan, *J. Chem. Tech. Biotechnol.*, **74**, 759(1999)
21) T. Imura, H. Yanagishita, D. Kitamoto, *J. Am. Chem. Soc.*, **35**, 10804(2004)
22) S. Zhou, C. Xu, J. Wang, Wei Gao, R, Akhverdiyeva, V. Shah, R. A. Gross, *Langmuir*, **20**, 7926(2004)
23) 崔永国, 石上裕, オレオサイエンス, **2**, 649-657(2002)
24) 石上裕, 表面, **35**, 515(1997).
25) Y Ishigami, Y. -J. Zhang, F. -X. Ji, *Chimica Oggi-Chemistry Today*, **18**, 32(2000)
26) 石上裕, 蒲康夫, 山崎信助, 油化学, **36**, 490(1987)
27) E. Z. Ron, E. Rosenberg, *Curr. Opin. Microbiology*, **13**, 249(2002)
28) P. Singh, S. S. Cameotra, *Trends in Biotechnol.*, **22**, 142(2004)
29) G. Bognolo, *Colloid and Surf. A*, **152**, 41(1999)
30) I. M. Banat, R. S. Makker, S. S. Cameotra, *Appl. Microbiol. Biotechnol.*, **53**, 495(2000)
31) C. M. Mulligan, R. N. Yong, B. F. Gibbs, *Enginnering Geology*, **60**, 371-380(2001)
32) J. -J. Hong, S. -M. Yang, C. -H. Lee, Y. -K. Choi, T. Kajiuchi, *J. Colliod Surf. Sci.*, **202**, 63(1998)
33) D. Kitamoto, H. Yanagishita, A. Endo, M. Nakaiwa, T. Nakane, T. Akiya, *Biotechnol. Progress*, **17**, 362(2001)
34) J. -H. Im, T. Ikegami, H. Yanagishita, T. Nakane, D. Kitamoto, *BMC Biotechnology*, **1**:

5, 1-7(2001)
35) J. -H. Im, T. Ikegami, H. Yanagishita, Y. Takeyama, Y. Idemoto, N. Koura, D. Kitamoto, *J. Biomed. Mater. Res.*, **65**, 379(2003)
36) D. Kitamoto, G. Sangita, G. Ourisson & Y. Nakatani, *Chem. Commun.*, 860(2000)
37) M. Nakanishi, *Curr. Medic. Chem.*, **10**, 1289(2003)
38) Y. Inoh, D. Kitamoto, N. Hirashima, M. Nakanishi, *Biochem. Biophys. Res. Commun.*, **289**, 57(2001)
39) Y. Inoh, D. Kitamoto, N. Hirashima, M. Nakanishi, *J. Control. Release.*, **94**, 423(2004)
40) D. Kitamoto, K. Toma, M. Hato, "Handbook of Nanostructured Biomaterials and Their Applications in Nanotechnology", Vol.1, p.1, American Scientific Publishers(2005)

2 合成糖脂質の構造と物性

南川博之*

2.1 はじめに

　糖を親水部とする糖系界面活性剤や糖脂質への注目は，近年ますます高まっている。糖系界面活性剤のアルキルポリグリコシドは，作物などの再生可能な資源を原料とし環境中で分解される，また肌にやさしい台所用洗剤として，製品化されている[1,2]。糖脂質は，葉緑体のチラコイド膜や光合成細菌の細胞膜を形成する主成分であり，地球上で最も大量に存在する脂質でもある。一方，バイオサイエンスの分野では，糖鎖は，蛋白質，核酸についで，生体中での第3の鎖であり，分化・発生過程，細胞表面での相互認識などの情報認識の他にも，生体物質の安定化，生体構造の維持など，多様な機能をもつものとして研究開発が活発に行われている。

　糖脂質の界面物性や利用に関する研究について，動向を年代順にまとめると次のようになる。1980年代，植物，細菌，動物から抽出した天然糖脂質を対象とする研究が，進められていた。'80年代半ばから，グルコースやガラクトースの脂質を合成し，熱相転移を調べる研究が始まった。'90年代前半から，糖親水部の対象をオリゴ糖まで広げた糖脂質が純物質として合成され，構造と会合挙動との関係を系統的にしらべる研究に進み，その応用展開も図られるようになってきた。2000年以降，糖脂質をバイオテクノロジーや材料科学，ナノテクノロジーへの活用する機運も高まった。たとえば，環境意識の高いドイツやスウェーデンでは，環境にやさしい素材としての糖脂質に関するプロジェクトが，合成，構造解析，界面化学，生化学，材料工学の各分野の連携により，編成されている。同様な動きは2004年から，マレーシアでも見られる。

　この節では，純粋で構造が明確な合成糖脂質の研究に関して，ここ15年間ほどの発展を中心に解説する。「合成糖脂質の構造と会合構造」では，合成糖脂質の親水性と疎水性をどのように分子設計するか，それにより糖脂質は水中でどのような会合構造をとることができるかを解説する。「応用展開」についてはまず，糖のもつ，生体物質の安定化や認識に注目した糖脂質の活用事例について解説する。ついで，近年活発になっている，ナノテクノロジーへの展開のひとつとして，糖脂質ナノチューブについて解説する。

　1990年以前の総説では，天然糖脂質の特性について，Maggio[3]，Curatolo[4,5]，Kates[6]が詳しい。簡単な日本語解説としては，内海・浜田[7]がある。1994年までの，グルコース・ガラクトース脂質の相転移については，Koynova, Caffreyの総説[8]にまとめられている。また，最近の解説として，Mannock[9]，羽藤[10,11]の解説がある。あわせてご参考いただきたい。

---

* Hiroyuki Minamikawa　㈱産業技術総合研究所　界面ナノアーキテクトニクス
　　　　　　　　　　研究センター　高軸比ナノ構造組織化チーム　主任研究員

界面活性剤・両親媒性高分子の最新機能

2.2 合成糖脂質の分子構造と会合構造：分子設計のポイント
2.2.1 合成糖脂質の糖親水部(図1)

合成糖脂質の親水性は，糖のもつ多様性のおかげで，大幅にしかも系統的に変えることができる。その中でも，水酸基の数を変化させることは，最初に考慮に入れてよい有効な方法である。

図1に糖親水部の例を示す。ここでは，便宜上，グリセロール(水酸基2個)も，糖親水部に含めている。単糖に限っても，水酸基が2個のデオキシリボースから，3個のリボースやキシロース，4個のグルコースやガラクトースまで，その親水性を段階的に調整することができる。これら非イオン性の単糖に加えて，イオン性のシアル酸類も，利用できる。

オリゴ糖を用いることで，親水性を大幅に増すことが可能となる[12~14]。たとえば，マルトオリゴ糖は，2糖から7糖まで，純度の高いオリゴ糖が入手しやすい。これらを用いれば，水酸基に換算すると4個から22個までを，提供することができる。このレパートリーでも，グリセロールからマルトオリゴ糖までを用いれば，水酸基の数に換算して11倍の親水性変化をコントロールできることになる。

ただし，糖親水部同士の会合挙動が，単糖ユニットの構造，糖残基間の結合位置と様式にも大きく依存するという点は，糖親水部の特徴でもある。単糖であるグルコースとガラクトースでは，4位での水酸基の結合方向が異なるため，糖脂質の相転移温度や気水界面での単分子膜の挙動に違いが現れる[15]。オリゴ糖では，糖残基の結合位置と様式が，糖同士の会合挙動に大きく影響する。その顕著な例として，マルトオリゴ糖脂質，セロオリゴ糖脂質が知られている[12, 16]。マル

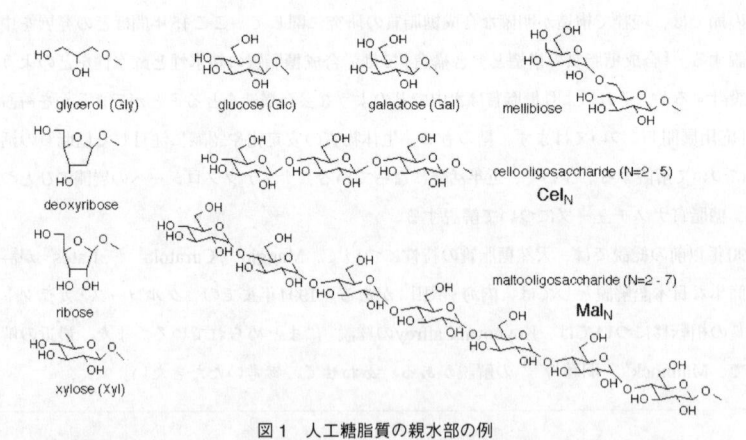

図1 人工糖脂質の親水部の例
便宜上，グリセリルエーテルも含めた。親水性を大幅に変化さえることができる。
水酸基数2から22までのものを例示した。N：糖残基数

第2章　機能性界面活性剤の開発と応用に関する新たな動き

トオリゴ糖脂質では，糖残基数Nが増えると，相転移温度も大きく低下していき，単分子膜も膨張傾向に向かう。一方，セロオリゴ糖脂質では，Nを増加させると，相転移温度は大きく上昇し，単分子膜は凝縮していく。これらの結果は，オリゴ糖のコンフォメーションに由来するオリゴ糖間の会合挙動として説明できた（図2）。マルトオリゴ糖はアミロースと同様のらせん状のコンフォメーションをとるため，糖残基数Nの増加と共に，その断面積と親水性は大きくなり，糖間の距離は大きくなる。セロオリゴ糖は，セルロース微結晶と同様な伸びきったリボン状のコンフォメーションを取り，オリゴ糖は平行に強く相互会合するようになる。マルトオリゴ糖は，高い親水性を実現するために有効であると言える。

最近，メリビオースを親水基とする糖脂質が報告された[17]。これは同じ2糖であるマルトースに比べて，親水性が高く相転移温度も低い。1,6-O-グリコシド結合をもつオリゴ糖は，ランダムコイルコンフォメーションをとる傾向をもつ。イソマルトオリゴ糖なども，同様な高い親水性が期待できるかもしれない。

この項では，単糖ならびにオリゴ糖の親水部について紹介した。糖の多様な構造により，親水性を大幅にしかも系統的に変化させることが可能である。これにより，糖脂質に多岐に渡る会合構造をとらせることが可能になっている。

2.2.2　合成糖脂質の疎水部(図3)

疎水性も，疎水基の構造を選ぶことによってかなりの自由度で制御できる。端的にはアルキル鎖の総炭素数を増減することができる。その一方で，水中での融点（クラフト点や脂質膜のゲル液晶相転移温度に相当）を低く保つことも重要なポイントとなる。

もっとも簡単な糖系界面活性剤の例として，炭素数8のオクチル基C_8がグルコースに結合

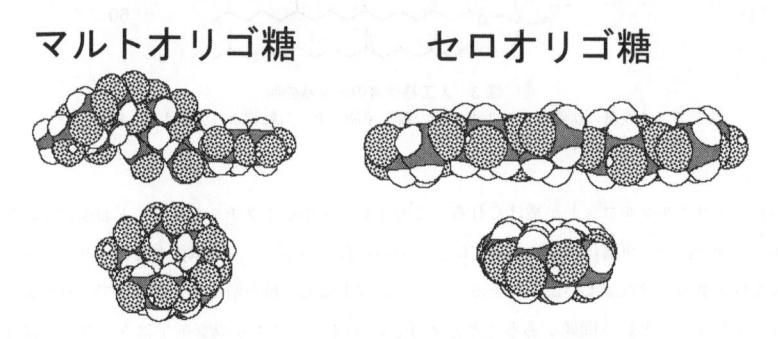

図2　マルトオリゴ糖親水部とセロオリゴ糖親水部
コンフォメーションの違いが，親水基間の水素結合とパッキングひいては，親水性の違いに反映される。

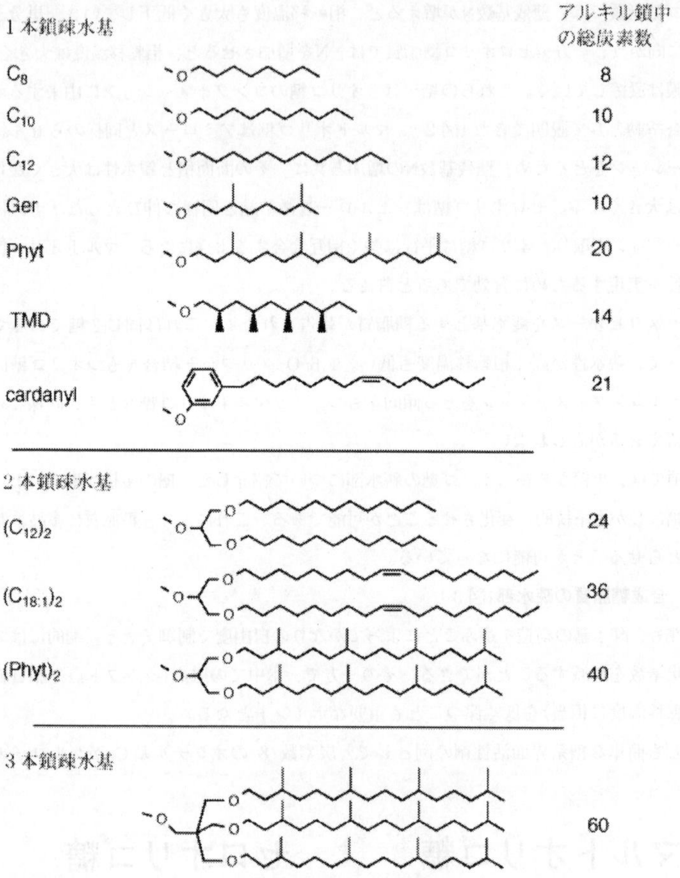

1本鎖疎水基	アルキル鎖中の総炭素数
C_8	8
C_{10}	10
C_{12}	12
Ger	10
Phyt	20
TMD	14
cardanyl	21

2本鎖疎水基	
$(C_{12})_2$	24
$(C_{18:1})_2$	36
$(Phyt)_2$	40

3本鎖疎水基	
	60

図3　人工糖脂質の疎水基の例
アルキル基の炭素数, アルキル鎖の数, 不飽和度, 分岐により, 疎水性, 融点, 膜安定性を調節できる.

した, オクチルグルコシドが挙げられる. このミセルを作るオクチルグルコシドおよびその類縁体は, 膜蛋白質の可溶化精製や結晶化に広く用いられている[18, 19]. 疎水性を変化させるためには炭素数を増減させればよいように思えるが, これ以上に炭素数を増やすと水の中での融点が高くなってしまう, という問題がある. たとえば, C_{12}のドデシルグルコシドではクラフト点は36℃となり室温より高く[20], 可溶化などの用途に実質的には使えない. オレイル基$C_{18:1}$は, シス二重結合をもつ長鎖アルキル基であり[21], そのグルコシドは室温以下の融点を示すが, 不飽和結合

第2章 機能性界面活性剤の開発と応用に関する新たな動き

は酸化に対する化学的な安定性に難がある。

　高度に分岐したイソプレノイド鎖は，高い疎水性，化学的な安定性，水中での低い融点を効果的に両立できる。たとえば，フィタニル基Phytは炭素数20のアルキル基でありながら，融点は氷点以下であり，室温を含めた広い温度範囲で液晶状態を維持できる[22, 23]。炭素数10のゲラニル基Ger[24, 25]，炭素数15のファルネシル基も，同様な性質をもつ植物油来の分岐アルキル基であり，全て入手が容易である。臨界ミセル形成濃度からGerの疎水性は炭素数9.4の直鎖に相当すると示唆されるが，これは，水分子がGerに接触可能な面積の見積もりと一致する[26]。

　このアプローチは，2本のアルキル鎖をもつ疎水基でも有用である。例えば，2本のC_{12}鎖をもつ疎水基$(C_{12})_2$にグルコースが結合した糖脂質は，水中での融点が高く52℃である[12]。疎水基を長くすれば，融点はますます高くなってしまう。ところが，2本のフィタニル鎖$(Phyt)_2$をもつ糖脂質は，融点は氷点以下と低く，0℃以上の広い温度範囲で液晶が安定になる[27, 28]。実は，この疎水基をもつ糖脂質は，後述のように，温泉などの厳しい条件で繁殖する古細菌の細胞膜脂質のよいモデルになっており，膜安定性や膜バリアー能が高いことから，バイオテクノロジーへの応用が期待できるものである[29]。

　相当する3本鎖の疎水基$(Phyt)_3$をもつ糖脂質も，合成されている[30]。この疎水基に，オキシエチレンスペーサーを介して五糖を結合した糖脂質について，気水界面での単分子膜は流動性が高く膜安定性も優れていることが報告されている。

　最近，2,4,6,8-tetramethyldecyl基TMDを疎水基とするグルコース脂質が合成されている[17]。この分岐鎖は，ガチョウの腺から抽出される。この脂質は，イソプレノイド系の分岐疎水基と同様に水中で低い融点を示す一方で，疎水基のflexibilityが低く，形成するミセルも板状であるとされている。アルキル鎖パッキング，ひいては会合構造の観点から，イソプレノイド系の分岐疎水基との違いに興味が持たれる。

　この項では，疎水基について紹介した。図3の範囲に限っても，疎水性は，アルキル基総炭素数に換算して8から60まで，7倍以上と大幅に変えることが可能なことがわかる。

2.2.3　親水基・疎水基の選択と糖脂質の作る液晶構造(図4)

　以上の例からわかるように，合成糖脂質では，親水性と疎水性のバランスを，大幅にしかも系統的に変化させることが可能である。図1と図3の範囲に限っても，親水性は10倍以上，疎水性は7倍以上の変化を実現できることになる。このため，糖脂質が形成する液晶構造も多岐にわたるものが調製できる(図4)。

　この図では，ラメラ液晶相(L_α)を中心に，左方向は親水性が疎水性にくらべ大きい方向，右方向は疎水性が親水性に比べて大きい方になっている。左から右に，ミセルが立方晶にパッキングしているミセルキュービック相(I_1)，順ヘキサゴナル相(H_1)，双連続キュービック相(Q_1)，ラメ

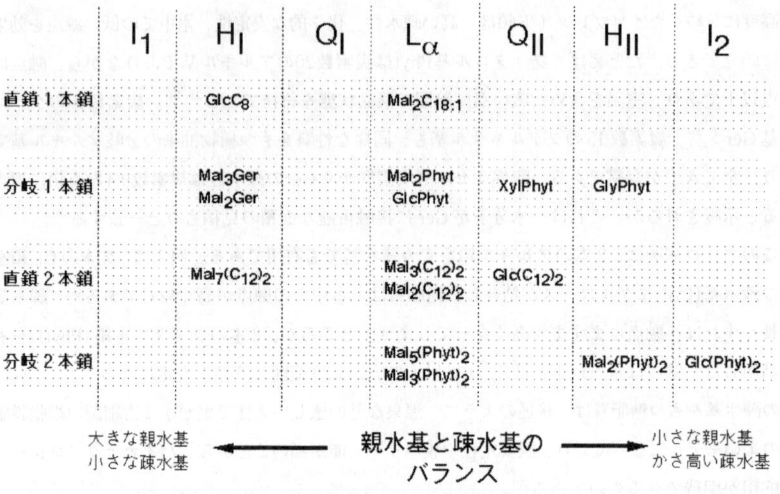

	I_1	H_I	Q_I	L_α	Q_{II}	H_{II}	I_2
直鎖1本鎖		$GlcC_8$		$Mal_2C_{18:1}$			
分岐1本鎖		Mal_3Ger Mal_2Ger		Mal_2Phyt $GlcPhyt$	$XylPhyt$	$GlyPhyt$	
直鎖2本鎖		$Mal_7(C_{12})_2$		$Mal_3(C_{12})_2$ $Mal_2(C_{12})_2$	$Glc(C_{12})_2$		
分岐2本鎖				$Mal_5(Phyt)_2$ $Mal_3(Phyt)_2$		$Mal_2(Phyt)_2$	$Glc(Phyt)_2$

← 大きな親水基　　親水基と疎水基の　→ 小さな親水基
　　小さな疎水基　　　　バランス　　　　　　かさ高い疎水基

図4 合成糖脂質が形成する液晶構造
ゲル液晶相転移温度ではじめて現れる液晶を示した。温度をさらに高くすると
別の液晶相が現れる例もあることに注意。

ラ液晶相(L_α), 逆双連続キュービック相(Q_2), 逆ヘキサゴナル相(H_2), 逆ミセルが面心立方晶で
パッキングしている逆ミセルキュービック相(I_2)である。

(1) 糖脂質でも，親水基と疎水基の大きさのバランスが液晶相の構造を決めている。1本鎖，
2本鎖のいずれの場合でも，バランスを制御することにより，水で希釈するとミセルを形成
する順相タイプの液晶($H_1 Q_1$), ベシクル膜を形成するラメラ相，水には分散しないが油な
どで希釈すると逆ミセルを形成する逆相タイプの液晶($Q_2 H_2$)を得ることができる。(「1本
鎖ならミセル，2本鎖なら膜構造」とは必ずしも言えない。最も一般的な2本鎖リン脂質の
PCでも，疎水基の小さなC_6, C_7のものはミセル[31,32]を，C_{10}からC_{18}のものはラメラを形
成する。)

(2) 単糖親水基では，水酸基の数を2, 3, 4と増やせば，親水性を段階的に大きくできる。分
岐1本鎖のシリーズでは，GlyPhyt(水酸基2個)がH_2相，XylPhyt(水酸基3個)がQ_2相，
GlcPhyt(水酸基4個)がL_α相を示すことが実証になっている[22,23]。

(3) マルトオリゴ糖親水基では，糖残基数Nを大きくすれば，段階的にしかも大幅に親水性
を高めることができる[12]。これは，2本直鎖，2本分岐鎖の糖脂質のシリーズで例示される。

第2章 機能性界面活性剤の開発と応用に関する新たな動き

その中でも，$Mal_7(C_{12})_2$ は2本鎖でありながらヘキサゴナル相を示し水で希釈すればミセルを形成する事実は，その好例となる[14]。

(4) 分岐鎖は，かさ高い疎水基と低い融点を両立する手段として有効である。特に，$Glc(Phyt)_2$ が，室温下，水中で添加物なく単独で，逆ミセルキュービック液晶相を示す点は興味深い[28]。従来，この相を脂質系で得る条件は，C_{16} 以上の長い2本鎖をもつキシロース脂質の80℃以上での液晶か，疎水性の高いcosurfactantを添加するか，いずれかであった[33]。$Glc(Phyt)_2$・水2成分系が室温で形成する液晶構造を解析することにより，液晶の提唱されていた構造モデルと分子ディメンジョンとを直接に比較することが可能になった[28]。

糖親水基と疎水基のバラエティを選んで分子設計すれば，糖脂質に多様な液晶構造を取らせることが可能になっている。現時点で，糖脂質が形成する順相のキュービック液晶の実例はないが，適切な組み合わせを探索すればそのような糖脂質も可能になると思われる。

2.3 合成糖脂質の応用展開
2.3.1 バイオテクノロジーへの展開（表1）

合成糖脂質は，糖鎖の機能と分子設計の高い自由度から，バイオテクノロジーでの幅広い展開が期待出来る。ここでは，蛋白質のハンドリングと糖鎖の認識に大別して解説する。

経験的には，非イオン性の糖は，蛋白質の変性を抑える傾向がある。オクチルグルコシドなどの糖系界面活性剤は，膜蛋白質の生体膜中から可溶化，分離・精製，分析，結晶化のために広く利用されてきた[18,19]。糖系界面活性剤をもちいて得られた膜蛋白質の単結晶が構造解析され，膜蛋白質が担う，エネルギー生産・細胞間信号の認識・能動輸送のメカニズムについて，分子レベルでの議論が可能になった。

膜蛋白質を合成糖脂質二分子膜中へ再構成することが可能である[29]。フィタニル基をもつ合成糖脂質 $Mal_3(Phyt)_2$ は，温泉や塩田などの厳しい条件下で生き抜く古細菌の脂質と類似の構造をもつ[27]。この糖脂質は，高い膜流動性を示す一方で，リン脂質に比べ，BLM膜は長時間安定であり，ベシクル膜のバリアー能が高い[34]。この糖脂質のベシクル膜中に光化学系Ⅱ蛋白質を再構成すると，リン脂質膜に比べて6倍高い光合成活性(酸素発生活性)を示す[35]。適切な分子設計をおこなえば，合成糖脂質が膜蛋白質の再構成に有望であることを例示している。

蛋白質との組み合わせる相として，合成糖脂質のキュービック相も興味深い。たとえば，脂質キュービック相中で膜蛋白質を結晶化する方法が提案されている[36]。また，合成糖脂質XylPhytから作成したキュービック相を界面活性剤に包んで水中に分散させた小胞体cubosomeが作成された[37]。蛋白質を水溶液中に徐放する手段としての可能性が議論されている。

界面活性剤・両親媒性高分子の最新機能

表1 合成糖脂質のバイオテクノロジー分野での活用事例

糖脂質	活用事例	文献
蛋白質のハンドリング		
糖系界面活性剤のミセル (オクチルグルコシドなど)	生体膜中に埋め込まれている膜蛋白質をミセルに可溶化し, 分離・精製, 活性評価を行う. 可溶化膜蛋白質から, 単結晶を作成し, 構造解析を行う.	18,19
合成糖脂質の脂質膜 (フィタニル型糖脂質)	温泉や塩田など厳しい条件下で生き抜く古細菌脂質のモデル脂質. 脂質膜は, 高い流動性をもち, 安定性, バリアー能に優れる. 光合成膜蛋白質を糖脂質ベシクル中に再構成すると, 高い比活性を示す.	29,34,35
逆相型双連続キュービック相 (フィタニルキシロシドなど)	水と疎水部の二つの連続層からなるキュービック相を形成する. キュービック相を界面活性剤で包むことにより, cubosomeとして, 水中に分散することができる. 水溶性蛋白質の徐放の可能性？	37
糖鎖の認識の利用		
重合性糖脂質の単分子膜 (ジアセチレン鎖糖脂質)	固体基板上に単分子膜を作り, 重合する. 糖鎖と蛋白質の結合により, ポリマーのコンフォメーションが変化. 糖鎖と蛋白質との結合が, 色の変化として検出できる.	39
マイクロウェル上での吸着膜 (ネオ糖脂質)	ワンポット反応で, 糖鎖をリン脂質のPEに結合させる. マイクロウェル上に脂質を吸着させて, 多種類の糖鎖を並べ, 糖鎖マイクロアレイを調製し, 効率的なアッセイを行う.	40
QCM 上の吸着膜 (ベロ毒素と結合する二糖脂質)	食中毒のベロ毒素と結合する二糖の脂質をQCM上に吸着させる. ベロ毒素がQCMにより迅速に検出される.	41
SPR 上の吸着膜 (吸着性の高い糖脂質)	SPR基板上に強く吸着する糖脂質を合成する. フロー法でもはがれにくいものが必要となる. 糖鎖と蛋白質との相互作用の会合定数やキネチックス.	38,42

糖鎖の認識の分析や検出に関する研究開発は, きわめて盛んに行われている[38]. ここでは, 合成糖脂質から膜を作成し, 糖鎖認識の検出に利用する例について, いくつか紹介する.

①Bednarskiらは, 重合性のジアセチレン疎水基をもつ糖脂質から固体基板の上に単分子膜を作成し, 膜を重合させた[39]. 糖鎖に蛋白質が結合すると, ポリマーのコンフォメーションが変化し膜の色が変化する, という検出法を提案した. ②Feiziらは, リン脂質PEに糖鎖を結合させたネオ糖脂質を合成し, マイクロウェルの上に糖鎖のマイクロアレイを作成している[40]. ③鵜沢らは, 微小な重量変化を検出できる Quartz Crystal Microbalance(QCM)の上に, 合成糖脂質の単分子膜を作成した[41]. QCMの信号変化により食中毒に関与するベロ毒素を迅速に検出する方法を開発している. ④感度にすぐれる表面プラズモン共鳴法 (SPR) の利用も進んでいる[38]. 戸澗らは, SPR基板上の吸着膜の安定性を高める目的で, 3本アルキル鎖の疎水基をもつ糖脂質を合成した[42]. 糖鎖を認識する蛋白質の結合について, 会合定数や吸着のキネチックスを議論してい

第2章 機能性界面活性剤の開発と応用に関する新たな動き

る。

　この他にも今後、合成糖脂質を利用する糖鎖認識の検出法として、感度の高いエバネッセント分光法やプローブ顕微法との組み合わせも考えられるだろう。また、合成糖脂質を生体系に作用させた例として、ワクチンのアジュバント活性剤[43]やDNAポリメラーゼの阻害剤としての報告例などもある[9]。生体適合材料への利用も考えられよう。分子設計の自由度が高い合成糖脂質は、今後ますます、バイオテクノロジーへ活用されていくと期待される。

2.3.2 ナノテクノロジーでの事例：糖脂質ナノチューブ[44]

　2.2.3項では糖脂質の水中での液晶構造について議論したが、これは、アルキル鎖の融解温度以上で形成するものである。ある種の糖脂質は融解温度以下で、数十ナノメータから数百ナノメータの中空の内孔をもつ「糖脂質ナノチューブ」を形成する[44]。これは、糖脂質の脂質二重層膜が、糖親水部のキラリティのために自発的に曲がり、チューブ構造となるものである。これらの構造は、糖脂質を相転移温度以上で水に分散させ、相転移温度以下に冷却させることにより得られる水和固体状態のものである。

　脂質ナノチューブを形成する1本鎖糖脂質の例としては、長鎖フェノールを疎水基としてもつカルダニルグルコシド[45〜47]、不飽和カルボン酸のグルコシルアミド[48]、非環状の糖誘導体[49]などが報告されている。この他に、長鎖アルキル基の一端がグルコシド、もう一端がカルボン酸になった"非対称型双頭型糖脂質"も開発されている[50]。この設計では、アルキル鎖長を選ぶことにより、20nm前後の内径を制御することに成功している。

　これら脂質ナノチューブの長さは、ミクロンからサブミリのオーダーに及ぶ。この細長い形態に着目して、脂質ナノチューブのハンドリングに挑戦している[51]。マイクロマニピュレータを駆使することにより、固体脂質ナノチューブの弾性率の測定、基板上での脂質ナノチューブを使った文字を書くことに成功している。

　糖脂質ナノチューブ内孔中の水は、バルクの水とは異なる特質をもつものと期待される。蛍光プローブをナノチューブ内に導入しその分子の運動を分光的に調べることにより、内孔中の水分子は、バルク水に比べて、高い粘度をもち極性も低いことが明らかにされた[52]。ナノチューブの壁である脂質多重膜層に閉じこめられた水についても、赤外分光法により、糖親水部との相互作用が調べられた[53]。

　ナノチューブ内孔が提供するナノ空間を活用する試みも進められている。効率のよい導入のために、①脂質ナノチューブの長さを十ミクロン程度に揃えて短くする方法[54]、②フリーズドライにより水を除き、ついで水溶液を加える方法[55]が考案された。これら2つの方法を組み合わせることにより、金属ナノ粒子[55, 56]、蛋白質のフェリチン[57]を脂質ナノチューブの内孔に導入できることが確認されている。

糖脂質ナノチューブは，ナノ空間を提供するとともに，その表面が糖で覆われているという特徴をもつナノ部品と捉えることができる。今後は，その特徴を活かして，各種の生体物質の内包や分離などの活用，さらには，糖脂質ナノチューブを基板上に配列させる手法の開発，さらにはマイクロ流路やバイオチップ・化学チップの作成などへの展開が期待される。

2.4 まとめ

多様な糖親水部にあわせて，適切な疎水部を選ぶことで，合成糖脂質がどのような会合形態をとるか，ある程度は制御できるようになってきた。現在，糖脂質は，バイオテクノロジーやナノテクノロジーの素材として存分の活躍が期待されている。糖脂質会合体が提供する表面は，親水性のみならず，生体認識の場や生体適合性の場として注目されると共に，ナノサイズの機能を制御する場としても注目されるだろう。今後，さらなる展開を進めていくためには，合成，生化学，材料工学，高分子科学，分光学，界面化学，コロイド科学の相互の連携を駆使した総合的なアプローチが必要となるだろう。

文　　献

1) K. Hill ed. W. von Rybinski, G. Stroll, "Alkyl Polyglycosides", 1997, VCH Weinheim
2) W. von Rybinski, K. Hill, *Angew. Chem. Int. Ed. Eng.*, **1998**, 1328
3) B. Maggio, G. D. Fidelio, F. A. Cumar, R. K. Yu, *Chem. Phys. Lipids*, **42**, 49(1986)
4) W. Curatolo, *Biochim. Biophys. Acta*, **906**, 111(1987)
5) W. Curatolo, *Biochim. Biophys. Acta*, **906**, 137(1987)
6) M. Kates, Handbook of lipid research, 6: glycolipids, phosphoglycolipid and sulfoglycolipids. NY: Plenum Press, 1990
7) 内海英雄，浜田昭，日本生化学会編，新生化学実験講座　4　脂質　III　「糖脂質」11章　物理化学，pp.293-303　東京化学同人(1990)
8) R. Koynova, M. Caffrey, *Chem. Phys. Lipids*, **69**, 181(1994)
9) D. A. Mannock, R. N. McElhaney, *Curr. Opin. Colloid Interface Sci.*, **8**, 426(2004)
10) M. Hato, H. Minamikawa, K. Tamada, T. Baba, Y. Tanabe, *Adv. Colloid Interface Sci.*, **80**, 233(1999)
11) M. Hato, *Curr. Opin. Colloid Interface Sci.* **6**, 268(2001)
12) M. Hato, H. Minamikawa, *Langmuir*, **12**, 1658(1996)
13) K. Tamada, H. Minamikawa, M. Hato, K. Miyano, *Langmuir*, **12**, 1666(1996)
14) M. Hato, H. Minamikawa, J. B. Seguer, *J. Phys. Chem. B*, **102**, 11035(1998)
15) D. A. Mannock, P. E. Harper, S. M. Gruner, R. N. McElhaney, *Chem. Phys. Lipids*,

第 2 章　機能性界面活性剤の開発と応用に関する新たな動き

　　　111, 139(2001)
16)　M. Hato, J. B. Seguer, H. Minamikawa, *Studies Surf. Sci. Cat.*, **132**, 725(2001)
17)　G. Milereit, V. M. Garmus, J. Yamashita, M. Hato, M. Morr, V. Vill, *J. Phys. Chem.*, **109**, 1599(2005)
18)　M. Clarke, *Nature*, **335**, 752(1988)
19)　Michel, H.(Ed): Crystalization of Membrane Proteins, Boca Raton, FL : CRC Press (1991)
20)　B. J. Boyd, C. J. Drummond, I. Krodkiewska, A. Weerawardena, F. Grieser, *Langmuir*, **16**, 7359(2000)
21)　V. Vill, H. M. Von Minden, M. H. J. Koch, U. Seydel, K. Brandenburg, *Chem. Phys. Lipids*, **104**, 75(2000)
22)　M. Hato, H. Minamikawa, S. Matsutani, *Progr. Colloid Polym. Sci.*, **123**, 56(2004)
23)　M. Hato, H. Minamikawa, R. A. Salkar, S. Matsutani, *Langmuir*, **18**, 3425(2002)
24)　I. Yamashita, Y. Kawabata, T. Kato, M. Hato, H. Minamikawa, *Colloid Surf. A*, **250**, 485(2004)
25)　R. A. Salkar, H. Minamikawa, M. Hato, *Chem. Phys. Lipids*, **127**, 65(2004)
26)　H. Minamikawa, M. Hato, *Chem. Phys. Lipids*, **134**, 151(2005)
27)　H. Minamikawa, M. Hato, *Langmuir*, **13**, 2564(1997)
28)　H. Minamikawa, M. Hato, *Langmuir*, **14**, 4503(1998)
29)　馬場照彦, 膜, **27**, 303 (2002)
30)　J. Esnault, J. -M. Mallet, Y. Zhang, P. Sinaÿ, T. L. Bouar, F. Pincet, É. Prez, *Eur. J. Org. Chem.*, **2001**, 253
31)　R. J. M. Tausk, J. Karmiggelt, C. Oudshoorn, J. T. G. Overbeek, *Biophys. Chem.*, **1**, 175(1974)
32)　R. J. M. Tausk, J. van Esch, J. Karmiggelt, G. Voordouw, J. T. G. Overbeek, *Biophys. Chem.*, **1**, 184(1974)
33)　J. M. Seddon, J. Robins, T. Gulik-Krzywicki, H. Delcraix, *Phys. Chem. Chem. Phys.*, **2**, 4485(2000)
34)　T. Baba, Y. Toshima, H. Minamikawa, M. Hato, K. Suzuki, N. Kamo, *Biochim. Biophys. Acta*, **1421**, 91(1999)
35)　T. Baba, H. Minamikawa, M. Hato, A. Motoki, M. Hirano, D. Zhou, K. Kawasaki, *Biochem. Biophys. Res. Commun.*, **1999**, 734
36)　M. Caffrey, *Curr. Opin. Struct. Biol.*, **10**, 486(2000)
37)　T. Abraham, M. Hato, M. Hirai, *Colloids Surf. B*, **35**, 103(2004)
38)　R. T. Lee Ed., *Methods in Enzymology*, vol. 362(2003)
39)　D. H. Charych, J. O. Nagy, W. Spevak, M. D. Bednarski, *Science*, **261**, 585(1993)
40)　W. Chai, M. S. Stoll, C. Galustian, A. M. Lawson, T. Feizi, *Methods in Enzymology*, **362**, 160(2003)
41)　鵜沢浩隆, 膜, **29**, 34-41(2004)
42)　R. Sato, K. Toma, K. Nomura, M. Takagi, T. Yoshida, Y. Azefu, H. Tamiaki, *J. Carb. Chem.*, **23**, 375(2004)

43) O. Lockoff, *Angew. Chem. Int. Ed. Eng.*, **30**, 1611(1991)
44) T. Shimizu, M. Masuda, H. Minamikawa, *Chem. Rev.*, **105**, 1401(2005)
45) G. John, M. Masuda, Y. Okada, K. Yase, T. Shimizu, *Adv. Mater.*, **13**, 715(2001)
46) G. John, J. H. Jung, M. Masuda, T. Shimizu, *Langmuir*, **20**, 2060(2002)
47) G. John, H. H. Jung, H. Minamikawa, K. Yoshida, T. Shimizu, *Chem. Eur. J.*, **8**, 5494 (2002)
48) S. Kamiya, H. Minamikawa, J. H. Jung, B. Yang, M. Masuda, T. Shimizu, *Lagmuir*, **21**, 743(2005)
49) J. -H. Fuhrhop. P. Blumtritt, C. Lehmann, P. Luger, *J. Am. Chem. Soc.*, **113**, 7437 (1991)
50) M. Masuda, T. Shimizu, *Langmuir*, **20**, 5969(2004)
51) H. Frusawa, A. Fukagawa, Y. Ikeda, J. Araki, K. Ito, G. John, T. Shimizu, *Angew. Chem., Int. Ed.* **42**, 72(2003)
52) H. Yui, Y. Guo, K. Koyama, D. Sawada, T. Sawada, G. John, B. Yang, M. Masuda, T. Shimizu, *Langmuir*, **21**, 721(2005)
53) Y. Guo, H. Yui, H. Minamikawa, M. Masuda, S. Kamiya, T. Sawada, K. Ito, T. Shimizu, *Langmuir*, **21**, 4610(2005)
54) B. Yang, S. Kamiya, H. Yui, M. Masuda, T. Shimizu, *Chem. Lett.*, **32**, 1126(2003)
55) B. Yang, S. Kamiya, K. Yoshida, T. Shimizu, *Chem. Commun.*, **2004**, 500
56) B. Yang, S. Kamiya, Y. Shimizu, N. Koshizaki, T. Shimizu, *Chem. Mater.*, **16**, 2826 (2004)
57) H. Yui, Y. Shimizu, S. Kamiya, I. Yamashita, M. Masuda, K. Ito, T. Shimizu, *Chem. Lett.*, **34**, 232(2005)

3 ジアシルグリセロールの乳化特性

河合　滋[*1]，舛井賢治[*2]，中島義信[*3]

3.1 はじめに

ジアシルグリセロール (DAG) は食品用乳化剤mono & diglyceridesの成分[1,2]として，また，食用油加工時や保存時の副産物[3]としてよく知られており，一般の食用油 (TAG oil，主成分トリアシルグリセロール：TAG) にも含有される成分である。通常は微量成分であるDAGを，80%以上の高濃度で含有する食用油 (DAG oil) には，ユニークな栄養機能があることが，近年明らかにされてきており[4,5]，調理油，マーガリン，ショートニング，マヨネーズ，ドレッシングなど，いわゆる「見える油」[6]を含有する加工食品への応用が期待されている。本節では，DAG oilの基本的な物性，および，食品に応用した際の特性について報告する。なお，ここで主に取り扱うDAG oil，および，日本国内で最も一般的なサラダ油であるTAG oilのエステル分布と脂肪酸組成を表1に示した[7]。

表1　典型的な DAG oil，TAG oil のエステル分布，脂肪酸組成[7]

	DAG oil	TAG oil
Ester Distribution	(%)	
TAG	13.7	98.4
DAG	85.6	1.4
(1,2–DAG)	(28.3)	(0.6)
(1,3–DAG)	(57.3)	(0.8)
MAG	0.7	0.2
Fatty Acid Composition		
C16	3.0	6.5
C18	1.3	2.8
C18：1	38.9	45.4
C18：2	47.3	33.5
C18：3	8.0	9.3
C20	0.1	0.6
C20：1	0.2	1.0
C22	0.1	0.1
C22：1–	0.1	0.1

＊1　Shigeru Kawai　花王㈱　ヘルスケア第1研究所　主任研究員
＊2　Kenji Masui　花王㈱　ヘルスケア第1研究所　主任研究員
＊3　Yoshinobu Nakajima　花王㈱　ヘルスケア第1研究所　室長

3.2 DAG および DAG oil の基本的な特性[8]

3.2.1 構造

　DAGはグリセリンの3つの水酸基のうち，2つに脂肪酸がエステル結合しており，1(3),2-DAG，1,3-DAGの異性体がある。アノマー異性体であるsn-1,2-DAGとsn-2,3-DAGの比率は，一般の食用油に含まれるDAG，DAG oil（リパーゼを用いた酵素によるエステル化後，精製）ともに1:1[9]と報告されている。これら，アノマー異性体は，細胞内での情報伝達でその立体構造による作用の違いが報告されているが[10~12]，油脂化学や脂質栄養学分野では影響しないため，ここでは一括して1,2-DAGと表記する。

　1,2-DAGと1,3-DAGは酸やアルカリ，熱によって簡単に平衡化することはよく知られている[13]。この現象はマイグレーションと呼ばれ，モノアシルグリセロール（MAG），DAGに共通した現象である。MAGの場合は，約90％の1-MAGと約10％の2-MAGで平衡化するといわれている。1,2-：1,3-DAGの平均的な平衡化比率は，脂肪酸組成により異なるが，約3～4：7～6の範囲となり，DAG oilおよび食用油に含まれる微量DAGの比率もほぼ同様である[14]（表1）。

3.2.2 基本的な物理化学的特性

　DAG oilの基本的な物理化学的特性を表2に示す。グリセリン脂肪酸エステルの融点は，TAG＜DAG＜MAGと，エステル化度が下がるのに伴い上昇する。一般的に同じ構成脂肪酸からなる場合，TAGに比べ1,3-DAGは約10℃，1-MAGは約20℃融点が上がる。そのため，年間を通して液状を保つためには，TAG oilよりも飽和脂肪酸を減らし，多価不飽和脂肪酸を増やすなどの工夫が必要である。粘度，比重は，TAG oilに比べDAG oilの方が若干高い値を示すものの，その違いは僅かであるため，この違いが食品への応用時に問題となることはない。

表2　DAG oil，TAG oilの物理化学的特性[7]

		DAG oil	TAG oil
Specific Gravity (g/ml)	8.8℃	0.926	0.922
	20.0℃	0.923	0.914
	30.0℃	0.920	0.908
Viscosity (mPa・s)	8.8℃	84.8	74.5
	20.0℃	55.3	50.1
	30.0℃	37.9	35.3
Melting Point (℃)		-2.0	-24.0
Smoke Point (℃)		220	250
Flash Point (℃)		298	344
Fire Point (℃)		320	354
Auto-ignition Point (℃)		416	435
Surface Tension (mN/m at 25℃)		33.8 [33.9a]	33.7
Interfacial Tension (mN/m at 25℃)		11.9 [14.6a]	23.8

aDAG oil without additives was measured.

第 2 章 機能性界面活性剤の開発と応用に関する新たな動き

DAG oil の発煙点、引火点、燃焼点、発火点は、いずれも TAG oil に比べて 30～40℃低い。高温では DAG の水酸基に起因する分子間水素結合の影響が小さくなり、分子量の違い（運動性）が各物性値の違いとして現われるのであろう。これら食用油として取り扱い上の注意項目となる特数値は、TAG oil と比べていずれも低いが、家庭での使用を考えた場合、実用上は問題とならない。

3.2.3 溶媒としての DAG oil の特性

DAG oil を溶媒として見た場合、TAG oil と異なった特性として、DAG の水酸基による、親水性物質可溶化能が挙げられる。例えば、通常 TAG oil が最大約 1,000 ppm の水しか溶解できないのに対し、DAG oil は TAG oil の約 6～9 倍の水を可溶化できる[8]。DAG oil のこうした溶媒特性は、フレーバー成分の保持や揮発抑制、加熱調理時の加水分解性や着色性、乳化食品製造時の乳化剤選択、機能性物質の溶解など、食品に応用する場合に影響を与える。

3.2.4 界面特性

TAG oil、DAG oil の表面張力はいずれも 35mN/m で、殆ど変わらない[15]。これは、TAG、DAG ともにその疎水部が脂肪酸からなる炭化水素鎖によって構成されているためと考えられる。一方、精製した TAG oil、DAG oil の油／水界面張力はそれぞれ、28.5 mN/m、15.8 mN/m（25℃）であり[7]、DAG oil が TAG oil の約半分の界面張力を示す（表2）。

3.3 乳化特性

DAG oil は極めて油中水型（W/O）乳化を形成しやすい油である。油／水相比率を変えて、TAG oil または DAG oil を水と乳化した場合、TAG oil は油相比 90～60％で W/O 乳化を形成し、それ以下では水中油型（O/W）乳化層と少量の W/O 乳化層を形成する。これに対し DAG oil は、

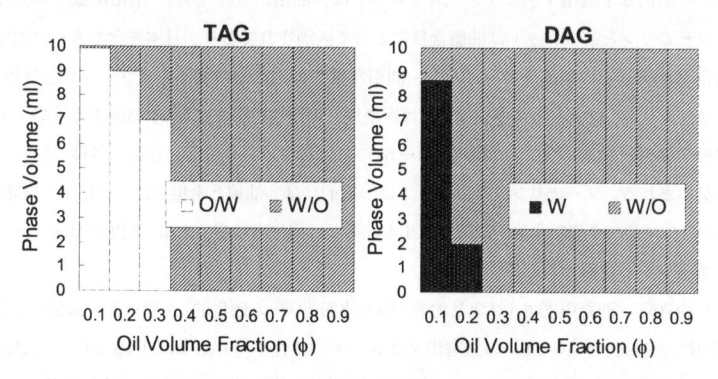

図1 TAG、または、DAG を用いた乳化物の乳化タイプに及ぼす油相比率の影響[15]

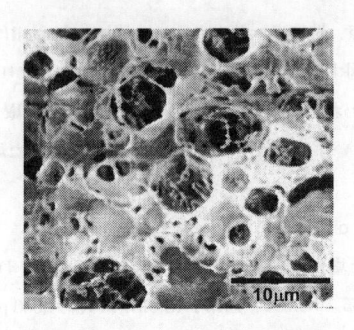

図2 水相比率85％の水／DAG乳化物の電子顕微鏡像[8]

油相比90〜30％でW/O乳化を形成し、それ以下でもW/O乳化層と抱えきれないW層を形成し、O/W乳化層はまったく形成しない（図1）[15]。通常、乳化剤の場合は、そのHLB値でW/OまたはO/W乳化を作りやすいかが示される。DAGのHLBはGriffins Equationの式では計算上、約2.8であるため、HLB値から見てもW/O乳化を形成しやすいことは、妥当と考えられる。

DAG oilは単にW/O乳化指向性が高いだけでなく、極めて高い内相（水相）比率のW/O乳化物を形成できる[15,16]。TAG oilは1vol.に対し、0.97vol.の水しか乳化できないのに対し、DAG oilは油1vol.に対し、5.83vol.の水を乳化できる。これは内層比率が球体の細密充填（74％）を超えた85％である。この状態は液体の泡とも云え、水滴は、多角形をした状態で安定化されている（図2）。

3.3.1 W/O乳化食品[17]

「見える油」を含有するW/O乳化食品の典型として、マーガリン、ファットスプレッドがあげられる。一般的な家庭用マーガリン、スプレッドは、油相が50〜80％、水相が20〜50％からなる。マーガリンとスプレッドは油脂含量によって区別されており、日本を含む多くの国では、油脂含量が80％以上の製品をマーガリン、油脂含量が80％未満の製品をスプレッドと分類している。マーガリン、ファットスプレッドには保型性、可塑性を持たせるため固体脂が必要であり、油相中の液油50〜70％に対し、固体脂30〜50％を含有する。その他、食塩、各種フレーバー、乳成分が含まれる。マーガリン、スプレッドは一般的には、油相と水相並びに乳化剤、風味剤等を混合し、60℃位で予備乳化後、殺菌、冷却を行って、固化させる。冷却、固化にはボテーター、コンビネーターが使用される[18,19]。

油脂を約70％、油中30％（対全系21％）の固体脂（パーム硬化油）を使用し、液油部にDAG oilを応用した場合（DAG-SP）の家庭用スプレッドの特性を、TAG oil（TAG-SP）と比較すると、以下のような特徴が認められる（配合組成：表3）。

第2章　機能性界面活性剤の開発と応用に関する新たな動き

① DAG-SPは、口溶けが良いが、塩味の出方が遅い。
② 塗布性はDAG-SPの方が滑らか。
③ DAG-SPは、各温度でのちょう度が低く、柔らかい。油相中の固体脂は同量であり、結晶量、結晶状態の差によると考えられる。
④ 乳化安定性は両者とも、5℃保存、6ヶ月まで良好なW/Oを維持した。
⑤ DAG-SPは、TAG-SPで必要となる乳化剤(モノアシルグリセロール、レシチン)を必要としない。

(1) 風味発現の改善

DAG-SPは、口溶けが良いにもかかわらず、塩味が弱く、風味全体の発現も弱い。塩味を感じるためには、口中で油脂結晶が融解し、W/O乳化が破壊、O/W型へ転相する事が必要である。DAG-SPは乳化安定性が高いため、口中での乳化破壊が遅いと考えられる。

口中モデルとして、図3に示した方法で、経時的に水中の塩濃度を塩分濃度計で測定し、乳化破壊速度を比較した。スプレッドの食塩量は1.3%であり、水中の塩濃度が0.13%となった場合、100%転相したと考えられる。

DAG-SPは、モデル実験においてTAG-SPに比べ、塩放出が遅いことが示された。これは塩味を弱く感じる官能値とよく一致し、解乳化が遅れて水相の風味成分の放出が遅いことを示していると考えられた。水相風味成分放出に及ぼす各種乳化剤の影響を調べるため、DAG-SPにHLBの異なる各種ポリグリセリン脂肪酸エステルを添加した結果、低HLB(4.5)の場合は、W/Oを安定化し放出速度を低下させるが、通常W/O型乳化には使用しない高HLBの乳化剤に乳化破壊促進効果が認められ、風味発現が改善されることが示されている。また、部分分解タンパク質にも同様の乳化破壊促進効果が認められている[20]。(以上、図4)

表3　スプレッドの配合例[17]

	DAG oil	TAG oil
Oil phase		
Oil and Fat*	68.6	68.0
MG (stearin)	–	0.5
Lecithin	–	0.1
Flavor (cheese)	0.1	0.1
Water phase		
Water	29.7	29.7
Powdered milk	0.3	0.3
Salt	1.3	1.3

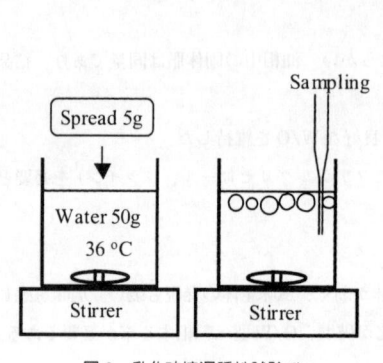

界面活性剤・両親媒性高分子の最新機能

図3 乳化破壊遅延性試験[17]

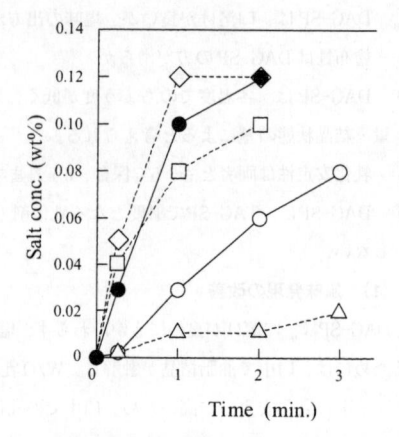

図4 風味発現に及ぼす種々のポリグリセリンエステルの効果[17]
HLB4.5(△), HLB11(□), HLB15(◇), DAG(○)and TAG(●)

表4 スプレッドの油相のSFC[17]

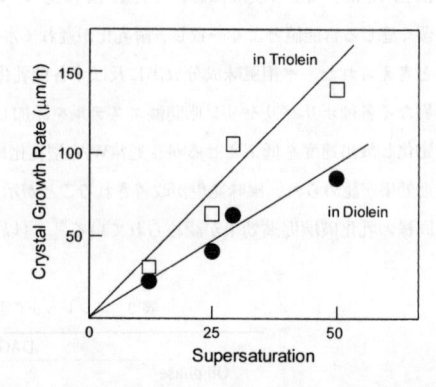

Temp.	DAG	TAG
5℃	13.7	14.9
10℃	12.6	14.0
15℃	11.1	11.2
20℃	7.9	9.2
25℃	2.3	7.7
30℃	2.0	4.0
35℃	0.9	0.9
40℃	0.6	1.2

図5 トリオレイン, ジオレイン中でのトリステアリンの結晶化成長速度と過飽和度[7]

(2) 結晶量，および，結晶状態

　DAG-SPは，製造直後の固さが若干低い。この原因は配合した固体脂（パーム硬化油）の固化状態が違うためと考えられる。実際に，スプレッドに用いた油相の固体脂含量（SFC）はDAGの方が低い（表4）。同じ過飽和状態において，DAG（ジオレイン）中でのトリステアリンの結晶化挙動は，TAG（トリオレイン）中に比べ，結晶核発生数が少なく成長速度も遅い（図5）。ま

第2章　機能性界面活性剤の開発と応用に関する新たな動き

た。その結晶形状も異なっており、TAG中のトリステアリンは大きくがっしりした針状結晶を呈するのに対し、DAG中では小さな薄い形状（板状結晶）を呈している（図6）。このような結晶性状の違いもスプレッドの乳化安定性、滑らかな物性発現に寄与していると思われる。

3.3.2　O/W乳化食品[21, 22]

「見える油」を含有する典型的なO/W乳化食品として、マヨネーズ、ドレッシングがあげられる。一般的なマヨネーズは、約70％の油相を、卵黄を乳化剤としてO/W型に乳化したものであり、卵黄からの油分を考えるとほぼ最密充填に近い。日本で販売されるマヨネーズは、大きく卵黄乳化タイプと全卵乳化タイプとがあるが、ここでは、卵黄タイプの油相にDAG oilまたはTAG oilを用いたマヨネーズ様乳化物（それぞれDAG-M、TAG-M）の特徴について述べる。

(1)　乳化性

前述のようにDAG oilはO/Wを形成しにくいが、表5に示す配合でマヨネーズ様乳化物を調製できる。同じ配合、同じ乳化条件で調製すると、DAG-Mの方がTAG-Mよりも粘度が高く、乳化粒子は小さくなる傾向がある[23]。このように調製したDAG-MはTAG-Mと比較して、若干

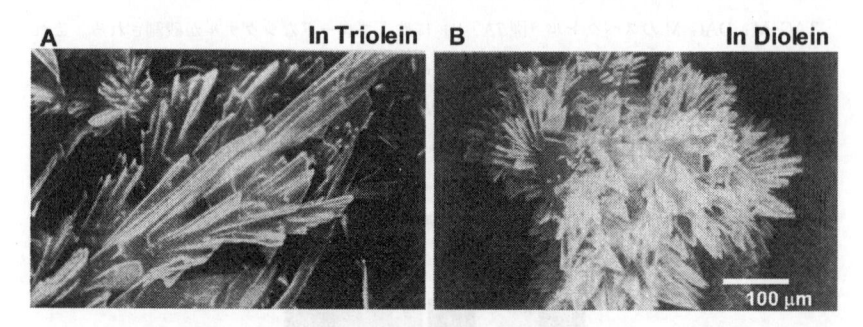

図6　トリオレイン(A)、ジオレイン(B)中でのトリステアリンの結晶の電子顕微鏡像[7]

表5　試験乳化物の配合組成[22]

Ingredient	(%)
Oil	70.0
10% Salted egg yolk	15.0
Vinegar	6.0
Water (balance)	5.5
Salt	1.5
Sugar	1.0
Monosodium glutamate	0.5
Mustard powder	0.5

食感が異なるが，風味的には大きな差は無く，DAG oilを使って家庭でも手作りマヨネーズが調製できることを示している。

(2) 保存安定性

DAG-Mを虐待条件（40℃，75%RH）で保存すると，亀裂が生じ，亀裂部に水相を分離（離水）する（写真1）。TAG-Mにはこのような現象は起こらない。

マヨネーズ調製において乳化剤として働くのは，卵黄のリポタンパク質である[24]。リポタンパク質は，中性脂質（主成分TAG）をコアとし，そのまわりにリン脂質，タンパク質，コレステロールなどが吸着した，30〜数十nm程度の微小な構造物である[25]。リポタンパク質に吸着するリン脂質に着目し，乳化状態の解析を行い，以下の知見が得られた。

● ^{31}P-NMRによるリンの状態観測

乳化物中のリン脂質の状態をNMR測定により解析した。乳化物中のリンは卵黄由来であり，卵黄中のリンの約80%はリン脂質に存在する。少量の無機物を除いて残りのリンは，タンパク質（phosvitin）に結合している[26]。以上から，乳化物の^{31}P-NMRシグナルは大部分がリン脂質由来と考えられ，卵黄を乳化剤とした乳化物の乳化状態に関する情報が得られる。

TAG-M，DAG-Mのスペクトル（図7A，B）には，ブロードなシグナルが観測される。これは，リン（リン脂質）が比較的拘束された状態であり，乳化界面，および／または，リポタンパク質界面に吸着した状態と推定される。さらにDAG-Mには，TAG-Mには観測されない，シャープなシグナルが観測され（図7B），DAG-Mのみに運動性の高いリン（リン脂質）成分が存在する，と推定された。卵黄由来のリン脂質をDAG oilに溶解すると，DAG-Mのみに観測されたシグナルとほぼ一致（図7C）し，DAG-Mには溶解状態のリン脂質が存在することが示唆された。

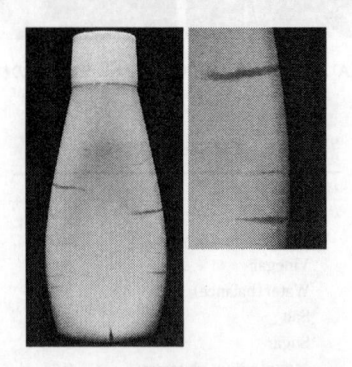

写真1　DAG-Mの離水状態（40℃，4週間後）[22]

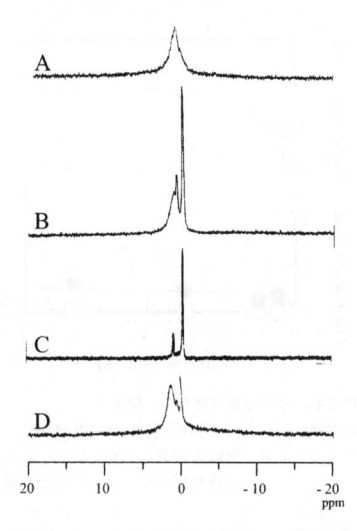

第2章 機能性界面活性剤の開発と応用に関する新たな動き

図7 TAG-M(A)、DAG-M(B)、DAG oilに溶解した卵黄リン脂質(C)、およびDAG-PLM(D)の ^{31}P-NMRスペクトル[22]

● 油相中のリン脂質濃度

DAG-M、TAG-Mそれぞれの油相を、遠心分離により分離し、油相中のリン脂質濃度を測定すると、TAG-Mではリン脂質は油相にほとんど溶解していないが、DAG-Mでは乳化中から速やかに油相にリン脂質が溶解していることがわかった(図8)。DAG oilの極性はTAG oilよりも高く、その溶媒特性(溶解性)により、リン脂質が溶解したと推定される。

● *phospholipaseA$_2$* 処理卵黄の応用

離水の認められたDAG-Mの解析から、油相(DAG oil)へのリン脂質溶解が離水に至る原因と考えられたことから、油相へのリン脂質の溶解抑制による、離水抑制を試みた。

phospholipase A$_2$ (PLA2, EC 3.1.1.4)はリン脂質の2位を選択的に切断して、リゾリン脂質を生成する酵素である。

PLA2で処理した卵黄を調製し、PLA2処理卵黄とDAG oilを用いてマヨネーズ様乳化物(DAG-PLM)を調製した結果、保存評価でDAG-Mに認められた離水は認められず、TAG-M同等の安定性を示した[27]。^{31}P-NMR測定の結果、DAG-Mに認められた2種のシグナルが観測されたが、油相に溶解していると考えられるシャープなシグナルの比率は小さくなり(図7D)、油相中へのリン脂質溶解が減少している事が示唆された(図8)。卵黄のリン脂質がリゾ化することでリン脂質の極性が変化し、DAG oil界面に吸着し、O/W乳化が安定化したものと推定している。

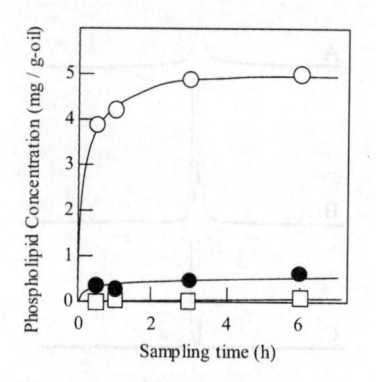

図8 油相中のリン脂質濃度(PEは除く)[22]
TAG-M(□), DAG-M(○), DAG-PLM(●)
サンプリング：予備乳化中，予備乳化後，乳化物調製直後，および，
試料調製の後，一定時間保存後に乳化物を採取

　DAG oil を用いたマヨネーズ様乳化物の調製においては，PLA2処理した卵黄を用い，油相へのリン脂質の溶解を抑えることで，離水の無い安定な乳化物を得られることが分かったが，油相へのリン脂質の溶解と，離水が起こる現象との関連性は不明である。今回はリン脂質に着目して解析を進めてきたが，卵黄のリポタンパク質中のリン脂質が DAG 中へ溶解する事で界面や近傍のリポタンパク質の構造が変化し，乳化粒子同士の凝集性が変化する，保水力が変わる等が推定され，今後の研究課題である。

文　献

1) F. R. Benson, "Nonionic Surfactants", pp.247-299, Marcel Dekker, New York (1967)
2) §184.1505 Mono-and diglycerides, "21 Code of Federal Regulations", p. 498, National Archives and Records Administration, USA (1998)
3) F. V. K. Young, "Critical Reports on Applied Chem: Palm Oi" l, p. 39, John Wiley & Sons, New York (1987)
4) 板倉弘重, 栄養―評価と治療, **19**, 504-511 (2002)
5) Y. Katsuragi et al., "Diacylglycerol oil", AOCS Press, Illinois (2004)
6) Richard D. O'Brien, "Introduction to Fats and Oils Technology 2nd.", p 4, AOCS Press,

第2章　機能性界面活性剤の開発と応用に関する新たな動き

　　　 Illinois(2000)
　7) K. Masui *et al*., "Proceedings of the 2001 PIPOC International Palm Oil Congress", p. 65, Kuala Lumpur(2001)
　8) Y. Nakajima *et al*., "Diacylglycerol oil", pp.182-196, AOCS Press, Illinois(2004)
　9) 鷹野浩之，板橋豊，日本化学会北海道支部研究発表会講演要旨集，p.77(2001)
 10) H. Nomura *et al*., *Biochem. Biophys. Res. Commun.*, **140**, 1143(1986)
 11) R.R. Rando and N. Young, *Biochem. Biophys. Res. Commun.*, **122**, 818(1984)
 12) L.T. Boni and R. R. Rando, *J. Biol. Chem.*, **260**, 10819(1985)
 13) B. Sedarevich, *J. Amer. Oil Chem. Soc.*, **44**, 381(1967)
 14) 鷹野浩之，板橋豊，分析化学，**51**, 437(2002)
 15) A. Shimada and K. Ohashi, *Food Sci. Technol. Res.*, **9**, 142(2003)
 16) H. Omura *et al*., JP Patent 2087454(1996)
 17) K. Masui, "Diacylglycerol oil", pp.215-222, AOCS Press, Illinois(2004)
 18) B. Michael, "Fats and Oils Handbook", pp.719-802, AOCS Press, Illinois(1998)
 19) B. John, "Introduction to Fats and Oils Technology 2nd.", pp. 452-462, AOCS Press, Illinois(2000)
 20) K. Masui and Y. Konishi, PCT Patent WO 0101787A3(2001)
 21) S. Kawai, "Diacylglycerol oil", pp. 208-214, AOCS Press, Illinois(2004)
 22) S. Kawai, *J. Amer. Oil Chem. Soc.*, **81**, 993(2004)
 23) K. Ohashi and A. Shimada, *J. Cookery Sci. Japan*, **35**, 132(2002)
 24) R. Mizutani, and R. Nakamura, *Lebensm. -Wiss. u. Technol.*, **17**, 213(1984)
 25) M. Anton *et al*., *Food Chemistry*, **83**, 175(2003)
 26) G. Schmidt *et al*., *J. Biol. Chem.*, **223**, 1027(1956)
 27) S. Kawai and Y. Konishi, US Patent 6, 635, 777 B1(2003)

4 ポリグリセリン脂肪酸エステルの特性とその応用

岩永哲朗*

4.1 はじめに

　ポリグリセリン脂肪酸エステルは，ポリグリセリンと脂肪酸を直接エステル化することにより得られる。ポリグリセリンの重合度，脂肪酸鎖長，そしてエステル化度を変えることにより親水性—親油性バランス（HLB）を自由に調整できるため，ポリオキシエチレン型非イオン界面活性剤と同様に汎用性の高い界面活性剤である。ポリグリセリン脂肪酸エステルは，乳化，可溶化といった界面活性能だけでなく，チョコレートのブルーミング防止や粘度低下作用，油脂の結晶抑制や促進など様々な機能を有しており，食品分野において品質の改良剤として幅広く利用されている[1,2]。また，近年の環境，安全思考の高まりもあり，出発原料が天然由来であるポリグリセリン脂肪酸エステルは，食品だけでなく化粧品や医薬品など広い分野でその利用が増加する傾向にある。

　ポリグリセリン脂肪酸エステルの合成に関する研究は，ポリグリセリンと脂肪酸とのエステル化反応よりも，むしろ親水部となるポリグリセリンの合成が主に行なわれている。合成法としては，グリセリンの脱水縮合[3,4]や，グリセリンの類似化合物を用いた方法[5,6]が知られている。通常は脱水縮合から得たポリグリセリンを用いてエステル化したものがほとんどであるが，最近では，グリセリン類似化合物などを用いたポリグリセリンの合成も積極的に行なわれており，新しいタイプのポリグリセリン脂肪酸エステルも開発されるようになった。これらは従来ものに比べると界面活性能に優れることから，乳化・可溶化製剤そしてミネラルなどの微粒子分散剤として食品分野で応用されている[7]。このようにポリグリセリン脂肪酸エステルの品質は，ポリグリセリンの性質によるところが大きく，この性質を把握し利用することによって，界面活性剤としての高機能化，そして新機能化を図ることができると思われる。

　そこで，本節ではポリグリセリンの合成方法による構造の違い，合成方法の異なるポリグリセリンを用いたポリグリセリン脂肪酸エステルの特性について概説し，最後にこれらを利用したいくつかの応用例について紹介する。

4.2 ポリグリセリンの構造

　従来より工業化されているポリグリセリンの合成法は，グリセリンをアルカリ触媒存在下200～260℃の高温で脱水縮合したものである。構造としては，グリセリンの3個の水酸基のうち第

---

*　Tetsuro Iwanaga　太陽化学㈱　インターフェイスソリューション事業部
　　　　　　　　　研究開発グループ　主任研究員

第2章 機能性界面活性剤の開発と応用に関する新たな動き

一級水酸基同士が脱水結合した直鎖状のもの，第一級と第二級水酸基が脱水結合した分岐状のもの，そして，ポリグリセリンが分子内脱水した環状物などの異性体があることが知られている[8]。

ポリグリセリン脂肪酸エステルの親水部となるポリグリセリンは，重合度が4，6，及び10のものが汎用されている。しかし，この重合度は水酸基価により決定されているため，呼称されている物質名はその組成を反映したものではない。例えば，図1に示すように，水酸基価より決定した重合度が10であるデカグリセリンをガスクロマトグラフィー(GC)を用いて分析すると，デカグリセリンはわずかしか含まれておらず，ジグリセリンやトリグリセリンを主成分とする混合物であることがわかる[7]。さらに，直鎖状に結合しているものだけでなく分子内で脱水縮合した環状物の存在も確認されている[9]。環状物の生成はポリグリセリンが高重合度になるほど多くなる傾向にあり，脱水重合法では高重合度のものを得ようとすると温度や時間など反応条件が過酷になり，より一層分子内脱水縮合を促進させるため高重合度のポリグリセリンを得ることは難しいと考えられる。

一方，グリシドールやエピクロロヒドリンといったグリセリン類似化合物を用いて，高重合度のポリグリセリンを合成する方法も提案されている。これは従来法よりも反応条件が温和なため高重合度でも環状物の少ないポリグリセリンが得られる特徴がある。その他，ジクロロプロパノールを架橋剤として用いたポリグリセリンの合成方法がある[10]。これは，グリセリンあるいはジグリセリンを架橋させることによって，トリグリセリンやペンタグリセリンなど特定の重合度

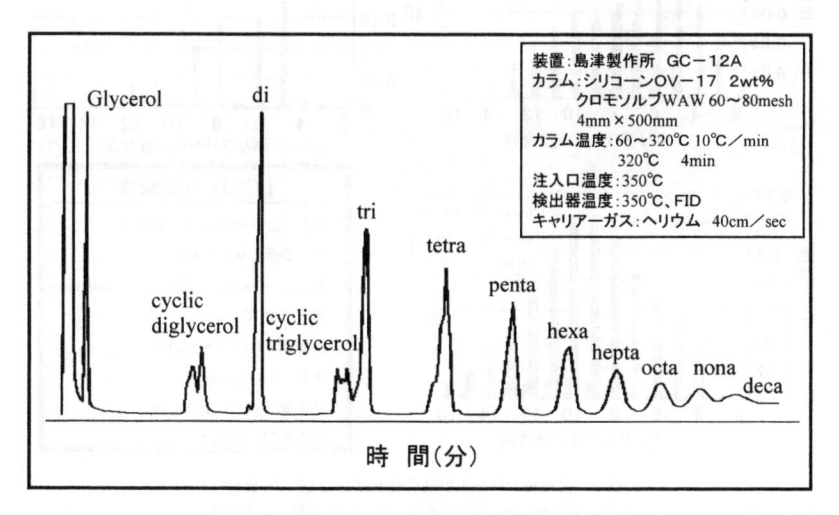

図1 デカグリセリンのGCチャート

を主成分とする高純度ポリグリセリンを合成することができる。

　最近，LC/MSを用いてポリグリセリンの構造を詳細に解析しようとする試みがなされている[11]。図2に，合成法の異なるポリグリセリンについて分析した結果を示す[12]。これらのポリグリセリンの水酸基価は同程度であり，重合度が10のデカグリセリンに相当する。図中の(a)，(b)，そして(c)は，それぞれ脱水縮合法，開環重合法，そしてジグリセリン架橋法により合成したデカグリセリンである。図に示すように，合成法により構造が異なることがわかる。図2aの脱水縮合法では，GC分析(図1)からも確認されたように，低重合度分布で主成分であるデカグリセリンは少なく，しかも，高重合度側では直鎖状のものよりもむしろ環状物を多量に含んでいる。一方，開環重合法(図2b)では脱水縮合法に比べると高重合度分布であり，平均重合度としてはより10に近づく。さらに，脱水縮合法では多量の環状物を含有していたが，この方法では極端に環状物が少なくなっている。一方，ジグリセリン架橋法(図2c)では，ペンタグリセリンの含有量が多くなっており，他の方法に比べて高純度のポリグリセリンの合成が可能であることが明らかとなった。前述のGC分析では各重合度間に感度差があるため，ポリグリセリンの

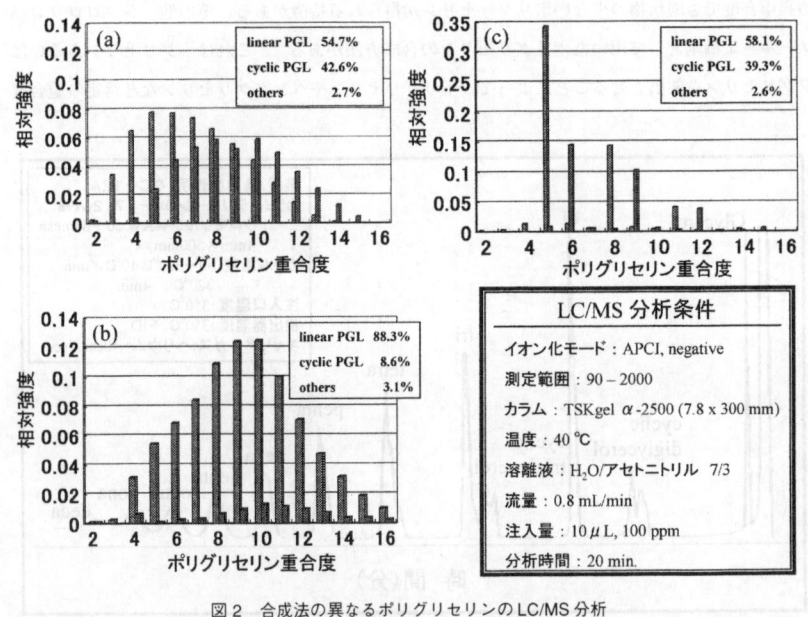

図2　合成法の異なるポリグリセリンのLC/MS分析
a：脱水縮合法，b：開環重合法，c：ジグリセリン架橋法
(棒グラフの左側が直鎖状，右側が環状物を示す)

第2章 機能性界面活性剤の開発と応用に関する新たな動き

構造については定性的な評価しかできなかったが，この方法により定量的に解析できるようになった。

ポリグリセリン脂肪酸エステルの品質は，親水部であるポリグリセリンの性質によるところが大きいと考えられ，環状物の少ないまたは特定の重合度を有するポリグリセリンを親水部に持つポリグリセリン脂肪酸エステルは，従来品とは異なる機能を有することが予想される。

4.3 ポリグリセリン脂肪酸エステルの相挙動
4.3.1 ポリグリセリン脂肪酸エステル水溶液の曇点

一般にポリオキシエチレン系非イオン界面活性剤は温度の上昇とともに脱水和が起こり，親水性から親油性へと変化する。これは，ポリオキシエチレン鎖と水の双極子間力が温度に逆比例して弱まるだけでなく，ポリオキシエチレン鎖のコンフォメーションが変化し，親水鎖全体の極性が減少するためである[13]。この温度による親水性の減少の典型的な例が曇点現象である。ポリグリセリンもエーテル結合によりグリセリンが重合しており，ポリグリセリン脂肪酸エステルも同様に曇点現象が観察される。図3にポリオキシエチレンオレイルエーテル及びポリグリセリンドデカン酸エステル水溶液の曇点曲線を示す[14]。界面活性剤の濃度は3wt%に固定し，縦軸に曇点，横軸には界面活性剤に対する親水基の重量分率（W_H/W_S）をとっている。W_H/W_Sを20倍し

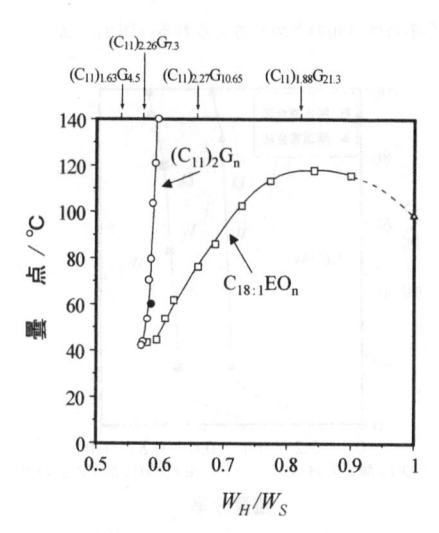

図3 ポリグリセリンドデカン酸エステル（$(C_{11})_2G_n$）及びポリオキシエチレンオレイルエーテル（$C_{18:1}EO_n$）水溶液の曇点曲線[14]

たものはGriffinのHLBに相当する。図に示すように，極端にポリオキシエチレン鎖長が長くなければ，ポリオキシエチレン系界面活性剤ではW_H/W_Sの増加に伴い曇点は単調に増加する。一方，ポリグリセリン脂肪酸エステルに関しては，W_H/W_Sの僅かな変化で曇点は急激に上昇している。このように曇点曲線が急激に変化するというのは，ポリグリセリン脂肪酸エステルの溶存状態に対する温度の影響は少ないということを示している。

次に，ポリグリセリンの構造が及ぼす曇点への影響を調べた[15]。図4は，脱水縮合法と開環重合法により合成したポリグリセリンを用いたモノラウリン酸デカグリセリンの曇点曲線を示している。ここでは，親油性のモノラウリン酸ジグリセリンと混合することによってHLBを調整している。全界面活性剤の濃度は5wt%に固定し，縦軸は温度，横軸は混合界面活性剤の重量分率をとっている。図に示すように，いずれもHLBが少し増すと急激に曇点は上昇しており，曇点の変化にはポリグリセリンの構造による違いはない。従って，ポリグリセリン脂肪酸エステルの溶存状態が温度の影響を受けくいということはポリグリセリンを親水部に持つ界面活性剤の特徴であると思われる。ただし，ポリグリセリンの構造によって曇点が出現する混合界面活性剤の組成は異なっており，組成を固定すると，脱水縮合法よりも開環重合法の方が曇点は高くなっている。図3からもわかるように曇点とHLBの間には密接な関係があり，この結果は，開環重合法のモノラウリン酸デカグリセリンはより親水性が強いことを示している。このように親水性が異なるのは，開環重合法より合成したポリグリセリンは脱水縮合法に比べると環状物の含有量が少ないこと，そして，高重合度分布のためと考えられる（図2）。また，ジグリセリン架橋法の

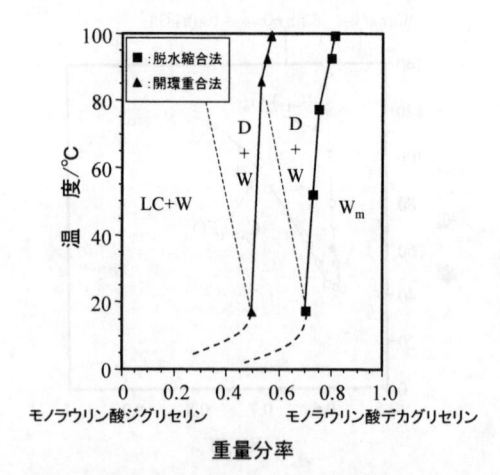

図4 合成法の異なるデカグリセリンモノラウレート水溶液の曇点曲線
■：脱水重合法，▲：開環重合法

第2章 機能性界面活性剤の開発と応用に関する新たな動き

モノエステルにおいても、脱水縮合法のものよりも曇点が高いという結果を得ており、従来のものとは性質が異なることが分かっている[12]。

ところで、前述のようにポリオキシエチレン系非イオン界面活性剤は温度の上昇に伴って親水性から親油性へと移行する。そのため、油/水系においても界面活性剤の溶存状態は変化し、温度の上昇に伴って乳化の型がO/W型からW/O型へと変化する転相温度が観察される[16]。ポリグリセリン脂肪酸エステルも適度にHLBを調整することにより転相温度が出現するが、ポリグリセリン脂肪酸エステルの相挙動が温度の影響を受けにくいことは曇点と同様に転相温度でもいえる[14]。

4.3.2 ポリグリセリン脂肪酸エステルの油/水系における溶存状態

各種ポリグリセリン脂肪酸エステルについて油/水系の相挙動を調べた[12]。図5は、水/トリラウリン酸デカグリセリン（開環重合法）/オクタン酸セチル3成分系の相図である。そして、図6には、水/トリラウリン酸デカグリセリン（脱水縮合法）/オクタン酸セチル系の相図を示した。開環重合法のトリラウリン酸デカグリセリンでは、活性剤/油軸上では両者は相互溶解しており、最大10wt%程度の水を可溶化したW/O型のマイクロエマルション（O_m）相を形成する。さらに水を添加するとラメラ液晶（$L_α$）相と油相が共存した2相、そして、水相、$L_α$相そ

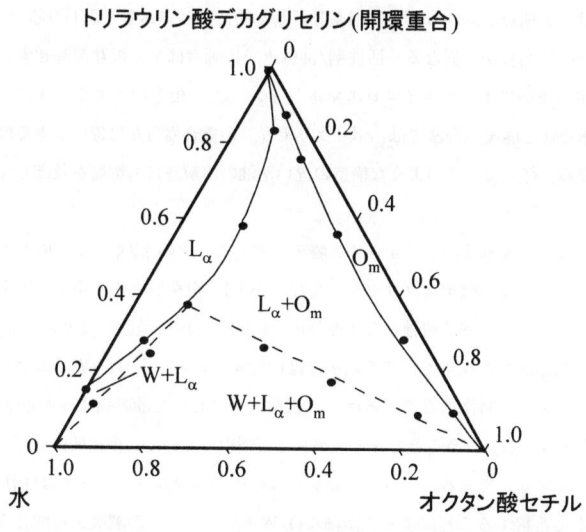

図5 水/トリラウリン酸デカグリセリン（開環重合法）/オクタン酸セチル系の相図（30℃）
W、O_mそして$L_α$は、それぞれ水相、逆ミセル油溶液相、そしてラメラ液晶相を示す。

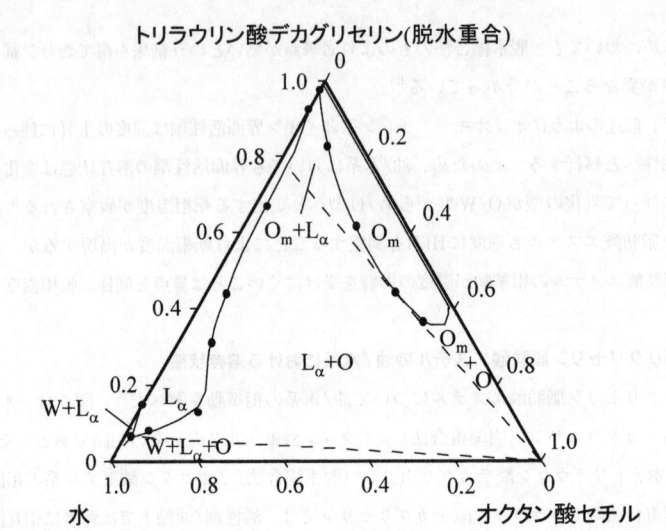

図6 水／トリラウリン酸デカグリセリン（脱水縮合法）／オクタン酸セチル系の相図（30℃）
W, O, O_m そして L_α は，それぞれ水相，油相，逆ミセル油溶液相，そしてラメラ液晶相を示す。

して油相からなる3相領域を形成するようになる。一方，脱水縮合法のトリラウリン酸デカグリセリン系では，水頂点に向かう部分の相挙動は基本的に同じであると思われるが，活性剤／油軸付近の溶存状態は明らかに異なる。活性剤／油軸上では両者は全く相互溶解せず，活性剤が高濃度側でのみ水の添加によってマイクロエマルション（O_m）相を形成するようになる。前述したように脱水重合法と開環重合法では，ポリグリセリンの重合度分布に違いがあるほか，環状体の含有量も異なる。従って，このような構造の違いが油の溶解性にも影響を及ぼしていると思われる。

次に，ジグリセリン架橋法のモノオレイン酸デカグリセリンの水／オクタン酸セチル系の相図を図7示す。トリラウリン酸デカグリセリンに比べると L_α 相を形成する領域は拡大し油頂点付近まで伸びている。一方，水／油軸から活性剤頂点に向かう広い範囲にミセル溶液（W_m）相と油相からなる二相領域を形成する。この領域では撹拌することによりO/W型エマルションが得られる。この系において特徴的なところは，二相領域中において油の組成比が40wt%以上になると透明ゲルを形成するということである。ゲルは相図中において二相領域に存在するため，透明であるがエマルションである。このようなゲルは，O/DエマルションまたはD相とも呼ばれ，これをさらに水で希釈することによって微細なO/Wエマルションの調製も可能となる[17]。もうひとつの特徴は，活性剤／油の重量比が6/4付近で，水の組成比が50wt%以上になると青色を呈

第2章 機能性界面活性剤の開発と応用に関する新たな動き

する等方性の溶液を形成する領域が出現する。ここでは多量の水と油を可溶化したマイクロエマルション (ME) を形成していると思われる。ポリグリセリン脂肪酸エステルの相挙動が温度の影響を受けにくいという性質を考えると，温度安定性に優れるマイクロエマルションの調製が可能になると思われ実用上興味深い。

4.4 応用例
ここでは，ポリグリセリン脂肪酸エステルを用いた洗浄剤への応用例を紹介する。

4.4.1 洗顔料
洗顔料は，日常生活の中で，皮膚に付着する汚れを取り除き清浄な肌を得る洗浄過程に用いられる化粧品で，クレンジング剤またはメーク落としとも呼ばれる[18]。近年では，高機能性のメイクアップ化粧品が開発されており，これらが強固な油性の汚れとして付着しているため，より強力なクレンジング剤が必要になっている。洗顔料は洗浄メカニズムによって分類されており，最近では「溶剤型」といわれるオイル状のクレンジング剤が主流となっている[19]。クレンジングオイルは，主に非イオン界面活性剤を油に溶解させた溶液あるいは小量の水を添加した逆ミセル油溶液である。クレンジングのメカニズムは，クレンジングオイルにより皮膚上に存在する汚れを

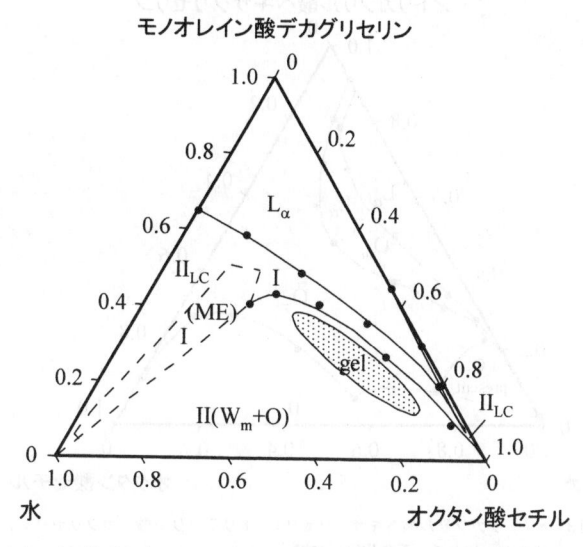

図7 水/モノオレイン酸デカグリセリン（ジグリセリン架橋法）/オクタン酸セチル系の相図 (30℃)
I と II_{LC} は，1相領域と液晶を含んだ2相領域で，O，W_m そして L_α は，油相，ミセル溶液相，そしてラメラ液晶相を示す。

溶解させ，洗浄過程において汚れを溶解した油相を乳化粒子として水中に分散させている。つまり，界面活性剤の自己乳化性を利用することによって不要となった汚れを除去している[20]。しかし，このクレンジングオイルは，濡れた手など水の存在下で使用すると瞬時に乳化してしまい機能を大きく損なうという欠点があった。通常クレンジングオイルに利用される界面活性剤の油/水系の相図を作成すると，基本的には図5のようになる。相図中において，界面活性剤/油軸から水頂点に向かって洗浄が進むことになる。この時，O_m相への水の可溶化量は最大で10wt%程度であり，可溶化限界を超えると多相領域となる。従って，従来のクレンジングオイルが濡れた状態で使用できないのは，水の可溶化量が少ないことが原因であると思われる。

そこで，水の可溶化量を増大させるため補助界面活性剤の利用を検討した。ここでは，補助界面活性剤として，中鎖脂肪酸からなるポリグリセリン中鎖脂肪酸エステル（トリカプリル酸ヘキサグリセリン，HGTC）を用いた。図8は，水/トリラウリン酸デカグリセリン（開環重合法）/HGTC/オクタン酸セチル系の相図である。図に示すように，HGTCを添加することによって水の可溶化量が急激に増大し，最大80wt%の水をO_m相中に溶解できるようになる。この系をクレ

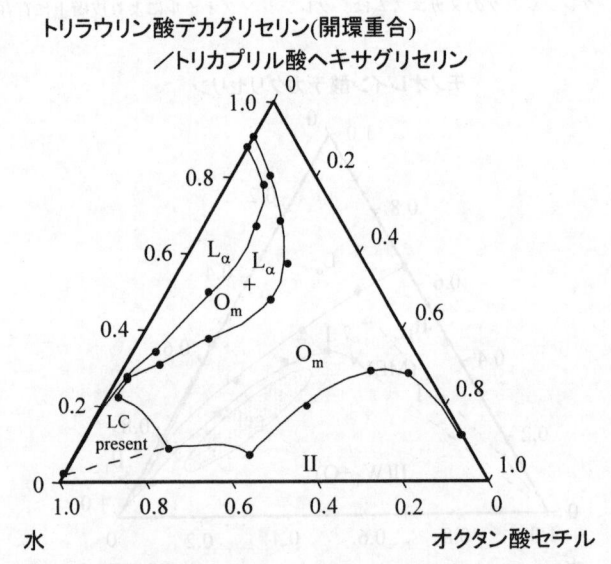

図8 水/トリカプリル酸ヘキサグリセリン/トリラウリン酸デカグリセリン/
オクタン酸セチル系の相図（30℃）
IIは2相領域で，O_m及び$L_α$は，逆ミセル油溶液相，ラメラ液晶相を示す。
LC presentは，液晶を含んだ領域である。

第2章 機能性界面活性剤の開発と応用に関する新たな動き

ンジングオイルとして利用すると，手が濡れた状態でも機能を損なうことなくクレンジング力を発揮することが確認され，ポリグリセリン中鎖脂肪酸エステルを添加することにより耐水性のあるクレンジング剤の開発が可能となった[21]。また，このクレンジングオイルは，水の可溶化量の増大に伴い界面張力は小さくなるため[22]，それほど強いエネルギーを与えなくても微細な乳化粒子が形成され容易に水で洗い流すことができる。

ところで，このポリグリセリン中鎖脂肪酸エステルの親水部となるヘキサグリセリンは，開環重合法より合成したポリグリセリンでなければこの機能は達成されないことが分かっている。

4.4.2 洗浄剤

シャンプーやボディシャンプーに代表される洗浄剤には，通常陰イオン性界面活性剤が利用されている。しかし，活性剤の種類によってはタンパク変性を引き起こしアミノ酸溶出性が高いため[23]，安全性を考慮して界面活性剤の選択に注意する必要がある。一般的に非イオン界面活性剤はアミノ酸溶出性が低いが，陰イオン性界面活性剤に比べて起泡性が劣るため，頭髪用及び身体用洗浄剤にはあまり利用されていなかった。ポリグリセリン脂肪酸エステルの場合，ポリグリセリンと脂肪酸を直接反応（2段階反応）しているため，モノエステル体だけでなくジエステル以上の多置換体も多く生成しこれが消泡的に働いていた。そこで，洗浄成分としての利用を目的とし，脂肪酸に直接グリシドールを付加させること（1段階反応）によりモノエステルの含有量を高めたポリグリセリン脂肪酸エステルを合成する方法が提案されている[24]。図9に示すように，二段階反応品ではモノエステル体だけでなく多置換体も多く含まれているのに対し，一段階反応品ではモノエステル体を80％含み多置換体はかなり少なくなっていることが分かる。

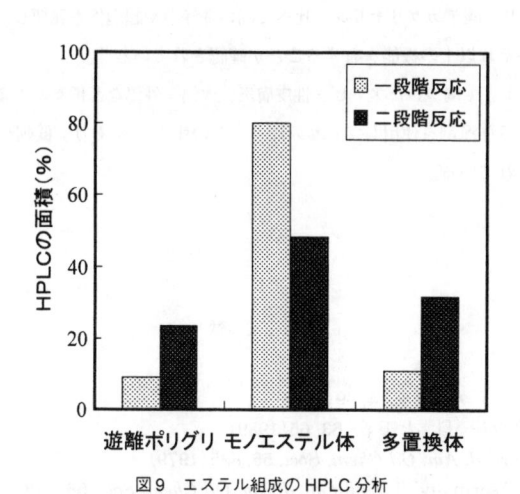

図9 エステル組成のHPLC分析

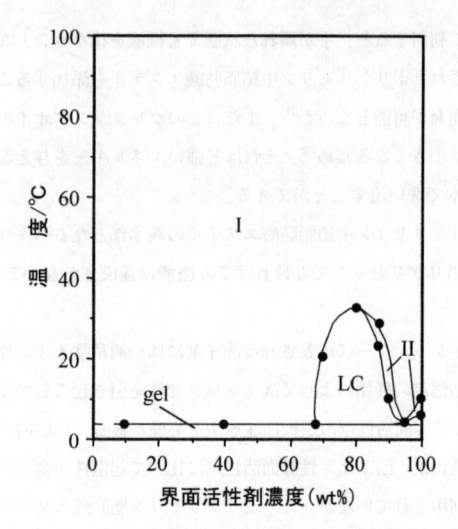

図10 水/モノラウリン酸デカグリセリン（一段階合成法）の相図
IとIIは，それぞれ一相，二相領域で，LCは液晶領域を示す。

　図10は，一段階反応により得たモノラウリン酸デカグリセリンの相図を示している。広い温度，組成範囲で等方性の溶液を形成しており，クラフト点が低く，そして液晶形成濃度も高いことから，この界面活性剤は洗浄基剤としての利用が期待される。また，この界面活性剤は，2段階反応のモノラウリン酸デカグリセリンに比べて高い洗浄力や起泡性を発揮し，陰イオン性界面活性剤と同程度かそれ以上の機能を有することが確認されている[24]。

　その他，掻破によって傷ついたアトピー性皮膚炎，火傷，外傷など種々の皮膚疾患者が，この界面活性剤からなる洗浄剤を使用してもしみにくいとの報告[25]があり，低刺激性の洗浄成分であることも確認されている。

文　　献

1) 戸田義郎，フードケミカル，**4**, 69(1988)
2) 山下政続，名坂基，科学と工業，**63**, 65(1989)
3) R. T. McIntyre, *J. Am. Oil Chem. Soc.*, **56**, 835(1979)
4) N. Garti, A. Aserin and B. Zaidman, *J. Am. Oil Chem. Soc.*, **58**, 878

5) 吉田道夫, 池田哲夫, 柴田満太, 灘波義郎, 油化学, **14**, 182(1965)
6) T. N. Kumar et al., *J. Chromatogr.*, **298**, 360(1984)
7) 加藤友治, 食品化工技術, **19**, 81(1999)
8) 阪本薬品工業株式会社, "ポリグリセリンエステル", p17(1994)
9) B. De Meulenaer, B. Vanhoutte and A. Huyghebaert, *Chromatogrphia*, **51**, 44(2000)
10) 特開平7-100355
11) 遠藤敏郎, 大森英俊, 橋本真澄, 何守鋼, 第42回日本油化学会年会要旨集(名古屋), 163(2003)
12) 岩永哲朗, 内田一仁, *Fragrance Journal*, **31**(12), 106(2003)
13) G. Karlstrom, *J. Phys. Chem.*, **89**, 4962(1985)
14) H. Kunieda, A. Akahane, Jin-Feng and M. Ishitobi, *J. Colloid Interface Sci.*, **245**, 365(2002)
15) 岩永哲朗, 内田一仁, 加藤友治, 第42回日本油化学会年会要旨集(名古屋), 383(2003)
16) H. Kunieda, K. Shinoda, *J. Colloid Interface Sci.*, **107**, 107(1985)
17) 鷲谷広道, 服部孝雄, 鍋田一男, 永井昌義, 日化, 1399 (1983), 1399(1983)
18) 日本化粧品技術者会編, "化粧品辞典", 丸善, p565(2003)
19) 津田ひろ子, 第25回SCCJセミナー講演予稿集(横浜), 32(2004)
20) 棟方温志, 尾之上聡, *Fragrance Journal*, **24**(7), 31(1996)
21) 岩永哲朗, 内田一仁, 竹内伸之, 阿部能久, *J. Soc. Cosmet. Jpn.*, submitted
22) M. J. ローゼン著, "界面活性剤と界面現象", 坪根和幸, 坂本一民監訳, フレグランスジャーナル社, p339 (1995)
23) 宮澤清, 小川正孝, 光井武夫, *J. Soc. Cosmet. Jpn.*, **18**, 96(1984)
24) 内田一仁, 高瀬嘉彦, *Fragrance Journal*, **30** (6), 129(2002)
25) 日野治子ほか, 日小皮会誌, **23**, 55(2004)

5 アシルアミノ酸エステル系両親媒性油剤

押村英子*

5.1 はじめに

この本のテーマは界面活性剤と両親媒性高分子であり，まして機能性界面活性剤を扱う章の中で，油剤が話題になるのはなぜかといぶかる向きがあるかも知れない。表題のアシルアミノ酸系両親媒性油剤とは具体的には，化粧品用途に開発・実用化され，機能性油剤として高い評価を得ているアシルアミノ酸系エステルのことを指している。近年の研究の中で，アシルアミノ酸エステルは，脂肪酸エステルとは異なる物性を有することが明らかにされてきた。その物性の違いは，分子内にアミノ酸骨格を有することによる親水性が付加されたことに起因すると考えられている。界面活性剤が，水と油の間で機能する物質であるとすれば，強い親水性を有するアシルアミノ酸エステルは，油と界面活性剤の間に位置づけられる機能性油剤と捉えることができる。本節では，その興味深い物性と応用について紹介したい。

5.2 両親媒性油剤とは

まず最初に，「両親媒性油剤」というなじみのない言葉についての説明が必要であろう。これは，界面化学やその応用分野において一般的に用いられている用語ではないが，ここで紹介する一群の物質の性質を理解するうえで有効であろうと考えている。両親媒性油剤を定義するならば，界面活性剤の存在下において，主たる界面活性剤の物性を大きく変化させる機能を持つ油剤，ということができる。ちなみに，化粧品の処方を検討する際，主たる界面活性剤の物性を調整する目的で添加される界面活性剤のことをコサーファクタント（co-surfactant）と呼ぶ。両親媒性油剤とは，コサーファクタントとして機能しうる性質をもった油剤である。

界面活性剤と両親媒性油剤

界面活性剤とはそもそも，両親媒性構造という特徴的な分子構造を有する物質である。つまり，溶媒に対して親和性の低い構造基と，溶媒にたいして親和性の高い構造基の両方を，一つの分子内に持っており，それによって，低濃度で溶媒系の界面に吸着し，界面自由エネルギーを変える作用を有する[1]。このような，学問的に厳密であるがゆえに理解しにくい定義はさておき，化粧品という技術分野においては溶媒は水であることが多く，界面活性剤は，水と，水と混じり合わない物質—たとえば空気，油，固形物—との界面の性質を変化させるために用いられることが多い。さらに具体的にいえば，起泡消泡，湿潤，洗浄，乳化，分散といった実用面における機能を，

---

* Eiko Oshimura　味の素㈱　アミノサイエンス研究所　機能製品研究部
　　香粧品研究室

第2章　機能性界面活性剤の開発と応用に関する新たな動き

界面活性剤は担っている。

　一方，ここで用いる油剤という言葉は，界面活性剤よりさらに実用的なニーズに根ざした用語であり，それほど厳密な定義はない。一般的には，水と混ざらず，揮発性が十分に低く，常温で液体ないしペースト状で，ややあるいはかなりの粘度を有し，肌に塗布するとぬるぬるとしたすべり感や閉塞感といった「油性感」を与える物質をさす。

　必ずしも定義が明確ではないにも関わらず，化粧品の製剤について述べるとき，界面活性剤と油剤は独立の機能を有する個別の物質として説明されることが多い。例を挙げると，ハンドクリームのエモリエント感を出すための基剤である流動パラフィンは「油剤」であり，この油剤を乳化させて水中にうまく分散させるための機能剤が「界面活性剤」である。ところが，単独では界面活性能がなく，水と混ざらない「油剤」の中に，乳化物の状態を変化させるといった，限られた界面活性能を示すものがあることは古くから知られていた。一番身近な例は，乳化助剤あるいは安定化剤として当たり前のように用いている，セタノールに代表される高級アルコール類やグリセリド類である。

　界面活性剤が存在する系におけるこのような油剤の性質の違いは，油剤が界面活性剤の自己集合体（ミセル）に可溶化される際の，可溶化位置の違いに由来すると考えられている。高級アルコールのような油剤は，親水基とミセル内外郭にある疎水基の最初の2,3個の炭素原子と間の，いわゆるパリセード層に可溶化され，流動パラフィンのような長鎖炭化水素は，ミセル中心核に可溶化される（図1）。こういった可溶化形式の違いをそれぞれPenetrationとSwellingと呼ぶことがある[2]が，これは油剤が可溶化されることによって起きるミセルの形状変化に着目した呼び方である。ミセルの形状を変化させる以上，どのような油剤も界面活性剤の物性に影響を与えることはまぬがれえないが，可溶化位置の違いから容易に推測できるように，Penetrationする油剤は，コサーファクタントのように振舞って混合ミセルを形成し，界面活性現象により大きな影響を及ぼす。しかし単独では界面活性能を示さず，分子構造からも明らかに油であることから，このような油剤を両親媒性油剤と呼ぶことにした。

　両親媒性油剤は，化学構造的にみれば，親水基（極性基）を有する油剤の一群である。ただし極性油であれば全て両親媒性油剤となるわけではなく，疎水部と親水部のバランスが重要と考えられる。また，先に述べた高級アルコールの，親水性をさらに強くしようとすると，ポリオキシエチレンやポリグリセリンを導入したりアルコール部を酸化させたりすることが考えられるが，この場合得られるのは界面活性剤として知られる物質である。こうなると，油として機能するか界面活性剤として機能するかは条件次第で，明確な線引きは難しいことが見えてくる。「はじめに」の中で，両親媒性油剤が，界面活性剤と油の中間に位置するもの，と述べたゆえんはここにもある。

界面活性剤・両親媒性高分子の最新機能

界面活性剤ミセル

界面活性剤分子

油剤

"Swelling"   "Penetration"

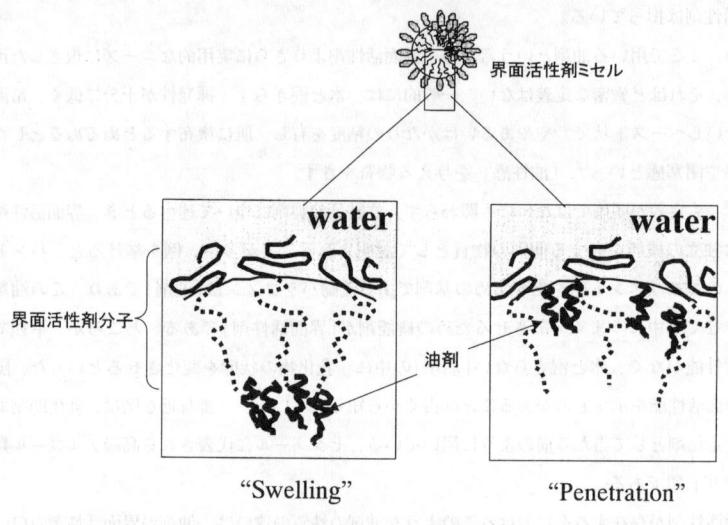

図1 油剤の可溶化位置[2]

5.3 アシルアミノ酸系油剤

以上,「両親媒性油剤」という言葉について説明してきたが,次に,もう一つのなじみのない言葉,「アシルアミノ酸系油剤」という言葉について説明する。

5.3.1 アシルアミノ酸系油剤の一般構造

アシルアミノ酸系油剤の一般的な構造を図2右上に示す。これよりわかるように,アシルアミノ酸系両親媒性油剤は,一般的な脂肪酸エステル油にアミノ酸を導入した分子構造を持っている。成り立ちから見れば,広く用いられている脂肪酸エステル油が,最も親しまれている界面活性剤であるせっけん(脂肪酸塩)のカルボン酸部分をエステル化したものであるのと同じように,アシルアミノ酸系両親媒性油剤は,マイルド界面活性剤として高級化粧品を中心に利用されているアシルアミノ酸系界面活性剤のカルボン酸部分をエステル化したものである。このような油剤は現在,化粧品用の高機能性油としてのニーズが高い。では,アミノ酸部を導入することに,どのような利点があるのだろうか。

5.3.2 「アミノ酸系」であることの意義

たんぱく質を構成する成分としてのアミノ酸は,表1に示すように,特殊なものを除いて約20種類が知られている[3]。化粧品という分野においては,マイルド性,自然派,環境への影響といった価値の訴求力は大変大きく,特にアミノ酸が天然に存在する型(α-L-アミノ酸)である場合,それだけで一定の価値を持ちうる。しかしながら,アミノ酸骨格を分子内にもつことの意

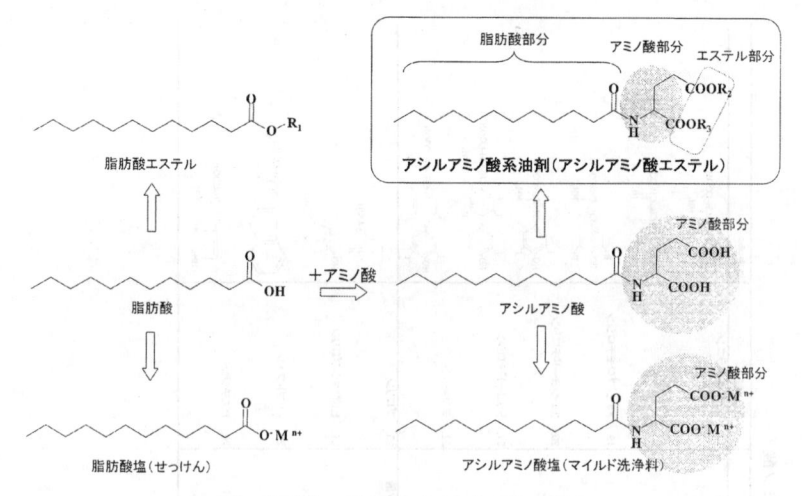

第2章　機能性界面活性剤の開発と応用に関する新たな動き

図2　脂肪酸エステルとアシルアミノ酸エステル

義はそれだけではない。

　脂肪酸エステルとアシルアミノ酸エステルを，物質の有機性／無機性バランスを分子構造から類推する手段である有機概念図[4]にプロットしたのが図3である[5]。これより，アシルアミノ酸エステル類は，脂肪酸エステル類と比較して大きな無機性，つまり極性を有していることがわかる。化粧品用途において一般的な高極性油であるトリグリセリド系の油剤は，脂肪酸エステルの中では比較的大きな無機性を示すが，アシルアミノ酸エステル類はこれらをも上回る無機性を持つ。このことから，アシルアミノ酸エステルは，極性油の中でも特に極性が高く，つまり両親媒性の強い油剤であると期待できる。例として，近年実用化されたN-ラウロイルサルコシンイソプロピル（SLIP）については，対応する構造の脂肪酸エステルと比較して，ユニークな性質の違いが生じることが詳しく検討されているので，後ほど紹介する。

　アミノ酸を用いることによる第三の利点として，バラエティに富んだ構造を有する一群の物質を出発物質とすることによって，分子設計の自由度が増加することが期待できる。

5.3.3　アシルアミノ酸系両親媒性油剤の分子設計

　表2に，現在実用化されているアシルアミノ酸エステル系油剤の一覧を示した。化粧品用途への利用を目的にアシルアミノ酸エステルを開発する場合，その出発物質であるアシルアミノ酸がすでに実用化されている方が，実用化への障壁は当然低い。現在，化粧品用途で利用されているアミノ酸誘導体のアミノ酸種は主に以下の8種である（ただしここでは，たんぱく質を加水

77

表1 たんぱく質中に見出されるアミノ酸[3]

分類		アミノ酸	構造式	分類		アミノ酸	構造式
I 脂肪族アミノ酸	(A) 中性アミノ酸	1. グリシン	H-CH-COOH | NH₂	II 芳香族アミノ酸		17. フェニルアラニン	
		2. アラニン	CH₃-CH-COOH | NH₂			18. チロシン	
		3. バリン	CH₃-CH-CH-COOH | | CH₃ NH₂			19. 3,5-ジブロモチロシン	
		4. ロイシン				20. 3,5-ジヨードチロシン	
		5. イソロイシン				21. トリヨードチロシン	
		6. セリン	HO-CH₂-CH-COOH | NH₂			22. チロキシン	
		7. スレオニン		III 異節環状アミノ酸		23. プロリン	
	(B) 塩基性アミノ酸	8. リジン				24. ヒドロキシプロリン	
		9. ハイドロキシリジン				25. トリプトファン	
		10. アルギニン				26. ヒスチジン	
	(C) 酸性アミノ酸およびそのアミド	11. アスパラギン酸					
		12. アスパラギン					
		13. グルタミン酸					
		14. グルタミン					
	(D) 含硫アミノ酸	15. システイン	HS-CH₂-CH-COOH | NH₂				
		16. メチオニン					

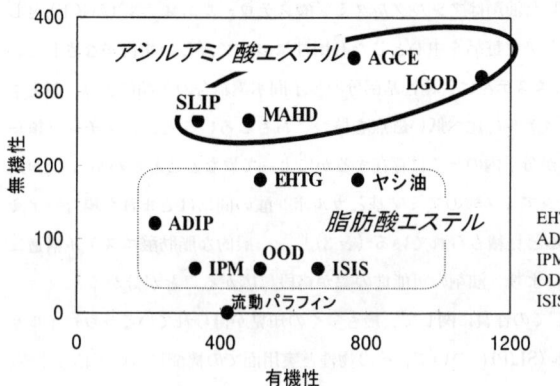

第2章 機能性界面活性剤の開発と応用に関する新たな動き

図3 有機概念図によるアシルアミノ酸系両親媒性油剤の理解[5, 14]
（アシルアミノ酸エステルの略語は表3を参照）

表2 現在実用化されているアシルアミノ酸エステル系油剤

略語	アシル基	アミノ酸	エステル	商品名
	ラウロイル	グルタミン酸	ヘキシルデシル	アミテル®LG-1600
	ステアロイル	グルタミン酸	オクチルドデシル	アミテル®SG-2000
LGOD	ラウロイル	グルタミン酸	オクチルドデシル	アミテル®LG-OD
AGCE	ラウロイル	グルタミン酸	コレステリル/オクチルドデシル/ベヘニル	エルデュウ®CL-301
AGCE	ラウロイル	グルタミン酸	コレステリル/オクチルドデシル	エルデュウ®CL-202
AGCE	ラウロイル	グルタミン酸	フィトステリル/オクチルドデシル	エルデュウ®CL-203
AGCE	ラウロイル	グルタミン酸	フィトステリル/オクチルドデシル/ベヘニル	エルデュウ®PS-304,PS-306
SLIP	ラウロイル	N-メチルグリシン	イソプロピル	エルデュウ®SL-205
MAHD	ミリストイル	N-メチル-β-アラニン	ヘキシルデシル	アミテル®MA-HD

アミテル® 日本エマルジョン㈱
エルデュウ® 味の素㈱

分解して得られる混合アミノ酸は除いている）．

　グルタミン酸，アスパラギン酸，グリシン，アラニン，サルコシン（N-メチルグリシン），
N-メチル-β-アラニン，リジン，アルギニン

　アシルアミノ酸エステルの油剤としての性質は，アシル基部分とエステル部分ばかりでなく，アミノ酸部の骨格によっても影響を受ける．例えば，リジン，アルギニンの長鎖アシル化物は一般に難溶性で，そのエステル化物は塩基性の官能基（アミノ酸の側鎖）が残るためカチオン性の物質となり，これらは界面活性剤として扱われる．酸性アミノ酸であるグルタミン酸，アスパラギン酸はエステル化部位が2箇所あるため，完全にエステル化すると，エステルを1つしか持たないタイプのアシルアミノ酸エステルと比べ，有機性のより強い油剤となる（図3）．エステ

ルの一部にステロールを導入した油剤はアシルグルタミン酸ステロールエステル（AGCE）として実用化されており，スキンケア化粧品を中心とした有用性について詳しい報告がなされている[6〜9]。N-メチル型アミノ酸のエステルは，極性基部分の分子間水素結合の欠如により，対応するN-H型のアシルアミノ酸エステルに比べ低い融点を持つ。おもしろいことに，メチレン鎖（-CH_2-）1個分の疎水性は，それが分子内のどこに存在するかによって異なることがわかっており，アシル基部分＝N-置換基部分＞アミノ酸のアミノ基とカルボン酸の間にはさまれた場合＞アミノ酸側鎖部分の順に小さくなると見積もられている（表3）[10]。一般的な脂肪酸エステル構造にアミノ酸部分を導入することにより，油剤の可能性の幅が格段に広がることが分かる。

次項では，両親媒性油剤としての性質に関して，最も多くの知見が得られているラウロイルサルコシンイソプロピルエステル(SLIP)について，その物性と実用面での機能について紹介する。

5.4 研究例：ラウロイルサルコシンイソプロピルエステル（SLIP）

5.4.1 基本物性

SLIPと，構造的に近似する脂肪酸エステルであるミリスチン酸イソプロピル（IPM）の構造式を図4に示す。SLIPは常温では粘性の低い，さらさらとした液体状の油である。図3の有機概念図からは，SLIPがIPMよりもはるかに無機性が大きい（極性が強い）ことを読み取れるが，実際，水との界面張力を比較すると，SLIP-水の界面張力はIPM-水のそれよりずっと小さい（図5）。このことは，油ではあってもSLIPが水となじみやすい性質を有していることを示している。

両親媒性油剤は界面活性剤のパリセード層に可溶化される傾向の強い油である，ということを

表3　メチレン基（-CH_2-）がアシルアミノ酸エステルの疎水性に及ぼす影響[10]

Relative Hydrophobicity Δgk' = a + bn
(n : acyl chain length)

∴ Δgk' = 0 for SLIP

b value Acyl Chain (R_1) Δgk'$_{CH_2}$ (KJ/mol)		**a** value Side Chain (R_2 or R_3), spacing CH_2 Δgk'$_{CH_2}$ (KJ/mol)		a / b
N-Me-Gly	979	Gly → N-Me-Gly	936	0.96
α-Ala	973	Gly → α-Ala	494	0.51
Leu	942	Val → Leu	393	0.42
N-Me-β-Ala	978	N-Me-Gly → N-Me-β-Ala	676	0.69

第2章 機能性界面活性剤の開発と応用に関する新たな動き

ラウロイルサルコシンイソプロピルエステル（SLIP）

ミリスチン酸イソプロピル（IPM）

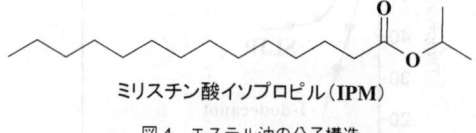

図4　エステル油の分子構造

水との界面張力（N/m）

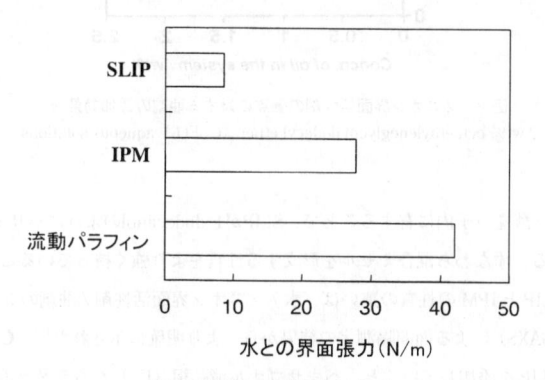

図5　油剤と水の界面張力[5, 14]
（ウィルヘルミ法，25℃）

先に述べたが，このような可溶化位置の違いは，ノニオン界面活性剤水溶液に油剤を添加した時の曇点の変化により知ることができる[11]。n-dodecaneのような炭化水素は，ミセル中心核に可溶化され，ミセル半径が増大して界面活性剤層の曲率が"正"方向に変化する（＝水に対してより凸の界面になる）のでEO鎖の水和により有利になり，曇点は上がる。一方，1-dodecanolはパリセード層に可溶化されるので，界面活性剤の曲率は"負"の方向に変化し（＝水に対してより凹の界面になる），EO鎖の水和に不利になるので曇点が下がると考えられている。図6に示したように，SLIP添加によりオクタエチレングリコールドデシルエーテル（$C_{12}EO_8$）の曇点は大きく低下する[12]。この挙動は1-dodecanolとよく似ている。IPMは添加量が少ない時は曇点を下げるが，添加量を増やすと曇点は上昇に転じる。このことは，IPMは当初パリセード層に可溶化されるものの，量が多くなるとミセル中心核に可溶化されるようになることを示唆している。

81

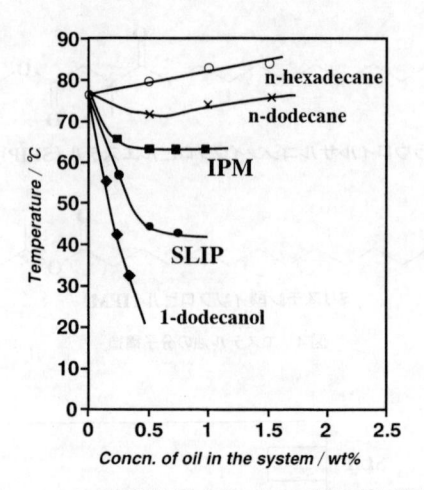

図6 ノニオン界面活性剤の曇点に対する油剤の添加効果[12]
2 wt% octaethyleneglycol dodecyl ether（$C_{12}EO_8$） aqueous solutions

これより，アミノ酸を分子内に有することで，SLIPが1-dodecanolのようにパリセード層に可溶化されやすくなる，すなわち混合ミセルを形成する性質をより強く持っていることが示された。

このようなSLIPとIPMの性質の違いは，水／ノニオン界面活性剤／油剤の3成分の相図と，小角X線回折（SAXS）による面間隔測定の結果から，より明確に示された[12]。$C_{12}EO_8$／水＝50／50の水溶液にSLIPを添加していくと，ヘキサゴナル液晶相（H_1）からラメラ液晶相（L_α）への相転移が観察されたのに対し，IPM添加ではH_1からdiscontinuous cubic相（I_1）への相転移が観察された（図7）。これらの液晶相のSAXS測定の結果から，自己集合体疎水部の長さ（r_H，$d_{L\alpha}$，r_I）と，界面活性剤一分子あたりの疎水部界面での有効断面積（a_s）を求めたところ，SLIP，1-dodecanolでは油剤の量が増えても疎水部長さはほとんど変化しなかったが，IPM，n-dodecaneでは増加が観察された（図8）。詳しい説明は初出文献に譲るが，データ理解の一助に，液晶構造の模式図（図9）を示すので，可溶化位置の違いにより生じるミセル形状の変化，界面活性剤一分子の占有面積の変化に着目してほしい。また，SLIPは，アニオン界面活性剤の系においても同様に，パリセード層に可溶化されることが確認されている（図10）[13]。すなわち，アニオン界面活性剤の系においてもSLIPはコサーファクタント的に作用する可能性がある。

5.4.2 応用面での特長

以上，SLIPが"Penetration"する傾向の強い両親媒性油剤であることを示してきたが，化粧品という領域において，この素材がどのような特長を示すかを次に紹介していく。

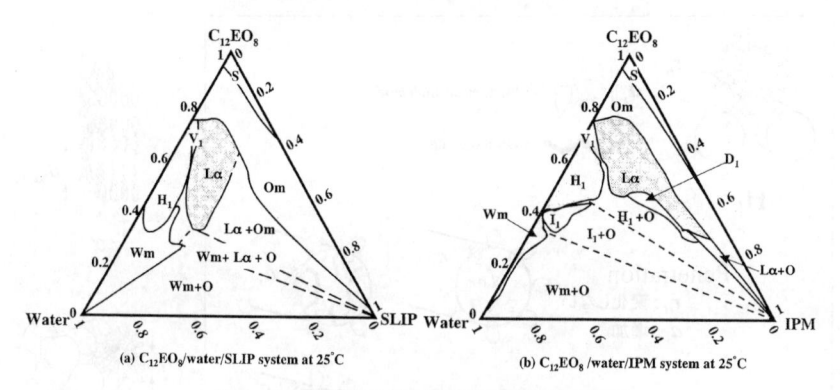

第 2 章　機能性界面活性剤の開発と応用に関する新たな動き

図7　ノニオン界面活性剤／水／油剤　3成分系相図[12]

S：solid
Om：oil micelle
V_1：discontinuous cubic phase
$L\alpha$：lamellar liquid crystal
H_1：hexagonal liquid crystal
Wm：water micelle
D_1：isotropic fluid phase
O：excess oil

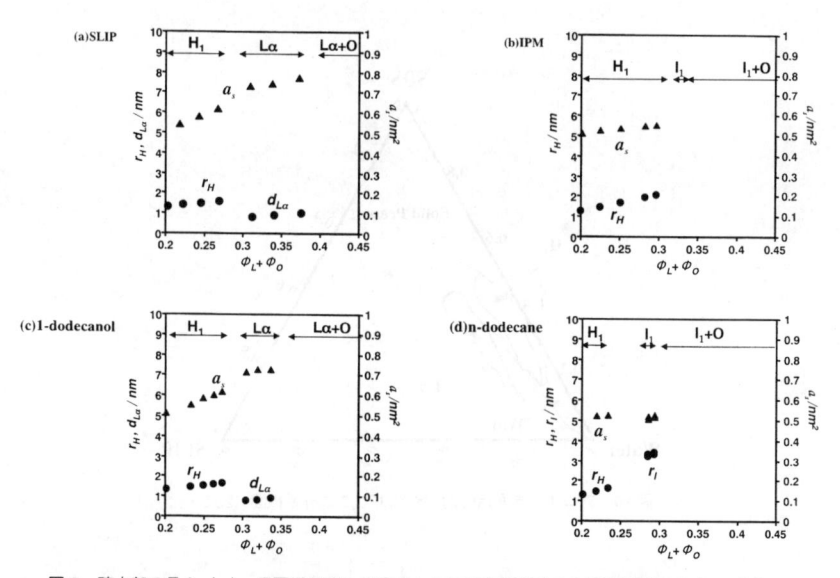

図8　疎水部の長さ（r_H）、界面活性剤1分子あたりの疎水部界面での有効断面積（a_S）の変化[12]

83

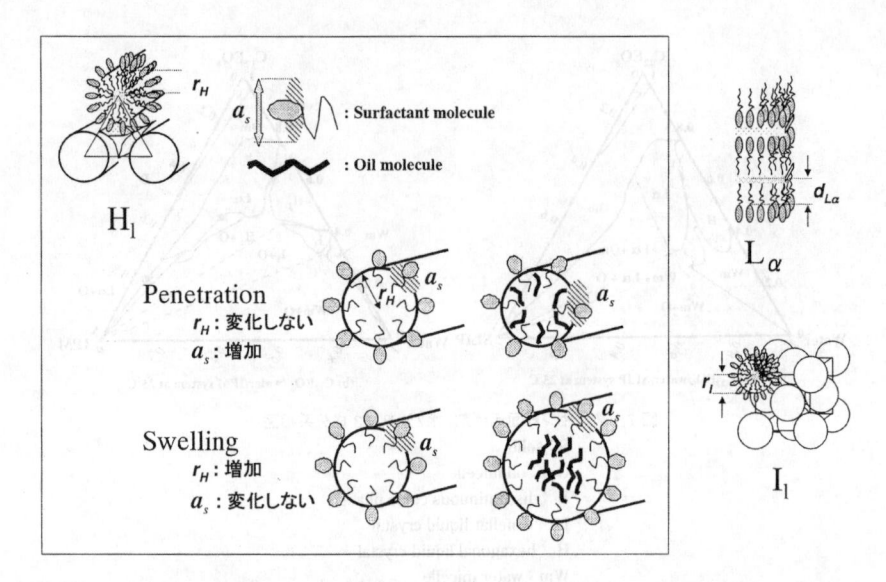

図9 ヘキサゴナル液晶相、ラメラ液晶相、キュービック相におけるミセル配置の模式図と油剤の可溶化による r_H と a_s の変化[2]

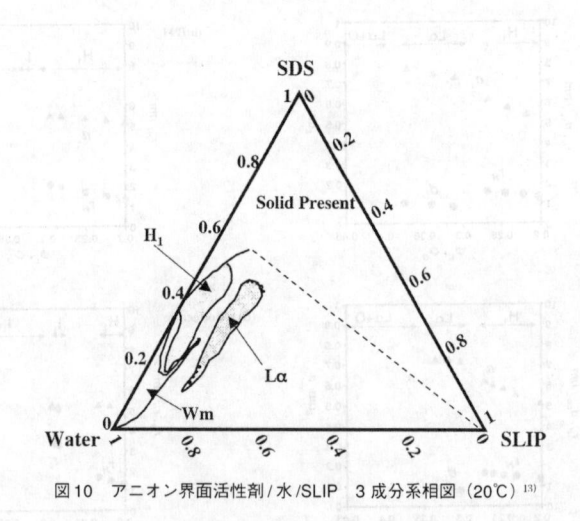

図10 アニオン界面活性剤/水/SLIP 3成分系相図（20℃）[13]

第2章 機能性界面活性剤の開発と応用に関する新たな動き

(1) 難溶性物質の溶解能と無機化合物の分散性〜サンスクリーンへの応用[5, 14]

先に述べたようにSLIPは,油剤としては高い無機性を有している。そのため,一般型の油剤に対する溶解性の低い極性物質を高濃度で溶解させることが可能となる。化粧品で注目を集める効能素材の中には,化粧品用の油剤に対する溶解性が限られているために利用しにくいものが少なくない。表4に,そのような物質のSLIP中での溶解状態を示した。アミノ酸骨格を有しないIPMと比較し,SLIPによって難溶性物質の溶解力が飛躍的に向上していることがわかる。また,図11にはやはり難溶性として知られる紫外線 (UV-A) 吸収剤の溶解性の比較を示した。

SLIPは無機化合物の分散に対しても有効である。紫外線防御効果の大きな製品を作るには,先に述べたような有機系の紫外線吸収剤とともに,紫外線を散乱させて肌に届く紫外線量を減らす目的で,無機粉体を配合することが多い。現在では,紫外線散乱効果を高め,無機粉体の感触の

表4 難溶成効能素材に対する各種油剤の溶解力[5, 14]

油剤↓ 濃度(%)→	セラミド (Mixture)			γ-オリザノール			コレステロール			ジパルミチン酸 アスコルビル			パルミチン酸 アスコルビル		
	0.05	0.10	0.15	2	5	10	2	5	10	1.0	3.0	7.5	0.5	1.0	3.0
SLIP	S	S	S	S	S	S	S	S	S	S	S	S	S	S	I
CCT	I	I	I	S	S	I	S	I	I	I	I	I	I	I	I
IPM	I	I	I	S	I	I	S	I	I	I	I	I	I	I	I
流動パラフィン	I	I	I	I	I	I	I	I	I	I	I	I	I	I	I

S:Soluble　I:Insoluble
CCT:トカ(カプリル/カプリン酸)グリセリル

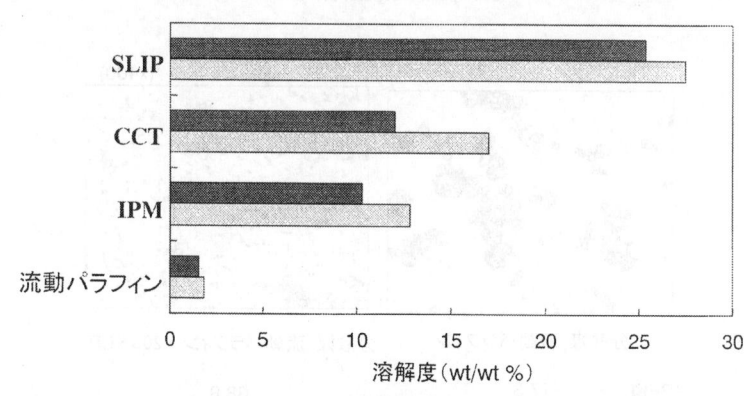

図11　2種の紫外線 (UV-A) 吸収剤の各種油剤への溶解性 (25℃)[5, 14]
　　　CCT：トリ (カプリル/カプリン酸グリセリル)

悪さを改善し，不自然な「白塗り」状態の肌になるのを避けるため，微粒子化した二酸化チタンなどが用いられるが，粒子が細かくなるほど分散が難しく，結果として十分な遮蔽効果が得られないことも多くなる。図12に油剤による二酸化チタンの分散性の違いを測定した結果を示した。数値が小さいほど，分散媒として有効であることを示す。また，流動パラフィンの20%をSLIPに置き換えることで，二酸化チタンの分散が改善される様子を図13に示した。分散性が改良されたことにより，より高いSPF値（UV-B防御効果を表す値）が得られることがわかる。

(2) 油相の性質を変える～処方への利用例1

POE(6)オレイルエーテル／水／流動パラフィン3成分の相図を図14(a)に示す。ノニオン界

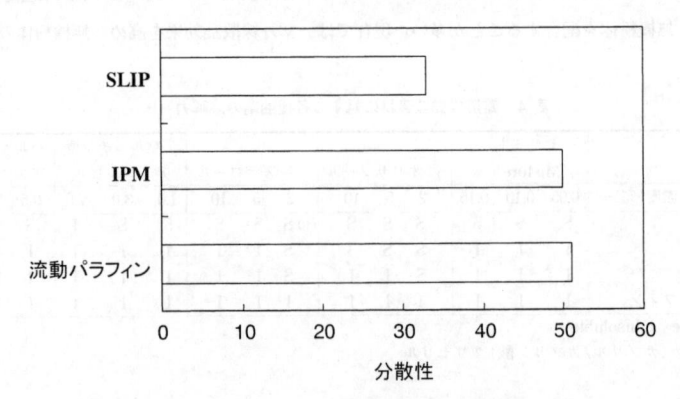

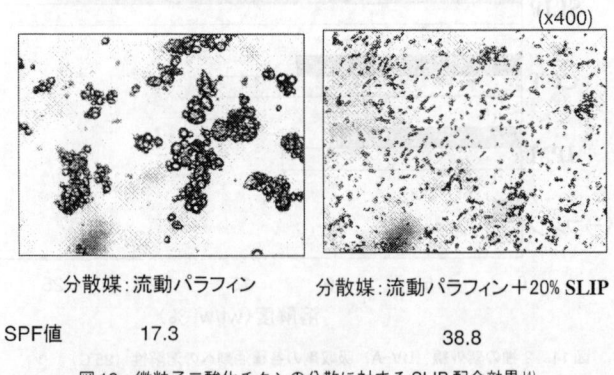

図12 微粒子二酸化チタンの分散媒による分散状態の違い[5, 14]
Flow point-wet point 法による

分散媒：流動パラフィン　　　　分散媒：流動パラフィン＋20% SLIP
SPF値　　17.3　　　　　　　　　　　　　　38.8

図13 微粒子二酸化チタンの分散に対するSLIP配合効果[14]

第 2 章　機能性界面活性剤の開発と応用に関する新たな動き

面活性剤と水が同量程度の領域を中心に，流動パラフィンは液晶状態により可溶化されることがわかる。この流動パラフィンの10％をSLIPにおきかえると，油剤リッチの領域近辺に極めて安定なW/Oエマルション領域が現れた。また，SLIPの量をさらに多くすると，オイルミセル相（図14中にはIとして表示）の領域が広がり，比較的少ない量のノニオン界面活性剤で油相中に水を可溶化できることがわかった。

一般に，油を多く配合した処方は，べたつく，重い，といった使用感のためにあまり好まれないことが多いが，SLIPはさらっとした軽い感触の油剤であることから，このようなオイルリッチな処方の可能性も広がるものと期待できる。

(3) ミセル形状のコントロール～処方への利用例 2

アシルアミノ酸エステルの原料であるアシルアミノ酸の中和物は，マイルド界面活性剤として利用価値が高いが，一般的なアニオン界面活性剤と比較すると水溶液の粘度が出にくいという欠点がある。表5にその一例を示すが，ヤシ油脂肪酸アシルグルタミン酸二ナトリウムを配合すると粘度が低下するという現象は，このアシルアミノ酸塩がかさ高い親水基を持つために，界面活性剤層の曲率を"正"方向に変化させ，より球状のミセルを形成しやすくしているために起きると考えられる。一般に液体洗浄料処方には，アニオン界面活性剤の親水基間の反発を抑えて増粘しやすくするために，コサーファクタントとしてノニオン界面活性剤を配合することが多いが，

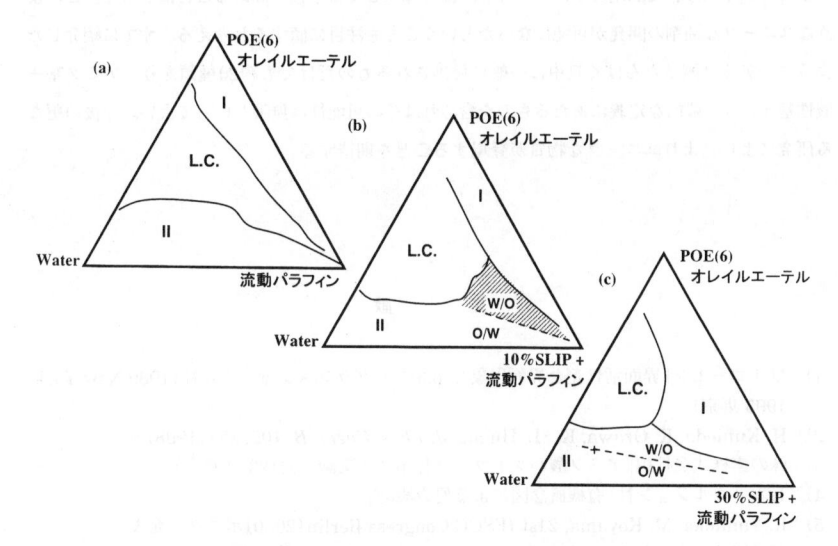

図14　SLIP配合によるW/Oエマルションの生成
L.C.：液晶相, I：一相領域, II：二相領域 (40℃)

表5 SLIP配合によるアニオン界面活性剤水溶液の粘度コントロール[15]

ポリオキシエチレンラウリルエーテル硫酸ナトリウム	13.0	13.0	13.0
ヤシ油脂脂肪アシルグルタミン酸二ナトリウム	0.0	2.0	2.0
塩化ナトリウム	5.0	5.0	5.0
SLIP	0.0	0.0	2.0
クエン酸−水和物	適量	適量	適量
水	残余	残余	残余
計	100.0	100.0	100.0
pH	5.7	5.7	5.7
粘度(mPa·s)@25℃	2500	<10	2560

SLIPは，このようなノニオンと同様の効果を示すことが確認されている[15]。

5.5 おわりに

　この節では，界面活性剤と油の中間域に位置し，特定の条件下で界面のコントロールに寄与しうる物質，というテーマで，両親媒性油剤という言葉を導入し，その性質と機能の紹介を行った。このような油剤は，化粧品の製剤開発のような応用面では実はよく知られた現象に関与しているのだが，両親媒性油剤という考え方を導入することは，そういった現象を理解し，課題を解決したり，新しい展開を考えたりするのに役立つのではないかと思う。

　また，よく知られた油剤分子に，アミノ酸部を導入して親水性を高めることによって，このようなユニークな油剤の開発が可能になったということも注目に値すると考える。すでに紹介したように，アミノ酸はたんぱく質中に一般に見出されるものだけでも約20種類あり，アミノ基＋酸性基という一般的な定義にあたるものを含めればその可能性は無限といってよい。今後の更なる研究により，よりユニークな物質が登場することを期待する。

文　献

1) M.J.ローゼン「界面活性剤と界面現象」, p.3 フレグランスジャーナル社 (1989 New York-1995 東京)
2) H. Kunieda, K. Ozawa, K. -L. Huang, *J. Phys. Chem. B*, **102**, 831 (1998)
3) 味の素株式会社編「アミノ酸ハンドブック」, p.8 工業調査会 (2003 東京)
4) 日本エマルジョン社「有機概念図による処方設計」
5) R. Yumioka, M. Koyama, 21st IFSCC Congress Berlin (2000) ポスター発表
6) 石井博治, 三上直子, *J. Soc. Cosmet. Chem. Japan*, **30**(2), 195 (1996)

第2章 機能性界面活性剤の開発と応用に関する新たな動き

7) H. Ishii, N. Mikami, K. Sakamoto, *J. Cosmet. Chem.*, **47**(6), 351(1996)
8) 小山匡子, フレグランスジャーナル, **25**, 102(1997)
9) 石井博治, オレオサイエンス, **4**(3), 11(2004)
10) R. Yumioka, K. Sakamoto, JOCS/ AOCS World Congress 2000, Program & Abstracts p.131
11) H. Hoffman, W. Ulbricht, *J. Colloid Interface Sci.*, **129**, 388(1989)
12) H. Kunieda, M. Horii, M. Koyama, K. Sakamoto, *J. Colloid Interface Sci.*, **236**, 78(2001)
13) Y. Yamashita, H. Kunieda, E. Oshimura, K. Sakamoto, *Langmuir*, **19**(10), 4070(2003)
14) 中西紀元, フレグランスジャーナル, **30**, 43(2002)
15) 特開平2002-053896

6 ジェミニ型界面活性剤の特性と応用

益山新樹*

6.1 はじめに

21世紀に入り，地球規模での環境保全への関心が高まりつつある中で，日々大量に消費されている界面活性剤に対しても多くの要求が寄せられている。より微量で十分な特性を発揮するような「界面活性剤高性能化」の推進は，総使用量の削減など資源・環境的側面のみならず，例えば界面活性剤を利用する様々な工業プロセスの生産性向上などにも資する点で重要な意味を持つ。また，技術開発のベクトルの一つはファイン化の方向にあり，その意味でも界面活性剤に付加価値や複合機能を付与することの重要性は論を待たない。

界面活性能の向上・改良を進めるにあたっては，「一鎖一親水基」という既存の界面活性剤の枠内の構造改変だけでは自ずと限界があり，基本概念に捕われない斬新な分子設計が必要となる。そのアプローチから創出された高性能界面活性剤の一つが「多鎖多親水基型」両親媒性化合物である。初期の研究段階で世に出たものが，見掛け上二つの一鎖一親水基型化合物を「束ねた」構造であったため，これらはGemini surfactantsと名付けられた[1]。その後の研究展開で三鎖型あるいはそれ以上の多鎖多親水基型構造のものが登場するに及んでも，それらすべてを包括して「ジェミニ型」化合物という総称で呼ばれることが多いので，本節でも広い範囲の化合物群を指すものとしてジェミニという言葉を用いることにする。ただし，多鎖多親水基型化合物についてオンライン検索する場合は，Gemini surfactantというキーワードに加えてdimeric surfactant，trimeric surfactant，double-chain，triple-chain，multi-chain，complexan-typeといった用語も使用しないと検索漏れが生じるので，注意が必要である。

ジェミニ型界面活性剤が発揮する様々なユニークな性質の基点は，図1に描かれるように，一

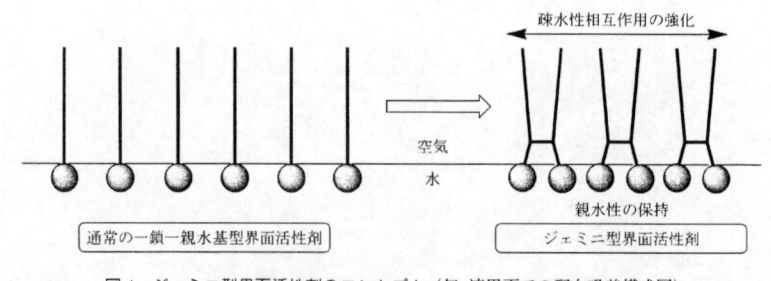

図1 ジェミニ型界面活性剤のコンセプト（気-液界面での配向吸着模式図）

* Araki Masuyama　大阪大学　大学院工学研究科　応用化学専攻　助教授

第2章　機能性界面活性剤の開発と応用に関する新たな動き

鎖一親水基型構造ではなし得ないレベルでの,「親水性の保持」と「疎水性相互作用の強化」という二律背反の性質の両立である。

以下に,これまでに合成されたジェミニ型化合物,その構造と基本的な界面物性の関係,具体的な応用例や工業的な展開,など点について概説する。

6.2　これまでに合成されたジェミニ型界面活性剤の構造

筆者らのグループによる1988年の論文発表[2]が嚆矢となって,世界中の多くの研究者を巻き込んだジェミニ型両親媒性化合物に関する体系的な研究がスタートして以来,これまでに多種多様な構造の当該化合物群が合成されてきた。限られた紙数の都合上,そのすべてを網羅することはできないので,親水基の種類別に代表的な構造例を紹介するにとどめる。

6.2.1　アニオン型

図2に,これまで報告されたアニオン性親水基を持つジェミニ型化合物の構造例を示した。化合物1は筆者らが最初に開発したタイプであり,工業原料でもあるジエポキシドと高級アルコールの反応とそれに続く既知の親水基導入反応により比較的簡便に合成できる。疎水基(R),連結基(Y),親水基(Z)の組合せによりバリエーションに富んだ化合物が得られ,その構造と界面物性の関係の精査により後述するジェミニ型化合物のユニークな特性が次々と明らかになり[3],その後の研究展開の出発点となった。化合物2はエポキシアルカン[4],化合物3,4はα-オレフィン[5],化合物5,6はα-スルホ脂肪酸(α-SF)[6]からそれぞれ合成されたものである。なお,2のような第二級硫酸エステル塩は加水分解しやすいので注意が必要である。化合物7,8は,混合物としてではあるが40年以上前から市販されていた洗浄剤成分である[7]。化合物9,10は,Gemini surfactantの名付け親であるMengerによって合成されたものであるが,これらはリジッドな連結基であり,2本の疎水鎖が相並ぶコンホメーションをとり得ないこともあり,その界面活性能は通常の一鎖型よりも劣る[8]。化合物11-14は多鎖多親水基型の例である。11はN-アシルジエタノールアミン[9],12はアルキルグリセロール[10],13はトリメチロールエタン[11],14はペンタエリスリトール[12]からそれぞれ合成された。

6.2.2　カチオン型

他のタイプの親水基に比べて第四級アンモニウム塩の合成は容易であるため,圧倒的に報告例が多い。よって,ここでは代表的な合成方法論だけを紹介しておく。図3の化合物15が最も合成されたタイプであるが,その主な合成法は4つある。A法とB法は第三級アミンとハロゲン化アルキルの組合せによる反応で最も容易な方法であるが,反応に長時間を要し目的物の単離精製が難しい場合が多い。より高純度のビスアンモニウム塩を得たい場合には,酸塩化物を出発物質とするC法またはD法が推奨される[13]。E法[14]とD法[15]は,連結基部分に水酸基を有する化

91

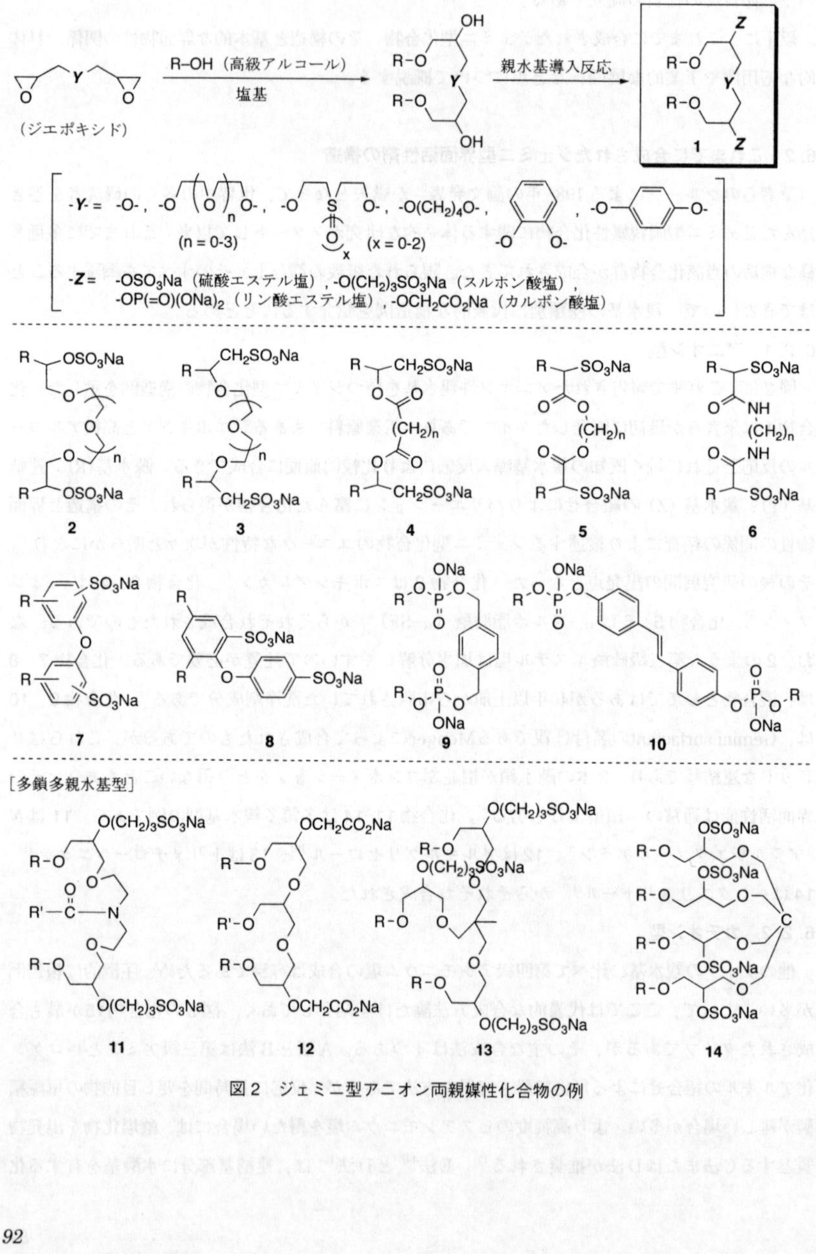

界面活性剤・両親媒性高分子の最新機能

図2 ジェミニ型アニオン両親媒性化合物の例

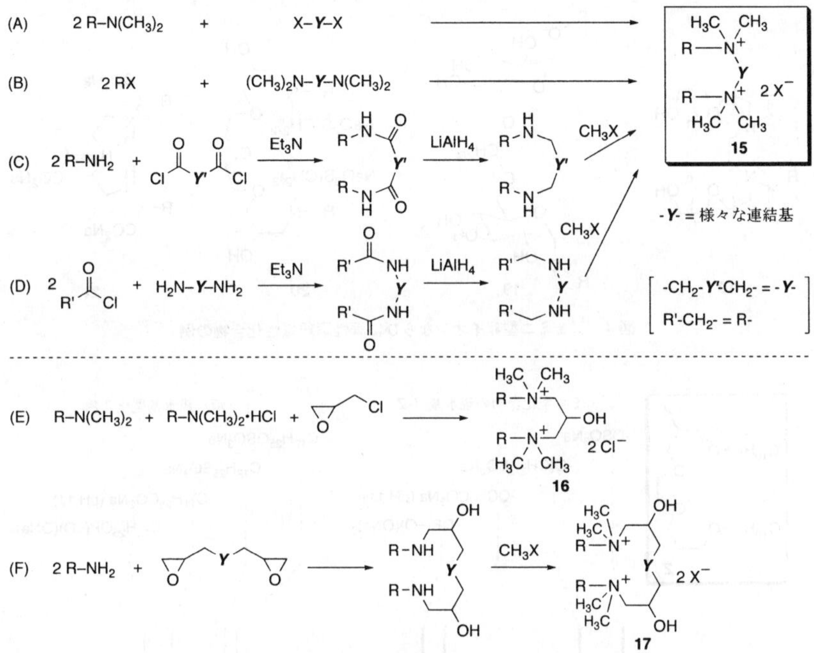

第2章 機能性界面活性剤の開発と応用に関する新たな動き

図3 ジェミニ型カチオン両親媒性化合物の合成方法論

合物の方法論である。この他に，非対称疎水基を有するタイプ[16]，連結部分に不斉中心を持つタイプ[17]のアンモニウム塩の合成例もある。

6.2.3 非イオンならびに両性型

この両タイプのジェミニ型化合物の合成例はそれほど多くない。非イオン型の親水基としてはポリオキシエチレン鎖と糖類由来骨格が一般的であり，それぞれのジェミニ型の例を図4の化合物18[18]ならびに19[19]に示した。両性型としてはビスタウリン化合物20[20]，アミノ酸骨格を持つコンプレキサン型化合物21[21]などの報告例がある。

6.3 ジェミニ型構造と基本的な界面物性の関係

ジェミニ型界面活性剤に関しては数多くのユニークな性質が明らかにされているが，中でも次に挙げる特徴が耳目を集める根拠となっている：

(1) 通常の一鎖型界面活性剤に比べて臨界ミセル濃度（cmc）がかなり小さい。
(2) 表面張力低下能（γ_{cmc}）が優れている。

図4 ジェミニ型非イオンならびに両性両親媒性化合物の例

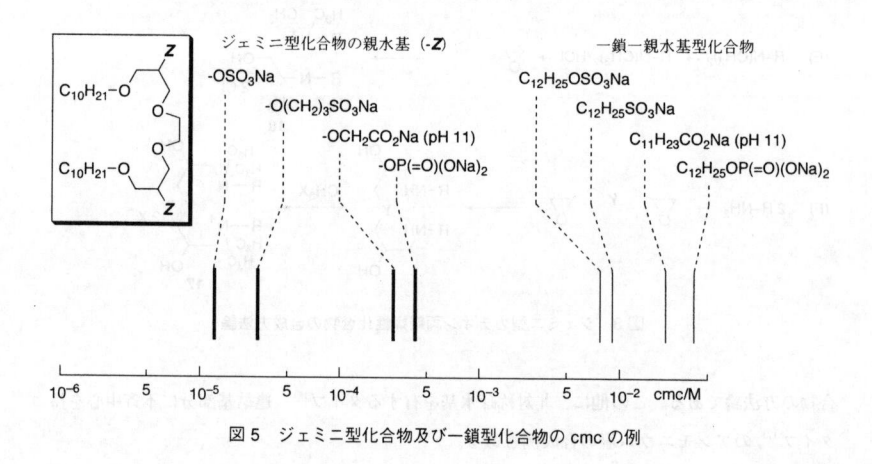

図5 ジェミニ型化合物及び一鎖型化合物の cmc の例

(3) 一般に低濃度の水溶液の粘性が高い。
(4) 湿潤力，浸透力，乳化力，分散力，金属イオンに対する耐性，起泡特性，皮膚刺激性，抗菌力など，洗浄剤としての特性に優れているものが多い。
(5) 比較的簡便な構造改変により，二分子膜ベシクルなどミセル以外の高次分子集合体を形成させることができる。

ここでは筆者らのグループで精査したジエポキシド由来のジェミニ型化合物[3]をケース・スタディとして，それらの特徴，ならびに構造と界面物性の関係について解説する。

6.3.1 二鎖二親水基型構造

ミセル形成能および表面張力低下能：2本のデシル基とエチレングリコールジグリシジルエーテル由来連結基を有するジェミニ型ビスアニオン化合物1の cmc と γ_{cmc} の結果を，対応する親

第2章 機能性界面活性剤の開発と応用に関する新たな動き

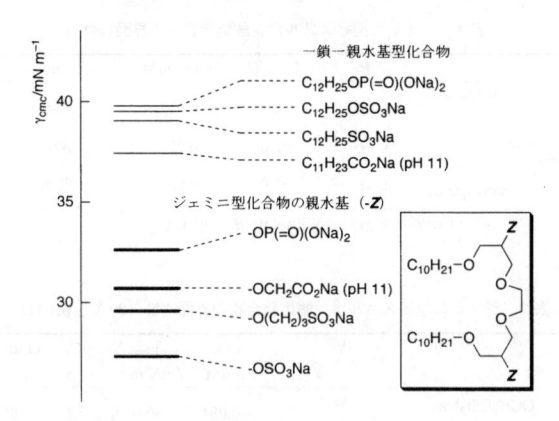

図6 ジェミニ型化合物及び一鎖型化合物の γ_{cmc} の例

水基を有する一鎖型化合物のデータと共に図5と図6にそれぞれ示す。この2つの関係図が，上述したジェミニ型化合物の特徴 (1) 及び (2) を明快に具現している。すなわち，ここに挙げた二鎖型化合物は，クラフト点 (T_{Kp}) がすべて0℃以下と水溶性が良好である上に，対応する一鎖型に比べてcmcは1/100～1/300の低濃度であり，さらにγ_{cmc}値も有意に小さい。

<u>アルキル鎖長の影響</u>：化合物1の連結部 (Y) がエーテル酸素であるビススルホン酸塩型化合物の疎水鎖長とcmc，γ_{cmc}の関係を表1に示す。この場合，デシル基～ドデシル基程度のものが，水溶性を備えた活性剤として適当な選択となる。

<u>連結基構造の影響</u>：表2には，ラウリン酸ナトリウムと共に，2本のデシル基とオキシエチレン型連結基を有する化合物1タイプのビスカルボン酸塩の各種界面化学的パラメータをまとめた。ここで，pC_{20} (=-logC_{20}：C_{20}は水溶液の表面張力を20 mN/m下げるのに必要な活性剤モル濃度) は「表面吸着効率」の指標であり，数値が大きいほどその性質が優れていることを表す。Aは活性剤の分子占有面積である。表に挙げたジェミニ型化合物に関して，連結基が短いものほどミセル形成能及び表面張力低下能が良好である。一般に，活性剤分子の立体的要因により表面配向吸着よりもミセル形成が相対的に抑制される場合はcmc/C_{20}比が大きくなる[22]。しかしながら，このジェミニ型同族体では連結基鎖長が長くなると共にcmc/C_{20}比は単調に減少していることから，少なくとも連結基のオキシエチレン単位3つまではミセル形成を抑制する因子ではなく，その単位数増加と共にcmcが増加したのは，ただ単に連結基の親水性が増したことに起因する，と結論づけられる。また，γ_{cmc}とA値の傾向が一致していることは，気－液界面で密に配向吸着するもの (A値が小さい) は表面張力低下能が優れる (γ_{cmc}が小さい) ，ことを意味している。さらに，ここに挙げたジェミニ型化合物のA値がラウリン酸ナトリウムのA値の2倍よ

95

界面活性剤・両親媒性高分子の最新機能

表1 ジェミニ型ビススルホン酸塩化合物の界面物性

	R-	$T_{Kp}{}^a$/℃	cmc^b/mM	$\gamma_{cmc}{}^b$/mN m^{-1}
R-O〈O(CH$_2$)$_3$SO$_3$Na / O(CH$_2$)$_3$SO$_3$Na〉	$C_{10}H_{21}-$	< 0	0.033	28.0
	$C_{12}H_{25}-$	< 0	0.014	30.0
	$C_{14}H_{29}-$	< 0	0.025	37.5

^{a} クラフト点(1 wt%水溶液) ^{b} Wilhelmy 法(20 ℃)

表2 ジェミニ型ビスカルボン酸塩化合物の界面物性(20 ℃, pH 11)

	-Y-	cmc /mM	γ_{cmc} /mN m^{-1}	pC_{20}	cmc/C_{20}	A /Å^2
C$_{10}$H$_{21}$-O-CH(OCH$_2$CO$_2$Na)-Y-CH(OCH$_2$CO$_2$Na)-O-C$_{10}$H$_{21}$	-O-	0.084	30.0	5.4	22	82
	-O(CH$_2$CH$_2$O)-	0.16	33.0	5.0	16	94
	-O(CH$_2$CH$_2$O)$_2$-	0.26	39.0	4.4	6.5	106
	-O(CH$_2$CH$_2$O)$_3$-	0.37	43.0	4.1	4.6	110
比較: C$_{11}$H$_{23}$CO$_2$Na		20	37.5	2.3	4.0	69

表3 各種二鎖二親水基型化合物の起泡特性・浸透力・石灰セッケン分散力・耐硬水性(20 ℃)

	-Z	-Y-	泡容積^a/mL 直後	5分後	浸透力^b /秒	LSDR^c	耐硬水性^d /ppm
C$_{10}$H$_{21}$-O-CH(Z)-Y-CH(Z)-O-C$_{10}$H$_{21}$	-OSO$_3$Na	-OCH$_2$CH$_2$O-	250	0	80	5.8	>6000
	-OSO$_3$Na	-O(CH$_2$)$_4$O-	200	40	9	6.1	>6000
	-OP(=O)(ONa)$_2$	-OCH$_2$CH$_2$O-	<10	0	-	-	-
	-OP(=O)(OH)(ONa)	-OCH$_2$CH$_2$O-	240	230	-	-	-
	-O(CH$_2$)$_3$SO$_3$Na	-O-	260	250	-	5.8	-
	-O(CH$_2$)$_3$SO$_3$Na	-OCH$_2$CH$_2$O-	255	225	41	6.3	>5000
	-O(CH$_2$)$_3$SO$_3$Na	-O(CH$_2$CH$_2$O)$_2$-	250	0	-	6.6	-
	-O(CH$_2$)$_3$SO$_3$Na	-O(CH$_2$CH$_2$O)$_3$-	210	0	-	7.9	-
	-OCH$_2$CO$_2$Na (pH 11)	-O-	270	270	6	-	580
	-OCH$_2$CO$_2$Na (pH 11)	-OCH$_2$CH$_2$O-	250	250	16	-	650
	-OCH$_2$CO$_2$Na (pH 11)	-O(CH$_2$CH$_2$O)$_2$-	260	130	30	-	880
	-OCH$_2$CO$_2$Na (pH 11)	-O(CH$_2$CH$_2$O)$_3$-	180	30	38	-	>2500
比較:	C$_{12}$H$_{25}$-OSO$_3$Na (25 ℃)		240	240	86	30	1080
	C$_{12}$H$_{25}$-SO$_3$Na (45 ℃, 0.5 wt%)		215	130	15	94	-
	C$_{11}$H$_{23}$-CO$_2$Na (pH 10, 1 wt%)		200	170	226	-	250

^{a} 半微量 TK 法(0.1 wt%). ^{b} フェルト片(70 mg)沈降時間法(0.1 wt%)
^{c} Borghetty–Bergman 法(333 ppm 硬水中 0.05 wt%)
^{d} 0.5 wt% 活性剤が沈殿を生じる硬度(CaCO$_3$ 濃度換算)

りも小さく，適切な構造のジェミニ型化合物は一鎖型に比べて気－液界面で密に配向吸着するであろう，との作業仮説が実証されている。

起泡特性・浸透力・石灰セッケン分散力（LSDR）・耐硬水性：ジェミニ型化合物1を洗浄剤として応用する場合に評価すべきこれらの性質に関して，表3にデータをまとめた。起泡特性について興味深い点は，硫酸エステル塩とリン酸エステル塩（full salt）の泡沫安定性が低いこと（逆に言えば「泡切れが良い」），これに対してリン酸エステル塩（half salt）は泡沫安定性が高いこと，連結部オキシエチレン単位数増加に伴い泡沫安定性が低下すること，などである。フェルト片に対する浸透力とジェミニ型活性剤構造の間には，明白な相関関係は認められない。硫酸エステル塩ならびにスルホン酸塩のLSDR値は対応する一鎖型よりもはるかに小さい。ここに挙げたジェミニ型化合物の耐硬水性も良好であるが，特にビスカルボン酸塩は「セッケン」でありながら一鎖型に比べて耐硬水性が優れている点が注目される。連結基オキシエチレン単位数増加に伴って耐硬水性も向上していることから，オキシエチレン酸素のCa^{2+}に対する配位がプラスアルファとして寄与している可能性が示唆される。

6.3.2　多鎖多親水基型構造

多鎖多親水基構造では構造因子の選択肢が増えるため，水溶性と疎水性相互作用のバランスをより細かくチューニングすることが可能となり，界面物性の一層の向上が期待されるだけでなく，媒質中での会合形態も変化することが予想される。ベシクル形成については6.3.4で述べる。

三鎖二親水基型構造：図2に記載している化合物11ならびに12タイプの界面物性値を表4にまとめた。なお，ここに挙げた化合物はすべて0.1 wt%濃度（cmc値よりはるかに高濃度）で任

表4　三鎖二親水基型化合物の界面物性（20 ℃）

R-	R'-	-Z	cmc /mM	γ_{cmc} /mN m^{-1}	pC_{20}	cmc/C_{20}
$C_{10}H_{21}-$	CH_3-	$-O(CH_2)_3SO_3Na$	0.043	32.5	5.3	7.9
$C_{10}H_{21}-$	$C_9H_{19}-$	$-O(CH_2)_3SO_3Na$	0.0080	28.0	6.7	39
$C_{10}H_{21}-$	$C_{11}H_{23}-$	$-O(CH_2)_3SO_3Na$	0.0072	27.5	6.9	63
$C_{10}H_{21}-$	CH_3-	$-O(CH_2)_3SO_3Na$	0.081	36.0	5.0	8.1
$C_8H_{17}-$	$C_8H_{17}-$	$-O(CH_2)_3SO_3Na$	0.046	29.0	5.6	18
$C_{10}H_{21}-$	$C_{10}H_{21}-$	$-O(CH_2)_3SO_3Na$	0.014	28.0	6.6	56
$C_{10}H_{21}-$	$C_{10}H_{21}-$	$-OSO_3Na$	0.0090	27.0	6.7	45
$C_{10}H_{21}-$	$C_{10}H_{21}-$	$-OCH_2CO_2Na$ (pH 11)	0.040	29.0	5.7	20

意の温度の水に溶解した。ただし，ドデシル基が3本のものはいずれも水には完全に溶けず，別の検証から二分子膜ベシクル会合体を形成することを認めている。記載データから明らかなように，ここに挙げた三鎖型化合物は対応する二鎖型に比べてミセル形成能，表面張力低下能が向上している。pC_{20} とcmc/C_{20}値の結果から，三鎖型は表面吸着効率がさらに大きくなり，ミセル形成よりも表面配向吸着の過程が相対的には有利であることが分かる。

三鎖三親水基型構造：トリメチロールエタンから誘導される三鎖三親水基型化合物 13 の疎水鎖長とWilhelmy法で測定した界面物性の関係を表5に示す。この同族体では疎水鎖長増加の順にcmc，γ_{cmc} 共大きくなる特異な傾向が認められた。また，pC_{20} もその順番に低下している。次に，塩化ピナシアノールをプローブとする色素法[23]でバルク水中での活性剤分子の挙動を調査したところ，Wilhelmy法で求めたcmcよりも低濃度でミセル形成に起因するプローブの吸光度変化が観測された。このトリメチロールエタン骨格の化合物では，疎水鎖3本が相並んだ状態で配列する状態を想定した場合，コンホメーションがかなり歪んでしまうことから配向吸着には不利であり，低濃度でもエネルギー的に有利な水中での会合体形成の過程が優先するものと考えられる。ジェミニ型化合物の分子設計において骨格構造の選択が重要であることを示す一例である。

6.3.3 ジェミニ型化合物表面単分子膜の挙動

一般に両親媒性分子が水表面で形成する単分子膜の挙動を解析することにより，配向吸着や疎水性相互作用などに関して様々な情報が得られる。そこで，筆者らが精査してきた上述のジェミニ型化合物に関して，その合成前駆体でもあるジオールやトリオール体が形成する水不溶性表面単分子膜の表面圧―分子専有面積曲線（π–A 等温線）を測定し，疎水鎖長や連結基構造が気―液界面における分子のパッキングや配向状態に及ぼす影響について検討した[24]。化合物1の前駆体ジオールに関する測定結果例を図7に示した。このデータから読み取れる情報を要約すると：①デシル疎水基のものはすべて液体膨張膜状態で崩壊しているが，鎖長が増すと液体凝縮膜状態までとり得ることから，疎水基同士の相互作用は分子の密なパッキングのために重要な因子であることが実証された。②当初の予想通り，連結基部分の長さが増すと，単分子膜の充填状態が疎になることが認められた。

表5 三鎖三親水基型化合物 13 の界面物性

R–	cmc^a/mM	γ_{cmc}^a/mN m^{-1}	pC_{20}^a	cmc^b/mM
$C_{10}H_{21}$–	0.0068	31.5	7.4	0.005
$C_{12}H_{25}$–	0.050	33.0	5.8	0.004
$C_{14}H_{29}$–	0.25	34.0	4.8	0.002

^{a} Wilhelmy 法（20 ℃）　^{b} 色素法（20 ℃）

第2章 機能性界面活性剤の開発と応用に関する新たな動き

6.3.4 ジェミニ型化合物が形成するベシクル

多鎖型両親媒性化合物は水中で二分子膜ベシクル会合形態をとり得る可能性がある。実際筆者らも，ドデシル基以上の疎水鎖を有する三鎖型化合物12が，一般的な超音波分散法によりベシクルを形成することを明らかにした[25]。オクタデシル基を有する12に関してさらに検討を進めた結果，①内包させた水溶性物質保持能力に関して，12単独系あるいは代表的なリン脂質であるホスファチジルコリン（PC）との混合系で調査したところ（図8），40℃での保存条件下，単独系では5年後でも漏出率は10%以下であった。また，ジステアロイルPC（DSPC）との混合により漏出速度の制御が可能である。②高い保持能力は化合物12二分子膜の緻密さに起因することを，ζ電位測定ならびに蛍光偏向度測定による膜の微視的流動性評価により明らかにした。

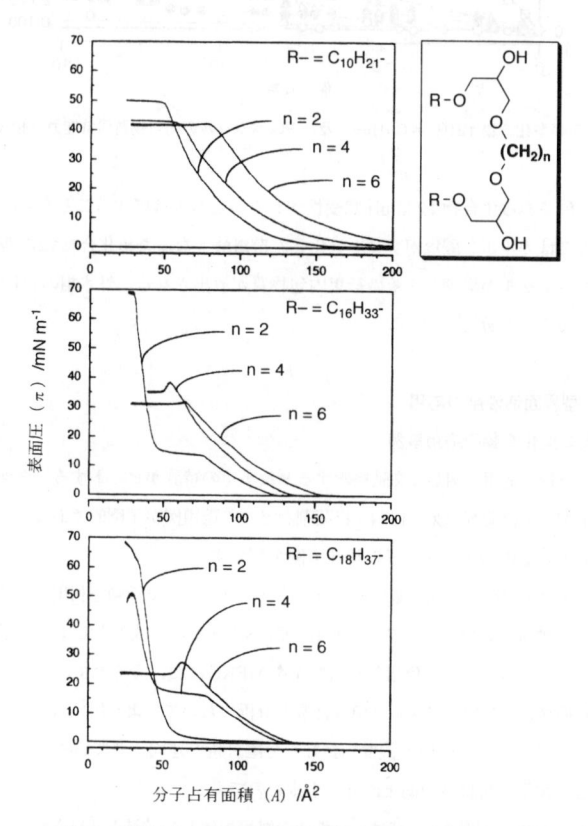

図7 二鎖ジオールの表面圧―分子占有面積（π-A）等温線

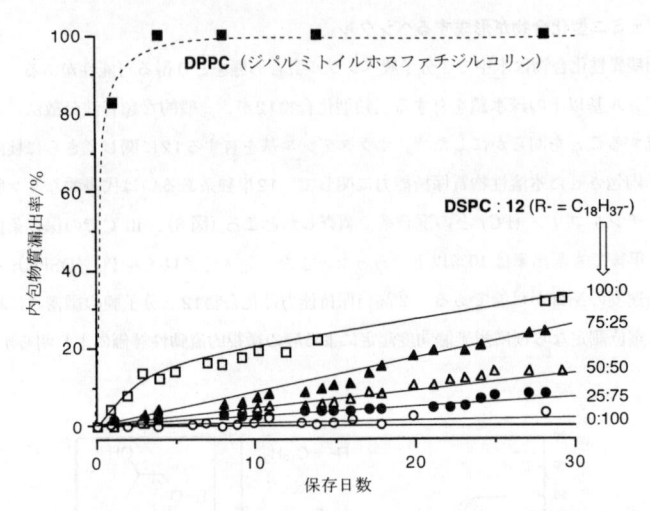

図8 三鎖型化合物 12（R-= $C_{18}H_{37}$-）及び PC ベシクルの内包物質保持能力（40 ℃）

③ビスカルボン酸である化合物12はpH感受性ベシクルとして機能することを見出した。すなわち，酸性条件ではカルボン酸塩がプロトン化され遊離酸となるため化合物12の親水—疎水バランスが崩れてベシクルが崩壊し，その結果内包物質が放出される。外水相のpHが4.0以下でこの現象が起こることが分った[26]。

6.4 ジェミニ型界面活性剤の応用
6.4.1 ジェミニ型化合物の応用事例

ジェミニ型化合物の応用に関して文献検索すると数多くの特許がヒットする。洗浄剤，香粧品基剤，乳化安定剤，染色助剤，ゲル化剤，抗菌剤などへの適用例が圧倒的であるが，ここでは論文として報告されたものの中から二三の特殊事例を紹介する。

まず，ファインな用途への展開として，キャピラリーゾーン電気泳動を利用した物質の微量分析法であるミセル動電クロマトグラフィー（MEKC）へのミセル形成剤としての応用が報告されている[27]。例えば，ビススルホン酸塩型化合物1をMEKCにおけるミセル形成剤として利用すると，種々の置換ベンゼンやナフタレン類混合系の分析において，よく用いられるドデシルスルホン酸ナトリウム（SDS）の1/10の濃度で良好な分離分析が達成されている。この特徴は，環境汚染物質などの微量分析精度の向上に寄与するものである。

一方，工業化学分野への展開としては，高性能の触媒担体として最近注目されているメソポー

第2章　機能性界面活性剤の開発と応用に関する新たな動き

ラスシリカを製造する際の，孔径制御用テンプレート剤としての応用である[28]。代表的なメソポーラスシリカであるMCM-41は汎用一鎖型アンモニウム塩型界面活性剤をテンプレートとして製造されるが，連結基鎖長の長い二鎖ビスアンモニウム塩ジェミニ型界面活性剤を適用した場合，MCM-41よりも大きい孔径が新たに得られ（MCM-48），触媒担体の適用範囲が広がった。

他に，オゾン酸化工程を取入れた高度廃水処理に適合した，環境保全に寄与するオゾン分解性ジェミニ型界面活性剤の開発例もある[29]。

6.4.2 ジェミニ型化合物の工業的な展開

最後にジェミニ型化合物の工業的な展開について言及しておく。海外では，ドイツSasol社がアニオンタイプのジェミニ型化合物を配合したCeralution^{R}という商品名の乳化・分散剤を提案している[30]。一方国内では，中京油脂（本社：名古屋市，http://www.chukyo-yushi.co.jp/）が二鎖ビスカルボン酸塩型化合物の低コスト製造法の開発に成功し，Gemsurfという商品名で利用展開を図っている[31]。その代表例として，Gemsurf 22の製造法概略とスペックを表6に示した。出発原料は部分水素化されたフタル酸無水物であり，2段階の製造工程でビスエステル疎水鎖ビスカルボン酸が純度よく得られている。そのNa塩は，これまでに述べてきたジェミニ型化合物の特徴を反映した優れた界面物性を示すだけでなく，乳化性改良剤や濡れ剤として顕著な効能を発揮するため，特に洗浄剤や香粧品分野において注目を集めている。さらに，化合物22の相挙動ならびにレオロジー挙動についても精査されている[32]。ジェミニ型化合物の実用化においては製造コスト低減が重要課題であり，この点からも同社の挑戦と今後の技術展開は大いに期待される。

表6　Gemsurf 22の合成と性質

cis-1, 2, 3, 6-テトラヒドロフタル酸無水物

R-	mp/°C	$T_{Kp}{}^a$/°C	cmc^b/mM	$\gamma_{cmc}{}^b$/mN m^{-1}	p$C_{20}{}^b$	cmc/C_{20}
$C_{10}H_{21}$-	88-89	<0	0.1	38	4.9	9
$C_{12}H_{25}$-	94-95	<0	0.01	36	6.0	10
$C_{14}H_{29}$-	98-99	<0	0.008	28	6.5	27

^{a} クラフト点（1 wt% CO_2Na 塩）．^{b} Wilhelmy法（CO_2Na 塩 pH 11, 25 ℃）．

6.5 おわりに

以上，ジェミニ型界面活性剤の構造と基本的な界面物性の関係，ならびに応用事例について概観した．界面活性剤分野に新たなブレーク・スルーをもたらしたこの魅力的な化合物群については，コロイド化学の見地からも挙動解明が進んでおり，また，ここでは述べられなかった興味深い性質や新規分野への応用例も多数報告されている．関心がおありの方は最近出版された成書[33]を参照していただければ幸いである．

文献

1) M. J. Rosen, *Chemtech*, **23**, 30 (1993)
2) M. Okahara et al., *J. Jpn. Oil Chem. Soc.*, **37**, 746 (1988)
3) 益山新樹, 油化学, **44**, 543 (1995)
4) R. Zana et al., *Langmuir*, **13**, 402 (1997)
5) A. Van Zon et al., *Tenside Surf. Deterg.*, **36**, 84 (1999)
6) T. Okano et al., *J. Am. Oil Chem. Soc.*, **73**, 31 (1996)
7) M. J. Rosen et al., *J. Colloid Interface Sci.*, **234**, 418 (2001)
8) F. M. Menger et al., *J. Am. Chem. Soc.*, **113**, 1451 (1991); *ibid.*, **115**, 10083 (1993)
9) Y.-P. Zhu et al., *J. Am. Oil Chem. Soc.*, **68**, 539 (1991)
10) Y.-P. Zhu et al., *J. Am. Oil Chem. Soc.*, **69**, 626 (1992)
11) A. Masuyama et al., *J. Chem. Soc., Chem. Commun.*, 1435 (1994)
12) M. C. Murguia et al., *Synlett*, 1229 (2001)
13) I. Ikeda, In "Gemini Surfactants" ed. by R. Zana et al., p.9, Marcel Dekker, Inc., New York (2004)
14) T. S. Kim et al., *J. Am. Oil Chem. Soc.*, **73**, 67 (1996)
15) Y.-P. Zhu et al., *J. Jpn. Oil Chem. Soc.*, **42**, 161 (1993)
16) R. Oda et al., *Chem. Commun.*, 2105 (1997)
17) G. Cerichelli et al., *Langmuir*, **15**, 2631 (1999)
18) G. Paddon-Jones et al., *J. Colloid Interface Sci.*, **243**, 496 (2001)
19) M. J. L. Castro et al., *Langmuir*, **18**, 2477 (2002)
20) A. Masuyama et al., *J. Jpn. Oil Chem. Soc.*, **41**, 301 (1992)
21) E. Onitsuka et al., *J. Oleo Sci.*, **50**, 159 (2001)
22) M. J. Rosen, "Surfactants and Interfacial Phenomena" (3rd ed.), p.149, John Wiley & Sons, New Jersey (2004)
23) M. L. Corrin et al., *J. Chem. Phys.*, **14**, 480 (1946)
24) Y. Sumida et al., *Langmuir*, **12**, 3986 (1996); *ibid.*, **14**, 7450 (1998)
25) Y. Sumida et al., *Chem. Commun.*, 2385 (1998)

26) Y. Sumida *et al.*, *Langmuir*, **16**, 8005(2000); *ibid.*, **17**, 609(2001)
27) M. Tanaka *et al.*, *J. Chromatogr.*, **648**, 469(1993)
28) Q. Huo *et al.*, *Science*, **268**, 1324(1995)
29) A. Masuyama *et al.*, *Langmuir*, **16**, 368(2000)
30) K. Kwetkat, *J. Cosmetic Sci.*, **52**, 414(2001)
31) 特開2000-219654「多鎖二極性化合物及びその製造方法」(中京油脂)
32) D. P. Acharya *et al.*, *J. Phys. Chem. B*, **108**, 1790(2004)
33) R. Zana *et al. ed.*, "Gemini Surfactants-Synthesis, Interfacial and Solution-Phase Behavior, and Applications-", Marcel Dekker, Inc., New York(2004)

7 刺激応答性界面活性剤を用いた界面物性のスイッチング

7.1 はじめに

酒井秀樹[*1], 阿部正彦[*2]

界面活性剤は，分子の幾何学的形状ならびに親水性/疎水性のバランスなどに依存して，ミセル・紐状ミセル・ベシクルなど種々の分子集合体を水溶液中で形成する[1,2]。一鎖型界面活性剤の多くは，親水基の断面積が疎水基のそれよりも大きい円錐状の形状を有するため，その配列により形成される分子集合体の曲率は大きくなり，球形のミセルが形成する。一方，二鎖型の界面活性剤や，カチオン/アニオン一鎖型界面活性剤混合系では，疎水基の体積が相対的に大きくなるため，Israelachiviliにより定義された臨界充填パラメーター[3]が大きくなり，紐状ミセルやベシクルなどの分子集合体が形成するようになる。これらの分子集合体の形成は，言うまでもなく界面活性剤が有する洗浄・可溶化・分散などの機能の発現と大きく関わっている。

このような液/液界面に電気・光・温度などの刺激を外部から加えて，分子集合体の物性，さらにはその形成と崩壊を制御することができれば，集合体内部に保持した薬剤・香料のターゲティングリリースや放出速度の制御，さらには基板上への選択的な薄膜成長など，付加価値の高い応用が期待される。これらの視点に基づく研究としては，佐治らによるミセル形成の電気化学的制御とその有機薄膜調製への応用研究[4〜6]，表面張力の制御[7]などがある。また，筆者らはミセル・紐状ミセル・ベシクルなどの分子集合体の形成と崩壊を，電気[8〜13]や光[14〜16]・温度[17,18]，pH[19]などにより可逆的に制御する一連の研究を行っている(図1)。特に，光応答性分子を用いた"分子集合体形成の光制御"は，光のエネルギーとしてのクリーンさや，光化学

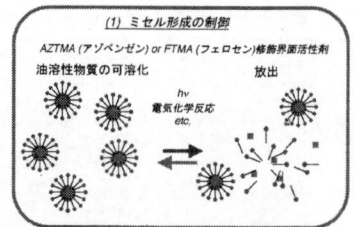

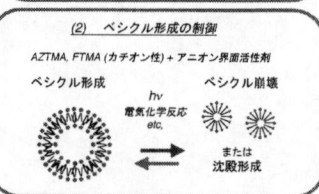

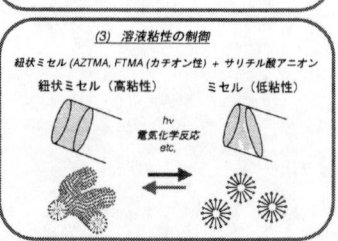

図1 界面物性の外部刺激による制御

---

*1 Hideki Sakai 東京理科大学 理工学部 工業化学科 (界面科学研究所) 助教授
*2 Masahiko Abe 東京理科大学大学院 理工学研究科 教授

第2章　機能性界面活性剤の開発と応用に関する新たな動き

反応速度の大きさなどから興味深い研究対象である。本節では、①光応答性界面活性剤を利用した分子集合体形成の光スイッチング、②電気応答性界面活性剤を利用した新規無機薄膜調製法、の2つのトピックについて記述する。

7.2　光応答性界面活性剤を利用した分子集合体形成の光スイッチング
7.2.1　ミセル形成および可溶化の光スイッチング

ミセルに代表される分子集合体の有する機能のひとつに可溶化があり、集合体内部に水に難溶な油溶性物質を取り込むことが可能である[20, 21]。また、可溶化量を電気・光・温度などの外部刺激により制御することができれば、可溶化させた香料や薬物(被可溶化物質)の徐放性の制御や、薬物送達システムにおける標的指向性の付与などの応用も可能になると考えられる。我々は、外部刺激として電気化学的反応を利用した可溶化の制御について検討し、フェロセン修飾界面活性剤が形成するミセルの酸化・還元反応により油溶性物質の取り込み、放出を可逆的に制御できることを見出し、報告している[20]。一方、外部刺激として光を用いることができれば、クリーンかつ高速での可溶化の制御が可能になると考えられる。光応答性両親媒性分子としては、従来からアゾベンゼン[22, 23]、スチルベン[24]、ジフェニルアゾメチン[25]類などの光機能性部位を導入したものが合成されているが、光応答性分子を用いた可溶化の制御についてはこれまで報告されていない。そこで我々は、光照射により可逆的なトランス/シス光異性化を生じ、界面化学的性質が大きく変化するアゾベンゼン修飾カチオン界面活性剤(4-Butylazobenzene-4'-(oxyethyl)trimethylammonium bromide（AZTMA，スキーム1))を用いて、油性物質の放出・取り込みを光により可逆的に制御する試みを行った。

スキーム1　アゾベンゼン修飾カチオン界面活性剤（AZTMA）の光異性化反応

AZTMA水溶液の電気伝導度に及ぼす光異性化の影響を測定した結果を図2に示す。図の横軸はAZTMAの濃度、縦軸は比伝導度を表している。トランス体、シス体いずれの場合も、比伝導度は濃度の増加に伴い直線的に上昇したが、ある濃度を境にグラフの傾きが変化する。これらの

屈曲点を与える濃度がミセル形成濃度(cmc)であり，トランス体では2.7mM，シス体では8.2mMである。すなわち，AZTMAの光異性化によりシス体が形成するとcmcが増加してミセルが形成しにくくなることが分かる。したがって，トランス体のミセル水溶液中に油性物質を可溶化しておけば，内包されていた油性物質は紫外光照射によりミセル外へと放出されると考えられる。そこで，AZTMAミセル中への可溶化に及ぼす光照射の影響をヘッドスペースガスクロマトグラフィーにより検討した。

揮発性の油性物質をミセル中に可溶化させた場合，可溶化溶液にはミセル―バルク相間における油性物質の可溶化平衡とバルク―気相(ヘッドスペース部)間における油性物質の気液平衡の2つの平衡が存在する。ヘッドスペース法は，ヘッドスペース部に存在する油性物質の気相の蒸気圧変化から，ミセル内の可溶化を評価する方法である[26]。可溶化サンプルの油性物質蒸気圧(P)と純油性物質の蒸気圧P_0の比(P/P_0)はミセルに可溶化されていないフリーな油性物質の濃度に依存するため，P/P_0が小さいほどミセル中への可溶化量は大きくなる。本研究では，被可溶化物質として揮発性の油性物質であるエチルベンゼンを用いて実験を行っている。

種々の濃度のエチルベンゼンを添加したAZTMAミセル水溶液と平衡にあるエチルベンゼンの蒸気圧の測定結果を図3に示す。同じエチルベンゼン濃度で比較すると，AZTMA可溶化水溶液と平衡にあるエチルベンゼンの蒸気圧は，界面活性剤を含まないエチルベンゼン水溶液の場合よりも減少している。このことからAZTMAミセル中にエチルベンゼンが可溶化されていることが分かる。また，紫外光照射を行ってAZTMAをシス体に光異性化させることにより，エチルベンゼンの蒸気圧が上昇している。これは，可溶化されていた油性物質が光照射によりバルク中に放

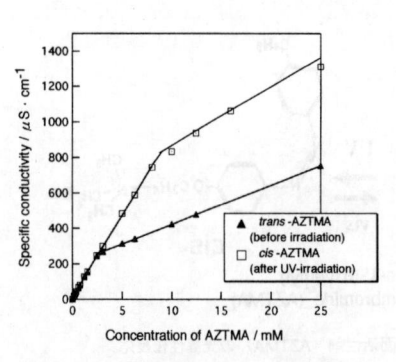

図2 アゾベンゼン修飾カチオン界面活性剤(AZTMA)の電気伝導度に及ぼす濃度と光照射の影響

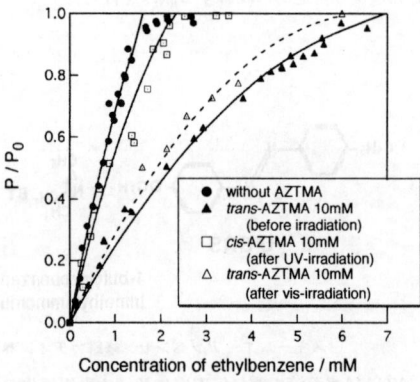

図3 アゾベンゼン修飾カチオン界面活性剤(AZTMA)水溶液に可溶化されたエチルベンゼンの蒸気圧曲線と光照射の影響

出されたためである。さらに，シス体可溶化溶液に可視光照射を行うと，蒸気圧は紫外光照射前の値まで再び減少する(図3)。これらの結果から，トランス体とシス体のミセル形成濃度(cmc)の違いを利用することにより，被可溶化物質の放出・取り込みを光により制御可能であることが示された。

また，トランス体AZTMA，シス体AZTMAのそれぞれについて，エチルベンゼンの可溶化限界量をAZTMAの濃度に対してプロットした結果を図4に示す。グラフから分かるように，各異性体とも cmc 以上の濃度でのみ可溶化が生じ，濃度増加にほぼ比例して可溶化限界量も増大している。また，トランス体AZTMAの可溶化限界量はいずれの濃度においてもシス体よりも大きいことが分かる。さらに，図4の直線の傾きが可溶化能に相当し，傾きが大きいほど可溶化能が大きいことを示している。トランス体の可溶化能（∠slope＝0.74）はシス体（∠slope＝0.42）よりも大きくなり，トランス体の方が可溶化能に優れていることが分かる。トランス体の可溶化能が大きくなるのは，AZTMAの疎水基がトランス体では伸びた状態であるのに対して，シス体では折れ曲がった形をとっているため，疎水性分子の可溶化サイトが小さくなるためと考えられる。

7.2.2 紐状ミセル形成および溶液粘性の光スイッチング

セチルトリメチルアンモニウムブロミド（CTAB）などの4級アンモニウム塩型界面活性剤の水溶液に対してサリチル酸ナトリウム（NaSal）などの有機塩を添加した系は，CTA^+カチオンの臨界充填パラメーターがサリチル酸アニオンとの結合により増大して紐状ミセルの形成に適した構造になり，さらに形成された紐状ミセルどうしが三次元的に絡み合うために，溶液の粘性が

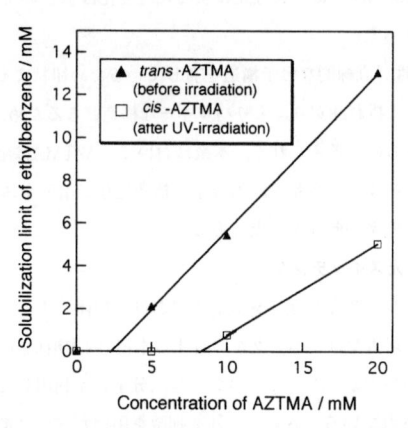

図4　アゾベンゼン修飾界面活性剤（AZTMA）水溶液の可溶化限界量に及ぼす光照射の影響

著しく増大する[27]。これらの高粘性溶液は，これまでにも配管中での流れの制御などへの応用が試みられている[28]。

一方，溶液の粘性を外部刺激により制御することは応用面からも興味深く，例えば可溶化された香料の放出制御，印刷インキの乾燥速度制御などの応用も期待できる。従来から，無極性の油中に金属酸化物微粒子などを分散させた「電気粘性流体」[29]が，電場の印加により粘性を可逆的に制御できる系として検討され，クラッチなどへの応用が期待されている。しかし，粘性の制御に高電圧を必要とするなど利用しにくい点も残されている。これに対して我々は，フェロセン修飾界面活性剤による紐状ミセルの形成を酸化還元反応により制御することにより，溶液の粘性を電気化学的に可逆制御できることを見出している[30]。本系を用いると，0.5 V程度の低電圧の印加により1,000倍以上の粘度変化を誘起できる。ここでは，紐状ミセル形成をアゾベンゼン修飾カチオン界面活性剤（AZTMA）のトランス／シス光異性化反応で制御することにより，溶液粘性を光照射によってスイッチングする試みについて紹介する。

CTAB/NaSal系で形成する高粘性の紐状ミセル水溶液に対して，前項でも使用したAZTMAを添加して，溶液の粘性に及ぼす光照射の影響を検討した。CTAB（50mM）/NaSal（50 mM）からなる紐状ミセル水溶液にAZTMAを添加した際の溶液状態の変化を図5に，ゼロシア粘度の変化を図6に示す。AZTMAがトランス体（光照射前）の場合は，その添加とともに粘度が増大していることが図5からうかがえる。これに対して，紫外光を照射してシス体に異性化させると粘度は著しく減少する。さらに，この溶液に可視光を照射してトランス体を再形成させると粘度は再びもとの値まで戻ったことから，本系において溶液粘性を可逆的に光制御できることが示された。最適AZTMA濃度（10mM）では光異性化による粘度変化は約1,000倍にも達し，ダイナミックな粘性制御が可能であった。

トランス体のAZTMAは，直線的な分子構造を有しているため紐状ミセルの形成を促進するのに対して，シス体は，その折れ曲がりによりバルキーな構造となるため，CTAB/NaSal系の相状態に大きな影響を及ぼすものと考えられる。本系において，AZTMAは全界面活性剤の10%以下しか含まれておらず，このような少量の添加分子の構造変化が溶液全体（マトリックス）の物性を大きく支配する点がこの系の興味深い点である。

7.2.3　ベシクル形成の光スイッチング

ベシクルは生体膜モデル[31]や薬物送達システムにおける担体[32]として，また新たな反応場[33]として注目されている。最近では，ベシクルの有する水相（内水相）を用いて，ナノオーダーの大きさの無機微粒子を調製する試み[33]や，ベシクル二分子膜を利用した有害有機物の高次濾過に関する研究[34]も報告されている。さらに，外部刺激を用いたベシクルの二分子膜の透過性制御についても，既にpHの変化[35]や温度変化[36]，光[7]などの刺激を用いたものが報告されてい

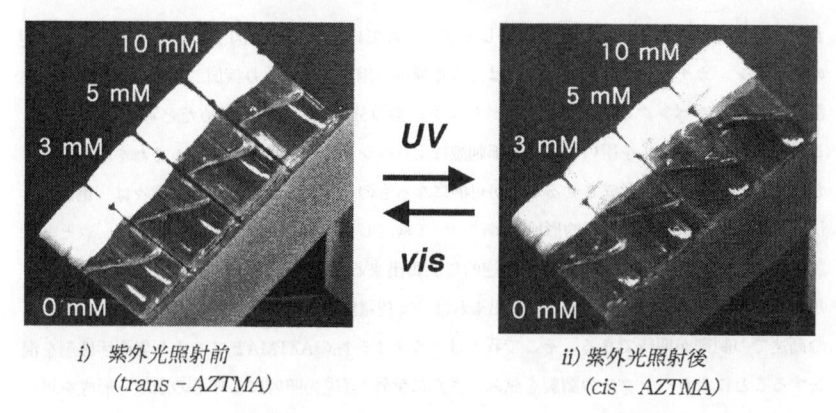

第2章　機能性界面活性剤の開発と応用に関する新たな動き

　　i) 紫外光照射前　　　　　　　　　　ii) 紫外光照射後
　　(trans - AZTMA)　　　　　　　　　　(cis - AZTMA)

図5　CTAB(50mM)/AZTMA/NaSal(50 mM) 水溶液の粘度に及ぼすAZTMA濃度と光照射の影響

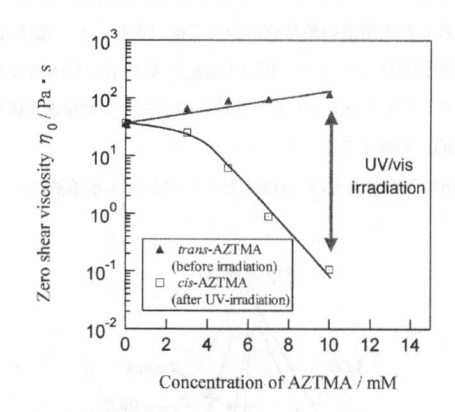

図6　CTAB(50mM)/AZTMA/NaSal(50 mM) 水溶液のゼロシア粘度に
　　 及ぼすAZTMA濃度と光照射の影響

る。一方で，ベシクルの形成そのものを外部刺激により可逆制御する試みがこれまで見られなかったのは，二鎖型界面活性剤などにより形成されるベシクルは一般的に熱力学的に非平衡な系であり，その調製には超音波照射等の物理的外力が必要であるため，外部刺激によりベシクルを崩壊させることが出来たとしても，刺激を取り除くことにより再形成させることは不可能であるためだと考えられる。

　一方近年，Kalerらによって，水溶液中でミセルを形成するアニオン界面活性剤溶液とカチオン界面活性剤溶液をある割合で混合することにより，ベシクルが自発的に形成することが報告さ

れ[37]。簡便で安定なベシクル調製法として注目されている。これは図1に示すように、一鎖型のアニオン、カチオン界面活性剤間にはたらく静電的相互作用により擬似二鎖型の界面活性剤が形成し、これがベシクル形成に適したシリンダー型の分子構造をとるためだと考えられている。この自発形成ベシクルを用いれば、外部刺激によりベシクルを崩壊させても、それを取り除くことによりベシクルを再形成させることが可能になるものと考えられる。そこで我々は、電気化学反応を用いたベシクルの可逆的形成制御について検討し、ベシクルの形成と崩壊をフェロセン修飾界面活性剤の酸化還元反応により可逆的に制御出来ることを報告した[10, 12]。さらに、ベシクル形成を光照射により制御することが出来れば、支持電解質等の第三物質の添加が必要なく、かつ高速での制御が期待できる。そこで我々は、カチオン性のAZTMAとアニオン界面活性剤を混合することによりベシクルの調製を試み、さらに紫外/可視光照射によりその崩壊—形成を可逆的に制御することを試みた。

はじめに、AZTMAをアニオン界面活性剤であるsodium dodecylbenzenesulfonete (SDBS) と任意の濃度・割合で混合した水溶液の相状態について検討を行った。AZTMA/SDBS/H_2O系の希薄領域における三角相図を図7に示す。相図中の記号Vで示した領域においては、微分干渉光学顕微鏡観察において、マルチラメラベシクル特有のドーナツ型構造が観察され、広い組成においてベシクルが自発的に形成することが分かった。

次に、AZTMA/SDBSの混合比を6:4 (wt%) としたベシクル水溶液に対して紫外光照射を行

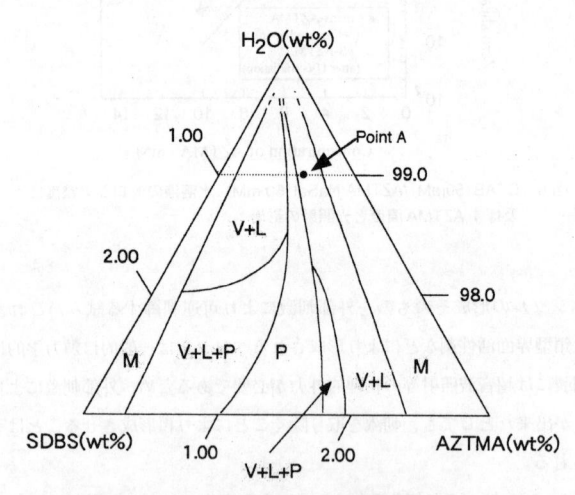

図7 AZTMA/SDBS/水系三角相図
(M：ミセル, V：ベシクル, L：ラメラ液晶, P：沈殿形成)

い，これに伴う会合状態の変化をフリーズレプリカ法を用いて透過型電子顕微鏡（TEM）観察した。試料調製直後のトランス体のサンプルでは，図8(a)に示すように径50nm程度の球状のベシクルが観察されている。一方，このサンプルに紫外光を1時間照射してシス体に異性化させた後のサンプルでは，球状のベシクルが壊れて大きな凝集体へと変化していることが分かる(b)。引き続き(b)のサンプルに可視光を照射してトランス体へと変化させると，球状のベシクルが再形成した。以上の結果より，この組成のAZTMA/SDBS混合溶液ではベシクルの形成と崩

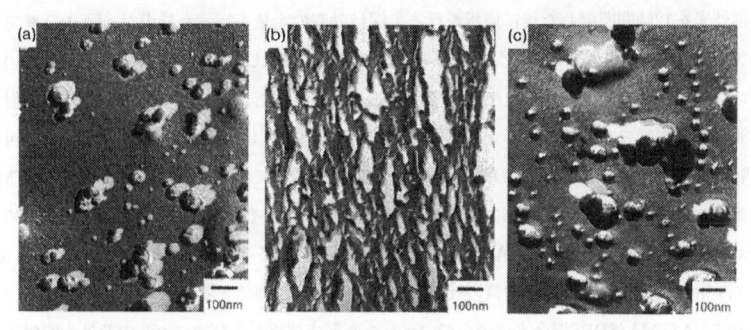

図8 AZTMA/SDBS（6/4）水溶液で形成する分子集合体のフリーズフラクチャーTEM写真
(a) 調製直後（trans体），(b) 紫外光1時間照射後（cis体），(c) 可視光1時間照射後（trans体）

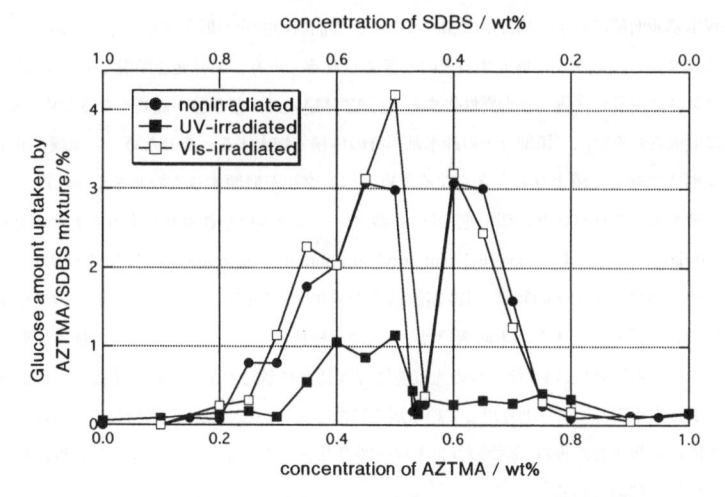

図9 AZTMA/SDBS（6/4）水溶液で形成する分子集合体の保持効率
(a) 調製直後（trans体），(b) 紫外光1時間照射後（cis体），(c) 可視光1時間照射後（trans体）

壊をAZTMA分子の光異性化反応により可逆的に制御できることが分かった。

　二分子膜からなる閉鎖小胞体であるベシクルは，内水相部分に水溶性物質を保持することができる。また，溶液全体の容積に対する内水相容積の割合のことを保持効率といい，これは水溶性の薬物などの保持能力の指標としてしばしば用いられる。図9にAZTMA/SDBS混合溶液中で形成される分子集合体の保持効率を示す。AZTMA/SDBS/H_2O系三角相図（図7）中のA点で示した組成の混合溶液の保持効率は3.1％であり，ベシクル内水相の存在が確認できる。また，保持効率は相図中のベシクル領域の部分で大きくなっていることも分かる。次に，混合溶液を調製後，紫外光を12時間照射した後に透析を行って保持効率の定量を行った結果が，図9の■で示したプロットである。保持効率は紫外光照射により大きく減少し，ベシクル中に内包されていたグルコースがバルク水溶液中に放出されていることが分かった。さらに可視光を12時間照射した溶液の透析を行って保持効率の定量を行った結果が図9の□で示したプロットである。可視光照射後の保持効率は，調製直後の試料の値とほぼ同じとなっている。これは，シス体のAZTMAがトランス体に光異性化することによりベシクルが再形成し，その後に透析処理を行ったためだと考えられる。以上の結果から，AZTMAの光異性化反応によるベシクルの形成制御を利用して，ベシクル中に内包された水溶性物質の放出と取り込みを光制御できることが示された。

　最後に，AZTMA/SDBS混合水溶液中でのベシクル形成機構およびベシクルの紫外光照射による崩壊機構について考察する。カチオンであるAZTMAとアニオンであるSDBSは，水溶液中でイオン対を形成し，擬似二鎖型界面活性剤を形成する[37]。これにより，界面活性剤分子の疎水基体積の親水基断面積に対する割合が増加するため，界面膜の曲率が低下する。そのため，（混合）ミセルではなく，ベシクルを形成するものと考えられる。一方，紫外光を照射して，AZTMA分子がトランス体からシス体へと光異性化すると，AZTMAの疎水基部分が嵩高くなるため，SDBSとの間に形成される疑似二鎖型分子の疎水基部分の体積も増大する。そのため，界面膜の曲率がベシクル形成に適した値よりも大きくなるためにベシクルが崩壊するものと考えられる。

　以上，疎水基にアゾベンゼン部位を有し，4級アンモニウム塩を親水基とするカチオン界面活性剤4-butylazobenzene-4'-(oxyethyl)trimethyl-ammounium bromide（AZTMA）を利用した(1)油性物質の可溶化の光化学的制御，(2)溶液粘性の光化学的制御，(3)ベシクル形成の光化学的制御，について紹介してきた。本研究では，ミセル・紐状ミセル・ベシクルなどの様々な形状の分子集合体を，AZTMAというひとつの光機能性界面活性剤に着目して，これを単独または他分子と適切に混合することにより創り出している点を特徴としている。また，本研究で得られた結果は，集合体に内包させた香料・薬物のコントロールリリースや，インクの乾燥速度制御などへの応用の可能性を秘めている。

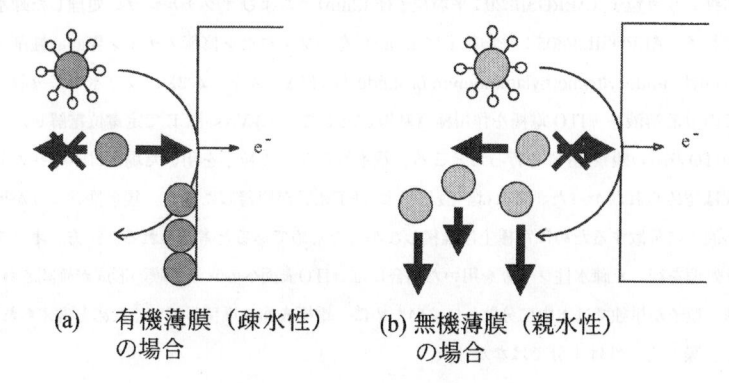

第 2 章　機能性界面活性剤の開発と応用に関する新たな動き

(a) 有機薄膜（疎水性）の場合　　(b) 無機薄膜（親水性）の場合

図10　ミセル電解法による薄膜形成

7.3　電気応答性界面活性剤を利用した新規無機薄膜調製法[38]

有機薄膜を湿式法で調製する方法として，電気応答性界面活性剤を利用したミセル電解法[4〜6]が佐治らにより報告されている。この方法は，酸化還元反応により界面物性を制御可能なフェロセン修飾界面活性剤を用いて水中に有機顔料を分散させ，これを電極表面で位置選択的に酸化して界面活性を失わせることにより，均一な顔料薄膜を作製する方法である。ミセル電解法による薄膜作製の利点として，膜厚を超薄膜（1,000Å 以下）から厚膜（数 10 μm）まで電解酸化時間により制御できる，均一な膜が作製できることなどが挙げられる。さらに，高価な真空系を用いず，かつ低電位（＋0.3V vs. SCE）で簡便に均一な有機薄膜が作製できることから，実際にカラーフィルターや液晶に応用されている。

ミセル電解法により成膜を行う際に必要な条件として，膜形成物質である有機顔料が界面活性剤水溶液中で分散すること，ならびに界面活性剤無添加時，あるいは脱着時には逆に分散できなくなることがあげられる。この条件が満たされている場合には，分散剤であるフェロセン修飾界面活性剤が電極近傍で電解酸化され，有機顔料表面から脱離すると，顔料は水中に分散できなくなるため，結果として電極に物理吸着することにより膜が形成する（図10(a)）。しかし，元来水中に分散しやすい無機酸化物微粒子などを用いた場合には，界面活性剤が脱離しても粒子が水中に単独で分散してしまうため，薄膜が作製できないという問題点があった。(図10(b))。そのため，従来のミセル電解法による薄膜形成は，表面が疎水的でそのままでは水に分散しにくい有機物（有機顔料）に限られていた。そこで我々は，シランカップリング・吸着可溶化などの方法を利用して無機微粒子表面の親水性・疎水性を制御することにより，ミセル電解法をこれまで不可能であった無機薄膜（シリカ薄膜）の調製に適用することを試みた。

親水性シリカ粒子（AEROSIL 20：平均粒子径12nm），およびオクチルシラン処理した疎水性シリカ粒子（AEROSIL R805：平均粒子径12nm）を，フェロセン修飾カチオン界面活性剤（11-ferrocenyl) undecyltrimethylammonium bromide（FTMA，スキーム2）により水中に分散させた。この分散溶液を，ITO電極を作用極（基板）として，0.3 V vs. SCEで定電位電解した。電解後のITO表面の観察・評価を行ったところ，親水性のシリカ粒子を用いた場合は，シリカ薄膜の形成は認められなかった。これは，酸化によりFTMA$^+$が脱着した後も，親水性シリカが単独で水溶液中に分散するために電極上に堆積しなかったためであると考えられる。一方，オクチルシラン処理を行った疎水性シリカを用いた場合には，ITO表面へのシリカ膜の形成が確認された。これは，粒子が単独では水中に分散しにくいために，電極表面に堆積していくためと考えられる。しかし，膜の均一性は十分ではなかった。

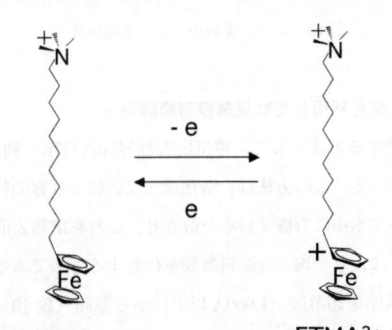

FTMA$^+$
（還元体：親水性小）

FTMA^{2+}
（酸化体：親水性大）

スキーム2　フェロセン修飾界面活性剤（FTMA）の酸化還元反応

そこで，粒子表面の疎水性をさらに高めるために，分散水溶液へのオクタンの添加を検討した。吸着可溶化法を利用してFTMA/疎水性シリカ/オクタンサスペンションを調製し，これを電解することによりシリカ薄膜作製を試みた。得られた薄膜の目視観察，SEM観察像，EPMA測定結果を図11に示す。目視観察結果(a)より，均一かつ厚い膜が形成していることが示唆された。また，SEM観察結果(b)からも，シリカ薄膜の形成が示唆され，さらにEPMA測定結果（図11(c)）より，Siに帰属される0.85KeV付近のピークが明瞭に観察されたことから，シリカ薄膜の形成が確認された。均一な薄膜が得られた理由としては，シリカ表面に形成されるアドミセル中にオクタンが均一に可溶化され，粒子表面に十分な疎水性が付与されたためと考えられる。さらに，オクタンを吸着可溶化させることにより，通常の親水性表面を有するシリカ粒子に対しても，ミセル電解法によりシリカ薄膜が形成できることが分かった。

これらの結果より，ミセル電解法による無機薄膜（シリカ薄膜）形成のためには，粒子表面に

第 2 章　機能性界面活性剤の開発と応用に関する新たな動き

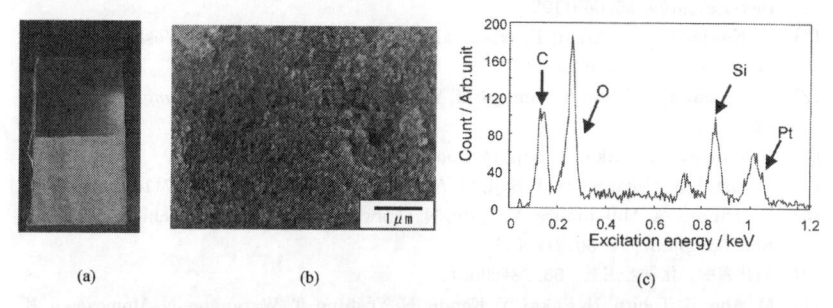

(a)　　　　　　　(b)　　　　　　　　　　　　(c)

図 11　オクタンを吸着可溶化させた FTMA/疎水性シリカ分散溶液の電化酸化により製膜した
シリカ薄膜の (a) 外観，(b) SEM 像，(c) EPMA スペクトル

十分な疎水性を付与可能で，粒子間のバインダーとしても作用可能な疎水性の第三物質(オクタン)の添加が必要であることが分かった．今回提案した新しいミセル電解法は，シリカ以外の無機微粒子(チタニアなど)の成膜にも有効であることを既に見出しており，幅広い無機材料の薄膜作製法としての発展が期待される．

文　　献

1) M. J. Rosen, "Surfactants and Interfacial Phenomena", 2 nd ed., Wiley Interscience, New York(1989)
2) M. N. Jones, and D. Chapman, "Micelles, Monolayers, and Biomembrane", Wiley-Liss, New York(1995)
3) J. N. Israelachivili, "Intermolecular and Surface Forces", Academic Press, London (1985) Chapter 16
4) T. Saji,.K. Hoshino, S. Aoyagi, *J. Am. Chem. Soc*, **107**, 6865(1987)
5) T; Saji, K. Hoshino, Y. Ishii, M. Goto, *J. Am. Chem. Soc*., **113**, 450(1991)
6) T. Saji, K. Ebata, K. Sugawara, S. Liu, K. Kobayashi, *J. Am. Chem. Soc*., **116**, 6053 (1994)
7) L. Yang, N. Takisawa, T. Hayashita, K. Shirahama, *J. Phys.Chem*. **99**, 8799(1995)
8) Y. Kakizawa, H. Sakai, T. Saji, N. Yoshino, Y. Kondo, M. Abe, *J. Jpn. Soc. Colour Mat*., **72**, 78 87(1999)
9) T. Takei, H. Sakai, Y. Kondo, N. Yoshino, M. Abe, *Colloids and Surfaces A : Physicochemical and Engineering Aspects*, **183–185**, 75(2001)
10) H. Sakai, H. Imamura, Y. Kakizawa, M. Abe, Y. Kondo, N. Yoshino, J. H. Harwell,

Denki Kagaku, **65**, 669(1997)
11) Y. Kakizawa, H. Sakai, K. Nishiyama, H. Shoji, Y. Kondo, N. Yoshino, M. Abe, *Langmuir*, **12**, 921(1996)
12) Y.Kakizawa, H.Sakai, A. Yamaguchi, Y.Kondo, N.Yoshino, M. Abe, *Langmuir*, **17**, 8044 (2001)
13) K. Tsuchiya, H. Sakai, T. Saji, M. Abe, *Langmuir*, **19**, 9343(2003)
14) H. Sakai, A. Matsumura, T. Saji, M. Abe, *J. Phys. Chem.*, **103**, 10737(1999)
15) Y. Orihara, A. Matsumura, Y. Saito, N. Ogawa, T. Saji, A. Yamaguchi, H. Sakai, M. Abe, *Langmuir*, **17**, 6072(2001)
16) 酒井秀樹, 化学と工業, **58**, 28(2005)
17) M. Abe, K. Tobita, H, Sakai, Y. Kondo, N. Yoshino, T. Watanabe, N. Momozawa, K. Nishisyama, *Langmuir*, **13**, 29(1997)
18) K. Tobita, H. Sakai, Y. Kondo, N. Yoshino, K. Kamogawa, N. Momozawa, M. Abe, *Langmuir*, **14**, 4753(1998)
19) 笹倉寛生, 鈴木正夫, 大久保貴広, 酒井秀樹, 阿部正彦, 日本油化学会第42回年会講演要旨集2A-24, p.124(2003)
20) 酒井秀樹, 阿部正彦, 油化学, **49**, 79(2000)
21) M. Abe, H. Yamauchi, K. Ogino, "Solubilization in Surfactant Aggregates", S. D. Christian, J. F. Scamehorn, ed., Marcel Dekker, New York(1995), p.333.
22) T. Kozlecki, A. Sokolowski, K. A. Wilk, *Langmuir*, **13**, 6889(1997)
23) D. G.Whitten, I. Furman, C. Geiger, W. Richard, S. P. Spooner, *Chem. Sci.* **105**, 527 (1993)
24) D. G. Whitten, *Ace. Chem. Res.*, **26**, 502(1993)
25) T. Kunitake, *Angew. Chem., Int. Ed. Engl*, **31**, 709(1993)
26) I. Tanemura,Y. Saito, H. Ueda, T. Saito, *Chem. Pharm. Bull.* **46**, 540(1998)
27) F. Kern, R. Zana, S. J. Candau, *Langmuir*, **7**, 1344(1991)
28) T. Horiuchi, T. Yoshii, K. Tajima, *J. Oleo Sci.*, **52**, 421(2003)
29) D. L. Hartsock, R. F. Novak, G. J. Chaundy, *J. Rheol.* **35**, 1305(1993).
30) K. Tsuchiya, Y. Orihara, Y. Kondo, N. Yoshino, T. Ohkubo, H. Sakai, M. Abe, *J. Am. Chem. Soc.*, **126**, 12282(2004)
31) 野島庄七, 砂本順三, 井上圭三"リポソーム", 南江堂, (1988)pp. 33.
32) 山内仁史, 菊池寛, フレグランスジャーナル, **87**, 68(1987)
33) M. Shimomura, T. Kunitake, *J. Am. Chem. Soc.*, **104**, 1757(1982)
34) J. F. Scamehorn, J. H. Harwell, ed., "Surfactant-Based Separation Processes", Marcel Dekker, New York(1989)
35) D. P. Cistola, D. Atkinson, J. A. Hamilton, D. M. Small, *Biochemistry*, **25**, 2804(1986)
36) K. Tsuchiya, H. Nakanishi, H. Sakai, M. Abe, *Langmuir*, **20**, 2117(2004)
37) E. W. Kaler, A. K. Murthy, B. Rodriguez, J. A. N.Zasadzinski, *Science*, **245**, 1371(1989)
38) 今村仁, 吉岡浩也, 土屋好司, 中野智, 大久保貴広, 岡部慎也, 酒井秀樹, 二瓶好彦, 阿部正彦, 材料技術, **23**, 27(2005)

第3章　界面活性剤・両親媒性高分子が拓く新しい応用技術

1　異種界面活性剤の混合による機能性創出と香粧品への応用

中間康成[*]

1.1　はじめに

　界面活性剤は、乳化、可溶化、分散、洗浄等様々な機能を発揮することから、スキンケア、メーキャップ、ヘアケア等多くの香粧品に使用されている。実際の使用にあたっては、単独で用いられることは少なく、多くの場合数種類の界面活性剤が混合して用いられる。それは、混合することによる相乗効果が期待されるからである。一般に似たもの同士を混ぜるとそれらは二種の平均的な性質を示すが、全く異なる物質同士を混ぜると予想もつかない性質、物性を示すことがある。ここでいう相乗効果とは、この予期せぬ物性、現象をいい、界面活性剤も例外ではない。界面活性剤は、水で希釈した場合解離するイオン性と、解離しない非イオン性に大別することができる。従って、混合する組み合わせとしては、非イオン性／非イオン性、非イオン性／イオン性、イオン性／イオン性の3通りになる。これらの混合系は、乳化、可溶化等において相乗効果の現れることが報告されており実際にも応用されているが、混合系で起こる界面現象を予測することは難しい。界面活性剤混合系の溶液物性を理論的に取り扱うにあたっては、いくつかのモデル理論が導入されているが、理論からの予測と実験結果とは必ずしも良い一致は得られていない。強いてあげれば、相分離モデル理論[1]が扱いやすいことと比較的経験則と良く合うことから、最も良く用いられている。いずれにしても、界面活性剤混合系の研究は、実験を中心とする応用面からの研究が先行しているのが現状である。ここでは、3通りの混合系のうちイオン性／イオン性、特に相反する性質をもつ最も予測しがたい混合系であるアニオン界面活性剤／カチオン界面活性剤、アニオン界面活性剤／両性界面活性剤混合系の溶液物性における相乗効果、及びその香粧品への応用に言及して述べる。

1.2　アニオン界面活性剤／カチオン界面活性剤混合系

　アニオン界面活性剤／カチオン界面活性剤混合系は、水溶液中で相反する電荷を示す界面活性剤の組み合わせであるため、両者は容易に結合して不溶性の塩を形成する。このことから、応用面では配合禁忌として取り扱われることが多い。しかしながら、混合することによるCMCの著

---

[*]　Yasunari Nakama　㈱資生堂　製品開発センター　新価値創出プロジェクト室　室長

しい低下[2]，ベシクル形成[3]，泡の安定性向上[4]，吸着量の増加等単独の界面活性剤では得られない特異性，パフォーマンスを示すことから古くから多くの研究がなされている。Langeら[5]は，ドデシルトリメチルアンモニウム塩とアルキル硫酸塩を混合すると，後者のアルキル鎖長が長くなるにつれCMCと表面張力が低下すると報告している。また，デシルトリメチルアンモニウム/デシルサルフェート混合系が非常に安定な泡膜を与えることが黒膜の厚さの測定から見出されている[6]。このように，ユニークな界面現象が見出されているが，実際にはこれらの系は香粧品に応用されていない。それは，研究されている界面活性剤のアルキル鎖長が比較的短いため，混合しても不溶性の塩を形成しないという利点はあるが，身体を対象とする香粧品ではアルキル鎖長が短いと刺激が問題となるからである。事実，アルキル鎖は長いほど安全性が高く，特に殺菌剤として使用されるカチオン界面活性剤では顕著で，アルキルトリメチルアンモニウムクロライドの場合，アルキル鎖長が16以上でないと皮膚に対する刺激は緩和されない[7]。溶液物性の観点からは，一般にアニオンとカチオン界面活性剤のアルキル鎖の合計が26以上になると不溶性の塩を生じるといわれており[8]，アルキル鎖長が長く水溶液中で不溶性の塩の生じない混合系が香粧品への応用を可能とする。

1.2.1 溶液物性

図1は，アミノ酸系のアニオン界面活性剤であるN-ラウロイル-N-メチル-β-アラニンナトリウム(NaLMA)とステアリルトリメチルアンモニウムクロライド(STAC)の相平衡図[9]である。領域Ⅰ(L)はミセル溶液(1相)，Ⅱ(L-S)は界面活性剤の水和結晶が析出している2相領域

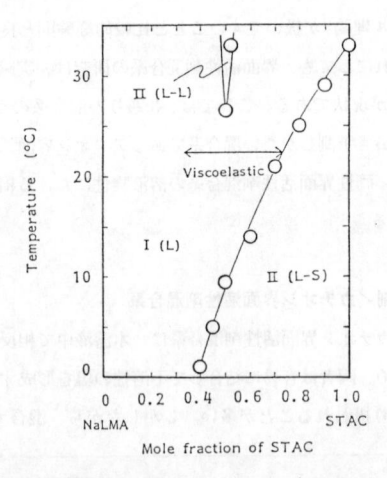

図1 Phase diagram of STAC-NaLMA mixture system (total concentration 100 mM)

第3章 界面活性剤・両親媒性高分子が拓く新しい応用技術

である。従って，Ⅰ(L)とⅡ(L-S)はクラフト点―組成曲線（溶解度曲線）である。この混合系では，不溶性の塩の形成を示すクラフト点の急激な上昇はなく，アルキル鎖の合計が26以上であっても不溶性の塩を生じないことがわかる。また，等モル付近に現れているⅡ(L-L)は，界面活性剤相と水相が平衡にある液―液分離の2相領域であり，従ってⅠ(L)とⅡ(L-L)の境界線は曇点曲線を示す。曇点現象は，親水基としてエチレンオキサイド鎖をもつ非イオン性界面活性剤特有の脱水和現象であり，水に対する溶解度の目安となる。この曇点現象は，非イオン界面活性剤以外の系においても報告されている。例えば，エチレンオキサイド鎖をもつアニオン界面活性剤は，塩の存在下で曇点現象が観察されている[10]。また，エチレンオキサイド鎖をもつアニオン界面活性剤とカチオン界面活性剤の混合水溶液においても曇点が観察されることが報告されている[11]。これらは，エチレンオキサイド鎖を有していれば，イオン性界面活性剤であっても曇点現象を示す例であるが，イオン性の親水基以外の親水基（アミド基）をもつアニオン界面活性剤を用いても曇点現象を示すことがわかる。この混合系の等モル混合物の曇点及びクラフト点の濃度依存性が図2に示される。クラフト点は濃度によらず殆ど一定であるが，曇点は比較的低濃度から急激に上昇するため1相領域が広くなる。アミノ酸系界面活性剤のようにイオンヘッド以外にもう一つ別の親水基をもつ界面活性剤を用いると，アルキル鎖が長くても不溶性の塩を生じることのないアニオン界面活性剤／カチオン界面活性剤混合系が得られることがわかる。これらの混合系を用いれば，この混合系の特異性を生かした香粧品への応用が可能となる。

1.2.2 香粧品への応用

界面活性剤の特徴として物に対する吸着作用がある。アニオン界面活性剤／カチオン界面活性剤混合系は，吸着挙動に関しても特異性を示し，特に繊維に対しての報告が多い。木綿に対する

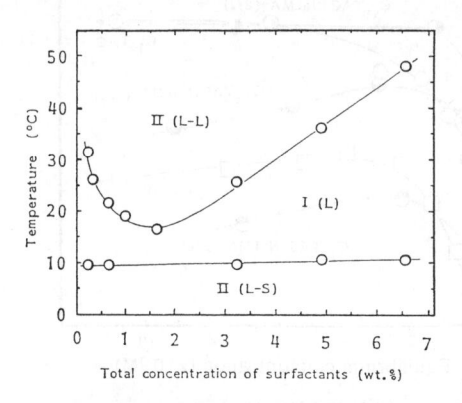

図2 Phase diagram of the water-STAC/NaLMA(molar ratio 1 : 1)system

界面活性剤・両親媒性高分子の最新機能

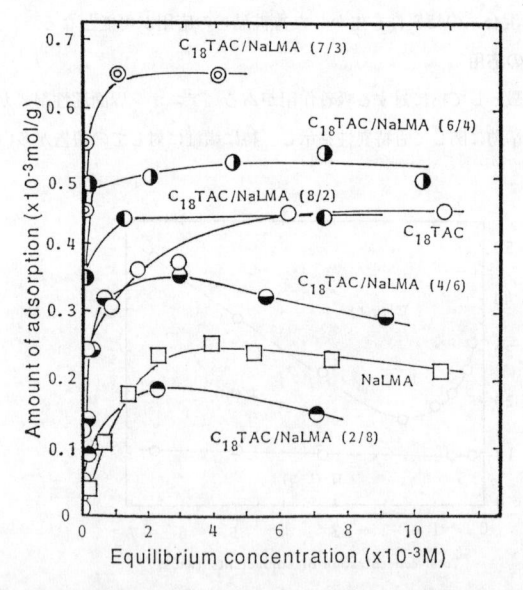

カチオン界面活性剤の吸着量は共存するアニオン界面活性剤の影響を受け，カチオン1Mに対してアニオン0.2Mで最大に達すると報告されている[12]。また，合成繊維に対する柔軟効果及び帯電防止効果についてもカチオン界面活性剤がやや過剰な領域で良好な結果が得られている[13]。このように，アニオン界面活性剤とカチオン界面活性剤の混合比率を適切に選択することによって，繊維に対する界面活性剤の吸着量がコントロールでき，柔軟性・帯電防止効果を有する系が得られることから，毛髪に対して同様な効果が要望されるヘアリンスへの応用が可能となる。図3は毛髪の代替としてケラチンパウダーを用い，それに対するN-ラウロイル-N-メチル-β-アラニンナトリウム(NaLMA)とヘアリンス剤として汎用されているカチオン界面活性剤であるステアリルトリメチルアンモニウムクロライド($C_{18}TAC$)の単独及び混合系の吸着等温線である[14]。$C_{18}TAC$単独の系では，吸着等温線から初濃度が低い領域において，$C_{18}TAC$の殆どがケラチンパウダーに静電的に吸着することがわかる。これは毛髪でも確認されており[15]，吸着したカチオン界面活性剤は外側に疎水基を向けるため毛髪に平滑性を与える。一方，NaLMA単独の系は，ケラチンパウダーとの相互作用が相対的に弱く，吸着等温線のパターンからラングミュア型の平衡吸着が生じている。NaLMAに対する$C_{18}TAC$の混合比率が高まると吸着量が増加する傾向を示し，$C_{18}TAC$/NaLMAのモル分率が6/4及び7/3の系では$C_{18}TAC$単独の系より高い吸着量を示

図3 Isotherms for adsorption of C_{18} TAC/NALMA mixed surfactants to keratin powder

第3章 界面活性剤・両親媒性高分子が拓く新しい応用技術

している。最大の吸着量を示した$C_{18}TAC/NaLMA=7/3$の系について，$C_{18}TAC$及びNaLMAそれぞれを分割し，単独での吸着曲線が図4，5に示される。$C_{18}TAC$の吸着量はNaLMAが共存することにより単独の場合(破線)より増加している。また，NaLMAの場合は，単独ではラングミュア型の平衡吸着(破線)と考えられたが，$C_{18}TAC$が共存することにより非可逆的な吸着挙動をとることがわかる。溶液物性で示したようにこの混合系には曇点を示すような非イオン的な分子会合を生じることから，ここでは吸着サイトへの静電的相互作用に加え，タンパクと非イオン的な会合分子との疎水的な相互作用も加味された吸着機構と考えられる。カチオン界面活性剤単独よりも高い吸着量を示した混合系で毛髪を処理すると，単独に比べ，平滑性，帯電防止効果が向上し，ヘアリンス剤としての機能が発現する。この混合物をリンス剤として，起泡洗浄剤と共に配合しリンスインシャンプーが開発されている[16]。

さらに，この混合系はカチオン界面活性剤単独よりも皮膚刺激が少なく，抗菌力，特に抗菌力の持続性に優れる[17]ことから，手指等の殺菌消毒剤として応用可能である。抗菌性の作用機序については，様々な説が出されているが界面活性剤の菌への吸着が主な要因であると言われている。内堀ら[18]は，カチオン，非イオン性の各種界面活性剤を菌浮遊液に加え，菌に吸着した界面活性剤の量を測定し，抗菌性との関連を調べている。その中で，イオン種の異なる界面活性剤の間では吸着量が同じ程度でも抗菌性に大きな差があったことから吸着様式と吸着箇所の違いを指摘している。吸着サイトに対して静電的相互作用と疎水的な相互作用の吸着様式を併せ持つアニオン／カチオン混合系は，菌表面の夫々の吸着部位に効率良く吸着し抗菌性を高めたものと考

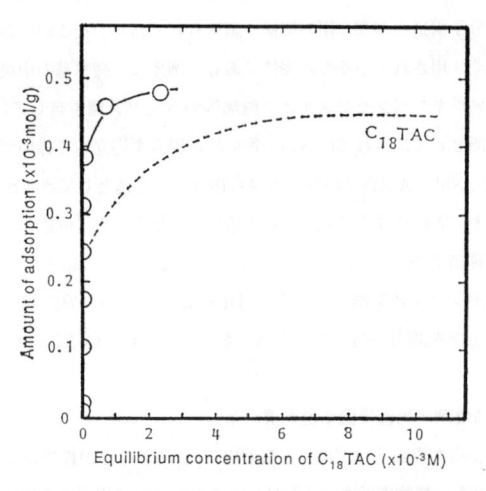

図4 Isotherm for adsorption of C_{18} TAC in C_{18} TAC/NaLMA(7/3) mixed system

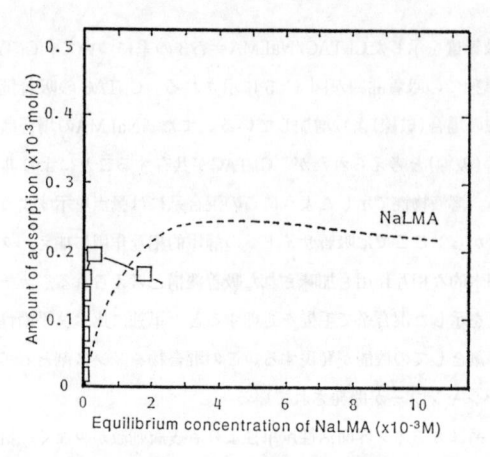

図5 Isotherm for adsorption of NaLMA in C_{18} TAC/NaLMA (7/3) mixed system

えられる。

界面活性剤の多様な機能の中で「ぬれ」現象を示す湿潤作用は，多方面の工業分野で利用されている重要な機能であり，香粧品においても化粧水，乳液やヘアスプレイ等に応用されている。一般的には，湿潤させるものとの表面張力低下能の大きい界面活性剤が優れた湿潤作用を示すため，親水基と疎水基のバランスや界面活性剤の相状態が重要となる[19]。非イオン界面活性剤で言えば，界面活性剤が無限会合する曇点近傍で機能は最大となる。一方で，古くから実践による経験から界面活性剤の分子構造と湿潤作用の関係が調べられており，そこから選択された界面活性剤が湿潤剤として多く使用されているのが実情である。例えば，疎水基の中央に親水基をもつエアロゾールOTや，アルキルベンゼンスルホン酸塩等のベンゼン環を有しているものである[20]。これらの湿潤剤は性能としては優れているが，香粧品に限らず泡立って扱いづらいという欠点がある。既述したSTAC/NaLMA混合系の等モル混合物は，親水基としてカルボキシル残基とアミド基をもつ擬似非イオン界面活性剤であり，親水基が疎水基の中央に位置する分子形状を示すことから，湿潤作用が期待される。図6はフェルトに対する湿潤力の結果である。市販の湿潤剤であるドデシルベンゼンスルホン酸ナトリウム（DBS）は泡立つのに対して，アニオン／カチオン等モル混合物は十分な湿潤力を持ちながら泡立ちが抑えられていることがわかる。

1.3 アニオン界面活性剤／両性界面活性剤混合系

混合系の成分である両性界面活性剤は，水溶液中でpHによりその性質が変化するという他の界面活性剤には見られない特徴を示す。それは，一つの分子中に相反する性質を示すアニオン部

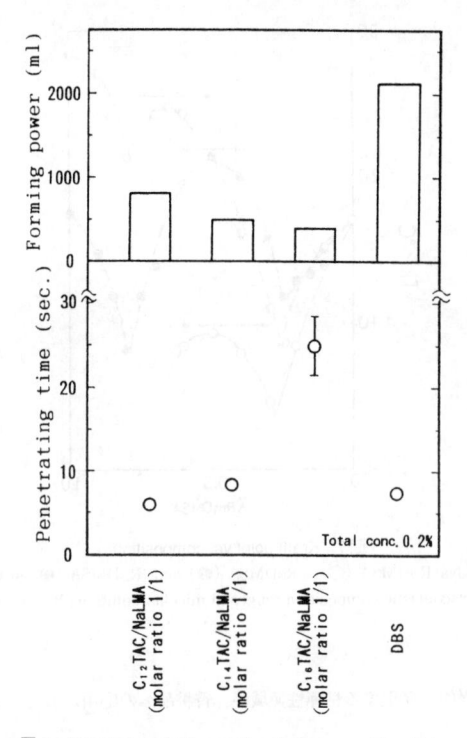

第3章 界面活性剤・両親媒性高分子が拓く新しい応用技術

図6 Penetraing ability and Forming power of Ion-Pairs

とカチオン部を持つことに起因する。このカチオン部と、アニオン界面活性剤のアニオン部との強い相互作用により、前述したアニオン／カチオン混合系と同様溶液物性にCMCの低下、ミセル量の増大[21]、表面弾性率の増加[22] 等の特異性が現れる。

1.3.1 溶液物性

図7[23] は混合系のクラフト点の特異的な変化を示している。アニオン界面活性剤であるソジウムドデシルサルフェート(SDS)にスルホベタイン型の両性界面活性剤［N，N-ジメチル-N(3-スルホプロピル)アルキルアンモニウム塩，RmDMSA］を加えていくと、そのクラフト点は配合比率によって2つの極小値と1つの極大値を示す。この極大値は、クラフト点以下の固相中で両界面活性剤が分子間化合物を形成するためである。矢印は溶液が粘弾性を呈する領域を示している。粘弾性を示す組成が分子間化合物の組成と一致していることは、溶液中においても分子間化合物が形成されていることを意味し、両性界面活性剤の持つカチオン部とアニオン界面活性剤イオン間の静電相互作用が分子間化合物形成の要因であると考えられている。実際には、混合

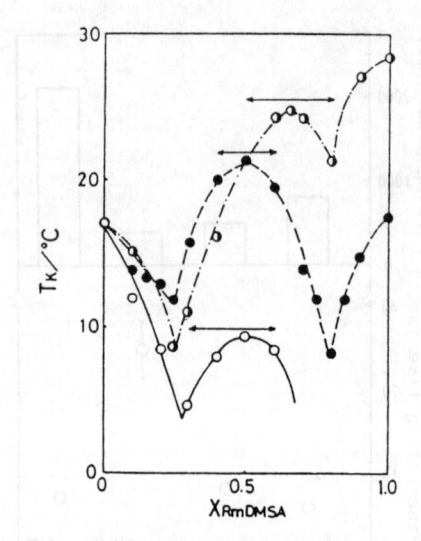

図7 Krafft point vs. composition curves of the $R_{12}SO_4Na$-$R_{12}DMSA$ (○), -$R_{14}DMSA$ (●) and -$R_{16}DMSA$ (●) systems. The arrows (↔) indicate the viscoelastic composition ranges in micellar solution phases for the above three systems

することによって特異的に発現する粘弾性領域が，香粧品への応用にあたってのキーポイントとなる．

1.3.2 香粧品への応用

アニオン界面活性剤／両性界面活性剤混合系は，起泡性，洗浄性に優れることからヘアシャンプー等の洗浄製品に応用されている．それぞれ単独の界面活性剤においても基本機能は満たされるが，混合することにより特異性を示し，それが様々な付加価値を与えることから，両性界面活性剤は必須成分となっている．例えばシャンプーは，使用性，安全性の観点から粘性を持たせる設計になっている．低粘度であると，使用し難く使用する際に頭からたれ落ち目に入り刺激を与える危険性がある．溶液物性で示した粘弾性を呈する領域を利用すれば，使い勝手も良くなりたれ落ちも回避される．また，混合することにより皮膚に対する刺激が緩和される[24]．タンパクの変性剤として使用されることもある洗浄剤の汎用成分SDSは，例えば卵白アルブミンを100％変性させてしまうが，両性界面活性剤であるラウリルジメチルベタインを配合すると卵白アルブミンの変性が抑えられる（図8）[25]．卵白アルブミンの変性とヒト皮膚に対する刺激とは相関性があることがわかっており[26]，粘弾性を呈する組成において皮膚に対する刺激が最も緩和される．水溶液中での両性界面活性剤の分子間化合物の形成が皮膚に対する刺激を緩和していることが容

第3章 界面活性剤・両親媒性高分子が拓く新しい応用技術

易に予想される。さらに,粘弾性は大きなミセルである棒状ミセルの絡み合いによるものであることから,単独の界面活性剤に比べ多くの香料等の油性物質を可溶化することもできる[27]。

香粧品の製剤におけるエマルション調製技術の主な目的は,少ない乳化剤量でできるだけ粒径が小さく安定なエマルションを得ることにある。微細なエマルションを得るためには,大きなせん断力を有する乳化機が必要となるが,汎用されている高速回転式の乳化機ではサブミクロン以下の微細エマルションを得ることは容易ではなく,大きなエネルギーを必要とするためあまり望ましくない。これに対して,転相乳化[28],D相乳化[29],液晶乳化[30,31],マイクロエマルションを利用した超微細乳化[32]等界面活性剤の溶液物性を利用することにより,大きなエネルギーを必要としない界面化学的手法による乳化法が開発されている。その中で,界面活性剤の形成する液晶を利用したエマルションは,O/W型では温度や乳化する油の種類を選ばずに微細エマルションが得られること,W/O型では高内水相のエマルションが安定に調製できる特長を有しており,多くの乳液,クリーム等の香粧品に応用されている。液晶による界面膜強度の向上をエマルションの生成,安定性に利用したこの乳化のポイントは,低濃度から高濃度まで広い濃度範囲で,O/W型[30]ではラメラ液晶のみを,W/O型[31]では逆ヘキサゴナル液晶のみを生成する界面活性剤を選択することである。

これに対して,汎用の両性界面活性剤と油性のアニオン界面活性剤である液状脂肪酸の混合系

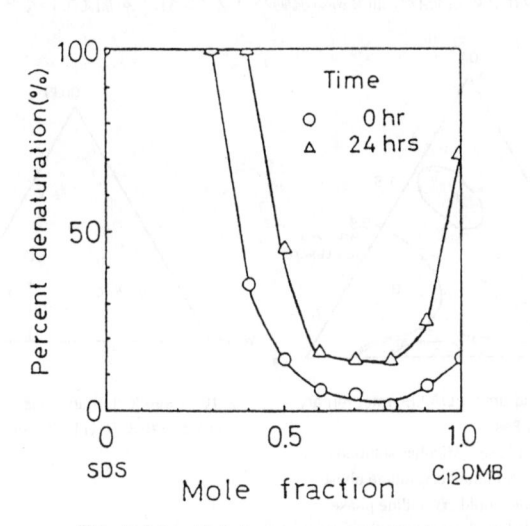

図8 Relationship between percent denaturation (%) of protein and mole fraction of $C_{21}DMB$ in SDS/$C_{12}DMB$ mixture (total concentration : 10mM)

は，混合比率を変えることによりラメラ液晶と逆ヘキサゴナル液晶が広い濃度範囲で生成される。例えば，ラウリルジメチルアミノ酢酸ベタイン(LB)とオレイン酸(OA)混合系の場合，モル比(OA/LB)が約0.15〜0.9の領域内ではラメラ液晶が，約1.5〜3の領域内では逆ヘキサゴナル液晶が低濃度において水と分離共存する(図9)[33]。ラメラ液晶を形成するモル比0.8の混合物を乳化剤として流動パラフィン(LP)を乳化すると(図10)，水の飽和溶解度曲線における内側の領域で調製したO/W(ラメラ液晶)型エマルションは，ラメラ液晶が油滴の周りを取り囲んだ3相エマルションであることがわかる。この領域で油が80％を超えると粘弾性のゲルエマルションが得られる。ヘアケア製品で光沢付与油分として多用されているシリコーン油のゲルエマルションは，油滴を取り囲んだ液晶が毛髪と強い親和性をもつため，濯いでも多くのシリコーン油を毛髪に付着できることから，ヘアトリートメントに応用されている。また，高内油相のゲルエマルション中で油滴は非常に小さくなっているため，水で希釈すれば任意の組成の微細なO/W型エマルションが得られる。このエマルションは3相エマルションであるため，合一に対して安定であり，温度や乳化する油の種類に殆ど影響を受けない。通常ラメラ液晶は，物理的に硬く油を保持させるのは容易ではなく多価アルコールが併用されるが，この混合系による乳化の場合，両性界面活性剤水溶液に脂肪酸を溶解した油相を混合し乳化するので，乳化プロセスの過程で油／水界面において連続的に液晶が形成されるため，効率の良い液晶乳化法といえる。逆ヘキサゴナル液晶を形成するモル比2の混合物に油である流動パラフィン(LP)を加えていくと，構造を維持し

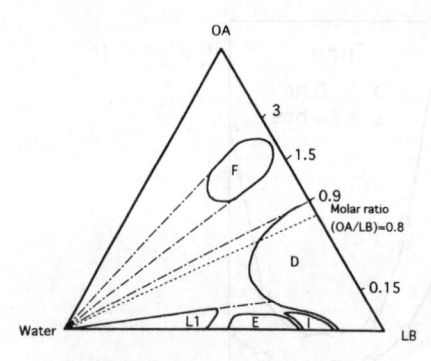

図9 Phase diagram for OA/LB/water ternary system at 25℃
 L_1 : Water phase (Micellar solution)
 E : Hexagonal liquid crystalline phase
 I : Isotoropic liquid crystalline phase
 D : Lamella liquid crystalline phase
 F : Reversed Hexagonal liquid crystalline phase

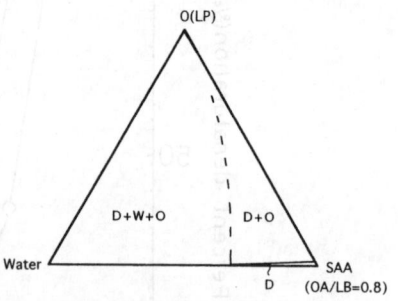

図10 Pseudo-ternary phase diagram of SAA (OA/LB=0.8)/O(LP)/water system at 25℃

第3章　界面活性剤・両親媒性高分子が拓く新しい応用技術

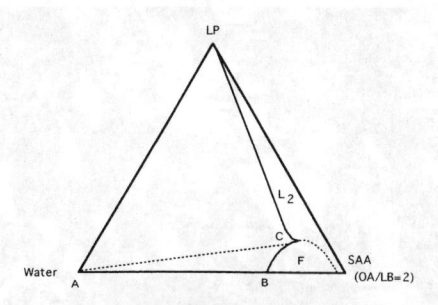

図11　Pseudo-ternary Phase Diagram of SAA
(OA/LB=2)/LP/Water at 25℃
L_2 : Oil phase
F : Reversed Hexagonal liquid crystalline phase

ながらある程度LPを液晶内部の疎水部に保持できる(図11)[34]。この逆ヘキサゴナル液晶Fの頂点Cと水頂点とBで囲まれた領域では，25%程度の水と約13%の油を構造内に取り込んだ逆ヘキサゴナル液晶と水の2相領域となる。この領域は水頂点付近まで存在するため，高内水相のW/O(逆ヘキサゴナル液晶)型エマルションが調製できる。調製にあたってはO/Wと同様混合系の特長が発揮される。すなわち，撹拌下でOAを溶解したLPにLB水溶液を添加すれば，乳化過程で油／水界面において連続的に逆ヘキサゴナル液晶が形成され，水が水滴として不動化し，合一，クリーミングに対して安定なW/O型エマルションが得られる。

　アニオン界面活性剤／両性界面活性剤混合系にさらに脂肪酸を加えると，更なる特異性を示し，ユニークな香粧品が可能となる。イオン性界面活性剤に高級アルコールや高級脂肪酸のコサーファクタントを加えると，ベシクル，ラメラ・キュービック等の液晶，L_3相等の様々な分子会合体のできることが報告されている[35, 36]。これらの分子会合体の中で，界面張力0を示す透明な1相の溶液であるL_3相は興味深い。L_3相とは別名スポンジフェイズと呼ばれ，曇点を少し超えた温度での非イオン性界面活性剤／水系に出現するバイコンティニュアス構造をもつ系である。ポリオキシエチレン(1.5)アルキル硫酸塩(PMST)／イミダゾリウム型両性界面活性剤(IB)／オレイン酸(OA)混合系の特定の混合比率において，L_3相が得られる[37]。この系は，界面活性剤の2分子層に囲まれた典型的なバイコンティニュアス構造を示し(図12)，界面張力0を示す1相の透明な溶液状態を呈することから洗浄料へ応用される。

　また，この混合系における溶液のpHを変化させると特異な粘度挙動を呈する(図13)。この場合，pHが7〜9の範囲で低濃度領域から増粘系が得られている。この特異な粘度挙動は，ヘアカラー基剤として応用されている。一般に，市販されている2液式ヘアカラーは，非イオン界面活性剤，低級アルコール，染料を必須成分として含む低粘度アルカリ溶液の1剤と，過酸化

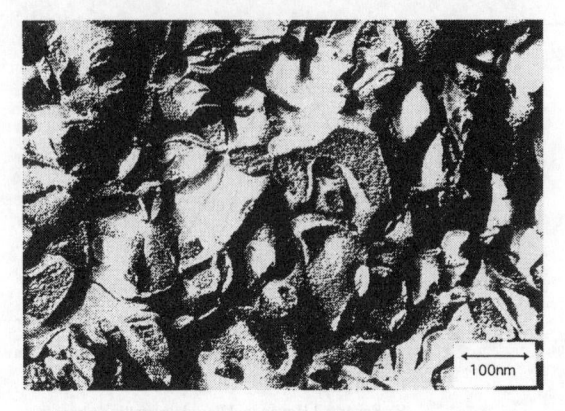

図12 Micrograph of FF-TEM observation on the sample containing 6.3%IB, 2.7%PMST, 7% OA, and glycerin in aqueous solution

水素水を主成分とする低粘度酸性溶液の2剤からなっている。使用時に，この1・2剤を混合すると粘度が発現してたれ落ちずに毛髪に塗布できる。この増粘機構は，1剤中に含まれる非イオン界面活性剤，低級アルコールが，2剤の水溶液で希釈されることにより，低級アルコールが希釈され，非イオン界面活性剤が液晶状態をとることにより増粘する機構である。これに対して，混合系による2液式ヘアカーはこの粘度の状態図(図13)[38]を利用すればよい。染料を含んだアルカリ性で低粘度を示すJ点の組成を1剤とし，過酸化水素を含む酸性溶液の2剤で希釈しながらpHを弱アルカリ性に調製すれば，液晶ではなく棒状ミセルの絡み合いによる増粘系が得られる。混合系で調製したヘアカラーは，従来のものに比べ，染料の分散性に良いことから，染色性に優れ，皮膚への汚着が少ないという特長を有している[38]。

1.4 おわりに

数ある界面活性剤混合系の中で，アニオン／カチオン混合系に言及し，その溶液物性，機能性，そしてそれらの特異性を生かした香粧品の応用事例について述べた。香粧品においては多くのアイテムがあり，この混合系に限ってもここに記したのは，ほんの一部に過ぎない。界面活性剤は，今回述べた溶液系ばかりでなく，金属，多孔質などの合成の反応場，鋳型として活用されており，これらについても混合系における特異性が報告されている。例えば，アニオン／カチオン混合系を用いた熱水合成法により新規なマクロ細孔シリカが生成され[39]，混合系を反応場として用いることにより，銀のナノワイヤやデンドライトが生成できる[40]という。これらの特長，特異性が明らかになれば，さらに新たな価値をもつ香粧品の創出に繋がると期待できる。このように，異

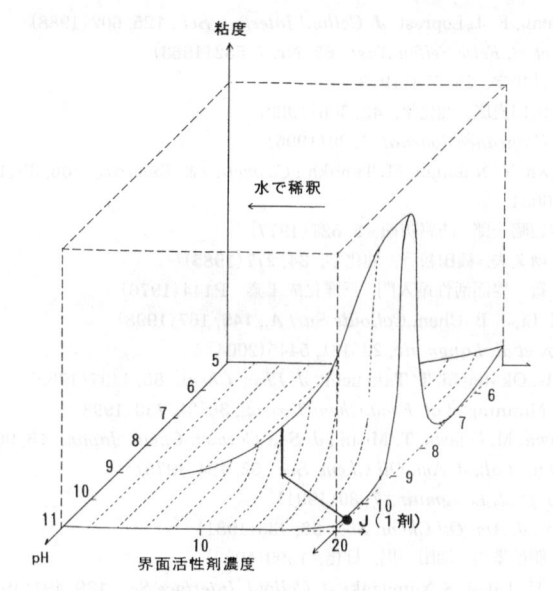

第3章 界面活性剤・両親媒性高分子が拓く新しい応用技術

図13 〔PMST/IB(等重量)〕/OA(2%) 混合系の粘度の濃度及び pH 依存性

種界面活性剤混合系の研究は予想もつかない現象，あるいは相乗効果をもたらすことから，今後も活発に行われ応用されていくであろう．

文　献

1) K. Shinoda, *Bull. Chem. Soc. Jpn.*, **26**, 101(1953)
2) T. Yoshimura, A. Ohno, K. Esumi, *J. Colloid Interface Sci.*, **272**, 191(2004)
3) K.K. Karukstis, C. A. Zieleniuk, M. J. Fox, *Langmuir*, **19**, 10054(2003)
4) A. Patist, S. Devi, D.O. Shah, *Langmuir*, **15**(21), 7403(1999)
5) H. Lange, et el, *Kolloid-Z. U. Z. Polymere*, **243**, 120(1971)
6) Clunie, et al, *Trans. Farady Soc.*, **64**, 1965(1968)
7) 中間康成, 山口道広, 油化学, **41**, 336(1992)
8) M. Mitsuishi, M. Hashizume, *Bull. Chem. Soc. Japan*, **46**, 1946(1973)
9) Y. Nakama, F. Harusawa, I. Murotani, *J. Am. Oil Chem. Soc.*, **67**, 717(1990)
10) M. Abe, et al, *J. Colloid Interface Sci.*, **114**, 342(1986)

11) A. Mehreteab, F. J. Loprest, *J. Colloid Interface Sci.*, **125**, 602(1988)
12) H. Miller, *et al, Fette Seifen Anst.*, **65**, Nr. 7, 532(1963)
13) 常盤文克, 油化学, **28**, 578(1979)
14) 中間康成, 山口道広, 油化学, **42**, 366(1993)
15) 中間康成, *Fragrance Journal*, **4**, 39(1995)
16) F. Harusawa, Y. Nakama, M. Tanaka., *Cosmetics & Toiletries*, **106**, 35(1991)
17) 特願平1-46081
18) 内堀毅, 渡辺昭一郎, 防腐防黴, **5**, 527(1977)
19) 鈴木祐二, 塘久夫, 篠田耕三, 油化学, **34**, 277(1985)
20) 藤本武彦, 新・界面活性剤入門, 三洋化成工業　P144(1976)
21) F. Li, G. Z. Li, J. B. Chen, *Colloids Surf A.*, **145**, 167(1998)
22) D.K. Danov *et al, Langmuir*, **20**(13), 5445(2004)
23) K. Tsujii, K. Okahashi, T. Takeuchi., *J. Phys. Chem.*, **86**, 1437(1982)
24) T. J. Hall-Manning *et al, Food Chem Toxicol.*, **36**(3), 233(1998)
25) K. Miyazawa, M. Ogawa, T. Mitui., *J. Soc. Cosmet. Chem. Japan.*, **18**, 96(1984)
26) G. Imokawa, *et al., J. Am. Oil Chem. Soc.*, **52**, 484(1975)
27) T. Iwasaki, *et al, Langmuir.*, **7**, 30(1991)
28) H. Sagitani, *J. Am. Oil Chem. Soc.*, **58**, 738(1981)
29) 鷺谷広道, 服部孝男, 鍋田一男, 日化, 1399(1983)
30) T. Suzuki, H. Takei, S. Yamazaki, *J. Colloid. Interface Sci.*, **129**, 491(1989)
31) 鈴木祐二, 塘久夫, 油化学, **36**, 588(1987)
32) 友政哲, 河内みゆき, 中島英夫, 油化学, **37**, 1012(1988)
33) 中間康成, 塩島義浩, 春沢文則, 油化学, **47**, 585(1998)
34) 中間康成, 塩島義浩, 春沢文則, 油化学, **47**, 1331(1998)
35) H. Hoffmann, C. Thunig, M. Valiente, *Colloids Surf.*, **67**, 223(1992)
36) H. Hoffmann, *et al, J. Colloid Interface Sci.*, **163**, 217(1994)
37) K. Watanabe, Y. Nakama, T. Yanaki, and H. Hoffmann, *Langmuir.*, **17**, 7219(2001)
38) Y. Nakama *et al*, 20th IFSCC Cogress Cannes Preprint (Poster Presentation), P84(1998)
39) J. G. C, Shen, *J. Phys. Chem. B.*, **108**, 44(2004)
40) X. Zheng, L. Zhu, A. Yan, X. Wang, Y. Xie, *J. Colloid Interface Sci.*, **268**, 357(2003)

2 リンス，コンディショナー用カチオン性基剤

香春武史*

2.1 はじめに

髪を洗う習慣が石鹸から高級アルコール系のアニオン性界面活性剤を主成分としたシャンプーにかわってから，カチオン性界面活性剤を主成分としたリンス，コンディショナーを使用するようになった。1960年中期には主にジアルキル型4級アンモニウム塩を主成分としたヘアリンスが登場したが，当時のヘアリンスは洗面器にお湯をはり，その中にキャップ1杯のヘアリンスを溶かして髪全体にかけてから軽くすすぐという使用法であった。その後，カチオン性界面活性剤と高級アルコールを主成分としたクリーム状のヘアリンス，コンディショナーが主流になり，使用方法も「髪に直接塗布してなじませてからすすぐ」ようになって現在に至っている。

現在のリンス，コンディショナーの一般的な構成成分を表1に示した。

主界面活性剤であるカチオン性界面活性剤は，マイナスに帯電した毛髪表面に効率よく吸着し，濯ぎ時や乾燥後の毛髪表面の摩擦を低減させるだけでなく，髪を柔らかくしなやかにする作用がある。油剤はシャンプー後の髪に対する脂肪分補給とコンディショニングの目的で配合され，高級アルコール，高級脂肪酸エステル，炭化水素，動植物油，シリコーン油などが使用される。

リンス，コンディショナーに求められる機能は，シャンプーで汚れを洗浄した後の髪のもつれや絡まりを軽減し，乾燥するまでの髪の扱いやすさを向上させることである。また，毛髪のダメージを補修したり，ダメージ因子から髪を保護したり，毛髪に対して柔軟性やしっとり感，サラサラ感，光沢などを与えることである。これらの要求機能は古くよりほとんど変わらないと言

表1 一般的なリンス/コンディショナーの成分

成分	配合目的	代表例
カチオン性界面活性剤	毛髪に吸着し柔軟性，平滑性，帯電防止性などを付与	アルキルトリメチルアンモニウムクロリド ジアルキルジメチルアンモニウムクロリド など
油剤		高級アルコール、シリコーン誘導体 エステル油，炭化水素 など
増粘剤	粘度調整	セルロース誘導体 など
ハイドロトロープ	溶解性向上 粘度調整	プロピレングリコール，グリセリン， ベンジルアルコール， など
その他	抗フケ剤 キレート剤 防腐剤 pH調整剤 香料 色素 など	ジンクピリチオン，オクトピロックス など EDTA，クエン酸 など 安息香酸塩，パラベン など クエン酸，りん酸 など

* Takeshi Kaharu 花王㈱ ヘアケア研究所 主任研究員

える。一方,対象となる毛髪はというと,過度の洗髪やブラッシングなどによる傷みに加え,カラーリング,ブリーチ,パーマ,縮毛矯正など様々な化学処理の普及によりそのダメージの様相が変化してきている。つまり,毛髪表面が親水的に変化してきしんだ感じになり,更には損傷が毛髪内部にまで進行して,ハリ,コシや柔軟性が失われ,毛髪強度が低下し,枝毛,切れ毛ができやすくなるなど多様化しているのである[1]。このような状況に対応するために,近年種々のカチオン性界面活性剤,毛髪補修成分が開発され,報告されている。また,油剤に関しても,毛髪に滑らかさを付与するためにシリコーン油が利用され,特に毛先や化学処理で傷んだ部分にはアミノ基や4級アンモニウム基を導入し,吸着性を向上させたシリコーンを用いることで感触のバランスがとられている[2]。ここでは,リンス,コンディショナー用のカチオン性基剤に焦点をあて,最近の技術動向を紹介する。

2.2 カチオン性界面活性剤

リンス,コンディショナー用のカチオン性界面活性剤として,最も古くからかつ現在でも最も広く使用されているのが直鎖モノアルキル型4級アンモニウム塩,或いは直鎖ジアルキル型4級アンモニウム塩(図1)である[3]。

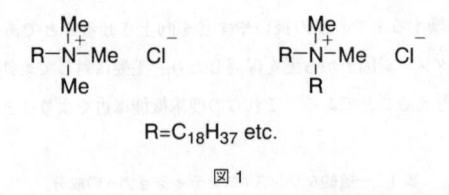

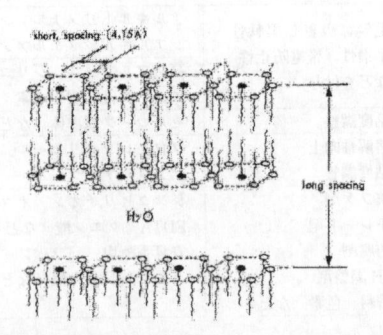

$$R-\overset{\overset{Me}{|}+}{\underset{Me}{N}}-Me \quad Cl^- \qquad R-\overset{\overset{Me}{|}+}{\underset{R}{N}}-Me \quad Cl^-$$

$$R=C_{18}H_{37} \text{ etc.}$$

図1

図2 カチオン性界面活性剤と高級アルコールからなる会合体構造
(福島正二著,セチルアルコールの物理化学から)

第3章　界面活性剤・両親媒性高分子が拓く新しい応用技術

　直鎖モノアルキル4級アンモニウム塩は高級アルコールとともに水中で会合体を形成（図2）している。会合体はゲル-液晶転移温度（Tc）を有し、通常使用温度ではラメラ状の高次構造を有するゲルを形成する。このゲル会合体が塗布からすすぎにかけて絡みを効果的に取り除き、柔らかさと滑らかさを与えるというリンス、コンディショナーの基本性能発現に関与している。直鎖モノアルキル4級アンモニウム塩の代表例はステアリルトリメチルアンモニウムクロリド（STAC）であり、これまでにSTACと高級アルコールが作り出す会合体の構造に関して、偏光顕微鏡観察、凍結割断SEM観察、レオロジー測定やESR、DSC測定などによる手法での解析結果が報告[4]されている。

　カチオン性界面活性剤の構造を変化させることにより、会合体構造、更にはリンス/コンディショナー性能も変化する。例えば、分岐モノアルキル4級アンモニウム塩を用いることで、会合体のTcが低下し、油性感やべとつき感を抑えたすべりの良いリンス/コンディショナーを調製できる[5]。

　また、会合体の構造は調製する際の温度によっても変化する[6]。リンス、コンディショナーを調製する際に、直鎖モノアルキル4級アンモニウム塩と高級アルコールを会合体のTc以上で混合した場合、マルチラメラベシクル構造を形成する。このマルチラメラベシクル粒子は経時とともに凝集し、さらには多面形に変形し、層状のラメラ構造へ相転移することが確認されている[7]。一方、直鎖モノアルキル4級アンモニウム塩と高級アルコールをTc以下で混合した場合には、層状のラメラ構造を形成する。このようにカチオン性界面活性剤と高級アルコールの2分子膜構造が基本単位ではあるが、調製する際の温度の違いで形成する会合構造は異なり、リンス、コンディショナーの使用感もそれぞれに特長を有するものとなる。つまりマルチラメラベシクル構造主体の場合、毛髪上への良好な塗り広げ能とさっぱりとした濯ぎ感を有し、層状ラメラ構造主体の場合、濃厚でクリーミーな塗布感としっとりとした濯ぎ感を有するリンス、コンディショナーとなる。また最近では、リンス、コンディショナーの調製途中で温度を操作し、一部をTc以上で、残りをTc以下で調製することで会合体の構造を制御し、使用感をコントロールするような手法もとられている[8]。

　直鎖ジアルキル4級アンモニウム塩は水中でそれ単独で会合体を形成する。従って、高級アルコールなどの油剤は直鎖ジアルキル4級アンモニウム塩だけでは乳化しづらい面がある。しかし、ジアルキル4級アンモニウム塩はモノアルキル型に比べると油性感が強く、その性質をリンス、コンディショナーに生かすために直鎖モノアルキル型のカチオン性界面活性剤と併用して使用することが多い。直鎖モノアルキル4級アンモニウム塩/高級アルコールが水中で形成する会合体に対してジアルキル型4級アンモニウム塩を添加すると、層状ラメラ構造が崩れ、ベシクル構造に転移する傾向にあることも報告されている[9]。

このようにリンス/コンディショナー基剤として,また,会合体構造の検討対象として最も一般的に使用されているアルキル4級アンモニウム塩ではあるが,一方で環境(水生生物等)への影響から環境適合性の高い基剤への転換も課題の一つとなっている[10]。またカラーリング,ブリーチ,パーマなど様々な化学処理の普及により,毛髪表面物性が大きく変化し,洗髪時のきしみ,乾燥後のパサつき,切れ毛といった毛髪のダメージが深刻になり,よりコンディショニング効果/改善効果の高い商品が求められるようになってきている。このような現状に対応するために,種々の新しいカチオン基剤が登場している。次にそれらのうちのいくつかを紹介する。

2.3 カチオン性界面活性剤の技術動向
① アルキルエーテル4級アンモニウム塩

アルキル鎖長中にエーテル基を導入した構造を有するステアロキシプロピルトリメチルアンモニウムクロリド(図3)が開発された[11]。ステアリルアルコールを原料にしてシアノエチル化/還元アミノ化/N-メチル化反応を施すことにより得られる。カチオン基剤中のエーテル基と高級アルコールの水酸基の相互作用により,会合体中における高級アルコールとの相溶性が向上し,また髪に残る吸着組成も通常アルキル4級アンモニウム塩よりも高級アルコール比率が高くなり,且つ海島状に残留することが確認されている。その結果,乾燥後の髪の滑り,まとまりといった点でアルキル4級アンモニウム塩より優れる。

② アルキルアミド4級アンモニウム塩

ラノリン脂肪酸より誘導される第4級アンモニウム塩(図4)が開発された[12]。刺激性が低く,ラノリンの持つ保水性,エモリエント効果とカチオン性界面活性剤としての特徴を併せ持つことが示され,リンス,コンディショナーに使用すると,乾燥後のつややふんわりとした柔らかさ,

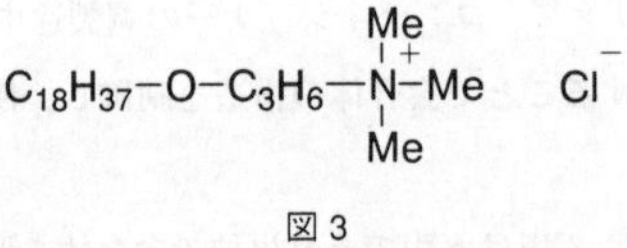

$$C_{18}H_{37}-O-C_3H_6-\overset{Me}{\underset{Me}{\overset{|}{N^+}}}-Me \quad Cl^-$$

図3

$$R-\overset{O}{\overset{\|}{C}}-N-C_3H_6-\overset{Me}{\underset{Me}{\overset{|}{N^+}}}-Me \quad Cl^-$$
$$H$$

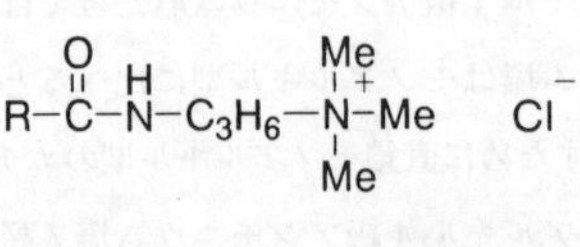

RCO=ラノリン脂肪酸残基

図4

第3章 界面活性剤・両親媒性高分子が拓く新しい応用技術

まとめやすさなどが優れる結果となる。

③ ジアルキルエステル4級アンモニウム塩

　生分解性が高く,水生生物毒性も低いカチオン基剤として,2-ヒドロキシエチルメチルビス(ステアロイルオキシエチル)アンモニウムメトサルフェート(図5)が開発された[13]。水中で形成される高級アルコールとの会合体のゲル液晶転移温度の測定では,長鎖モノアルキル4級アンモニウム塩の場合と同様,高級アルコール/カチオン性界面活性剤のモル比が3以上で一定となることが示されたが,それ以上会合体構造に関する詳しい解析はなされていない。ステアリルトリメチルアンモニウムクロリドを用いたリンス/コンディショナーと性能比較すると,湿潤時指どおりが良く,乾燥後はサラサラとしてつやが出て,コシのある仕上がり感が得られる。アルキル鎖がヤシ油組成のものもあり,湿潤時の指どおりが良く,しっとりと柔らかな感触の仕上がりになる。また,ジアルキルエステル4級アンモニウム塩の特徴のひとつとして,長鎖モノアルキル4級アンモニウム塩や長鎖ジアルキル4級アンモニウム塩などよりヒトに対する安全性が高いという点も挙げられ,洗い流さないタイプの製品やスプレータイプの製品の利用に適しているものと考えられている。

④ ジアルキルイミダゾリン4級アンモニウム塩

　繊維用柔軟剤として広く利用されているジアルキルイミダゾリン型4級塩であるが,ジベヘニルイミダゾリン型4級塩(図6)が新規に開発された[14]。ベヘニルトリメチルアンモニウムクロリドを用いたリンス/コンディショナーと性能比較すると,シリコーン類をはじめとする油剤,またビタミンEなどの油溶成分の吸着を促進させ,それにより湿潤時/乾燥後の櫛通り性,

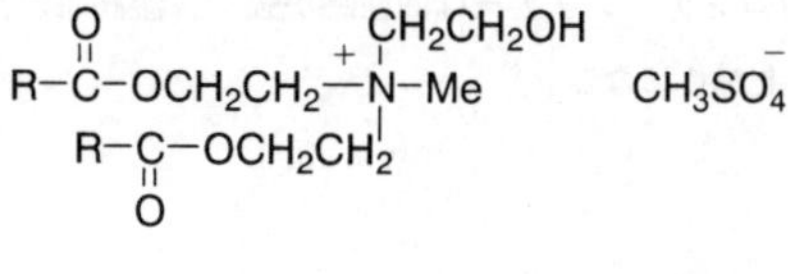

$$R-\underset{O}{\underset{\|}{C}}-OCH_2CH_2-\overset{+}{\underset{R-\underset{O}{\underset{\|}{C}}-OCH_2CH_2}{N}}-Me \quad CH_3SO_4^-$$
$$\overset{|}{CH_2CH_2OH}$$

RCO＝$C_{17}H_{35}CO$　又は　ヤシ油脂肪酸残基

図5

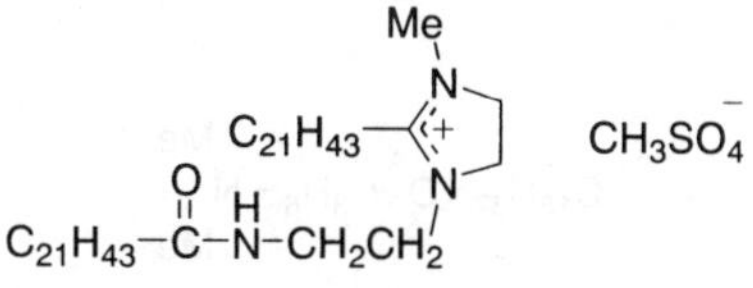

図6 構造: $C_{21}H_{43}$, Me, $CH_3SO_4^-$, $C_{21}H_{43}-\underset{O}{\underset{\|}{C}}-N-CH_2CH_2$

図6

柔軟性をはじめとするコンディショニング効果に優れることが示された。また、摩擦によるキューティクルのはがれ抑制効果や、ヘアカラーの保護効果なども確認された。

3級アミンは適当な酸で中和して3級アミン塩とすることで、カチオン性を呈し、4級アンモニウム塩と同様な使い方ができる。また、その酸の種類によって、水への溶解性ばかりでなく、毛髪へのコンディショニング効果についても変化する。

⑤ **アルキルアミドアミン**

ステアリン酸ジエチルアミノエチルアミドとステアリン酸ジメチルアミノプロピルアミドが代表例（図7）である。アルキルアミドアミン塩の機能については古くから知られており[15]、リンス／コンディショナーへの利用検討[16]がなされ、市場にも展開されている。4級アンモニウム型のカチオン性界面活性剤に比べ皮膚や眼に対する作用が温和で、生分解性に優れること、毛髪に蓄積しにくくマイルドな基剤であること、櫛通り、静電気を抑える基本機能の面でカチオン性界面活性剤と遜色ないことが報告されている。高級アルコールとの会合体に関して、DSCを用いた分析が報告されており、ステアリルトリメチルアンモニウムクロリドよりも多くの高級アルコールと結合してゲルを構築できることが示されている。これはアミド基とアミノ基とその間の連結基が作り出す大きな親水部の影響であると思われる。

⑥ **アルキルエーテルアミン**（図8）

先に記載したアルキルエーテル4級アンモニウム塩の4級化前の化合物である[17]。アルキル鎖中に導入されたエーテル基と高級アルコールの水酸基の相互作用、及び中和に用いる酸を選択することにより、リンス／コンディショナーの性能を制御でき、毛髪に対する効果も調整できる。この基剤を用いたリンス／コンディショナーは油性感が強く、湿潤時に滑らか且つ柔らかで、乾燥後もしっとりとした仕上がりになる。

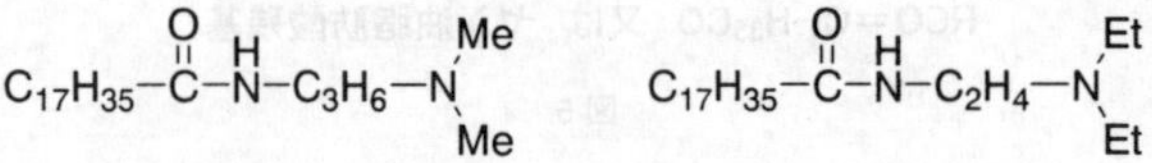

$$C_{17}H_{35}-\underset{O}{\overset{O}{C}}-\underset{H}{\overset{}{N}}-C_3H_6-N\underset{Me}{\overset{Me}{\diagup}} \qquad C_{17}H_{35}-\underset{O}{\overset{O}{C}}-\underset{H}{\overset{}{N}}-C_2H_4-N\underset{Et}{\overset{Et}{\diagup}}$$

図7

$$C_{18}H_{37}-O-C_3H_6-N\underset{Me}{\overset{Me}{\diagup}}$$

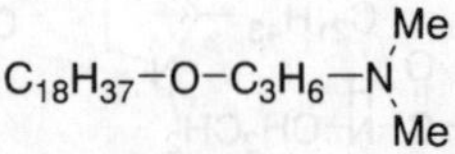

図8

第3章 界面活性剤・両親媒性高分子が拓く新しい応用技術

⑦ アルキルアミドグアニジン

　カチオン性基としてカチオン化グアニジノ基を導入したアルキルアミドグアニジン (図9) が開発された。グアニジノ基は，毛髪タンパクのアニオン性カルボキシル基と立体的に有利に結合し，さらに水素結合性の2級アミド基を有していることから，耐すすぎ性に優れた強固な吸着をしているものと推定されている。また，アミド基とグアニジノ基の間にテトラメチレン基を中間鎖として組み込んだことにより，大きな親水部位を形成し，抱水能が強化されている。生分解性にも優れ，かつ上記のような特長を有する基剤を主成分とするコンディショナーは，残留性に優れ，すすぎ時の滑らかさに特長があり，保湿性の高さから，乾燥後はしっとりとした仕上がりになると報告されている[18]。

⑧ アルギニン誘導体

　毛髪タンパクのアニオン性カルボキシル基と立体的に有利に結合しうるグアニジル基を末端に有するアルギニンを出発原料として，アミノ基をアルキル化することにより，アミノ酸特有の性質である両性電解質としての性格を維持した基剤である (図10)。本基剤は従来のカチオン性界面活性剤に比べて皮膚などに対する安全性が高いようであるが，それは上記のような構造的な特徴によるものと推察されている。生分解性に優れ，かつ高級アルコールとのゲル化能，帯電防止効果，水分保持能，動摩擦係数などの諸物性においても良好な性能を有している。この基剤を主成分とするコンディショナーは，残留性に優れ，滑らかでしっとりした仕上がりになると報告されている[19]。

　以上，簡単にではあるがリンス/コンディショナーに使用されている数種のカチオン性界面活性剤についてふれた。いずれの基剤も高級アルコールと作り出す会合体によりリンス/コンディショナーとしての基本的な性能を発現している。使用するカチオン性界面活性剤の構造の違いにより，調製時の温度により，中和酸種により，更には処方中に用いられる溶剤をはじめとする添

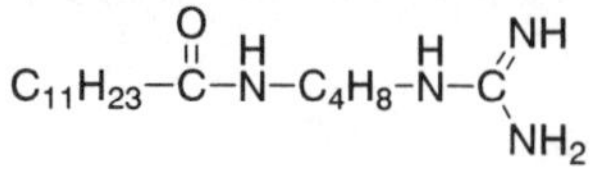

$$C_{11}H_{23}-\overset{O}{\overset{\|}{C}}-\overset{H}{\overset{|}{N}}-C_4H_8-\overset{H}{\overset{|}{N}}-\overset{NH}{\overset{\|}{C}}-NH_2$$

図9

$$C_{12}H_{25}O-\overset{}{\underset{OH}{CH}}-NH-\overset{COOH}{\overset{|}{CH}}-C_3H_6-\overset{H}{\overset{|}{N}}-\overset{NH}{\overset{\|}{C}}-NH_2$$

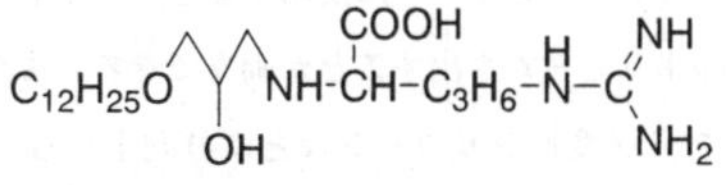

図10

加剤種によりその会合体構造が微妙に変化[20]し、それぞれ独特のリンス/コンディショナー性能(使用感)となるわけであるが、会合体構造に対してそれぞれの因子が及ぼす影響に関しては、まだ明らかになっていない部分が多い。またカチオン性界面活性剤における環境対応の面に関しても、生分解性は多くのもので達成できているが、水生生物等への影響に関しては、更なる検討が必要である。リンス/コンディショナーの性能向上と併せて、今後これらを考慮した基剤開発が進められるものと思われる。

2.4 その他のカチオン性基剤

リンス/コンディショナーの性能向上を目的としてカチオン性界面活性剤とともにカチオン性の油剤や添加剤の開発も行われている。

2.4.1 アミノ変性、アンモニウム変性シリコーン

現在市販されているリンス、コンディショナーの中に高級アルコールの次に多用されている油剤はポリジメチルシロキサンに代表されるシリコーン類である。ポリジメチルシロキサンはカチオン性界面活性剤と高級アルコールが水中で形成する会合体中に分散配合され、すすぎ過程で毛髪上に残った分が潤滑剤として働く。他の有機系油剤に比べて、摩擦低減性能に優れ、また表面張力も低く、剥離性が高く、髪に残留させることによりべたつかずサラサラした軽い滑らかさを付与できる。近年は、高分子化したガム状のシリコーンが多用されており、高い平滑性に加え、適度なしっとり感、艶、まとまり感の付与をも可能にしている。しかし、このようなシリコーンであるが、毛髪への残留性はその表面状態によって大きく左右される。本来、毛髪表面はキューティクルで覆われており疎水性であるが、過度の洗髪やブラッシング、またはパーマやブリーチ等の化学処理によりキューティクルの劣化や損傷、剥離が起こり親水性になる。親水化した毛髪表面に対しては、疎水性の高いシリコーンは付着性が低く、すすぎ流されやすい[21]。毛先や化学処理で傷んだ部分には、アミノ基やアンモニウム基などのカチオン性基を導入し、吸着性を向上させたシリコーンを用いることで感触のバランスがとられるようになっている[2]。最近報告された2基剤に関して紹介する。

① アンモニウム変性シリコーン

アンモニウム変性シリコーンは正電荷を有するために毛髪などの負帯電物質やその表面処理に適している。図11に示したアンモニウム変性シリコーンのマイクロエマルションが紹介されている[22]。この基剤をリンス、コンディショナーに使用すると、本来トレードオフな関係であるコンディショニング性と頭髪のボリュームを出すことが両立できる。また、熱からの髪の保護性やヘアカラーの保持性などもアミノ変性シリコーンなどより向上する。いずれもシリコーンポリマーの被膜形成能力の高さによると推察される。

第3章 界面活性剤・両親媒性高分子が拓く新しい応用技術

② アミノ変性シリコーン―ポリオキシアルキレン共重合体

　通常のジメチルポリシロキサンや，アミノ変性，アンモニウム変性シリコーン類は，それぞれ毛髪に対して平滑性，つや等を付与できる一方で，多量に用いたり，消費者が長い間用いたりすると，頭髪が脂ぎってきたり，ごわついたりして，しっとりとした自然な仕上がり感が得られないことがある。またアミノ変性シリコーンは毛髪に対してすすぎ時の持続的な柔軟感を付与することはできるが，水流中ではゴムに触れているような強いきしみ感があり，ベネフィットを打ち消してしまうケースがある。一方，ポリエーテル変性シリコーンは柔軟感が弱く，きしみ感の抑制能と平滑性はあるものの持続性がない状態であった。この2つの変性シリコーンの欠点を補うのがアミノ変性シリコーン―ポリオキシアルキレンブロック共重合体（図12）であり，すすぎ時の水流中での毛髪のきしみ感を抑制し，柔軟性や平滑性を向上させることで，すすぎ時の毛髪の絡みによる損傷を予防できる。側鎖にポリエーテル基を導入したタイプのアミノ変性シリコーンと比較してもすすぎ時の柔らかさときしみの無さが両立できる[23]。

2.4.2 カチオン化オリゴ糖

　毛髪のしっとりとした仕上がり感は，コンディショニング効果の中でも最も重要な因子である。

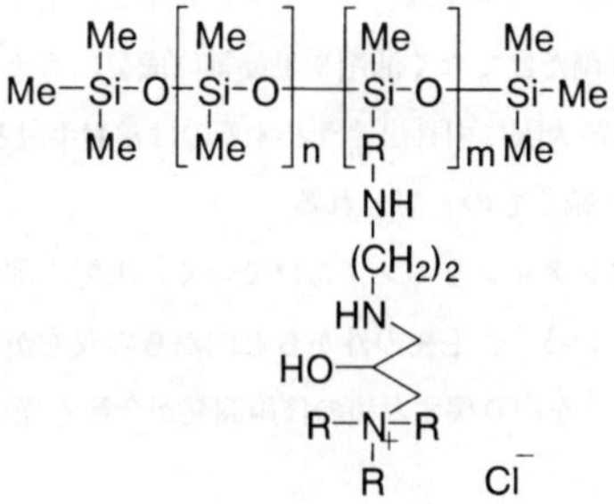

図11

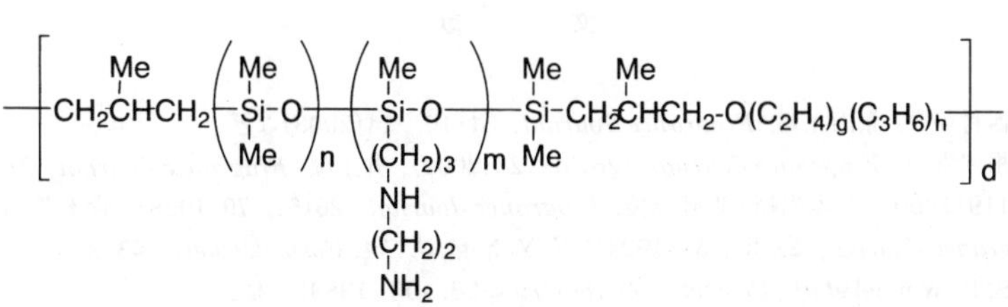

図12

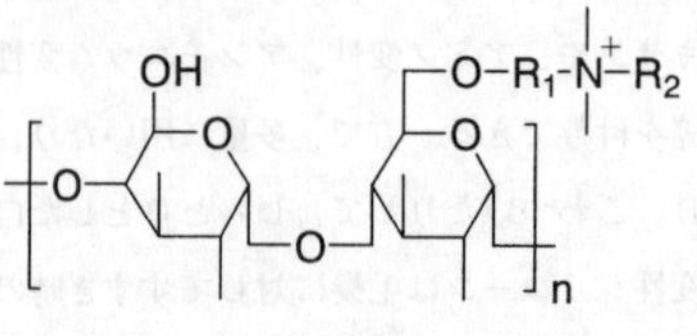

図13

従来からしっとり感を付与する代表例としてグリセリン等の多価アルコールが用いられてきたが，更にその効果を向上できる基剤としてカチオン化オリゴ糖（図13）が見出されている[24]。グリセリンやソルビトールなどよりしっとり感の持続性に優れる結果を得ている。それにより髪もパサつかず，まとまりも持続する。

2.5 おわりに

リンス/コンディショナー用カチオン基剤に関する最近の報告例を紹介した。近年，対象である毛髪のダメージレベルの変化等により，リンス/コンディショナーに対する要求性能も多様化してきている。カチオン基を有する基剤は，マイナスに帯電した毛髪表面に効率よく吸着させることができるので，界面活性剤だけでなく油剤や毛髪補修成分にもカチオン基を導入し，毛髪上に引きとどめて，その効果を最大限に引き出そうとするのは常套手段といえる。そういう意味で，今後もカチオン基剤の開発は続くものと思われる。

また最近では毛髪表面のコンディショニングだけでなく，毛髪内部の改質，内部からのダメージケア技術開発なども進んでいる[25]。毛髪の外からと内からの双方から保護，補修し，健康な髪が本来持っていた感触や美しさを取り戻すための技術開発が今後も繰り広げられることであろう。

文　献

1) 西村英司, 景山元裕, *Fragrance Journal*, **31**(10), 14(2003)など
2) 根津幸子, *Fragrance Journal*, **28**(6), 28(2000); 井上潔, *Fragrance Journal*, **27**(1), 119(1999); 村本尚裕, 近藤秀俊, *Fragrance Journal*, **26**(5), 79(1998); 青木寿, *Fragrance Journal*, **22**(3), 51(1994); K. Yahagi, *J. Soc. Cosmet. Chem.*, **43**, 275 (1992); S. R. Wendel *et al.*, *Cosmetics & Toiletries*, **98**, 103 (1983)　など
3) 矢作和行, 今村孝, *Fragrance Journal*, **17**(10), 18(1989)など

第3章　界面活性剤・両親媒性高分子が拓く新しい応用技術

4) 山縣義文, 日本レオロジー学会誌, **28**(2), 73(2000); Y. Yamagata, M. Senna, *Langmuir*, **16**, 6136 (2000), *Langmuir*, **15**, 4388 (1999); J. Nakarapanich *et al.*, *Colloid Polymer Sci.*, **279**, 671 (2001) など
5) 矢作和行, *Fragrance Journal*, **23**(4), 55(1995)
6) 山口道広, 野田章, 日化誌, 1987(9), 1632; 1989(1), 26
7) Y. Yamagata *et al.*, *Colloid Surf. A*, **133**, 245 (1998); 山縣義文, *Fragrance Journal*, **26**(8), 55(1998) など
8) 特表2000-501430など
9) 赤塚秀貴, 第109回FJセミナー 予稿集(2005)
10) 山口順士, *Fragrance Journal*, **28**(6), 49(2000); 佐々木啓, 福地義彦, *Fragrance Journal*, **25**(1), 16(1997) など
11) 堀西信孝, 土井康裕, *Fragrance Journal*, **31**(11), 49 (2003); 特開2002-255754
12) J. P. Mccarthy *et al.*, *J. Soc. Cosmet. Chem.*, **27**, 559 (1976)
13) 正木功一, *Fragrance Journal*, **28**(12), 105 (2000); E. Prat *et al.*, *J. Jpn. Oil Chem. Soc.*, **44**(4) 341 (1995)
14) T. Gao *et al.*, *Cosmetics & Toiletries*, **118**(5), 47 (2003)
15) T. M. Muzyczko *et al.*, *J. Am. Oil. Chem.*, **45**, 720 (1968); T. G. Schoenberg *et al.*, *Cosmetics & Toiletries*, **94**(3), 57 (1979)
16) 元田徹, *Fragrance Journal*, **24**(12), 106 (1996); 稲葉協子ら, *J. Soc. Cosmet. Chem. Jpn.*, **31**(1), 75 (1997); 的場美佳, *Fragrance Journal*, **31**(10), 44 (2003)
17) 特開2004-2261
18) 三田村讓嗣ら, *J. Soc. Cosmet. Chem. Jpn.*, **30**(1), 84 (1996); Mihoko Arai *et al.*, *Studies in Surface Science and Catalysis*, **132**, 1005 (2001); 武井俊晴ら, 第32回 洗浄に関するシンポジウム予稿集, P133
19) 田保橋建ら, *Fragrance Journal*, **26**(5), 58 (1998)
20) 川上喜美夫ら, 油化学, **41**(3), 214(1992); *J. Soc. Cosmet. Chem. Jpn.*, **28**(3), 278 (1994)
21) 渡辺俊輔ら, *J. Soc. Cosmet. Chem. Jpn.*, **29**(1), 64 (1995)
22) T. Ostergaard *et al.*, *Cosmetics & Toiletries*, **119**(11), 45 (2004)
23) 特開平9-151119; 特開2002-249418; 特開2002-326914
24) 橋本克夫, 中間康成, *Fragrance Journal*, **31**(10), 29 (2003); J. V. Gruber *et al.*, *IFSCC Magazine*, **5**(4), 291 (2002)
25) S. Nagase *et al.*, *J. Cosmet. Sci.*, **53**, 387 (2002); 西田勇一ら, *Fragrance Journal*, **30**(8), 33 (2002) など

3 配管抵抗減少剤

堀内照夫[*]

3.1 はじめに

古代ギリシャ人は身の回りの世界が4種類の元素（空気，土，火，水）から創られていると考えていた。中でも，古代ギリシャの哲学者ターレス（BC.600頃）は「万物のもと（アルケー）は水である」との物質観をもっていた。

水は自然界の生命体にとって不可欠なものである。また，両親媒性化合物を取り扱っている研究者にとっては特異な存在である。人類の水との関わり方は，①自然環境における水(物質循環 (H_2O, CO_2, O_2)，生態系，気候緩和機能，自然浄化能)，②水資源，③水利用に分類される。この中で，水利用について注目すると，水の流れを利用した「水車」や河の流れを制御する「蛇籠（じゃかご）」などは今日でも地方で見ることが出来る昔のテクノロジーが存続している一例である。

近年，界面活性剤水溶液中で形成される棒状ミセルの様な分子集合体が管内の乱流を制御し，管壁と流体（水）間の管摩擦係数を著しく低減する興味ある現象(配管抵抗減少：Drag reduction；DR)が多数報告されている。この現象を地域冷暖房システムに利用し，流体輸送動力に消費される電力を節電し，省エネルギーに応用しようとする技術開発が盛んに行われている。

商業用ビルの総消費電力量は年間1,600億KWhに達している。このうち，ビル空調システムのポンプの輸送動力用に約100億KWh（全体の約6％）が消費されている。従って，もし配管抵抗減少剤を利用すれば，ポンプの運転に消費される電力を削減できる。これにより火力発電から排出される温暖効果の原因の一つである炭酸ガスの低減化に寄与出来る。

本節では，配管抵抗減少効果(DR効果)，界面活性剤の分子集合状態，棒状ミセルの特徴について概要を述べたのち，一例として，冷房から暖房の冷熱媒（水）用に開発したアルキルビス(2-ヒドロキシエチル)メチルアンモニウムクロリド誘導体およびcis-9-オクタデセニルアンモニウム誘導体とサリチル酸ナトリウム（以下，NaSalと略す）系水溶液の流動条件下での分子集合状態とその配管抵抗減少効果について紹介する。

3.2 配管抵抗減少効果とは

配管内の流体は（1）式に示すレイノルズ数（Reynolds number；Re）によって規定される。

$$Re = Du\rho/\mu \tag{1}$$

ここで，D：pipe diameter，u：mean velocity of the fluid，ρ：density of the fluid，μ：viscosity

---

[*] Teruo Horiuchi　神奈川大学　工学部　化学教室

第3章　界面活性剤・両親媒性高分子が拓く新しい応用技術

of the fluid。そして流体は Re 数に応じて，層流（laminar flow：$Re < 2,300$），臨界流（critical flow：$Re = 2,300 \sim 4,000$），乱流（turbulent flow：$Re > 4,000$）に分類される。$Re > 4,000$ の場合，図1に示す様に管内の流体は乱流となり，管壁と流体間の管摩擦係数が増加する。

そのため，流体輸送のためのポンプに負荷がかかり，流速を維持するためにポンプに多量の電力が消費される。

1949年，Tomsは配管の乱流中に高分子量の少量の水溶性ポリマーを添加すると，流体の管摩擦係数が著しく減少する興味ある現象について報告している[1]。この水溶性高分子物質のように管摩擦係数を著しく減少させる添加剤を配管抵抗減少化剤（drag reduction agent；DR剤）またその効果を配管抵抗減少効果（DR効果）と呼ぶ。

Tomsの水溶性高分子による配管抵抗減少効果の報告を発端として，実用的な応用を目指して，表1に示す種々なDR剤の探索がなされてきた。

Shenoy[2]は探索された膨大なDR剤を①高分子化合物（guar gum，poly（ethylene oxide），poly（acrylamide）など），②固体粒子（砂，粘土物質など），③生体物質（polyhydifum Aerugineum，Fish slimesなど）および④界面活性物質（カチオン界面活性剤，非イオン界面活性剤）の観点から整理している。また，Sellin[3]らはDR剤の工業的応用への可能性について総説を著している。

密閉配管系におけるDR剤を耐久性の観点から眺めると，水溶性高分子は少量で優れたDR効果が発現する特徴を持っているがポンプ等の機械力によりポリマー鎖が切断されたりまたは微生物汚染により生分解して低分子化するため，DR効果が経時と共に漸減することが報告されている[4〜6]。

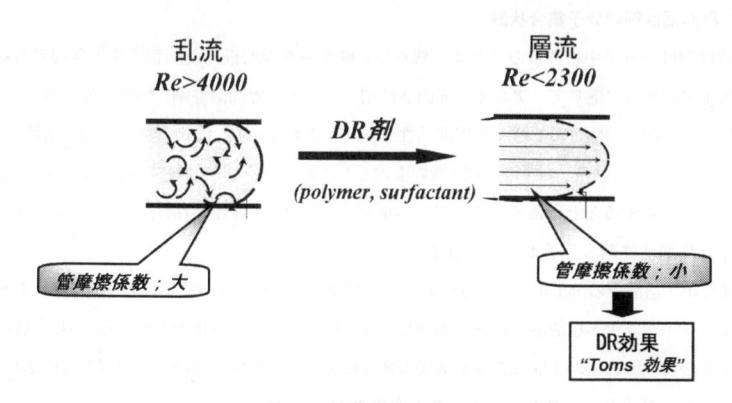

図1　配管抵抗減少効果とは

界面活性剤・両親媒性高分子の最新機能

表1 主なDR剤の種類とその特徴

Class	Drag-reducing agent	Advantage	Disadvantage
Fibers	asbestos fibers wood pulp asbestos fibernylon fibers Rayon fiber	no mechanical degradation	not effective in dilute solution
Polymers	polyethylene oxide polyacrylamide Guar Gum Sodium carboxymethyl Cellulose Hydroxyethyl cellulose polystyrene	quite effective in dilute solution	Mechanical shear degradation
Surfactants	CTAB/naphthol $C_{16}TA$-salicylate $RO(EO)_nH$	mechanically stable repairable	contaminated by various chemicals adverse environmental impact

一方，塩化セチルトリメチルアンモニウム(CTAC)-サリチル酸塩系水溶液中で形成される棒状ミセル溶液は水溶性高分子溶液と同様に粘弾性を示すことから，その物理化学的性質に関して，近年，盛んに研究されている[7〜11]。界面活性剤水溶液中で形成される棒状ミセルを利用したDR剤はポンプ等の機械力で一端破壊されても，直ちに自己組織化し，棒状ミセルを再形成し，DR効果を再び発現するので，可逆的なDR剤として注目されている[12,13]。この界面活性剤によるDR剤では，第四級アンモニウム塩の他に，アミンオキシド，アルコキシル化アルカノールアミド，第四級イミダゾリニウム等が報告されている。

3.3 界面活性剤水溶液の性質
3.3.1 界面活性剤の分子集合状態

　界面活性剤は一分子中に性質のことなる親水基と疎水基を兼ね備えた両親媒性化合物である。親水基の電気的性質に応じて，アニオン界面活性剤，カチオン界面活性剤，両性界面活性剤，非イオン界面活性剤に分類され，様々な界面活性剤が開発されている。この界面活性剤水溶液の特徴は①種々の界面（気/液，液/液，固/液界面など）に吸着すること，並びに②自己組織化し，分子集合体を形成することにある。ここで，界面活性剤水溶液の自己組織化について注目する。図2に主な界面活性剤の分子集合体を示す。

　界面活性剤水溶液中の分子集合体は界面活性剤の濃度，溶媒の極性の変化に応じ，棒状ミセル，ベシクル，ヘキサゴナル相液晶，ニート相液晶などの様々な分子集合体が形成する。界面活性剤水溶液中での自己組織体の生成は濃度や溶媒の極性によって変化するほかに，温度や界面活性剤分子の親水基と疎水基の構造要素によっても変化する。

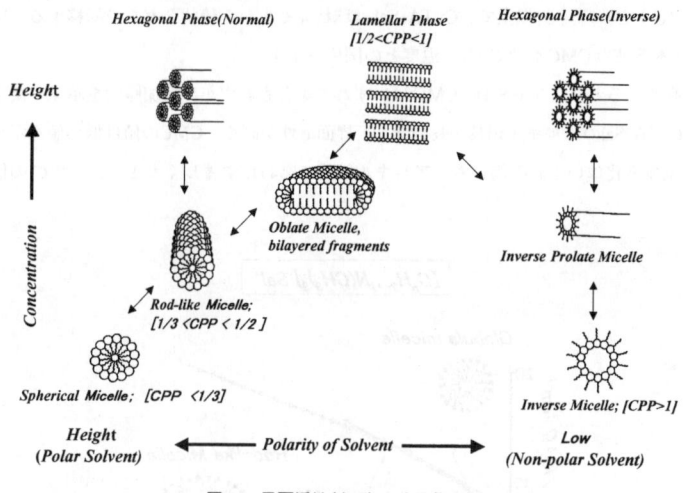

第3章 界面活性剤・両親媒性高分子が拓く新しい応用技術

図2 界面活性剤の主な分子集合体

Israelachivili[14]らは界面活性剤の構造要素の指標値として，(2)式に示す臨界充填パラメーター（CPP : critical packing parameter）と分子集合体との関係について報告している．

$$[CPP] = V / a_0 \cdot l_c \tag{2}$$

ここでVは界面活性剤分子の疎水基の占める容積，a_0は界面活性剤分子の親水基の占める面積，l_cは界面活性剤分子の疎水基の長さである．

大きな極性基をもつ単糖脂質や低濃度におけるSDSは[CPP]の値が1/3以下の値で，球状ミセルを生成する．小さな極性基の単鎖脂質，非イオン性脂質，高塩濃度中のSDSは1/3～1/2の領域の値で，棒状ミセル（シリンダー）を，大きな極性基を持つ2鎖型脂質（ホスファチジルコリン）は1/2～1領域の値で，ラメラ液晶を生成する．また[CPP]の値が1以上では逆ミセルの会合体を生成しやすい．これらの分子集合体の中で，配管抵抗減少効果に関連のある棒状ミセルについて概要する．

3.3.2 棒状ミセルの性質

Ohlendorf[15]らは炭素鎖長の異なるalkyltrimethyl ammonium salicylate（C_nTA-Sal）水溶液の電気伝導度について測定している．その一例として，図3にC_{16}TA-Salの結果を示す．

図3に示すように，C_{16}TA-Salの濃度が増加すると，二つの屈折点が観察される．第一の屈折点は通常のイオン界面活性剤の臨界ミセル濃度（critical micelle concentration；CMC）CMC点に相当する．界面活性剤の濃度がCMC点以上に達すると，界面活性剤分子が数十個集まり球状ミセルを形成する．さらに界面活性剤の濃度が増加すると，第二屈折点が観察される．この点を

転移濃度 (C_t) という。C_t 以上で，C_{16}TA-Sal は球状ミセルから棒状ミセルに転移する。図4に C_n TA-Sal 水溶液の CMC および C_t と温度との関係を示す。

　温度が高くなると，C_n TA-Sal の CMC はいずれの場合もわずかに増加傾向を示す。所定温度における C_n TA-Sal のアルキル鎖長が長いほど，界面活性が高く，CMC の値は低い値を示す。一方，C_t の温度変化はいずれの場合も，アルキル鎖長に関わらず著しく大きく，かつ C_t の値はあ

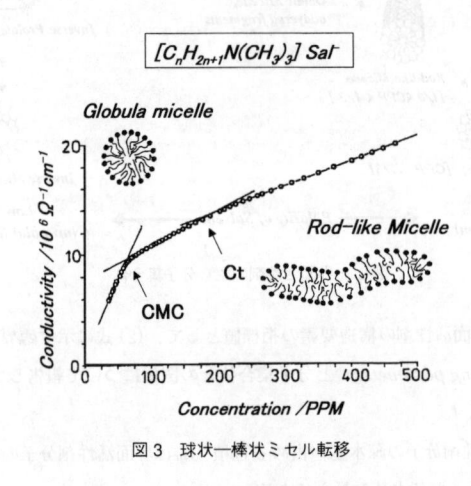

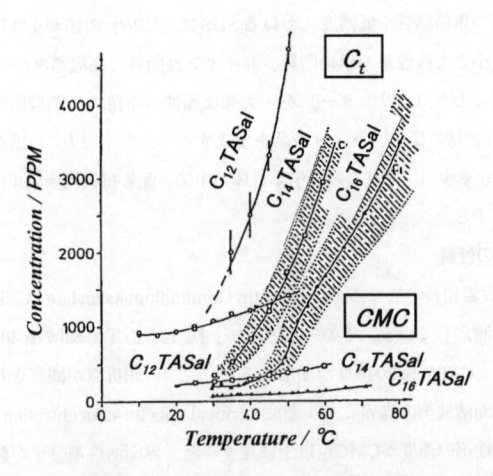

図3　球状─棒状ミセル転移

図4　[C_nTASal] の臨界ミセル濃度 (CMC) および転移濃度 (C_t) と温度との関係

第3章 界面活性剤・両親媒性高分子が拓く新しい応用技術

る幅を示す。所定温度条件において、C_1点およびCMC点いずれも測定されていることから、C_1以上で球状ミセルの全部が棒状ミセルに転移するのではなくて、球状ミセルと棒状ミセルが共存していると理解される。

界面活性剤水溶液での棒状ミセルの生成に関しては表2に示す方法が知られている。

表2に示すように、電解質の添加、コンパクトな極性基の導入、対イオンの変化、非イオン活性剤のEO基の変化などが挙げられる。この中で、カチオン界面活性剤の対イオン(アニオン)の変化に注目する。Smith[16]らはcetyltrimethylammonium chloride (CTAC)の対イオンの分子構造とDR効果について報告している。2-hydroxy benzonate (salicylate)はCTACに静電気的に結合し、すぐれたDR効果を発現することが知られている。その他、3-Cl-benzonate、4-Cl-benzonate、2-OH-1-naphthoate、および3-OH-2-naphthoate等のアニオン性対イオンもDR効果が発現する。しかし、3-hydroxy benzonate、4-hydroxy benzonateの場合はDR効果が発現しない。

3.4 第四級アンモニウム塩型カチオン界面活性剤誘導体水溶液の分子集合状態と配管抵抗減少効果

近年、カチオン界面活性剤による配管抵抗減少剤がDR剤として注目されている。これは①少量で高いDR効果が発現すること、②機械的安定性が高い、③広範囲な温度領域でDR効果が発

表2 主な棒状ミセル生成法

Rod-like Micelle Formation:

1. **Electrolyte addition**
2. **Addition of a surfactant with a compact head group**
   →*mixture of anionic and zwitterionic surfactant,*
   n-alkanol, alkyldimethyl amine oxides[R-$(CH_3)_2$N→O]
3. **Changing counterion** (*Na^+, Mg^{2+} for SDS*)
4. **Changing the anion for cationics** (*Cl^-, Br^-→slicylate anion*)
5. **Changing the hydrophilicity of non-ionic head groups**
   (*Temp→dehydration of the EO groups*)
6. **Changing the degree of protonation for zwitterionic surfactants**
   (*control surface charge density*)

界面活性剤・両親媒性高分子の最新機能

現するなどの特徴があると思われる．このDR剤を地域冷暖房システムへ応用展開し，液体輸送動力に消費される電力の節電を目的とした技術展開が活発に試みられている[17]．

本項では冷房用から暖房用の冷熱媒（水）DR剤として開発した表3に示す第四級アンモニウム塩型カチオン界面活性剤の化学構造の影響を①カチオン界面活性剤のアルキル鎖長，②2-ヒドロキシエチル基（HE）の置換数および③DR効果に対する温度の影響について紹介する．

3.4.1 DR効果の評価法

カチオン界面活性剤水溶液の配管抵抗減少効果（DR効果）の評価は図5に示す密閉配管系循環装置を用いて評価した．

タンクに50Lの供試料を充填し，ポリ塩化ビニル製の配管（直径；1.5cm, 2.5cm）中を一定速度になるようにインバーター装置によりポンプ出力を調整する．このとき，配管内の流体は(1)式に示すレイノルズ数（Re）により規定される．$Re > 4,000$以上になると，配管内で乱流が生じ，管壁と流体間の管摩擦係数が増大する．DR剤を添加したときの管摩擦係数（f_s）は流体の平均速度（u）と測定部の差圧（pressure loss；ΔP）を計算することにより(3)式よりもとめられる．

表3 第四級アンモニウム塩型カチオン界面活性剤誘導体の化学構造とそのアルキル鎖長の組成

$$[R-N^+(CH_3)_{3-n}(CH_2CH_2OH)_n]Cl^-$$
$$R:C_{14} \sim C_{18}, C_{18:1} \quad n: 0 \sim 3$$

Cationics			Compositions of alkyl group (%)								AI (%)
Abbreviation	R	n	C_{12}	C_{14}	C_{16}	$C_{16:1}$	C_{18}	$C_{18:1}$	$C_{18:2}$	C_{20}	$C_{20:1}$	
TDHMA	C_{14}	2	0.2	98.7	0.4							50.9
HDHMA	C_{16}	2	0.5	0.1	98.7		0.7					39.8
ODHMA	C_{18}	2	0.2		0.6		98.9			0.3		39.3
TMODA	$C_{18:1}$	0		0.3	1.1	5.1		93.1		0.1	0.3	51.5
HDMOA	$C_{18:1}$	1	0.3	1.1	5.1			93.1		0.1	0.3	45.0
HMODA	$C_{18:1}$	2			1.9	4.5	6.5	3.9	82.5	0.1	0.1	0.5	74.9
THODA	$C_{18:1}$	3			1.9	4.5	6.5	3.9	82.5	0.1	0.1	0.5	47.9

a) R: alkyl group、 n: number of 2-hydroxyethyl groups、AI: active ingredient in 2-propanol.

Abbreviations ;

テトラデシルビス（2-ヒドロキシエチル）メチルアンモニウムクロリド[TDHMA]
ヘキサデシルビス（2-ヒドロキシエチル）メチルアンモニウムクロリド[HDHMA]
オクタデシルビス（2-ヒドロキシエチル）メチルアンモニウムクロリド[ODHMA]
トリメチル（cis-9-オクタデセニル）アンモニウムクロリド[TMODA]
2-ヒドロキシエチルジメチル（cis-9-オクタデセニル）アンモニウムクロリド[HDMOA]
ビス（2-ヒドロキシエチル）メチル（cis-9-オクタデセニル）アンモニウムクロリド[HMODA]
トリス（2-ヒドロキシエチル）（cis-9-オクタデセニル）アンモニウムクロリド[THODA]

第3章　界面活性剤・両親媒性高分子が拓く新しい応用技術

$$f_s = D \Delta P/(2\rho u^2 L) \tag{3}$$

ここで，Lは配管の差圧計測部の長さ（L；section length）で，この場合，$L = 200$ cmである。水およびDR剤を添加した溶液の管摩擦係数をそれぞれ，f_wおよびf_sとすると，DR剤のDR効果は（4）式により計算される。

$$DR(\%) = 100 \ (1 - f_s/f_w) \tag{4}$$

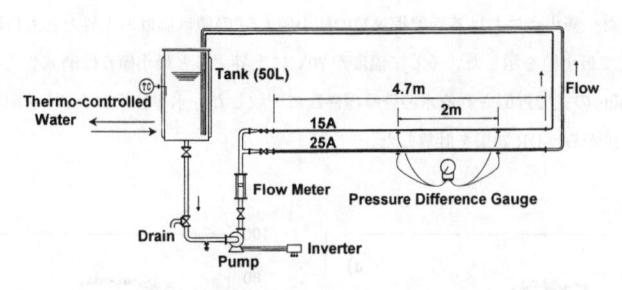

図5　密閉配管系の配管抵抗減少効果測定装置の概略図

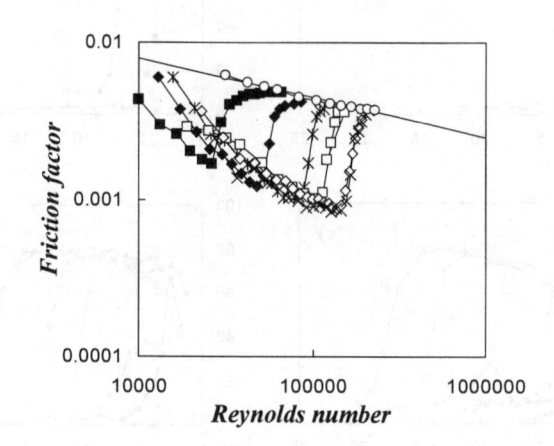

図6　[NaSal]/[HMODA] 系水溶液の管摩擦係数に対する温度の影響
Molar ratio of [NaSal]/[HMODA]＝1.5.
Concentration of [HMODA]：1000 ppm.
Temperature(℃)；■：6；◆：20；＊：30；□：40；◇：50；×：60；○：70.
―：without DR agent.

3.4.2 DR効果に対するアルキルビス（2-ヒドロキシエチル）メチルアンモニウムクロリドのアルキル鎖長の影響

図6に一例として，[NaSal]/[HMODA]系水溶液の管摩擦係数に対する温度の影響を示す[18]。水単独の場合（図6の実線）に比べて，それぞれの温度における[NaSal]/[HMODA]系水溶液の管摩擦係数はレイノルズ数の増大とともに減少し，あるレイノルズ数のところで極小となった。そしてさらにレイノルズ数が増大すると，管摩擦係数は再び増加し，最終的に水の値になった。また，極小点における管摩擦係数の極小値（f_s）の値は温度の上昇とともに減少し，50および60℃で最小値を示した。そして温度が70℃に上昇すると最小値f_sは消滅し，その管摩擦係数はBlasiusの式で近似される水の管摩擦係数に一致した。水単独系およびDR剤共存系の管摩擦係数の値から，DR効果を計算した。

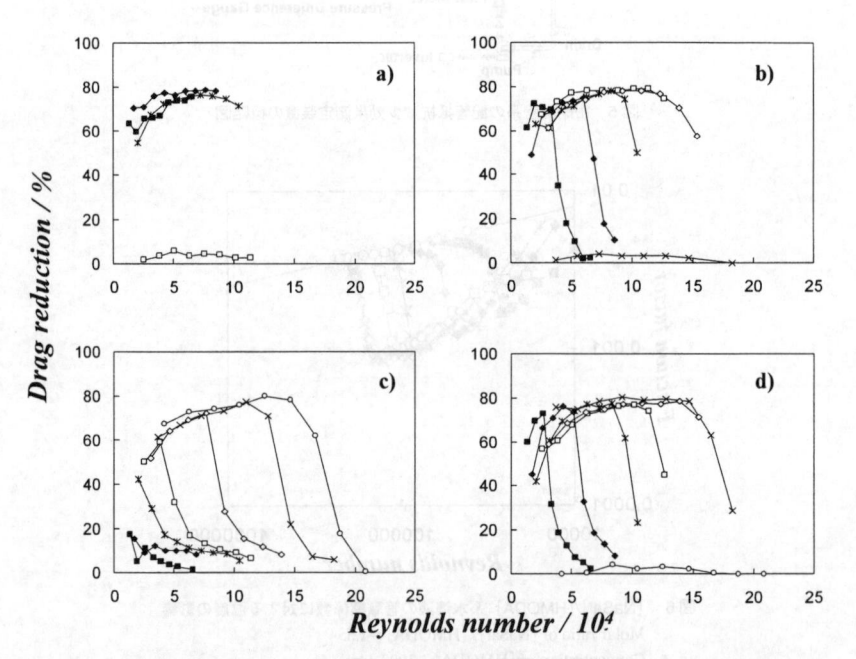

図7 [NaSal]/[alkylbis（2-hydroxyethyl）methylammonium chloride]系水溶液のDR効果に対するアルキル鎖長の影響
Molar ratio of[NaSal]/[cationics]＝1.5. Concentration of[cationics]：1000 ppm. a)[NaSal]/[TDHMA]systems；b)[NaSal]/[HDHMA]systems；c)[NaSal]/[ODHMA]systems；d)[NaSal]/[HMODA]systems.
Temperature（℃）；■：6；◆：20；＊：30；□：40；◇：50；×：60；○：70.

第3章　界面活性剤・両親媒性高分子が拓く新しい応用技術

　図7に［NaSal］/［cationics］系水溶液のDR効果に対するカチオン界面活性剤のアルキル鎖長の影響を示す。

　［NaSal］/［cationics］系水溶液のDR効果はいずれの場合も温度および配管内の流体レイノルズ数によって著しく変化した。あるレイノルズ数で70％以上のDR効果を示す温度はカチオン界面活性剤のアルキル鎖長の長さがC_{14}, C_{16}, C_{18}と長くなるにつれて, 6～30℃, 6～50℃および50～70℃へと高温側ヘシフトすることが観察された。一方，カチオン界面活性剤のアルキル鎖長がC_{18}で二重結合が1個含まれるcis-9-オクタデセニル基の場合，6～60℃の広い温度領域でDR効果が発現した。図7の結果をまとめると，

①アルキルの炭素鎖長が長くなると，DR効果の発現温度領域が高温側ヘシフトする。
②アルキル基に二重結合が導入されると，より低温側のDR効果の発現に有効に働く。
③実際の地域冷暖房システムで使用されている水性媒体の温度が冷房で約10℃，また暖房用の温水で40～60℃であることを考慮すると，炭素鎖長の異なる4種類のカチオン界面活性剤の中で，HMODAは標記の要件を満たすものと思われる。

3.4.3　DR効果に対するcis-9-オクタデセニルアンモニウムクロリド誘導体の2-ヒドロキシエチル基の置換数の影響

　図8に［NaSal］/［cationics］系水溶液のDR効果に対するカチオン界面活性剤の2-ヒドロキシエチル基（HE）の置換数の影響を示す[18]。

　図8に示すように，2-ヒドロキシエチル基（HE-n, nは置換数）が0, 1, 2個のカチオン界面活性剤，TMODA(HE-0)，HDMOA(HE-1)，HMODA(HE-2)（図7d）のR効果が発現するRe領域がほぼ同じような領域を示した。しかし2-ヒドロキシエチル基の置換数が3個のカチオン界面活性剤THODA(HE-3)のDR効果の発現領域はTMODA，HDMOA，HMODAと著しく異なり，DR効果の発現領域は著しく狭まる傾向が見られた。

　カチオン界面活性剤のHE基の置換数とDR効果の関係を明らかにするため，図9にカチオン界面活性剤の構造の指標値として無機性値／有機性値比（IOB）と所定速度におけるDR効果を示す。

　図9に示すように，実際の空調設備で使用される溶液の流速，1～2m/sでは，IOB比が1.3近傍(HMODA(HE-2)に対応)で極大値を示した。以上の結果より，冷房から暖房の冷熱媒（水）用のDR剤として，［NaSal］/［HMODA］系DR剤が検討したカチオン界面活性剤の中で化学構造的に最適と思われる。

3.4.4　DR効果に対する［NaSal］/［HMODA］系水溶液のモル比の影響

　図10に組成モル比の異なる［NaSal］/［HMODA］系水溶液のDR効果とRe数との関係を示す[19]。

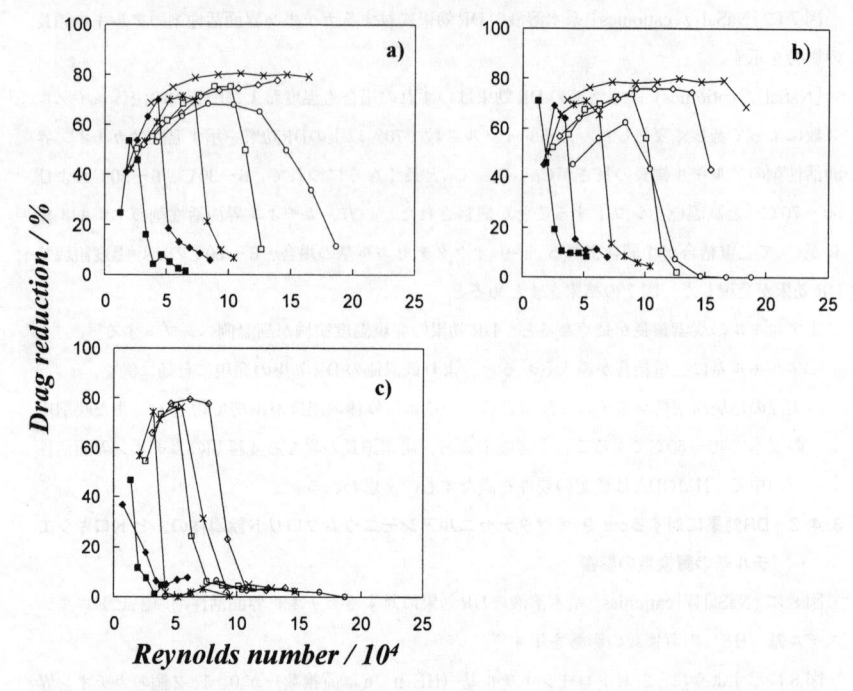

図8 DR効果に対するcis-9-オクタデセニルアンモニムクロリド誘導体の2-ヒドロキシエチル基の置換数の影響
Molar ratio of [NaSal] / [cationics] = 1.5. Concentration of [cationics] : 1000 ppm. a) [NaSal] / [TMODA] systems ; b) [NaSal] / [HDMOA] systems ; c) [NaSal] / [THODA] systems. Temperature (℃); ■: 6 ; ◆: 20 ; ＊: 30 ; □: 40 ; ◇: 50 ; ×: 60 ; ○: 70.

DR効果は[NaSal]/[HMODA]のモル比が0.5以上になると発現した。モル比がさらに大きくなるにつれて，Re数に対する発現領域が広くなる傾向を示した。図11に[NaSal]/[HMODA]のモル比と粘性係数との関係を示す。

[NaSal]/[HMODA]系水溶液の粘性係数はそのモル比が0.5～1.5の領域で極大値を示す外観となった。また，[NaSal]/[HMODA]のモル比に対する粘性係数のプロファイルはずり速度が低いほど，その分子集合体の三次元的な凝集構造をより強く反映したシャープな曲線を示した。しかし，ずり速度が増加するにつれて，粘性係数の値は低くなり，かつブロードな曲線へと変化した。これは[NaSal]/[HMODA]系水溶液中のひも状の巨大分子集合体の絡み合いによる三次元的な凝集構造が機械的な回転により次第に破壊されるため，ブロードな曲線へと変化したものと考えられる。

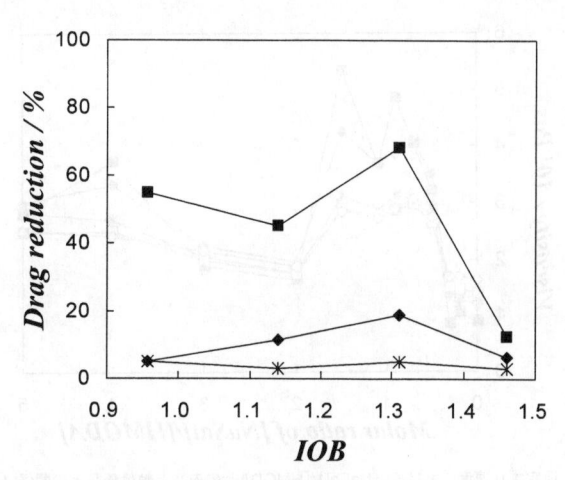

第3章 界面活性剤・両親媒性高分子が拓く新しい応用技術

図9 カチオン界面活性剤の無機性値/有機性値比とDR効果との関係（6℃）
Molar ratio of[NaSal]/[cationics]＝1.5.
Concentration of[cationics]：1000 ppm.
Flow rate(m/s)；■：1；◆：2；＊：3.

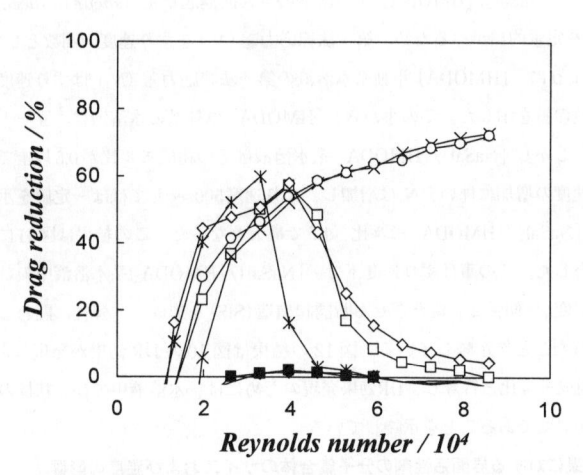

図10 組成モル比の異なる［NaSal］/[HMODA]系水溶液のDR効果とRe数との関係
Molar ratio of[NaSal]/「HMODA]；■：0.0；◆：0.3；＊：0.5；□：0.9；◇：1.5；×：3.0；○：5.0.
Concentration of[HMODA]：1000 ppm.

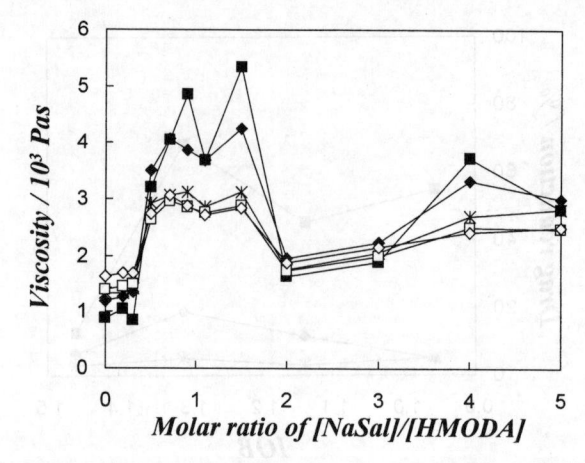

図11 所定ずり速度における [NaSal]/[HMODA] のモルと粘性係数との関係（25℃）
Shear rate (s^{-1})；■：133；◆：480；＊：1035；□：1521；◇：1987.
Concentration of [HMODA]：1000 ppm.

流動条件下で, [NaSal]/[HMODA] 系水溶液のせん断誘起構造 (shear induced structure；SIS) の形成性を定量的に調べるため, 第一法線応力差 (N_1) をずり速度の関数として測定した.

図12に示すように, [HMODA] 単独系水溶液の第一法線応力差 (N_1) はずり速度の増加に伴い, 減少し, 負の値を示した. この事から, [HMODA] 単独系の水溶液はニュートン流体として帰属された. しかし [NaSal]/[HMODA] 系水溶液はその組成モル比が0.5以上ではいずれの場合も, ずり速度の増加に伴い, N_1は増加し, ずり速度500sec^{-1}でほぼ一定値を示した. また N_1の大きさは [NaSal]/[HMODA] モル比, 1.5で最大となった. この結果は図11に示した粘弾性の結果と符合した. この事はずり速度下で, [NaSal]/[HMODA] 系水溶液中のひも状様の巨大分子集合体が変形・伸張し, 新たなせん断誘起構造 (SIS) を形成し, 弾性に関わるレオロジー特性が保持されたことを示唆している. 図12の結果は図10のDR効果が発現した [NaSal]/[HMODA]の組成モル比と符合し, DR効果発現のためには, 水溶液中でひも状様の巨大な分子集合体の構築が必要であることを示唆している.

3.4.5 DR効果に対する界面活性剤の分子集合体のサイズおよび温度の影響

カチオン界面活性剤のDR効果に対するアルキル鎖長および2-ヒドロキシエチル基の置換数の影響を評価した結果, [NaSal]/[HMODA] 系水溶液が6〜60℃までの広い温度領域で高いDR効果を示した. [NaSal]/[HMODA] 系水溶液中のひも状ミセルの溶存状態を把握するため, 粘弾性特性として, 第一法線応力差およびひも状ミセルのサイズを測定した[20].

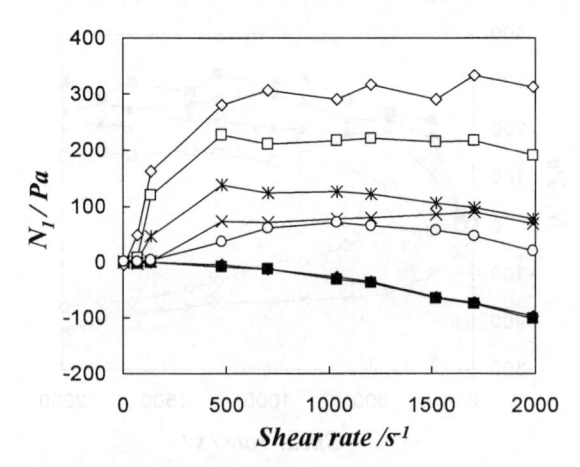

第3章　界面活性剤・両親媒性高分子が拓く新しい応用技術

図12　組成の異なる［NaSal］/「HMODA」の第一法線応力差（N_1）とずり速度との関係（25℃）
Molar ratio of ［NaSal］/「HMODA」；■：0.0；◆：0.3；＊：0.5；□：0.9；◇：1.5；×：3.0；○：5.0.
Concentration of ［HMODA］：1000 ppm.

図13に［NaSal］/［HMODA］系水溶液のN_1に対する温度の影響を示す。

図13に示す様に，10℃において，［NaSal］/［HMODA］系水溶液の第一法線応力差（N_1）はずり速度の増加とともに増加し，約800s^{-1}でほぼ一定の値を示した。しかし温度が上昇するにつれて，N_1は減少し，40℃でN_1は負の値となり，ずり速度の増加とともに減少した。このことは［NaSal］/［HMODA］系水溶液が粘弾性溶液からニュートン流体へと変化したことを示唆している。この結果は以下のように考えられる。［NaSal］/［HMODA］系水溶液は臨界ミセル濃度（CMC）以上で球状ミセルが形成される。この球状ミセルはそのCMCより高いある濃度（転移濃度：C_t）以上で棒状ミセルに転移する。この棒状ミセルを規定するC_tは温度が高くなると著しく増加し，かつ棒状ミセルの長さも減少することが報告されている。従って，図13に示した結果は，［NaSal］/［HMODA］系の濃度が一定であるため，温度が高くなると，C_tは増加する。そのため，棒状ミセルから球状ミセルへの転移がおこり，かつ残存した棒状ミセルの長さも減少し，せん断誘起構造の形成が抑制されたものと思われる。

以上の結果から，せん断誘起構造の形成を誘起するために，［NaSal］/［HMODA］系水溶液中の分子集合体の長さが重要な役割をはたしていることが示唆された。図14および図15に，それぞれ［NaSal］/［HMODA］系水溶液の分子集合体のサイズに対するカチオン界面活性剤のアルキル鎖長および2-ヒロキシエチル基の置換数の影響を示す。

図14に示す様に，［NaSal］/［HMODA］系水溶液の分子集合体のサイズは，R＝C_{16}では温度

界面活性剤・両親媒性高分子の最新機能

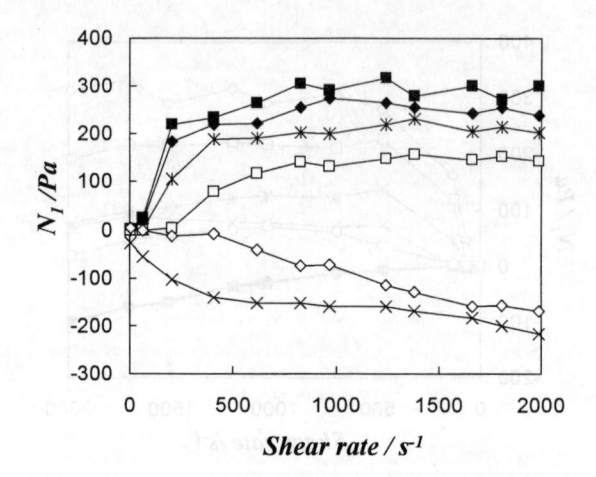

図13 [NaSal]/[HMODA] 系水溶液の N_1 に対する温度の影響
Molar ratio of [NaSal] / [HMODA] = 1.5. Concentration of [HMODA]：1000 ppm. Temperature (℃)；■：10；◆：25；＊：30；□：35；◇：40；×：55.

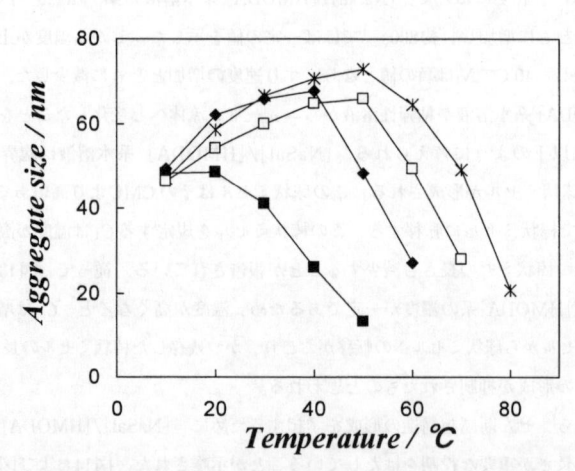

図14 [NaSal]/[cationics] 系水溶液の分子集合体の長さに対するアルキル鎖長の影響
Molar ratio of [NaSal]/[cationics]＝1.5. Concentration of [cationics]：1000 ppm.
Symbols；■：TDHMA；◆：HDHMA；＊：ODHMA；□：HMODA.

第3章 界面活性剤・両親媒性高分子が拓く新しい応用技術

40℃，R＝C_{18}では温度50℃に極大値もつ曲線となった。またアルキル鎖長が不飽和のcis-9-オクタデセニル基（R＝$C_{18:1}$）ではR＝C_{18}と同じように，温度50℃で極大値をもつ曲線となった。しかし20～70℃の温度範囲で，R＝$C_{18:1}$の分子集合体のサイズはR＝C_{18}より小さかった。分子集合体のサイズが20℃から極大値を示す温度に至る過程でわずかに増加する理由は臨界充填パラメーター（*CPP*）の概念から説明できる。即ち，用いた界面活性剤はいずれも2個の2-ヒドロキシエチル基を持っている。温度が上昇するとともに，2-ヒドロキシエチル基の周りの水和水が脱水される。そのため，カチオン界面活性剤の断面積が減少するので，*CPP*は大きくなるため，もとより分子集合体のサイズが増加したと推定される。しかし，極大値を示す温度より温度が上昇すると，[NaSal]/[cationics]系水溶液の球状ミセル→棒状ミセル転移を示す転移濃度（C_1）が増加する。そのため，温度上昇とともに，棒状ミセル数が減少し，球状ミセル数が支配的となるので，見掛けの分子集合体のサイズは著しく減少する。

一方，図15にアルキル鎖長をR＝$C_{18:1}$に固定し，2-ヒドロキシエチル基の置換数の異なるカチオン界面活性剤の分子集合体のサイズに対する温度の影響を示す。分子集合体のサイズはいずれの場合も，温度50℃で極大値を持つ曲線となった。2-ヒドロキシエチル基の置換数が0～2個の場合，その分子集合体のサイズは50℃までの温度範囲ではほぼ同じ傾向を示した。しかし2-ヒドロキシエチル基が3個置換したTHODAの分子集合体のサイズは置換数が0～2個のカ

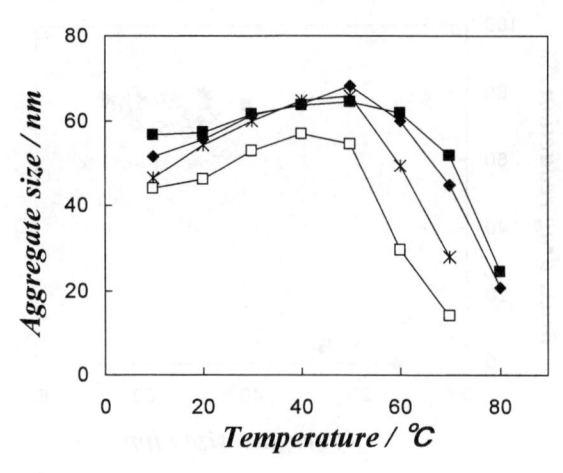

図15 ［NaSal］/［cationics］系水溶液の分子集合体の長さに対する2-ヒドロキシエチル基の置換数の影響
Molar ratio of ［NaSal］/［cationics］= 1.5. Concentration of ［cationics］: 1000 ppm.
Symbols；■：TMODA；◆：HDMOA；＊：HMODA；□：THODA.

チオン界面活性剤と比較していずれの温度条件においても小さな値となった。このことは第一法線応力差(N_1)の結果から，2-ヒドロキシエチル基が3個置換すると，その立体障害のため，高次分子集合体の形成が抑制されたためと思われる。

図16に所定温度における［NaSal］/［cationics］系水溶液中の分子集合体のサイズとその時の最大のDR効果のランダムプロットを示す。

［NaSal］/［cationics］系水溶液のDR効果はその分子集合体のサイズに応じて，不連続に分布している。即ち，［NaSal］/［cationics］系水溶液中の分子集合体のサイズが40nm以上のとき，高いDR効果が発現するが，分子集合体のサイズが30nm以下ではDR効果はほとんど発現しなかった。

以上の結果，DR効果の発現のためには，40nm以上の分子集合体が存在していることが重要であると結論された。

3. 4. 6　［NaSal］/［cationics］系水溶液中の球―棒ミセル転移に対するカチオン界面活性剤の化学構造と温度の影響

これまで球―棒ミセル転移に伴う流体力学的特性がDR効果の発現に重要な役割を果たしていることを述べた[18～20]。DR効果の発現機構に関してはSANSによる棒状ミセルの管内流中での配向挙動[21, 22]，ならびにせん断誘起構造（SIS）[23～26]の観点から研究されているが，棒状ミセル

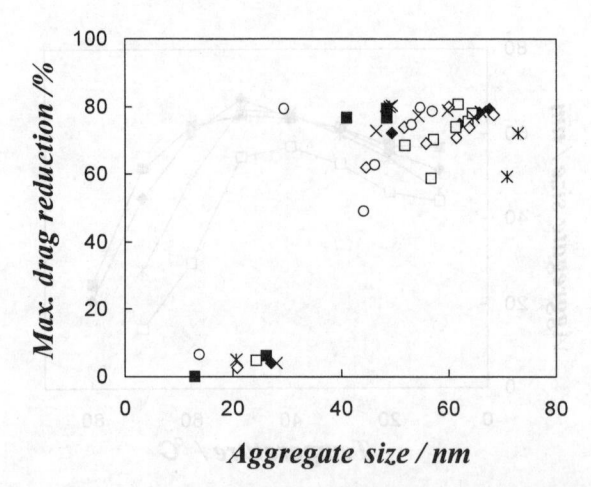

図16　［NaSal］/［HMODA］系水溶液の分子集合体の長さとDR効果との関係
Molar ratio of［NaSal］/［cationics］=1.5. Concentration of［cationics］：
1000 ppm.　Symbols；■：TDHMA；◆：HDHMA；＊：ODHMA；
□：TMODA；◇：HDMOA；×：HMODA；○：THODA.

第3章 界面活性剤・両親媒性高分子が拓く新しい応用技術

の絡み合いはミセル間の相互作用が直接ミセル自身の解離,再結合に関与するため,そのダイナミックスは複雑で未知の点が多い。

本項ではスピンプローブESR法による[NaSal]/[cationics]系水溶液中の球—棒状ミセル転移に対するカチオン界面活性剤の化学構造と温度の影響について紹介する[27]。

図17にスピンプローブで標識した棒状ミセルの断面図(モデル図)を示す。

スピンプローブとして,5-,12-および16-ドキシルステアリン酸(それぞれ5NS,12NS,16NSと略記)を用いた。また,オーダーパラメーター(S_{33})および超微細構造因子(*hyperfine splitting constant*, aN'値)は図17に示したESRチャートより,$2A_{//}$,$2A_{\perp}$の値を読み取り,(4)および(5)式よりS_{33}およびaN'を計算した。

$$S_{33} = [(A_{//} - A_{\perp})/(A_{zz} - A_{xx})] \cdot (aN/aN') \tag{4}$$

$$aN' = (A_{//} - 2A_{\perp})/3 \tag{5}$$

ここで$A_{zz} = 33.6$,$A_{xx} = 6.3$,$aN = 14.1$の値を用いた。

図18に[NaSal]/[HMODA]系水溶液におけるスピンプローブ,5NS,12NS,16NSのオーダーパラメーター(S_{33})の温度依存性を示す。

25℃における5NSのS_{33}の値は約0.5で,12NSおよび16NSのS_{33}に比べて著しく大きい。このことは5NSの周辺の流動性が著しく束縛されていることを示唆している。即ち,[NaSal]/[HMODA]系水溶液中の棒状ミセルの表面近傍の分子集合状態は非常にリジッドであり,内部コアはルーズな配向状態である。また,この棒状ミセルの表面近傍の配向状態はDMPC[28]やHCO

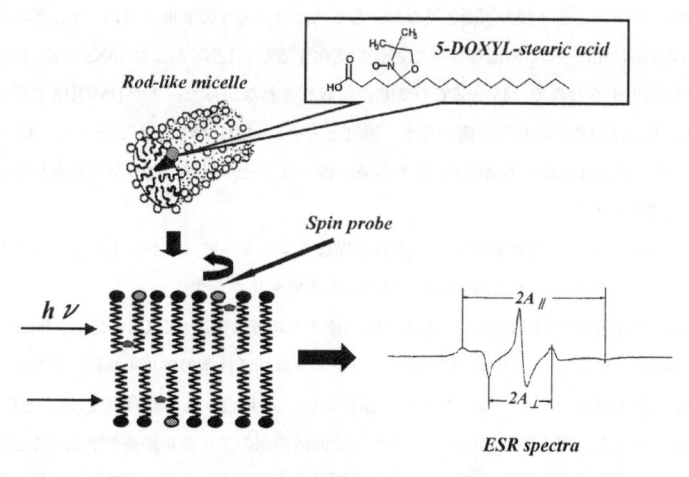

図17 Spin probeで標識した棒状ミセルの断面図(モデル図)

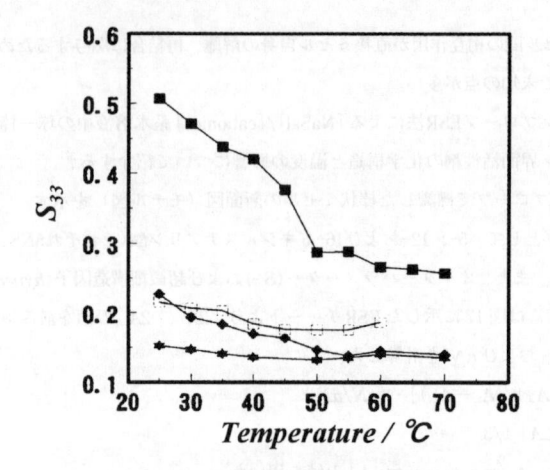

図18 ［NaSal］／［HMODA］系水溶液中における各種スピンプローブの
オーダーパラメーターの温度変化
Concentration of HMODA：2.49×10^{-3} mol/kg. Molar ratio of［NaSal］／
［HMODA］＝1.5. Molar ratio of［HMODA］／［spin probe］＝61.5.
■；5NS，◆；12NS，★；16NS，□；5NS without NaSal.

$-10^{29)}$ 等のベシクル二分子膜に近い。［NaSal］／［HMODA］系水溶液中の棒状ミセルの長さは50〜60nmである。従って、棒状ミセルの表面近傍の長軸方向に対するHMODAの分子間の配向状態は分子次元では平面的とみなせるため、ベシクル二分子膜との差異は少ない。しかし棒状ミセルの断面はベシクル二分子膜の断面と異なり、むしろ球状ミセルの断面に近い。また興味ある現象は5NSの S_{33} は45〜55℃の温度領域で著しく変化するが、12NSおよび16NSの S_{33} は温度と共に単調に減少するのみで、45〜55℃の変曲点は観察されなかった。またHMODA水溶液の電気伝導度はNaSalの共存の有無に関わらず、温度とともに単調に増加したことから、45〜55℃における変曲点は［NaSal］／［HMODA］系水溶液の棒—球ミセル転移に伴う分子集合状態を反映したものと考えられる。

図19にNaSal共存下におけるアルキル鎖長が異なるアルキルビス（2-ヒドロキシエチル）メチルアンモニウムクロリド水溶液中の5NSの S_{33} の温度変化を示す。

図19の S_{33} の温度変化の変曲点から求めた球—棒ミセル転移温度は、C_{14} の場合、38.2℃、C_{16} の場合、44.2℃、そして C_{18} の場合、57.6℃で、カチオン界面活性剤のアルキル鎖長の長さに比例して単調に増加傾向を示した。またアルキル鎖長が $C_{18:1}$ の場合、その転移温度は C_{16} と C_{18} の中間の47.1℃を示した。以上のことから、カチオン界面活性剤のアルキル鎖長が増加するとアルキル鎖間の疎水的相互作用が増加するため、5NSの運動性が束縛され、棒—球ミセル転移温度が高

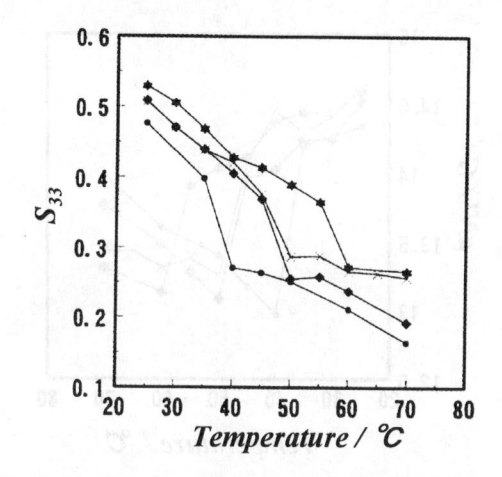

第 3 章　界面活性剤・両親媒性高分子が拓く新しい応用技術

図19　Alkylbis (2-hydroxy ethyl) methylammonium chloride のオーダーパラメーター (S_{33}) に対するアルキル鎖長の影響
Molar ratio of [NaSal]/[cationics] = 1.5. Concentration of cationics: 1000 ppm. Molar ratio of [cationics]/[5NS] = 61.5.
● ; [NaSal]/「TDHMA」, ◆ ; [NaSal]/[HDHMA], ★ ; [NaSal]/[ODHMA], X ; [NaSal]/「HMODA」.

温側へシフトしたものと考えられる。

図20に超微細構造因子 (aN') に対するカチオン界面活性剤のアルキル鎖長の影響を示す。

図20に示すように，aN'値はいずれの場合もある転移温度まで温度とともに急激に減少した。そして転移温度よりさらに温度が高くなると，aN'値は再び温度とともに増加する傾向を示した。そして aN' 値の温度変化から求めた転移温度（aN' 値の極小点）は S_{33} の温度変化から求めた転移温度と一致した。

aN' 値が温度とともに減少した理由は以下のように考えられる。[NaSal]/[cationics] 系水溶液中の棒状ミセルの表面近傍はカチオン界面活性剤の親水基 ($-N^+(CH_3)(CH_2CH_2OH)_2$) で配向されている。温度の上昇と共に，2-ヒドロキシエチル基の水和が脱水され，非極性化するために aN' 値は減少する。そしてさらに温度が上昇すると，2-ヒドロキシエチル基の脱水に加えて，カチオン界面活性剤の親水基間の分子間水素結合も切断されるため，親水基近傍の分子の運動性が増加し，アルキル鎖間への水の浸入をきたすため，逆に aN' 値が増加したものと推定される。

図21に NaSal/cis-9-オクタデセニルアンモニウムクロリド誘導体系水溶液の 5NS の S_{33} に対するカチオン界面活性剤の 2-ヒドロキシエチル基（HE）の置換数の影響を示す。

図21に示すように 2-ヒドロキシエチル基の置換数が 0 および 1 個のカチオン界面活性剤，

161

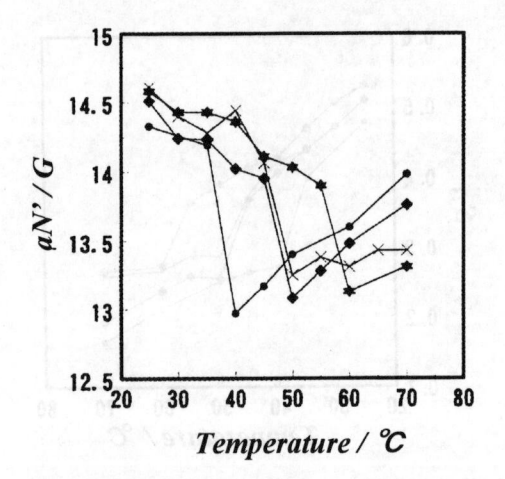

図20 Alkylbis(2-hydroxy ethyl)methylammonium chloride の aN' に対する
アルキル鎖長の影響
Molar ratio of [NaSal]/[cationics]＝1.5. Concentration of cationics：
1000 ppm. Molar ratio of [cationics]/[5NS]＝61.5.
●；[NaSal]/[TDHMA], ◆；[NaSal]/[HDHMA], ★；[NaSal]/[ODHMA],
×；[NaSal]/[HMODA].

TMODA(HE-0), HDMODA(HE-1)の5NSの温度変化から求めたS_{33}の転移温度はほぼ同じで, 約42℃であった。HEの置換数が 2 および 3 と増加すると, 転移温度は高温側へシフトし, HMODA(HE-2)の場合, 47℃で, THODA(HE-3)の場合, 52℃となった。

図22にNaSal/cis-9-オクタデセニルアンモニウムクロリド誘導体系水溶液の5NSの aN' 値に対するカチオン界面活性剤の 2-ヒドロキシエチル基の置換数の影響を示す。

図22に示すように, aN' 値はいずれの場合も, ある転移温度まで急激に減少し, 転移温度よりさらに温度が上昇すると aN' 値は再び温度とともに増加する傾向を示した。光散乱による[NaSal]/[cationics]系水溶液中の棒状ミセルの長さの温度変化（図15）に対する2-ヒドロキシエチル基による置換数の影響は不明瞭であったが, スピンプローブ, 5NSによる分子集合状態の観察ではその転移温度が2-ヒドロキシエチル基の置換数に応じて明瞭な差異として観察できた。

以上, [NaSal]/[cationics]系水溶液中の棒状ミセルの分子集合状態にアルキル鎖間の疎水結合のほか, 2-ヒドロキシエチル基による水素結合が重要な役割をはたしていることが示唆された。

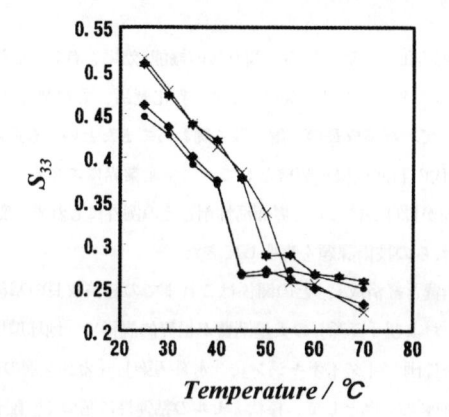

第 3 章 界面活性剤・両親媒性高分子が拓く新しい応用技術

図21 四級アンモニウム塩誘導体のオーダーパラメーター（S_{33}）に対する
2-hydroxyethyl 基の置換数の影響
Molar ratio of[NaSal]/[cationics]=1.5. Concentration of cationics: 1000 ppm.
Molar ratio of[cationics]/[5NS]=61.5.
●；[NaSal]/[TMODA], ◆；[NaSal]/[HDMOA], ★；[NaSal]/[HMODA],
X；[NaSal]/[THODA].

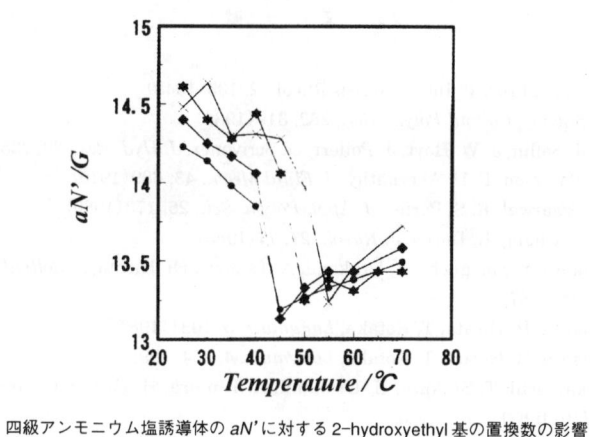

図22 四級アンモニウム塩誘導体の aN' に対する 2-hydroxyethyl 基の置換数の影響
Molar ratio of[NaSal]/[cationics]=1.5. Concentration of cationics：1000 ppm.
Molar ratio of[cationics]/[5NS]=61.5.
●；[NaSal]/[TMODA], ◆；[NaSal]/[HDMOA], ★；[NaSal]/[HMODA],
X；[NaSal]/[THODA].

3.5 おわりに

　界面活性剤は乳化，可溶化，分散，洗浄，濡れ等の機能・効果を有し，広範囲な産業分野で重要な役割を果たしている。トイレタリー製品（洗剤，乳化製品，柔軟剤），化粧品，軟膏等の医薬品また化学品原料として，経済成長の一端に深く関わってきたといても過言であるまい。しかし，その反面，1970年代の石油危機を契機として，化学産業界にエネルギー，エコロジー，石油製品の安全性等の問題が投げかけられ，界面活性剤もその例外にもれず，変革を余儀なくされ，紆余屈折しながら，それらの技術課題を克服してきた。

　近年，「エネルギー消費と経済成長」との関係はこれまでの経済成長の基盤に暗い影を落としている。「エネルギー」および「資源」の大量消費が世界的規模で「地球環境」を悪化させている。「地球温暖化」，「酸性雨」，「ダイオキシン」，「水質汚染」，「オゾン層の破壊」等々である。

　界面活性剤の機能の創製の一例として，棒状ミセルの粘弾性に基づく，配管抵抗減少効果を紹介した。近い将来，この新技術が実用化し，少しでも「エネルギー」の浪費の低減につながればと思う次第である。また，界面活性剤の高次の分子集合体の機能の創製に関して，この小編が実用化研究の一助となれば幸いである。

文　　献

1) A. B. Toms, Proc. 1st Int. Congress Rheol., **2**, 135 (1948)
2) A. V. Shenoy, *Colloid Polym. Sci.*, **262**, 319 (1984)
3) R. H. J. Sellin, J. W. Hoyt, J. Pollert, O. Scrivener, *J. Hyd. Res.*, **20**, 235 (1982)
4) R. W. Paterson, F. H. Abernathy, *J. Fluid Mech.*, **43**, 689 (1970)
5) S. H. Aggarwal, R. S. Porter, *J. Appl. Polym. Sci.*, **25**, 173 (1980)
6) H. F. D. Chang, R. Darby, *J. Rheol.*, **27**, 77 (1983)
7) T. Shikata, Y. Sagiguchi, H. Urakami, A. Tamura, Hi. Hirata, *J. Colloid Interfac. Sci.*, **119**, 291 (1987)
8) T. Shikata, H. Hirata, T. Kotaka, *Langmuir*, **3**, 1081 (1987)
9) T. Shikata, H. Hirata, T. Kotaka, *Langmuir*, **4**, 354 (1998)
10) Y. Sakaiguchi, T. Shikata, H. Urakami, A. Tamura, H. Hirata, *Colloid Polym. Sci.*, **265**, 750 (1987)
11) H. Hoffmann, "Structure and Flow in Surfactant Solutions", pp. 2–31, ACS Sym. Series, Washington DC
12) D. Ohlendorf, W. Interthal, H. Hoffmann, *Rheol. Acta*, **25**, 468 (1986)
13) B. Lu, X. Li, L. E. Scriven, H. T. Davis, Y. Talmon, J. L. Zakin, *Langmuir*, **14**, 8 (1998)
14) J. N. Israelachivili, D. J. Mitchell, B. W. Nihham, *J. Chem. Soc. Faraday Trans.*, II, **72**,

1525(1976)
15) D. Ohlendorf, W. Interhal, H. Hoffmann, *Rheol. Acta.*, **25**, 468(1986)
16) B. C. Smith, L. C. Chou, B. Lu, J. L. Zakin, "In Structure and Flow in Surfactant Solutions"; ACS Symposium Series 578, American Chemical Society : Washington, DC, 1994; Chapter 26, pp370-379.
17) ダウケミカル, 日特表昭58-501822(1983); ヘキスト, 日特開昭59-46246(1984); ヘキスト, 日特開昭60-158145(1985)
18) 堀内照夫, 吉井徹, 真島利明, 田村隆光, 菅原均, 日化, No. 7, 415(2001)
19) 堀内照夫, 真島利明, 吉井徹, 田村隆光, 日化, No. 7, 429(2001)
20) 堀内照夫, 真島利明, 吉井徹, 田村隆光, 日化, No. 7, 423(2001)
21) H. W. Bewersdorff, J. Dohmann, J. Langowski, P. Lindner, A. Maack, R. Oberthur and H. Thiel, *Physica B*, **156** and **157**, 508(1989).
22) P. Lindner, H. W. Bewersdorff, R. Heen, P. Sittart, H. Thiel, J. Langowski and R. Oberthur, *Prog. Colloid Polym. Sci.*, **81**, 107 (1990).
23) H. Hoffman and G. Ebert, *Angew. Chem. Int. Ed. Engl.*, **27**, 902(1988).
24) Y. Hu and E. F. Matthys, *Rheol. Acta.*, **35**, 470(1996)
25) Y. Hu and E. F. Matthys, *J. Rheol.*, **41**, 151(1997).
26) B. Lu, X. Li, J. L. Zakin and Y. Talmon, *J. Non-Newtonian Fluid Mech.*, **71**, 59(1997)
27) T. Horiuchi, T. Yoshii and K. Tajima, *J. Oleo Sci.*, **52**, No. 8, 421(2003)
28) K. Tajima, Y. Imai, T. Horiuchi, M. Koshinuma and A. Nakamura, *Langmuir*, **12**, 6651(1996)
29) T. Horiuchi and K. Tajima, *Yukagaku*, **41**, 1197(1992)

4 界面制御とDDS

藤堂浩明[*1], 杉林堅次[*2]

4.1 はじめに

投与方法や剤形を工夫し、副作用を抑えて薬物を投与部位から無駄なく標的臓器(標的部位)へ送り込むことを目的とする手法・技術はDrug Delivery System (DDS)と呼ばれ、医療領域において有力な戦略の一つとして注目されている。

現在、DDS開発の多くは、薬物の①コントロールリリース、②吸収性(生体膜透過)改善、③ターゲティングのいずれかを目的としている。本節では、薬物、基剤、及び生体中の界面における薬物の動きを制御することによって特徴づけられるDDSについて紹介する。

4.2 薬物の溶解速度

DDSに限らず、ヒトに投与された固形製剤は、薬物の吸収部位である胃および小腸で崩壊、分散、溶解し、薬物が製剤から放出・吸収される。したがって、薬物の吸収性には溶解に十分な液量の存在が必須である。特に溶解度の低い難水溶性の薬物の吸収では、溶解過程が吸収速度を決める律速段階となることが多い。これは薬物粉末(固体)とそれをとりまく生体一体液界面の問題と考えることができる。

固体表面近傍モデルより(図1)、拡散層における薬物の拡散係数をD、薬物固体の表面積をS、溶解に利用できる液体積をvとすると、飽和溶液相から内部溶液(バルク溶液)中への薬物

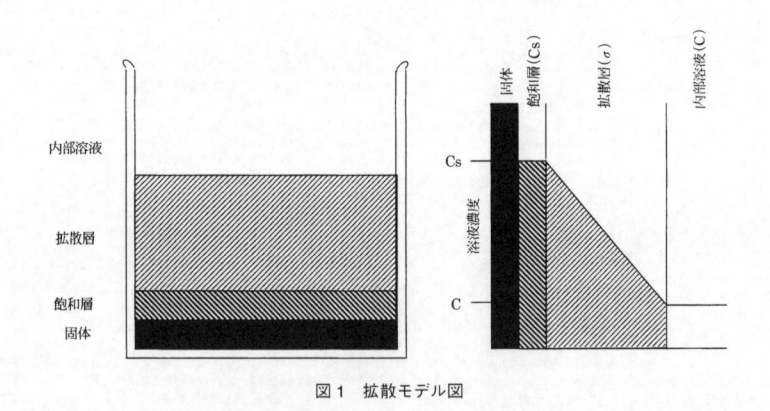

図1 拡散モデル図

[*1] Hiroaki Todo 城西大学 薬学部 臨床薬物動態学講座 助手
[*2] Kenji Sugibayashi 城西大学 薬学部 臨床薬物動態学講座 教授

第3章　界面活性剤・両親媒性高分子が拓く新しい応用技術

の溶出量 M から単位面積当たりの溶解速度（J）が次式で求められる。

$$J = \frac{1}{S} \cdot \frac{dM}{dt} \tag{1}$$

ここで，t は溶解開始後の時間である。(1) 式で J は，濃度勾配 dC/dx に比例するため，次式が得られる。

$$J = -D \cdot \frac{dC}{dx} = -D \frac{C - C_s}{h} \tag{2}$$

(1)，(2) より

$$\frac{dM}{dt} = S \cdot D \frac{C_s - C}{h} \tag{3}$$

となり，これを溶液体積で割ると

$$\frac{dC}{dt} = \frac{S \cdot D}{v} \frac{C_s - C}{h} \tag{4}$$

となる。(4) 式は Nernst–Noyes の式といわれる。

さらに，$D/(v \cdot h)$ を一定とみなして，見かけの速度定数 k とすると，

$$\frac{dC}{dt} = kS (C_s - C) \tag{5}$$

が得られる。(5) 式は Noyes–Whitney の式として知られている。

しかし，これらの式はいずれも界面の面積が一定で，攪拌は極めて大きいか一定という条件で導かれたものである。C が C_s に比べて十分小さく保たれているとき，この系は sink 条件にあるといい，(4)，(5) は次式で表せられる。

$$\frac{dC}{dt} = \frac{DSC_s}{\sigma} \tag{6}$$

一般に薬部固体が溶解する場合には，溶解によって粒子は次第に小さくなるため表面積も減少する。すなわち，S および（$C_s - C$）の要因が含まれているため k を求めるのは難しい。実験的には，圧縮成形して S を一定にすれば k を求めることが可能で，薬物に関する有用な情報を得ることができる。また，溶解初期または薬物が消化管内で溶解するとすぐに吸収される場合にはシンク条件（$C_s \gg C$）が適用できる。すでに，シンク条件を考慮した様々な *in vitro* 溶出試験法が考案されている。第十四改正日本薬局方では簡便性および汎用性などの面から回転バスケット法（第1法），パドル法（第2法）およびフロースルーセル法（第3法）が採用されている。

一方，シンク条件が適用でき，かつ溶解中の固体の表面積が時間とともに変化する場合は，Hixson–Crowell の式が使われる[1]。すなわち，

$$M_0^{1/3} - M^{1/3} = kt \tag{7}$$

ここで M_0 および M は時間 0 および t における未溶解固体の重量である。この式では溶解固体が球形で溶解が等方向に進み，溶解中に形状変化がないと仮定して，薬物固体の経時的な重量変化から薬物のみかけの溶解速度定数 k を求めることができる。

4.3 薬物の溶解速度の修飾

薬物粉末と生体液界面で引き起こされる薬物の溶解現象の速度（溶解速度）は，Noyes-Whitney の式が示すように，以下の因子により影響を受ける。

温度：加熱による温度の上昇は薬物の溶解度や拡散定数を増加させ，薬物の溶解速度を増大させる。

攪拌：攪拌は拡散層（図1参照）の厚さを減じ，溶解速度を増大させる。

溶媒：界面反応が律速となる溶解では，溶媒の極性や液性を変えると固体との化学反応も制御される。内部溶液の粘度を下げると拡散係数 D が大きくなり溶解度は上昇する。

粒子径：微細な粒子にして表面積 S を大きくすると溶解度は上昇する。

グリセオフルビン，スピノロラクトン，トルブタミド，スルフィサキサゾール，フェノチアジンおよびフェナセチンなどの水に難水溶性の薬物は微粒子化により表面積が増大し，吸収性が改善されることが報告されている。

これら難水溶性薬物の生体への吸収では，溶解速度が律速となるために粉砕して結晶を微細化し液体と接する面積 S を大きくすることで，溶解速度が増大し吸収性が改善される。しかし，これらの薬物は疎水性で，空気を取り込み凝集しやすいために溶解性が向上しないことが多い。その場合には，①界面活性剤の添加，②ぬれ性に優れた結合剤との造粒，③セルロース，シクロデキストリンなどの混合粉砕，あるいは④それらの混合物をポリビニルピロリドン（PVP），マクロゴールおよびポリエチレングリコール（PEG）などの水溶性ポリマーに分散させる固体分散体にして溶解性を修飾する方法がとられる。

以下に，薬物の溶解性に影響を及ぼすその他の因子について述べる。

4.3.1 結晶状態

固体中で分子や原子が規則正しく配列したものを結晶，一方，分子や原子が不規則に存在するものを非晶質（アモルファス）固体という。これ

図2 ガラス転移におけるエンタルピーの模式図

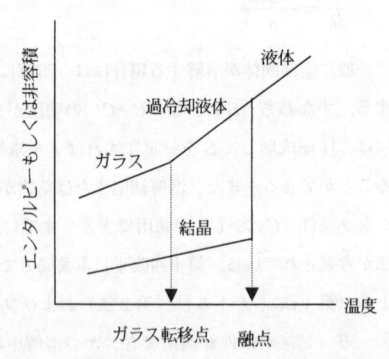

第3章　界面活性剤・両親媒性高分子が拓く新しい応用技術

らの固相状態の違いは，通常晶析のさせ方によって決まる。結晶は図2に示すように融点において融解熱を吸収して液体となる。この液体を急激に冷却すると融点において結晶化せずに過冷却液体となることがある。これをさらに冷却していくと液体の粘度が急激に増大し分子の配向がランダムな状態で固体になる。このとき，体積やエンタルピーの減少が緩くなる。この点をガラス転移点と呼び，それ以下をガラス状態という。非晶質固体は結晶に比べて不安定であるが，それだけ溶解度が高いため難水溶性薬物の溶解性や吸収性を高めることができる。しかしながら，非晶質固体は熱力学的に安定な結晶に転移しやすく，製剤化が困難なことが多い。これら結晶性の違いを利用して薬効の持続性をねらった製剤には，結晶形インスリン亜鉛水性懸濁注射剤と無晶性インスリン亜鉛水性懸濁注射剤がある。

　また，同じ化学組成の薬物で結晶状態の異なったものを結晶多形という。したがって，多形は溶液状態では同じ化学的性質を示すが，固体状態では異なった粉体の性質を示す。結晶多形が存在する場合，最も安定な結晶を安定形，不安定な結晶を準安定形という。準安定形は溶解度が高いが，非晶質体と同様，製剤化に際して安定形への転移を起こしやすい。すでに多くの薬物，パルミチン酸クロラムフェニコール，アスピリン，スルホニル尿素系薬物，サルファ剤，バルビツール酸誘導体，ステロイド類，シメチジン，テトラサイクリン系薬物，リボフラビン，カカオ脂などについて多形が存在することが知られている。アスピリンなどは6種類もの多形が知られている。準安定形は，一般に安定形より融点が低く見かけ上溶解度も高く，さらに溶解速度も大きいが，時間の経過とともに安定形が析出し，安定形の溶解度と同じになる現象がみられる。

4.3.2　塩

　医薬品は弱酸もしくは弱塩基が多い。弱酸性薬物HAおよび弱塩基薬物Bの飽和溶解度すなわち溶解度C_Sは，次の式で求められる。

　　弱酸性薬物の溶解度 $C_S = [HA] (1 + 10^{pH - pKa})$ 　　　　　　　　　　　(8)

　　弱塩基性薬物の溶解度 $C_S = [B] (1 + 10^{pKa - pH})$ 　　　　　　　　　　　(9)

ここで[　]は括弧内の物質の濃度を示す。塩は一般に溶解度が高いため，塩基に比べ溶解速度が大きい。弱酸性薬物のナトリウム塩やカリウム塩はイオンとして水に溶けると，C_Sが増加する。したがって，Noyes-Whitneyの式より明らかなように，薬物溶解速度dC/dtが増加する。塩基性薬物も同様に塩酸塩やリン酸塩等などが利用されている[2]（表1）。

　また，難溶解性薬物の溶解度増大のために，複合体形成が利用される。この例として，カフェインと安息香酸ナトリウムの複合体がある。カフェインの溶解度は安息香酸ナトリウムの存在下において向上する。

　難水溶性薬物の注射剤や点眼剤の調製には，水に適量のエタノール，プロピレングリコールなどを添加して薬物の溶解度を向上させることがある。混合溶媒系にすることにより溶解度が著し

界面活性剤・両親媒性高分子の最新機能

表1 可溶化に用いられる塩

	塩	例
酸性薬物	ナトリウム塩	サリチル酸,安息香酸塩
		フェノバルビタール
	カリウム塩	ペニシリンG
塩基性薬物	塩酸塩	キニーネ,エフェドリン,チアミン
		テトラサイクリン,ジフェンヒドラミン
		クロルプロマジン
	硫酸塩	アトロピン,ストレプトマイシン
	リン酸塩	コデイン,リボフラビン
	硝酸塩	チアミン,ストリキニーネ
	アジピン酸塩	ピペラジン
	マレイン酸塩	クロルフェニラミン
	サリチル酸塩	フィゾスチグミン

く上昇する現象をコソルベンシーという。

4.4 薬物の生体膜透過性の修飾

薬物溶液や基剤を生体に適用すると,薬物溶液または基剤と生体膜の界面で生体膜透過が引き起こされる。そこで次に,この現象に焦点をあてる。

4.4.1 吸収促進剤

経口投与された薬物を循環血液系もしくは局所標的部位に速やかにかつ効率良く吸収・移行させるため,吸収部位粘膜の透過性を上昇させる目的で用いられる添加物は一般的に吸収促進剤と呼ばれている。界面活性剤は,表面張力を下げることで薬物粒子の凝集を抑制し,分散をよくし,ぬれを改善する点にある。界面活性剤濃度が,臨界ミセル濃度(critical micelle concentration)より高い場合にはミセルにより難水溶性薬物の溶解性を増す可溶化がおこり薬物の吸収性を増大させる。油溶性ビタミンなどが代表的な例である。しかし,界面活性剤には生体構成成分である脂質やたんぱく質を溶解し膜透過性を増大させる,すなわち吸収促進剤としての性質も有していると考えられる。しかしながら,溶解性および吸収性に優れた薬物では界面活性剤の添加によりミセル内に取り込まれ吸収速度が減少するなどの報告もある。さらに,高脂肪食の摂取により界面活性作用を有する胆汁酸の消化管からの分泌が亢進し難水溶性薬物の吸収性が増加するなど,界面活性物質は薬物の吸収性に大きく関与する。しかし,界面活性物質の効果は,薬物の物理化学的性質や薬物の剤形および吸収部位での状態により異なるため作用は複雑である。

4.4.2 リポソーム製剤

リポソームは脂質二重層より構成される小胞体で,水溶性薬物および脂溶性薬物のキャリア(薬物担体)として用いられる。リポソームは,その脂質2重層の数に基づいて,多重膜リポソー

第3章　界面活性剤・両親媒性高分子が拓く新しい応用技術

ム（multilamellar vesicle）と一枚膜リポソーム（unilamellar vesicle）に分けられる（図3）。これらのリポソームは，種々各薬物のキャリアとして利用されているが，一般にリポソームを静脈内注射すると速やかに肝臓や脾臓等の細網内皮系組織に取り込まれてしまうので，標的部位に送達させることが難しい。これを回避するために，粒子サイズの修飾や脂質組成の最適化，さらにはモノクローナル抗体やポリエチレングリコールなどで表面修飾したリポソームの開発が活発に行われている[3,4]。

また，近年では種々の機能を有するリポソームの調製方法が開発されている。この例に，pH[5]や温度[6]に応答する環境応答性リポソーム，さらにはウイルスの細胞膜融合性能を付与した膜融合リポソームがある。後者では，あらかじめリポソームに目的遺伝子や抗原エピトープなどを封入したセンダイウイルスと融合させることでウイルス膜の性質を有するハイブリット型のリポソームができる[7,8]（図4）。従来までは，リポソームに導入された目的遺伝子等が細胞内でリソソーム酵素により分解されやすかったのに対して，膜融合リポソームでは細胞膜上でリポソームが融合した物質を直接細胞内に導入することができる利点を有する。今後，これらシステムを利用した標的指向性の遺伝子治療やワクチン療法がおおいに期待されている。

4.4.3　エマルション

水と油からなるエマルションは，外用剤や内用剤，あるいは高カロリー輸液や人工血液など幅広く利用されている。近年では，エマルションの油粒子中に脂溶性の薬物を溶解させたターゲッティング療法薬も注目されている。リピッドマクロスフェアー[9]は，薬物を含有する大豆油やオ

　　　　　一枚膜リポソーム　　　　　多重膜リポソーム

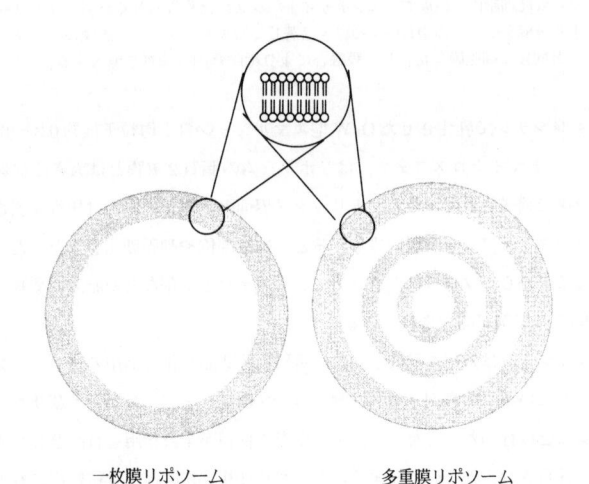

図3　リポソーム

界面活性剤・両親媒性高分子の最新機能

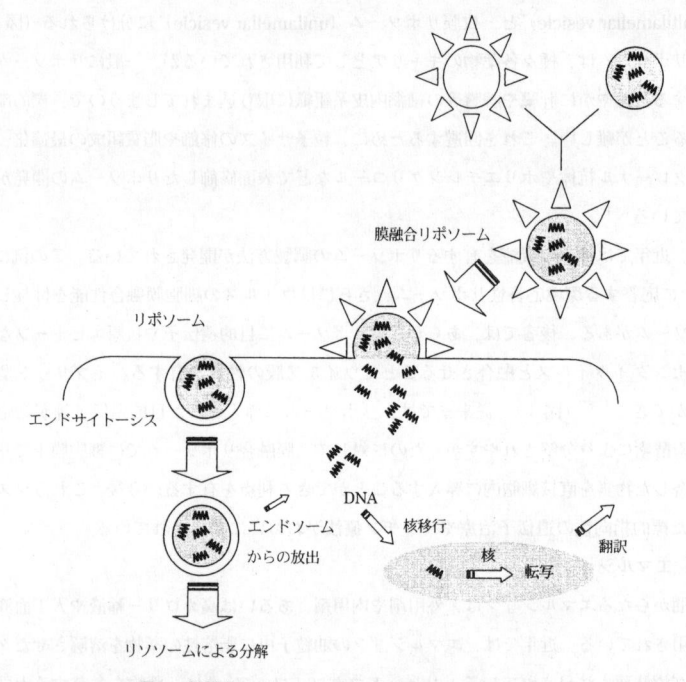

図4 膜融合リポソームによる細胞質内への物質導入
　通常のリポソームは細胞内への虜委がエンドサイトーシスにより行われるため、リポソーム内の物質は酵素による分解を受け、細胞質内への導入は著しく減少する。一方、膜融合リポソームにおいてはウイルスと同様に細胞膜に結合し、膜融合により細胞質内に物質を導入する。

リーブ油などをレシチンで乳化させた O/W 型エマルション（平均粒子径約 0.2～0.3 μm）である（図5）。リピッドマイクロスフェアーはリポソームの脂質2重膜とは大きく異なり、レシチンにマトリックスで構成されており、マトリックス界面の外側と内側では極性が異なる。これらリピッドマイクロスフェアーを静脈内投与すると、炎症部位や動脈硬化をきたした病変部位に高濃度に集積することから、プロスタグランディンやステロイド剤などの脂溶性薬物の運搬体に利用した標的指向性の製剤が開発されている。

　さらに、エマルションは外用を目的とした皮膚科用医薬品や化粧品用のローションやクリームにも広く利用されている。軟膏剤、パスタ剤、パップ剤、ローション剤およびリニメント剤などを局所適用することは行われてきたが、近年、皮膚や粘膜が全身作用を目的とした種々の薬物の投与部位として注目され、狭心症に対するニトログリセリン、閉経後骨粗鬆症に対するエストラジオールなど、種々の外用コントロールリリース製剤が実用化されてきている。

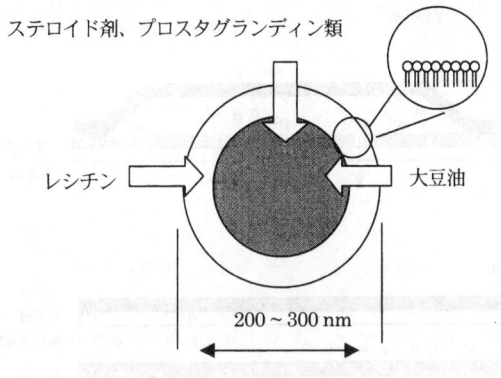

第3章 界面活性剤・両親媒性高分子が拓く新しい応用技術

図5 リピッドマイクロスフェアー

4.4.4 TDSと皮膚透過性

　薬物の経皮投与は，肝初回通過効果が回避できること，投与方法が簡便であること，製剤をはがすことにより投与を中断できるなどの理由から，近年では全身作用を目的とした薬物の投与部位の一つとして注目されるようになった。そこで，以下ではDDS製剤として注目されている経皮治療システム（Transdermal delivery system，TDS）について説明する。

　皮膚からの薬物の吸収は皮膚最外層の角層が大きな透過障壁（バリアー）となるため，極めて低い。しかし，脂溶性が高く，基剤中ならびに角層中溶解度が大きいなどのいくつかの条件が満たされる薬物では十分な吸収速度を得ることができる。多くの場合，TDS中の薬物含有量よりも薬物の吸収速度定数は低いため長期間一定の吸収速度が得られやすい。1980年代の前半に鎮暈剤であるスコポラミンや強心症薬であるニトログリセリンを含有したTDSに続いてクロニジン，エストラジオール，ニコチン，フェンタニール，テストステロン，塩酸ツブテロールなどのTDSが次々と市販されている。

　TDSの構造，形態を大別すると，リザーバー型，マトリックス型，感圧接着性（PSA）テープ型（図6）に分けられる[10]。このうちリザーバー型は，液体やゲルの性状を示す薬物貯蔵（リザーバー）を支持層と薬物保持層（多くは薬物の貯槽からの放出を制御するいわゆる放出制御膜）が被うものである。吸収促進剤や薬物溶解補助剤なども薬物貯槽に添加されることがある。また，放出制御膜には皮膚を接着させるための感圧接着層がラミネートされる。一方，マトリックス型は半固形または固形のマトリックスに薬物が含有されているものである。マトリックス型では，リザーバー型に比べ製剤の"だれ"が少ないため，薬物保持膜は不要で直接感圧接着層が位置する。マトリックス中の薬物拡散を低くすることによって，皮膚に傷などがあるために生じるバー

173

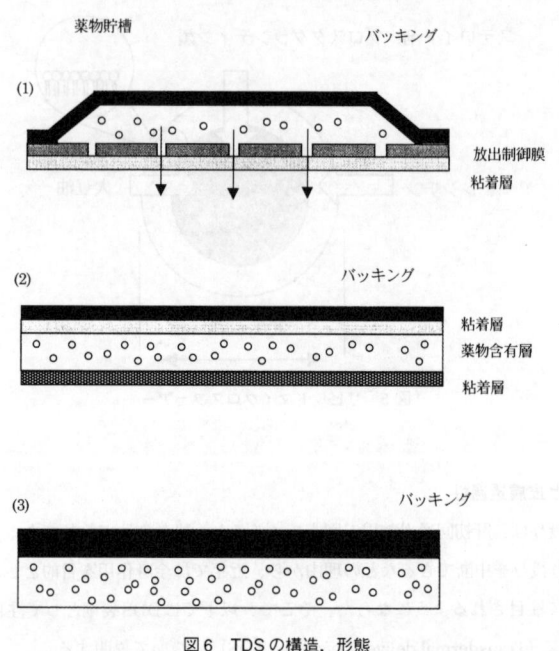

図6 TDSの構造，形態
(1) リザーバー型，(2) マトリックス型，(3) 感圧接着性（PSA）テープ剤

スト放出を防ぐことができる。また，感圧接着性テープ型では粘着層自体に薬物が含まれている。

これらのTDSは，いずれの場合も単純拡散を利用した製剤である。しかしながら，先に述べたように本来皮膚からの薬物吸収性は低く単純拡散の利用には限度がある。そこで一つの手段として吸収促進剤の利用がある。

生体の恒常性(ホメオスタシス)の保持と外因物質に対するバリアを親油性の高い角層が担っている。図7(a) および (b) に示すように，皮膚が一枚の脂溶性層（角層）のみからなるとした場合，薬物のn-オクタノール/水間分配係数の対数値（log Kow）の増加に伴い，単位面積あたりの透過速度 P は直線的に増加する。また，角層下について考慮すると，図7(c) および(d) に示すように P は直線的に増加するが，やがて頭打ちとなる。これは，角層下の生きた表皮や真皮中の拡散がきいてくるためである。一般に，徐放性経口投与製剤や他の粘膜投与製剤適用後の薬物吸収では，薬物の脂溶性が高くなると製剤からの薬物放出・溶解が律速となるが，経皮吸収では角層の透過が律速となる。

経皮吸収促進剤には，皮膚，特に薬物透過性のバリアとなる角層に作用し，そのバリア能を減

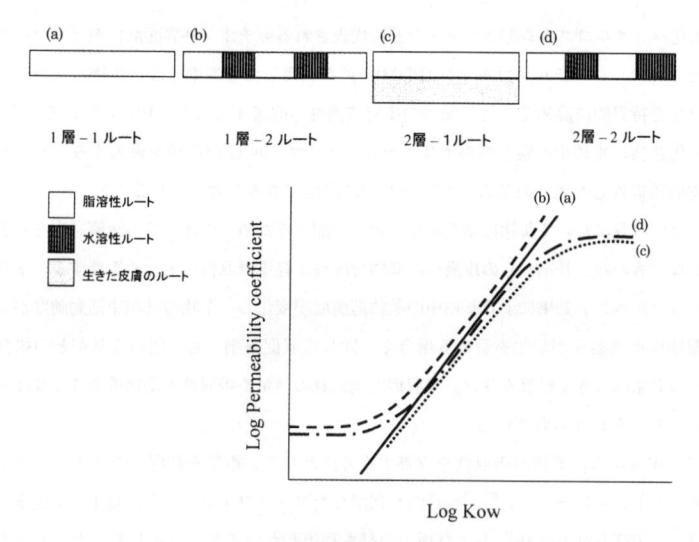

第3章　界面活性剤・両親媒性高分子が拓く新しい応用技術

図7　n-オクタノール/水間分配係数と薬物透過係数の関係（透過ルートによる違い）

少させることにより薬物の皮膚透過性を改善するものが多い．脂肪族アルコールや脂肪酸，またこれらのエステル類は角層脂質に作用し，角層中への薬物の分配性を上げ，また角層中の薬物拡散性を上昇させる．吸収促進作用を示すミリスチン酸イソプロピルはニトログリセリンTDSの一種に含有されている．また，l-メントールやd-リモネンなどのモノテルペン類や精油もこの系の吸収促進剤に含むことができる．さらには，エストラジオールやフェンタニルを主薬とするTDSに含有されているエタノールなどは，キャリアとして皮膚中を移行することで薬物の皮膚透過性を改善する．

Dimethylsulphoxide（DMSO），dimethylacetamide（DMAC），dimethylformamide（DMF）のような非プロトン溶媒は，ヒドロコルチゾン，リドカイン，ナロキソンなどの皮膚透過性に対して幅広く吸収促進効果を示すことが認められている．それらは，角層バリアーから脂質やリポ蛋白を抽出して角層の結合水と置換し，角層の高次構造をルーズにし，薬物透過性を促進すると考察されている．しかし，DMSOは高濃度で使用しないと効果が出ず，また高濃度では不可逆性の皮膚障害性を示すことが知られている．

さらに，ヒアルロン酸や尿素などは，皮膚の保湿，軟化作用などの作用により透過性を改善することが知られている．これは，皮膚が水和されることで脂質充填構造がゆるみ薬物透過性が増加するためである．Diethylene glycol monoethyl ether（Transcutol[R]）は，薬物の皮内での貯留に関与し，薬物の可溶化により溶解度を増加させることで透過性を改善すると考えられている．

また，塩化ベンザルコニウム型ポリマーなどに代表されるカチオン性界面活性剤ポリマーや，疎水性の大きいポリジメチルシロキサン（PDMS）鎖を利用した促進剤では，薬物の基剤からの皮膚への分配を特異的に高めることで薬物の皮膚透過性を改善することが知られている．さらに，PDMS系化合物の連鎖中に親水性のポリエチレングリコール（PEG）鎖を導入することで水溶性薬物の皮膚透過性も改善されるので幅広い薬物に適用できると考えられる[11]．

また，経皮吸収において薬物は基剤から皮膚に分配するため，生体内での溶解過程を考慮する必要性がないものの，基剤からの皮膚への薬物分配性が経皮吸収性に大きく影響する．基剤と促進剤間のコソルベント効果により基剤中の薬物溶解度が変化し，薬物の基剤中活動動度が変化するため薬物皮膚透過量が変化を受ける場合や，同じ吸収促進剤でも，用いる基剤との組合せによってその効果は大きく影響を受け，吸収促進剤自身の活量や吸収性が薬物透過性に及ぼす大きな因子となることが知られている．

さらに，皮膚からの薬物の吸収性を改善する方法として，電気を利用したイオントフォレシス[12]，エレクトロポレーション[13]，超音波を利用したフォノフォレシス[14]，高圧下で皮膚に小孔を生じさせるJET injection法[15]および極小の針を利用したマイクロニードル[16]などの多くの物理的な促進法が検討されている．

4.5 おわりに

以上，界面での薬物移行を修飾したDDSの方法について説明した．近年DDSは，薬物治療のみだけでなく再生医療，予防，診断などを含む医療にも必要不可欠な技術や手段となっている．再生医療においては，高分子でできた免疫隔離膜の中へ細胞を封入して作成されたカプセル人工膵[17, 18]（図8）や温度応答性基材 poly (*N*-isopropylacrylamide) を用いて種々の培養細胞を非侵襲的に脱着・回収して組織を構築する方法[19]など界面制御を用いた技術が数多く報告されている．今後，より新しい技術・方法論を取り入れることで界面制御を利用したDDSもさらなる

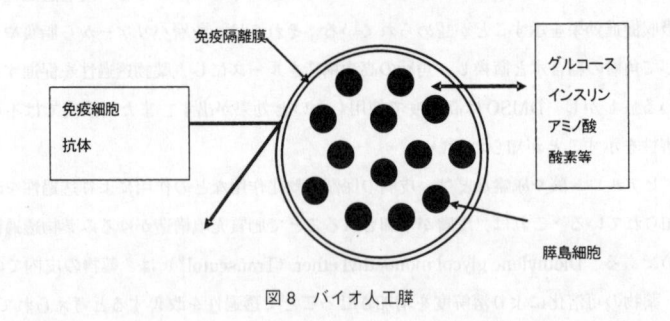

図8 バイオ人工膵

第3章 界面活性剤・両親媒性高分子が拓く新しい応用技術

展開を示す可能性を秘めていると考えられる.

文　　献

1) Hixson A., and Crowell J., *Ind. Eng. Chem.*, **23**, 923 (1931)
2) 宮崎正三:新しい図解薬剤学　第2版　第1編2章, p35, 南山堂 (1997)
3) Klibanov A. L., Maruyama K., Torchilin V. P., Huang L., Amphipathic polyethyleneglycols effectively prolong the circulation time of liposomes, *FEBS Lett.*, **268**, 235-7 (1990)
4) Blume G., Cevc G., Liposomes for the sustained drug release *in vivo*, *Biochim Biophys Acta.*, **1029**, 91-7 (1990)
5) Torchilin V. P., Zhou F., Huang L., pH-sensitive liposomes, *J. Liposome. Res.*, **3**, 201-255 (1993)
6) Unezaki S., Maruyama K., Takahashi N., *et al*, Enhanced delivery and activity of doxorubicin using long-circulating thermosensitive liposomes containing amphipathic polyethylene glycol in combination with local hyperthermia, *Pharm. Res.*, **11**, 1180-1185 (1994)
7) Lee R. J., Huang L., Folate-targeted, anionic liposome-entrapped polylysine-condensed DNA for tumor cell-specific gene transfer, *J Biol Chem. Apr.*, **271**, 8481-7 (1996)
8) 中西真人ほか, 膜融合リポソームを使った細胞への高能率遺伝子導入, 実験医学, **12**, 328 (1994)
9) Mizushima Y., Lipid microsphere (lipid emulsions) as a drug carrier-An overviews. Adv Drug Deliver, **20**, 113-115 (1996)
10) Sugibayashi K., and Morimoto Y., Polymers for transdermal drug delivery systems, *J. Control. Rel.*, **29**, 177-185 (1994)
11) 長瀬裕, 青柳隆夫, 薬物の経皮吸収性を促進する高分子, 高分子, **43**, 640-643 (1994)
12) Tyle P., Iontophoretic devices for drug delivery, *Pharm Res.*, **3**, 318-326 (1986)
13) Prausnitz M. R., Bose V. G., Langer R. and Weaver J. C., Electroporation of mammalian skin: A mechanism to enhance transdermal drug delivery, *Proc. Natl. Acad. Sci.. U.S.A.*, **90**, 10504-10508 (1993)
14) Mitragotri S., Blankschtein D., and Langer R., Ultrasound-mediated transdermal protein delivery, *Science*, **269**, 850-853 (1995)
15) Jigger F. H., and Barnett D. J., Automic evaluation of a jet injection instrument design to minimize pain and inconvenience of parenteral therapy, *Am. Practicioner*, **3**, 197-206 (1948)
16) Henry S., McAllister D. V., Allen M. G., and Prausnitz M. R., Microfabricated microneedles : A novel approach to transdermal drug delivery, *J. Pharm. Sci.*, **87**, 922-925 (1998)

17) Iwata H., Kobayashi K., Takagi T., Oka T., Yang H., Amemiya H., Tsuji T., Ito F., Feasibility of agarose microbeads with xenogeneic islets as a bioartificial pancreas, *J Biomed Mater Res.*, **28**, 1003-11(1994)
18) 21世紀の再生医療　監修：井上一知，シーエムシー出版，130-138(2000)
19) Kikuchi A., Okano T., Nanostructured designs of biomedical materials : applications of cell sheet engineering to functional regenerative tissues and organs. *J. Control Release*, **101**, 69-84(2005)

5 超臨界状態の二酸化炭素を活用したリポソームの調製

阿部正彦[*1], 井村知弘[*2], 大竹勝人[*3]

5.1 はじめに

　リポソームとは生体膜由来のリン脂質が水中で自己組織化して形成する分子集合体のことであり、薬物送達システム(DDS)のキャリヤー[1~5)]や、遺伝子導入治療の基材[6~10)]などの幅広い分野での利用が期待されている。しかし、リポソーム製剤を実用化させるためには、解決すべき問題点が多々残されており、特に薬物の保持効率の高いリポソームの大量生産技術の確立は重要である。

　臨界温度および臨界圧力を超えた非凝縮性高密度流体と定義されている超臨界流体は、通常の液体とは異なり、微小な圧力・温度の変化によって溶解度、誘電率、イオン積、溶媒和、熱移動、物質移動などの種々の溶媒特性を連続的に制御できるなどの利点から、機能性溶媒(媒体)としての利用が期待されている[11, 12)]。比較的温和な条件で超臨界状態となる物質の中でも特に二酸化炭素($T_C=31$, $P_C=73.8bar$)は、不燃性かつ安価であり、非極性有機溶媒と類似の性質を持つことから、現状では有機溶媒に依存する種々のプロセスで使用可能な環境に優しい代替溶媒として大いに注目されている。

　我々は、超臨界流体を媒体とすることにより、大量にリポソームを生産できる方法を確立したので紹介する。しかしここでは紙面の関係もあるので我々の総説[13)]も参考にして頂きたい。

5.2　効率的なリポソームの調製法

　これまでに効率的なリポソームの調製法として数多くの方法が考案されているが、そのほとんどが人体および環境に対して有害な有機溶媒や合成の界面活性剤を使用するものであり、人体への残存有機物の毒性が懸念されると同時に、調製プロセスが多段階となるために大量生産には適していない。さらに、有機溶媒を使用せず、かつ水溶性薬物の保持効率が高いリポソームの調製法は従来法にはほとんどない。リポソームはまた、熱力学的に不安定な系であることから、それぞれの調製法に依存した形状をとる(図1)。Bangham法[14)]で調製したリポソームは(図1(a))、粒子径$0.1~10\mu m$程度の多重膜のリポソーム(MLV)であり、一つのリポソーム形成に使われる脂質量が他のものに比べて圧倒的に多い。そのため、水溶性物質の保持効率は極めて低く、こ

[*1] Masahiko Abe　東京理科大学大学院　理工学研究科　教授
[*2] Tomohiro Imura　㈳産業技術総合研究所　環境化学技術研究部門　研究員
[*3] Katsuto Otake　㈳産業技術総合研究所　ナノテクノロジー研究部門　グループ長

界面活性剤・両親媒性高分子の最新機能

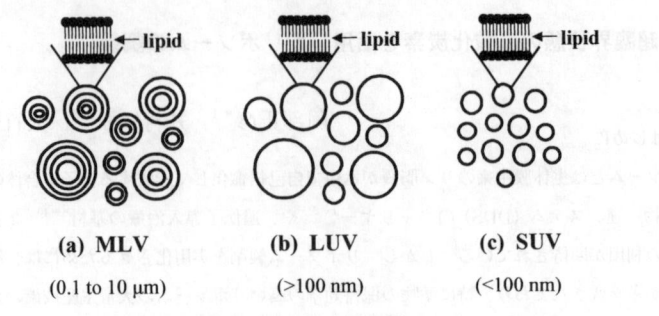

(a) MLV
(0.1 to 10 μm)

(b) LUV
(>100 nm)

(c) SUV
(<100 nm)

図1　リポソームの種類
(a) 多重膜リポソーム（multilamellar vesicle）
(b) 大きな一枚膜リポソーム（large unilamellar vesicle）
(c) 小さな一枚膜リポソーム（small unilamellar vesicle）

れではリポソーム自身が本来持つ機能性を十分に発現しているとは言えない。界面活性剤透析法[15]や逆相蒸発法[16]で調製されたリポソームは，水溶性物質の保持効率の高い，大きな一枚膜リポソーム（LUV）（図1(b)）であるが，前述したように，リポソーム水溶液からの有機溶媒や界面活性剤の除去は容易ではない。さらに，大きな一枚膜リポソーム（LUV）は，リポソーム水溶液の凍結と融解を繰り返す凍結融解法[17]によっても得られるが，この方法は多大なエネルギーを必要とする。

また，DDSの担体としてリポソームを実用化しようとする場合，リポソームの粒子径の均一・微細化も重要となるので，前述したような方法でリポソームを調製した後，超音波や機械的せん断力を用いて微細化するか，リポソーム水溶液をメンブランフィルターに高圧下で通すエクストルージョンなどの操作がさらに必要となる。

我々は，このような問題点を解決するため，有機溶媒に代わる機能溶媒（媒体）として超臨界二酸化炭素流体に注目し，これを利用した新しいリポソームの調製法を開発した。

開発したリポソーム調製装置の概略図を，図2に示す。この装置の特徴は，500気圧まで耐圧可能であり，かつセル（Model HP-1, Tama Seiki Co.）内部の組成（リン脂質，二酸化炭素，エタノール）を一定に保ったまま温度や圧力を制御可能な点にあり，またセルの内部への水の導入も液体クロマトグラフィー用ポンプ（Shodex DS-4）を用いて自在に行うことができる点である。さらに，セル前方のガラス窓より，セルの内部を目視観察することもできる。

リポソームの調製手順は，まずセルの内部の二酸化炭素中に0.3wt%のリン脂質，および種々の組成のエタノール（EtOH）を仕込み，リン脂質の相転移温度以上である60℃に加温した後，所定の圧力条件下で，水を導入して撹拌し内部の二酸化炭素を注意しながら排出すると，リポ

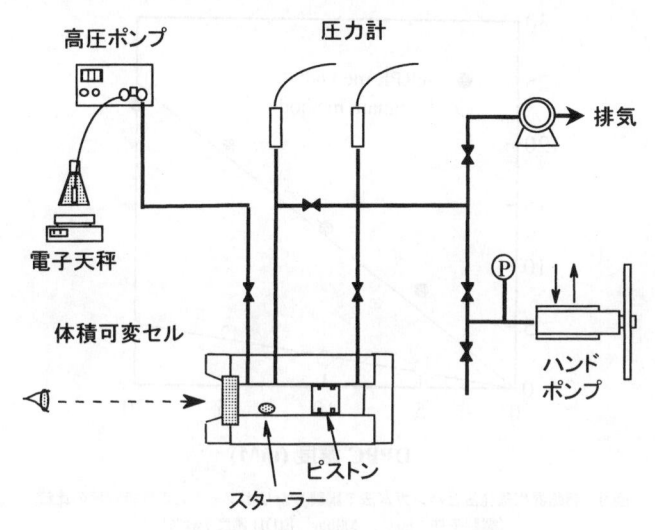

第3章　界面活性剤・両親媒性高分子が拓く新しい応用技術

図2　リポソーム調製装置図（バッチシステム）

ソーム水溶液がセル内部に残存することになる[18]。なお，装置は同じものであるが，エタノールを用いない改良調製方法を開発した[19]が，別の機会に紹介したい。

5.3　超臨界逆相蒸発法

EtOH濃度をWater/scCO$_2$エマルションが得られる必要最低限の7wt%に固定し，さらに水を導入して減圧することによってリポソームの調製を試みた[18]。得られたリポソームの水溶性物質の保持効率とリン脂質濃度との関係を，図3に示す。また，比較のために，最も典型的なBangham法によって調製したリポソームの保持効率（系全体のグルコース量とリポソームに保持されたグルコース量との比）も併せて示す。図3より，本法によって得られたリポソームの水溶性薬物の保持効率は，Bangham法と比べて5倍以上も大きく最高で約22%にも及ぶことが分かった。さらに，同濃度で比較した場合，本法によって得られたリポソームの保持効率は，逆相蒸発法[16]，凍結融解法[17]で調製したものと同程度であった。このことから，Bangham法によって調製したリポソームは多重膜リポソーム（MLV）であるが，本法によって得られたリポソームは大きな一枚膜リポソーム（LUV）であることが分かった。

次に，調製したリポソームの構造を凍結かつ断レプリカ法を用いた透過型電子顕微鏡(TEM)により観察した（図4）。図4より明らかなように，粒子径が約0.1～1.2μm程度の大きな一枚膜リポソーム（LUV）が多数観察された。一方，Bangham法で調製したリポソームの凍結かつ

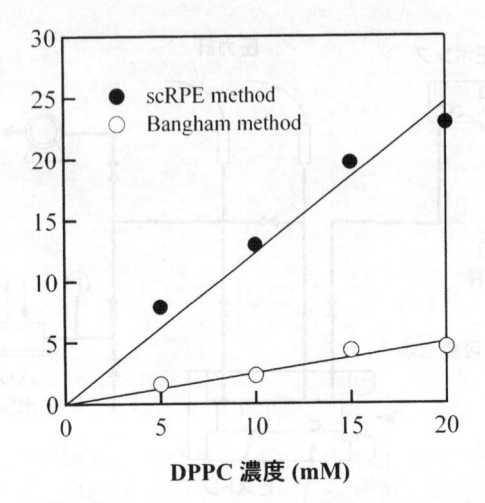

図3 超臨界相蒸発法とバンガム法で調製したリポソームとの保持効率の比較
（調製条件：60℃，200bar，EtOH 濃度 7wt%）

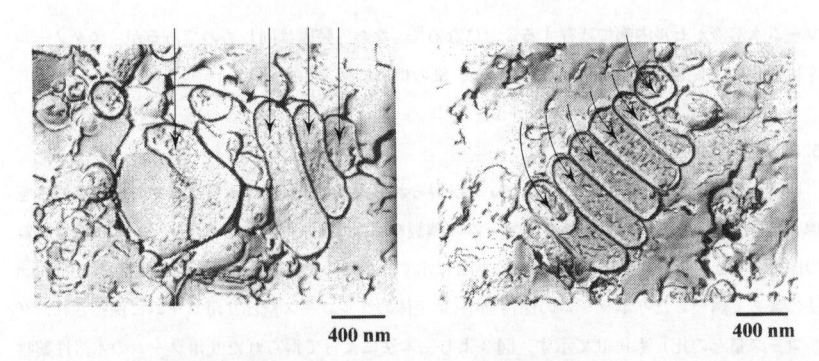

図4 超臨界逆相蒸発法で調製したリポソームの凍結かつ断レプリカ法による
透過型電子顕微鏡観察　矢印：大きな一枚膜リポソーム
（調製条件：60℃，200bar，EtOH 濃度 7wt%）

断レプリカ像（図5）からリポソーム中に多数のステップが確認されたことから，多重膜リポソーム（MLV）であることが分かる．これらのことより，本リポソーム調製法によって，有害な有機溶媒を使用せずに水溶性物質の保持効率の高い大きな一枚膜リポソーム（LUV）を調製できることが分かった．

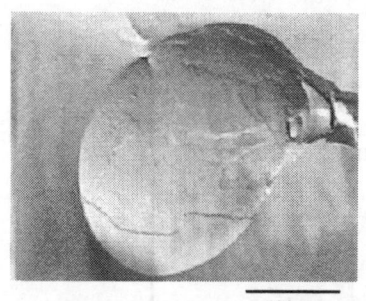

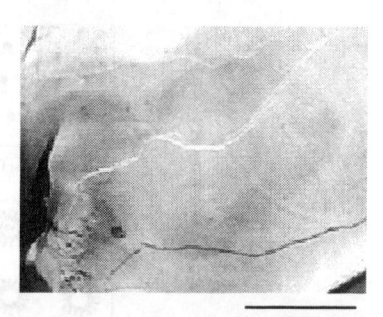

第3章 界面活性剤・両親媒性高分子が拓く新しい応用技術

図5 バンガム法で調製したリポソームの凍結かつ断レプリカ法による透過型電子顕微鏡観察
(調製条件:60℃, 200bar, EtOH濃度 7wt%)

5.4 超臨界逆相蒸発法によるリポソームの物性制御[20]

我々の開発したリポソーム調製法では,リポソームは図6に示すような形成プロセスを経て形成するものと考えられる[18]。まず,助溶媒として微量のEtOHを用い,超臨界二酸化炭素中にリン脂質を溶解させる(1)。次に,水を導入して撹拌することにより,超臨界二酸化炭素中に水が分散したWater/scCO$_2$エマルションが形成する(2)。この過程を経て,リン脂質はWater/scCO$_2$界面にて効率的に薄膜化されて水和・膨潤するものと考えられる。さらに,水を導入すると白濁した水相が出現する。この水相中には,Water/scCO$_2$/WaterエマルションまたはscCO$_2$/Waterエマルションが形成しているものと考えられる。最後に,セル内部の二酸化炭素を排出(減圧操作)することによって,内部に均一に分散したリポソーム水溶液が得られる。このように,本法は相状態をWater/scCO$_2$エマルションからリポソームへと反転させる,すなわち,逆相蒸発法と類似した形成プロセスを経てリポソームが形成していることから,我々は本リポソーム調製法を超臨界逆相蒸発法(Supercritical Reverse Phase Evaporation Method:scRPE method)と命名した。

リポソームをDDSのキャリヤーとして実用化しようとする場合,リポソームの種類(MLV,LUV,SUV)や粒子径が重要な因子となるが,前述したようにリポソームは熱力学的に不安定な系であるため,これらを自在に制御することは容易ではない。一方,我々はリポソームの膜枚数や粒子径を,添加するEtOHの量や圧力を操作することによって一段階で制御することを試みた。リポソームの保持効率とEtOH濃度との関係を,図7に示す。EtOH高濃度の場合,その保持効率がゼロとなったことから,EtOHの過剰な添加はリポソームの形成を阻害することが分かった。一方,EtOH低濃度の場合,リポソームは形成するがその保持効率は7wt%付近において最大となることが分かった。EtOH濃度が7wt%以上では,図6(2)のWater/scCO$_2$エマルションが形

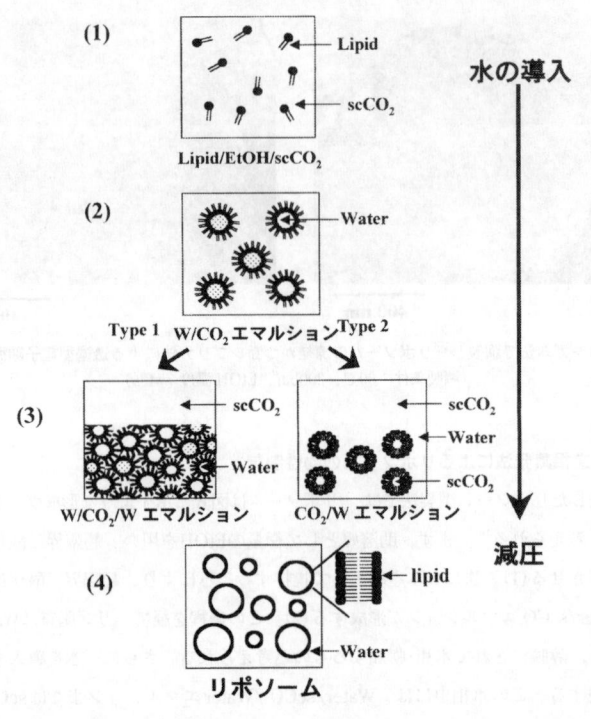

```
                    (1)
                         ┌─────────────┐
                         │  Lipid      │
                         │  scCO₂      │
                         └─────────────┘      水の導入
                         Lipid/EtOH/scCO₂        │
                                                 │
                    (2)                          │
                         ┌─────────────┐         │
                         │   Water     │         │
                         └─────────────┘         │
                         W/CO₂エマルション        │
                    Type 1 ↙     ↘ Type 2        │
                                                 │
                    (3)  scCO₂      scCO₂        │
                         Water      Water        │
                                    scCO₂        ▼
                         W/CO₂/W     CO₂/W     減圧
                         エマルション エマルション

                    (4)  ┌─────────────┐
                         │   lipid     │
                         │   Water     │
                         └─────────────┘
                         リポソーム
```

図6 リポソームの形成プロセス

成するが，7wt%より低濃度ではWater/scCO₂エマルションは形成しない。一般に得られるリポソームの物性はリポソームの形成プロセスに大きく依存し，この場合7wt%付近においてそのプロセスが異なることになるため，得られるリポソームの物性もEtOH濃度に依存して変化するものと考えられる。このことは，実際の目視観察からも分かっている。次に，リポソームの浸透圧応答性のEtOH濃度依存性を検討した。ここで，リポソームの浸透圧応答性とは，リポソームを高張下においた場合の収縮挙動を吸光度の経時変化測定によって追跡するものであり，リポソームの体積変化と吸光度の逆数の関係にある[21]。得られた結果から判断すると，リポソームの浸透圧応答初速度は，EtOH濃度が7wt%付近になると急激に増大することが分かった。一般に，リポソームの浸透圧応答性はその膜枚数に大きく依存し，一枚膜リポソーム（LUV）の浸透圧応答性は多重膜リポソーム（MLV）と比べて大きくなることが知られている。このことから，EtOH濃度が7wt%の場合，大きな一枚膜リポソーム（図4）が形成するが，7wt%よりEtOH濃度が低い場合には多重膜リポソームが形成することが分かった。

第3章　界面活性剤・両親媒性高分子が拓く新しい応用技術

　次に，得られるリポソームの粒子径をscCO$_2$の圧力を操作することによって，制御することを試みた。超臨界流体の溶媒としての大きな特徴の一つは，圧力を変数としてその溶媒特性を連続的に変化させることが可能な点にあるが，特に図6(2)の過程で形成するWater/scCO$_2$エマルションの粒子径は，溶媒の圧力，すなわち密度が増大すれば，小さくなるものと予想される[22]。このことを利用してリポソームの粒子径制御を試みた結果，高圧で調製したリポソームの粒子径分布は，低圧のものに比べて比較的単分散になることが分かった。さらにリポソームの平均粒子径もその調製圧力に依存して減少し，調製圧力300気圧では約200nmにまで微細化された。つまり，リポソームの粒子径を調製する圧力によって一段階で制御可能であることが分かった。

　これらのことから，リポソームをDDSのキャリヤーとして利用する際に極めて重要となるリポソームの膜枚数や粒子径を，EtOH濃度や調製圧力を操作することによって一段階で制御可能であることが分かった。

5.5　超臨界逆相蒸発法に適したリン脂質の分子構造

　超臨界逆相蒸発法に適したリン脂質の分子構造を，得られるリポソームの保持効率測定によって検討した。まず，親水基に電気的に中性なフォスファチジルコリン（PC）型のものを用い，疎水部に飽和結合を有するL-α-dipalmitoylphosphatidylcholine（DPPC）と，不飽和結合を有するL-α-dioleoylphosphatidylcholine（DOPC）との比較検討を行った（図7）。DOPCリポソームの

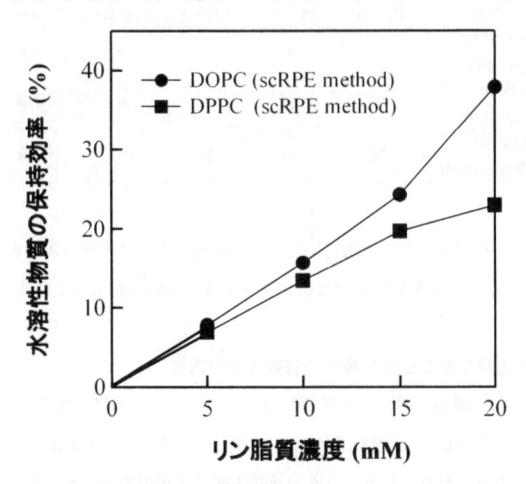

図7　DPPCリポソームとDOPCリポソームの保持効率の比較
（調製条件：60℃，200bar，EtOH濃度7wt%）

保持効率は，DPPCリポソームと比べて大きく，最高で40%にも及ぶことが分かった。一般に，疎水基に不飽和結合を有するDOPC分子は，DPPC分子よりも嵩高い分子構造をしているため，リポソーム二分子膜のパッキングは疎になるが，そのためにDOPCリポソームの内水相の容積はDPPCリポソームよりも増大したものと考えられる。このことから，保持効率の大きなリポソームを得るためには，疎水部に不飽和結合を有するリン脂質が適していることが分かった。

次に，リポソームの量産により適した安価な大豆レシチンを用いた検討を行った[20]。ここで用いた三種類の大豆レシチンの組成を，表1に示す。大豆レシチンは，種々のリン脂質の混合物であり，親水基がフォスファチジルコリン（PC），フォスファチジルエタノールアミン（PE），フォスファチジルイノシトール（PI），フォスファチジン酸（PA）のリン脂質を種々の組成で含んでいる。また，Lecinol S-10は水素処理（飽和結合）されているが，SLP white SPは未水素処理（不飽和結合を含む）である。種々の大豆レシチンを用いて調製したリポソームの保持効率を比較したところ，PCを最も豊富に含むLecinol S-10EXによって調製されたリポソームが，最も高い保持効率を示すことが分かった。ここでMontanariら[21]が，種々のリン脂質の$scCO_2$-EtOH混合流体に対する溶解度を調べており，電気的に中性なPCの溶解度は，負に帯電するPE，PI，PAと比べて高いことを報告している。このように，Lecinol S-10EXは，溶解度の高いPCを最も多く含むため，効率的にリポソームを形成したものと考えられる。

表1 大豆レシチンの組成

大豆レシチン	PC(%)	PE(%)	PI(%)	PA(%)	Others(%)
Lecinol S-10EX (hydrogenated)	95	*	*	*	*
Lecinol S-10 (hydrogenated)	32	31	17	9	*
SLP white SP (unhydrogenated)	32	31	17	9	*

これらの結果から，超臨界逆相蒸発法を用いて，高保持効率のリポソームを得るためには，親水基がPC型のものであり，疎水部に不飽和結合を有するリン脂質が適していることが分かった。

5.6 リポソームの連続生産ならびに種々の有効成分の内包[22]

これまでリポソームの調製に用いた装置（図2）では，リポソーム構成成分のリン脂質やEtOHは，調製ごとにセルを開閉して仕込むと同時に，調製したリポソーム水溶液もセルを開閉して取り出すことが必要であったため，リポソームの連続生産は不可能であった。そこで，リポソームの連続生産が可能な図8のシステムを新たに構築した。この装置はリン脂質およびEtOHをセル

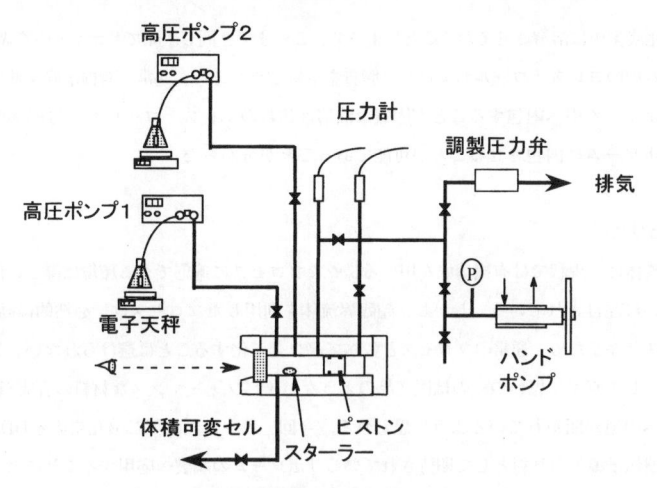

第3章 界面活性剤・両親媒性高分子が拓く新しい応用技術

図8 リポソーム調製装置図（連続バッチシステム）

内部に送液するための液体クロマトグラフィー用ポンプ (h) を備え付けており，調整圧力弁 (i) を用いてセル内部の二酸化炭素を排出した後，セルの下方のバルブよりセルを開閉することなくリポソーム水溶液を取り出すことも可能である。この装置を用いて，リポソームの調製を試みたところ，リン脂質濃度 10mM まではこれまでと同様に，高保持効率の大きな一枚膜リポソーム (LUV) が形成することが，保持効率測定および電子顕微鏡観察より明らかとなった。さらに，リポソームの連続調製を試みたところ，約 50 g/100min の生産効率でリポソーム水溶液を得ることが可能であった。通常，有害な有機溶媒を使用した場合，それを除去するためには一昼夜に及ぶ減圧乾燥が必要であったが，本法によってその生産効率は飛躍的に向上したと言える。

次に，化粧品や医薬品などの水溶性有効成分[23, 24]である L-ascorbic acid (vitamin C) のリポソーム中への内包を試みた（表2）。グルコースと同様，ビタミンCを内包したリポソームも調

表2 連続バッチシステムによるリポソーム中への
L-ascorbic acid 及び and D-glucose の内包

DPPC濃度	5mM	10mM
L-ascorbic acid	6.5(%)	10.3(%)
D-glucose	8.0(%)	13.3(%)

製可能であることが分かった。さらに，水溶性物質のみならず，油溶性物質であるコレステロールのリポソーム中への内包も試みた。ここで，コレステロールはリン脂質と同様にあらかじめ超

臨界二酸化炭素中に溶解させておくことによって，これまでと同じ手順でリポソームを調製した。リポソーム中のコレステロールおよびリン脂質を定量したところ，通常，有機溶媒を使用しなければ，リポソーム中へ内包することが困難な油溶性物質のコレステロールも，約63％の高保持効率でリポソームに内包させることが可能であることが分かった。

5.7 おわりに

　超臨界流体は，現状では有機溶媒を用いる様々なプロセスに適応できる環境に優しい代替溶媒として大いに注目されている。しかし，超臨界流体を利用したプロセスは，必然的に高温・高圧のプロセスとなるため，通常のプロセスと較べて高コスト化することは避けられない。したがって，用途として直ぐに思いつくのは医薬品のようなハイパフォーマンスな材料の合成・製造にその実用化への道が開かれているように思われる。今回，我々は超臨界二酸化炭素をDDSのキャリヤーや遺伝子導入の基材として期待されているリポソームの調製へ応用することによって，付加価値の高い大きな一枚膜リポソーム (LUV) を一段階で生産可能な新しいリポソーム調製法の確立に取り組んだ。今後は，超臨界流体技術をリポソームの調製のみならず，ニオソームや脂質ナノチューブなどのバイオナノ材料の創製にも応用したいと考えている。

文　献

1) Anyarambhatla, G. R.; Needham, D., *J. Liposome Res.*, 1999, **9**, 491
2) Meers, P., Adv. Drug Deliv. Rev., 2001, **53**, 265
3) Hattori, Y.; Kawakami, S.; Yamashita, F.; Hashida, M., *J. Control. Release*, 2000, **69**, 369
4) Kawakami, S.; Munakata, C.; Fumoto, S.; Yamashita, F.; Hashida, M. *J. Drug Target.* 2000, **8**, 137
5) 菊池寛, 井上圭三, 油化学, 1985, **34**, 784
6) Colosimo, A.; Serafino, A.; Sangiuolo, F.; Di Sario, S.; Bruscia, E.; Amicucci, P.; Novelli, G.; Dallapiccola, B.; Mossa, G., *Biochim. Biophys. Acta*, 1999, **1419**, 186
7) Schreier, H.; Sawyer, M. S., *Adv. Drug Deliv.* Rev,. 1996, **19**, 73
8) Ferrari, S.; Moro, E.; Pettenazzo, A.; Behr, J. P.; Zacchelo, F.; Scarpa, M. *Gene Ther*,. 1997, **4**, 1100
9) Liang, E.; Hughes, J., *Biochim. Biophys. Acta*,1998, **1369**, 39
10) Farhood, H.; Serbina, N.; Huang, L., *Biochim. Biophys. Acta* 1995, **1235**, 289
11) McHugh, M. A.; Krukonis, V. J., "Supercritical Fluids Extraction Principles and Practice 2nd Ed." Butterworth Heineman : Stoneham, MA, (1993)

第3章 界面活性剤・両親媒性高分子が拓く新しい応用技術

12) Shaffer, K. A.; DeSimone, J. M., *Trends Polym. Sci.*, 1995, **3**, 146
13) 大竹勝人, 井村知弘, 阿部正彦, 表面, 2002, **40**, 368.
14) Bangham, A.D.; Standish, M.M.; Watkins, J.C., *J. Mol. Biol.* 1965, **13**, 238
15) Milsmann, M.H.W.; Schwendener, R.A.; Wender, H.G., *Biochim. Biophys. Acta*, 1978, **512**, 147
16) Szoka, F., Jr.; Papahadjooulos, D., *Proc. Natl. Acad. Sci. U. S. A.* 1978, **75**, 4194
17) Azaki, K; Yoshida, M.; Kirino, Y., *Biochim. Biophys. Acta* 1990, **1021**, 21
18) Otake, K.; Imura, T.; Sakai, H.; Abe, M., *Langmuir*, 2001, **17**, 3898
19) 大竹勝人．阿部正彦ほか．特許出願中
20) Imura,T.; Otake, K.; Hashimoto, S.; Gotoh, T.; Yuasa, M.; Yokoyama, S.; Sakai, H.; Rathman, J. F.; Abe, M., *Colloids and Surfaces B*, 2002, **27**, 133
21) Montanari, L.; Fantozzi, P.; Snyder, M. J.; King, W. J., *J. Supercrit. Fluids*, 1999, **14**, 87
22) Imura, T.; Gotoh, T.; Yoda, S.; Otake, K.; Takebayashi, H.; Yokosuka, M.; Sakai, H.; Abe, M., Material Technology, 2003, **21**, 30
23) Levene, C. I.; Bates, C. J., Ascorbic acid and collagen synthesis, *Ann. New York Acad. Sci.* 1975, **258**, 288
24) Tajima, S.; Pinnell, S. R., *Biochem. Biophys. Res. Commun*,. 1982, **106**, 632

第4章　両親媒性高分子の機能設計と応用

1　高分子の自己組織化―分子設計に基づく階層構造の形成―

1.1　はじめに

早川晃鏡*

　DNAやタンパク質などの天然高分子にみられるように，一次構造が精密に制御された高分子は多様な高次構造を自発的に形成する。生体は，そのような天然高分子が作り出す高次構造特有の機能や物性を最大限に利用できるシステムを構築している。すなわち，我々の手によって作り出される材料においても，分子の秩序化や階層化による精密な高次構造体を形成することによって，これまでには見られなかったユニークな機能や優れた物性の発現が期待される。最近では，分子集合体化学や超分子化学，あるいは高分子化学の進展とともに，種々の相互作用を巧みに組み合わせて形成された新しい自己組織化構造が誕生している。水素結合やイオン結合，ファンデルワールス力，π電子相互作用，親水・疎水的相互作用など，分子間に働く比較的弱い引力や斥力といった可逆的な相互作用が構造形成の基本となる。機能性分子の階層構造形成を目指すためには，このような自己組織化に基づく考え方を材料設計や構造制御に取り入れることが有用となる。

　ここでは，多様な自己組織化材料のなかでも，特に筆者らが取り組んでいるブロック共重合体やデンドリティック分子（多分岐構造分子）を中心に取り上げ，その分子設計に基づいた階層構造の形成について紹介したい。

1.2　恒等周期の異なる秩序構造の階層化

1.2.1　階層化へのアプローチ―自己組織化の組み合わせ―

　複雑な階層構造をシンプルに，また再現性良く構築するためには，低分子および高分子化合物で形成される自己組織化構造の組み合わせが有効なアプローチとなる[1]。とくに，高分子では，互いに混ざり合わない二種類以上のポリマーが鎖末端で共有結合したブロック共重合体が興味深い材料として注目される[2,3]。ブロック共重合体は，希薄溶液から溶媒が揮発し，固体状態となる過程で，ナノメートルスケールの秩序構造を形成する。通常，種類の異なるポリマーを混ぜ合わせても，ミクロレベルではほとんど混ざり合わない。異なるポリマーの間で生じる反発力と同

---

*　Teruaki Hayakawa　東京工業大学　大学院理工学研究科　有機・高分子物質専攻　助手

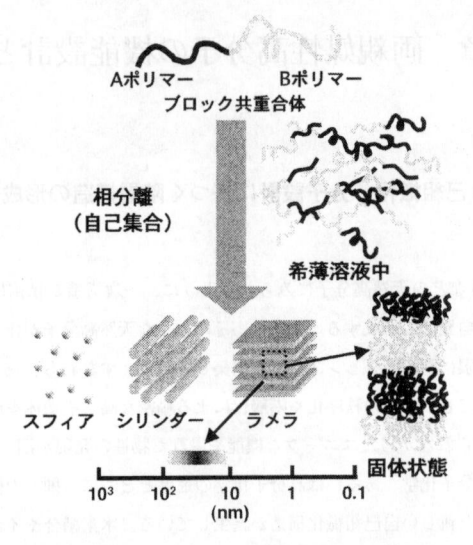

図1 典型的なジブロック共重合体のミクロ相分離

じポリマー間の自己的な集合力によって，ミクロ相分離が起こるためである。図1に示したように，相分離構造の基礎的な知見が豊富なジブロック共重合体を例にとると，固体中における各ポリマーの体積分率によって，スフィア，シリンダー，ラメラなどの基本的なパターン構造が形成されるほか，分子量を調整することにより恒等周期サイズを数十ナノメートルスケールで制御することができる。一方，結晶や液晶に見られるように，低分子化合物は水素結合やファンデルワールス力，π電子相互作用などによって分子レベルの秩序構造を形成する。そこで，ブロック共重合体の分子構造に結晶性あるいは液晶性分子を導入することで，恒等周期スケールが異なる二種類の秩序構造が組み合わさった階層構造の形成が可能となる[4]。図2に示したように，ブロック共重合体の側鎖に液晶分子を導入したポリマーでは，例えば，数十ナノメートルスケールのラメラ状相分離構造の内部に液晶構造が形成された階層構造が得られる。

一方，ブロック共重合体における相分離構造の恒等周期サイズは，主にポリマーの分子量に依存している。そのため，たとえ分子量が数百万を越える超高分子量体ポリマーを用いたとしても，マイクロメートルスケールの相分離構造の形成までは難しい。そこで，マイクロメートルスケールの秩序構造が自己組織化によって形成される別のアプローチが注目される。興味深い例として，キャスト溶液から溶媒が揮発する散逸過程を利用した自己組織化構造の形成がある。溶液キャストによる薄膜作製を高湿度気流下で行うと，溶媒が揮発する過程で，無数の微小水滴がその溶液

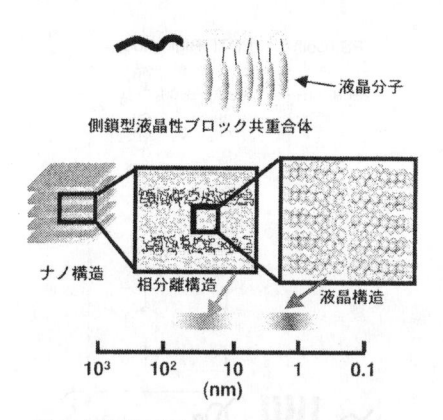

第4章 両親媒性高分子の機能設計と応用

図2 側鎖型液晶性ブロック共重合体の階層構造

中に生成する。生成した微小水滴は，溶液の対流によって移動し，やがてハニカム状に配列した自己集合構造を形成する。最後に溶媒が完全に揮発し，続いて微小水滴の水分が蒸発することで，水滴が存在していた部分に穴（ポーラス）の空いた秩序化ポーラス薄膜が得られる。水滴一粒の直径が数マイクロメートルであるため，水の蒸発後に残されるポーラス構造もマイクロメートルスケールとなる。ここでは，この方法を微小水滴のテンプレート薄膜作製法と呼ぶことにする。この方法が適用できるポリマーはいくつか知られているが，階層構造形成の分子設計を考えるとブロック共重合体であることが望ましい。ブロック共重合体では，親水性ポリマー-疎水性ポリマーからなる両親媒性ブロック共重合体や剛直・柔軟型のロッド・コイル型ブロック共重合体と呼ばれるものが，再現性良くマイクロメートルスケールのポーラス構造，すなわちマイクロポーラス構造を形成する[5~7]。そこで，以下に述べるように，恒等周期スケールの異なる二種類の秩序構造が階層的に形成されるブロック共重合体の分子設計に，新たにマイクロポーラス構造が形成される要素を取り入れた，三種類の秩序構造からなる階層構造の形成が行われている[8]。

1.2.2 剛直・柔軟型ブロック共重合体の階層構造

図3に示したように，側鎖に剛直な共役系化合物である液晶性オリゴチオフェンを導入したポリスチレン-b-側鎖型オリゴチオフェンブロック共重合体（PS-POTI）の分子構造には，次の三種類の秩序構造を形成する要素が取り入れられている。①分子レベルの秩序構造—側鎖のオリゴチオフェン由来の液晶構造，②ナノメートルスケールの秩序構造—ブロック共重合体由来のナノ相分離構造，③マイクロメートルスケールの秩序構造—剛直な側鎖型オリゴチオフェンポリマーと柔軟なポリスチレンからなる剛直・柔軟型ブロック共重合体による微小水滴を利用したマイクロポーラス構造。その薄膜の作製法と構造解析は以下のとおりである。

界面活性剤・両親媒性高分子の最新機能

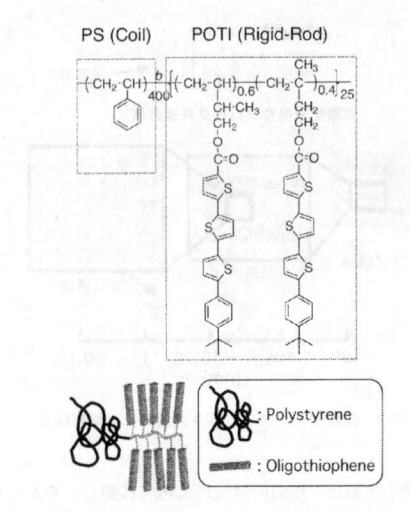

図3 ポリスチレン-b-側鎖型オリゴチオフェンブロック共重合体（PS-POTI）

微小水滴のテンプレート薄膜作製法では，そのキャスト溶媒にジクロロメタンやクロロホルムなどのハロゲン系溶媒，トルエンなどの炭化水素系溶媒，二硫化炭素などが用いられる。ポリマーに対し良溶媒となる一方で，水とは混ざり合わない溶媒が用いられる。例えば，PS-POTIの二硫化炭素溶液（0.25 wt%，0.2 ml）をガラス基板上にキャストし，高湿度（およそ80～90%）の空気を吹きかけながら溶媒を揮発させると，干渉色のある黄色の薄膜（$3cm^2$程度）が得られる。図4に示したように，得られた薄膜の走査型電子顕微鏡（SEM）写真から，その薄膜表面では孔径1.5 μm程度の穴が空き，それらがハニカム状に配列したマイクロポーラス構造の形成がみられる。そのハニカム状のパターン構造は，膜全体にほぼ均一に広がっており，規則性がきわめて高いものである。また，その薄膜断面構造は，それぞれの穴が100nm以下の薄いポリマーの壁に隔てられた独立孔を形成している。一方，マイクロポーラス構造内部のナノ相分離構造については，元素識別が可能なエネルギーフィルター搭載型の透過型電子顕微鏡（EFTEM）によって，その構造解析が行われている。その観察では，ポリスチレンをマトリックスとした薄膜中でオリゴチオフェンブロックが恒等周期25nmでシリンダー状構造を形成していることが明らかにされている。興味深いことは，相分離によって形成されたシリンダー構造が，基板に対し垂直方向に配列していることである。このような配向構造は，通常のブロック共重合体薄膜ではあまり例のないものである。配向構造が形成される理由は明らかになっていないが，溶媒の揮発あるいは水の蒸発過程が，その配向構造形成に関わっているのではないかと考えられている。また，熱

第4章　両親媒性高分子の機能設計と応用

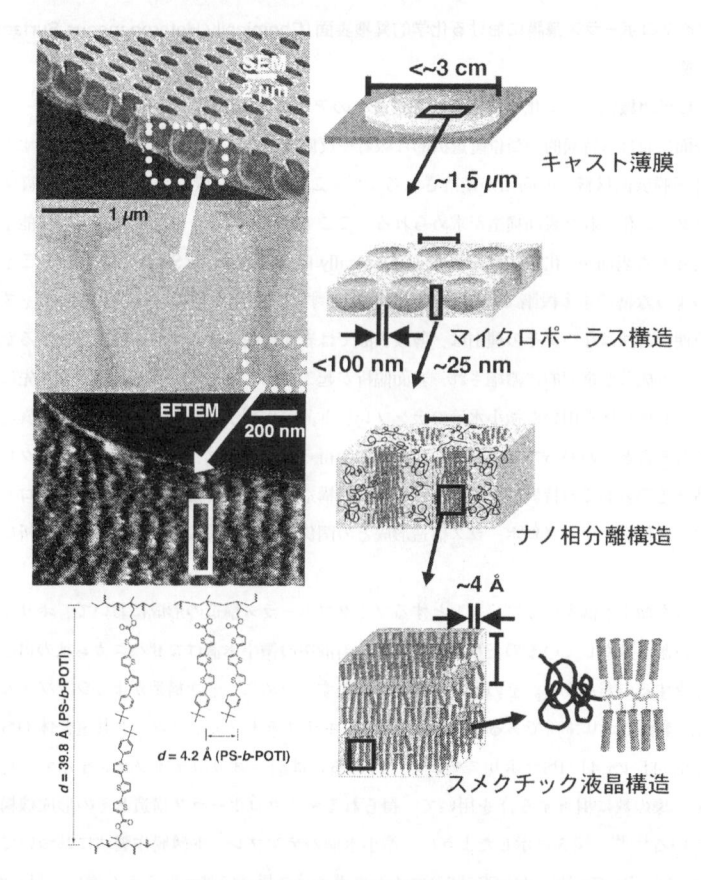

図4　PS-POTIブロック共重合体の階層構造

的アニーリングを施した薄膜の広角X線回折と偏光顕微鏡観察から，側鎖のオリゴチオフェンの分子間相互作用に基づくスメクティックA相からなる液晶構造の形成が明らかにされている。広角X線回折では39.8Åと4.2Åの周期に相当する反射が見られるほか，偏光顕微鏡観察では明確な光学組織も見られている。すなわち，溶液キャストにより得られたPS-POTI薄膜は，マイクロメートルスケールでハニカム状に配列したポーラス構造内部にナノメートルスケールのシリンダー状相分離構造が存在し，さらにそのシリンダー構造内部には分子レベルの高度な秩序構造である液晶構造が形成された"規則構造中に規則構造が形成された高分子薄膜"であるといえる。このような複雑な構造が自己組織化のみで形成されるところがおもしろい。

1.3 マイクロポーラス薄膜における化学的異種表面（Chemically Heterogeneous Surface）の形成

1.3.1 自己組織化による化学的異種表面形成へのアプローチ

　薄膜表面における特異的かつ位置選択的な吸着や反応は，バイオセンサーをはじめとする広範な機能性薄膜表面材料への応用が期待される[9,10]。このような薄膜材料には，異なる官能基によってパターン化された表面構造が求められる。ここでは，そのような二成分以上の官能基でパターン化された表面を「化学的異種表面（Chemically Heterogeneous Surface）」と呼ぶことにする。このような薄膜を多段階で作製する技術[11,12]はすでに開発されているが，溶液キャストのような簡便な方法はない。その理由は，薄膜表面では表面自由エネルギーを最小化させるために極性の低い一成分が選択的に濃縮され，表面偏析が起こるからである。しかしながら，先に示したブロック共重合体を用いた微小水滴のテンプレート薄膜作製法において，その化学的異種表面が形成されることがわかってきている。この方法で得られる薄膜は，ハニカム状のマイクロポーラス構造とその表面での特異的な構造からなる階層構造であると言える。ここでは，ブロック共重合体の一次構造とマイクロポーラス構造形成との関係，および薄膜表面の化学組成分析について述べる。

　先に示した微小水滴をテンプレートとするマイクロポーラス構造の形成において，ポリマーはどういう役割を果たしているのだろうか。また，溶液中の微小水滴はなぜハニカム状の自己集合構造を形成するのだろうか。そのような疑問を解決するために，一次構造がよりシンプルな三種類の剛直・柔軟型ポリマーであるポリスチレン-b-オリゴチオフェンブロック共重合体（PS-4T，PS-6T-PS，4T-PS-4T：PS＝ポリスチレン，4Tあるいは6T＝オリゴチオフェンを示す。数字はチオフェン環の数に相当する。）を用いて，得られるマイクロポーラス構造とその形成機構が考察されている[13,14]。図5に示したように，微小水滴のテンプレート薄膜作製法に基づいて形成されたPS-4T，PS-6T-PS，4T-PS-4Tのマイクロポーラス構造では，明らかな違いが見られる。PS-4Tおよび4T-PS-4Tではハニカム状の規則的なマイクロポーラス構造が形成されるが，PS-6T-PSではそれが形成されない。ポリマーの一次構造の明確な違いは，分子鎖中の剛直成分であるオリゴチオフェンの位置である。微小水滴をテンプレートとするマイクロポーラス構造の形成で最も重要なことは，溶液中に生成された水滴が固体膜となるまで安定に保持されるかどうかである。PS-6T-PSではそのような微小水滴の構造安定性がPS-4Tおよび4T-PS-4Tに比べ，それほど高くないと考えられる。一方，PS-4Tおよび4T-PS-4Tは，微小水滴を有機溶剤中で安定に保持するために，水滴と溶液の液／液界面において界面活性剤的な役割を果たしているようである。剛直成分のオリゴチオフェンはヘテロ元素の硫黄元素を含んでいるため，水素と炭素のみで構成されたポリスチレンに比べ，親水性であると見なせる。このことから，図6に示したよう

第4章　両親媒性高分子の機能設計と応用

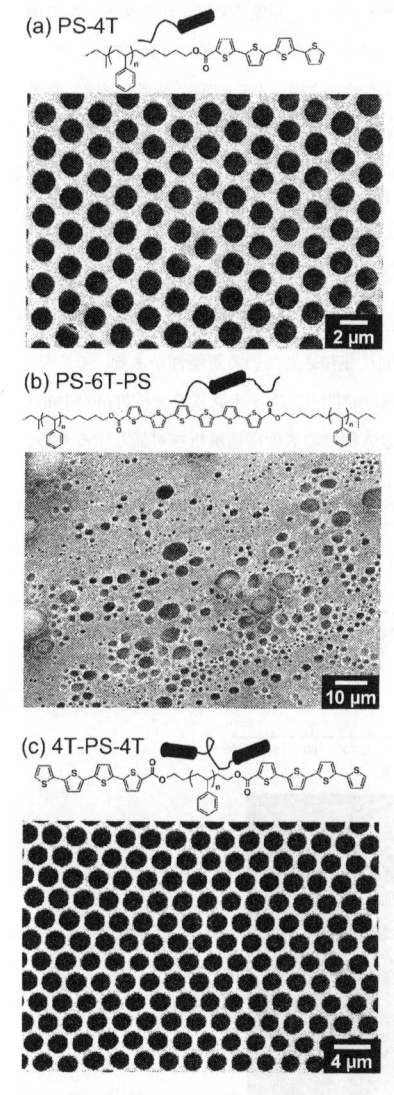

(a) PS-4T

(b) PS-6T-PS

(c) 4T-PS-4T

図5　微小水滴テンプレート薄膜作製法により形成されたポリスチレン-b-オリゴチオフェンブロック共重合体のマイクロポーラス構造

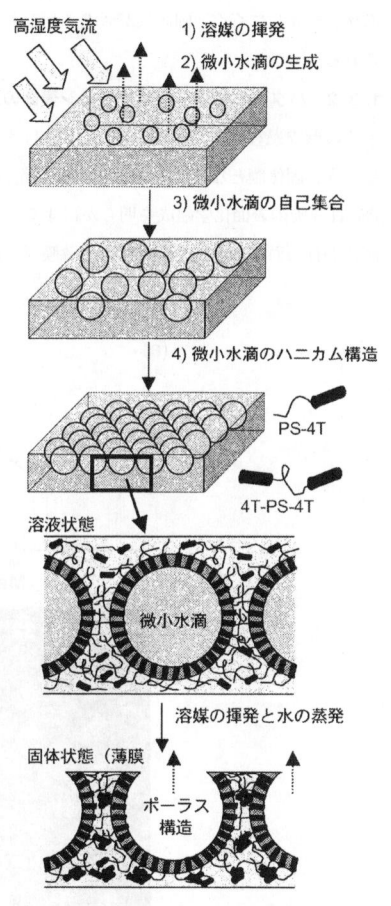

図6　微小水滴テンプレート薄膜作製法によるマイクロポーラス構造の形成機構とポリマーの表面・界面における集積構造の模式図

に，水滴と溶液の液／液界面では，水滴側にオリゴチオフェン，有機溶液側にポリスチレンで構成された界面層が形成されていると考えられる。そのため，PS-4Tおよび4T-PS-4Tのように，分子末端に剛直あるいは親水成分を有するポリマーはその一次構造から安定な界面を形成しやすいと思われる。その一方で，PS-6T-PSのように，剛直あるいは親水成分が分子鎖の中央に位置するポリマーは，PS-4Tおよび4T-PS-4Tにみられるような水滴と溶液の液／液界面における界面層を形成しにくく，固体膜が形成されるまで安定に微小水滴を保持することができないと考えられる。

1.3.2 パターン化オリゴチオフェン表面の形成

この形成過程が正しいとすると，PS-4Tおよび4T-PS-4Tの4Tに相当するオリゴチオフェン部分は，固体膜となった後も，ポーラス部分の最表面に集積されている可能性がある。そこで，PS-4T薄膜の表面化学組成を明らかにするために，飛行時間型二次イオン質量分析(ToF-SIMS)測定が行われている。ToF-SIMSは薄膜深さが10～20Å程度の表面構造解析を可能とするため，

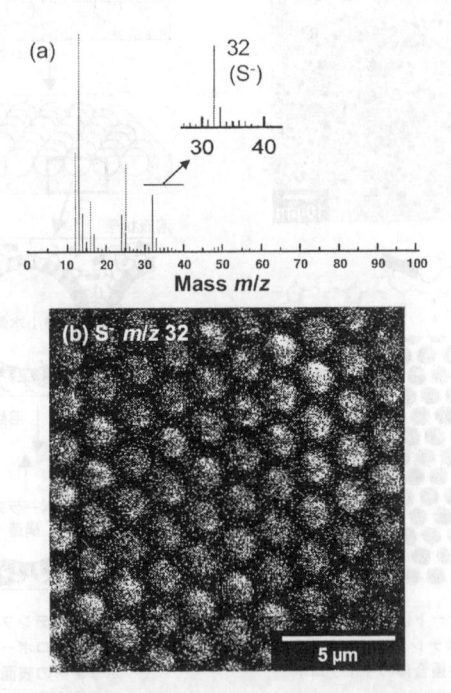

図7　飛行時間型二次イオン質量分析によるPS-4Tマイクロポーラス薄膜の(a)表面組成ピークと(b)質量32の二次イオン(S⁻)マッピング像（白色部分がオリゴチオフェン）

第4章　両親媒性高分子の機能設計と応用

薄膜最表面の化学組成情報を得ることができる。図7に示したように，PS-4Tマイクロポーラス薄膜の表面組成スペクトルでは，オリゴチオフェンの硫黄元素に由来する質量32の負電荷をもった二次イオンシグナル（S⁻）が見られる。また，その二次イオンシグナル（S⁻）のマッピング像からは，直径2μm程度の円形ドメインがハニカム状に配列した構造が観察されている。これは，PS-4TのSEM像で見られたマイクロポーラス構造の孔径や形状と良い一致を示している。すなわち，PS-4T薄膜の深さ10～20Åの化学組成は，孔径2μm程度のポーラス部分ではオリゴチオフェン，その他の部分ではポリスチレンということになる。これは，先に予想したとおり，薄膜形成時にPS-4Tが両親媒的な分子として微小水滴と有機溶液との間で界面層を形成し，水が蒸発した後もその界面構造を安定に保持していたことを強く支持している。興味深いことは，このような自己組織化の組み合わせによって，オリゴチオフェンがマイクロパターン化された薄膜表面構造が簡便に形成されたことである。

1.3.3　パターン化極性官能基表面の形成

この方法を利用すると，一般に，薄膜表面に形成されにくいとされるカルボキシル基，ヒドロキシル基，アミノ基のような極性の高い官能基のポーラス内表面への濃縮も期待される。その一例として，図8に示したように，末端にカルボキシル基を有する芳香族アミドデンドロン-b-ポリスチレンブロック共重合体によるマイクロポーラス構造の形成が報告されている[15]。一般に，極性の高い官能基が材料表面に濃縮されたとしても，表面自由エネルギーを最小化させるために表面構造の再構築が起こる。すなわち，官能基が薄膜内部に潜り込んでしまうのである。しかしながら，分子間相互作用を有する剛直分子末端に極性官能基を導入することによって，その再構築を抑えられることが期待される。とくに，芳香族アミドデンドロンは多数の末端官能基の導入が容易にできるだけでなく，芳香族由来の分子剛直性と複雑な多分岐構造から，末端に導入された極性官能基の再構築抑制効果が大きいと考えられる。このポリマーを用いた微小水滴によるテンプレート薄膜作製では，孔径0.5μm程度のマイクロポーラス薄膜が得られる。EFTEMによる薄膜断面構造の元素マッピング像解析から，ポーラス構造内の表面部分には芳香族アミドデンドロンが集合していることが明らかとなっている。すなわち，ポーラス構造表面では，デンドロン末端に導入されたカルボキシル基が濃縮されていると考えられる。このような分子設計の考え方を広範な機能性材料に展開していくことにより，ハニカムパターン化された多様な官能基や機能性分子による化学的異種表面の形成が期待される。

1.4　多分岐高分子による階層構造の形成

1.4.1　デンドロンの階層化へのアプローチ

これまで述べてきたように，材料の分子設計を工夫することによって，多様な自己組織化構造

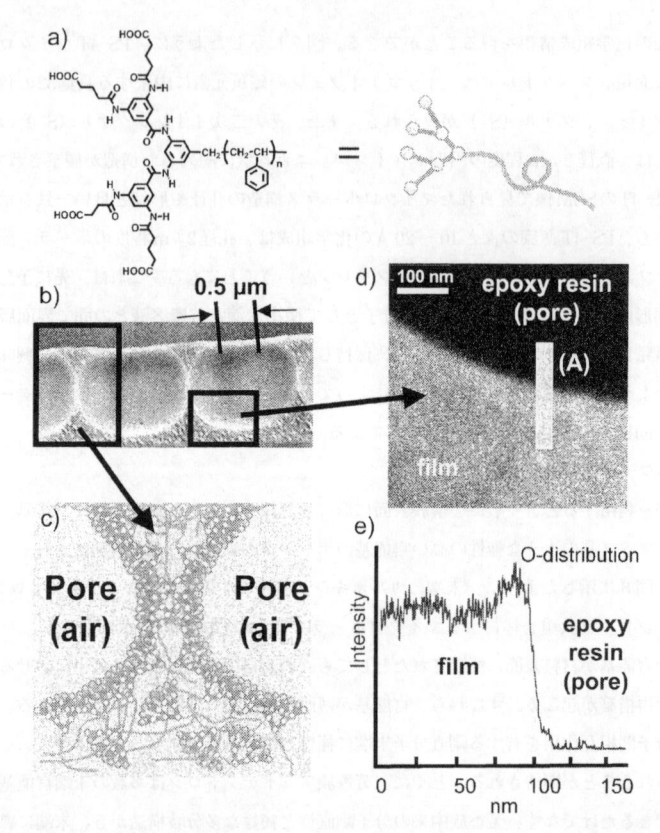

図8 末端にカルボキシル基を有する芳香族アミドデンドロン-b-ポリスチレンブロック共重合体によるマイクロポーラス構造
(a) ポリマーの構造式、(b) 薄膜断面の透過型電子顕微鏡写真、(c) ポーラス表面における芳香族アミドデンドロンの集合状態の模式図、(d) 薄膜断面の透過型電子顕微鏡写真、(e) 薄膜断面写真(d)における(A)線部分の酸素元素プロファイル

に基づく階層構造の形成が可能となる。とくに，その構造は，最小単位となる分子の一次構造が強く反映されている。ここでは，デンドリマーを構成している扇状の一次構造形態をもつデンドロンを基本骨格とした階層構造形成について，その一例を取り上げる。

単一分子からなるデンドリマーやそれを構成しているデンドロンは，ここ15年ほどで合成，構造，機能に関する研究が大きく進展した化合物である[16]。デンドリマーやデンドロンは，その一次構造に規則正しい枝分かれ構造を有しているため，その繰り返しユニットが増えると立体的な効果が反映され，球状や扇状の構造形態となる。また，枝分かれした分子構造内部には，空間形

第4章 両親媒性高分子の機能設計と応用

態が明確なナノ空間が存在する。最近では，デンドリマー特有のナノ空間を利用した新しい機能性材料の開発が活発に行われている。このような特徴を有するデンドリマーやデンドロンの構造を階層化することによって，一次構造からは得られない階層構造特有の機能や物性の発現が期待される。

デンドリマーやデンドロンにおける階層構造形成においても，これまでと同様に分子間相互作用の組み合わせが有用となる。例えば，デンドロンの中心部分（コア）と外殻部分（末端）にそれぞれ親水性分子，疎水性分子を導入することにより，両親媒性分子に多く見られるナノあるいはマイクロメートルスケールの球状あるいは棒状ミセル構造の形成が期待される。また，デンドロンのコアや末端に導入する分子がデンドロン自体の分子骨格に比べ，十分に柔軟性である場合は，液晶性を示すことがある。また，その液晶構造は，円筒状（カラムナー）の構造を形成することが多い。すなわち，ナノあるいはマイクロメートルスケールの球状や棒状ミセル構造は，デンドロンの自己集合により形成されたカラムナー構造によって構成されている。

1.4.2 両親媒性芳香族アミドデンドロンの自己組織化

図9に示したように，その一例として，芳香族アミドデンドロンのコアに親水性のトリエチレングリコール基，末端に長鎖アルキル基を導入した両親媒性芳香族アミドデンドロンがある[17]。このデンドロンのクロロホルム溶液をシリコンウェハやガラス基板上にキャストし，溶媒を揮発させると紐状の組織体が形成される。一本の紐に相当する組織体の直径はおよそ250nm程度である。その長さは正確ではないが，およそ数〜数百μmにもなるとみられている。紐状組織体の階層構造は未だ完全には明らかになっていないが，X線解析での内部構造では5〜6個程度の芳香族アミドデンドロンが，トリエチレングリコール基を中心とした円盤状の組織体を形成し，さらにそれらが積み重なることでカラムナー構造を形成していることがわかっている。また，そのカラムナー構造は自己集合によってヘキサゴナルカラムナー構造を形成していることもわかってきている。このように，その一次構造が扇状の形態からなるデンドロンにおいても，分子間相互作用を組み合わせることにより，興味深い階層構造が形成される。

1.5 おわりに

有機・高分子化合物の分子設計に基づく自己組織化と階層構造形成について，いくつかの例を紹介してきた。最近では，有機材料だけでなく，無機や金属材料との組み合わせによる階層構造形成も盛んに行われている[18]。ここで紹介した階層構造は，光・電子デバイスやバイオチップなどへの展開が大いに期待されるが，生体内にみられるような高度な階層構造の形成や構造特有の機能発現にはまだまだ遠く，足元にも及ばない。また，今後の課題として，階層構造の有効な活用方法の探索および物性との密接な関係を正確に理解することがあげられる。これらの知見を分

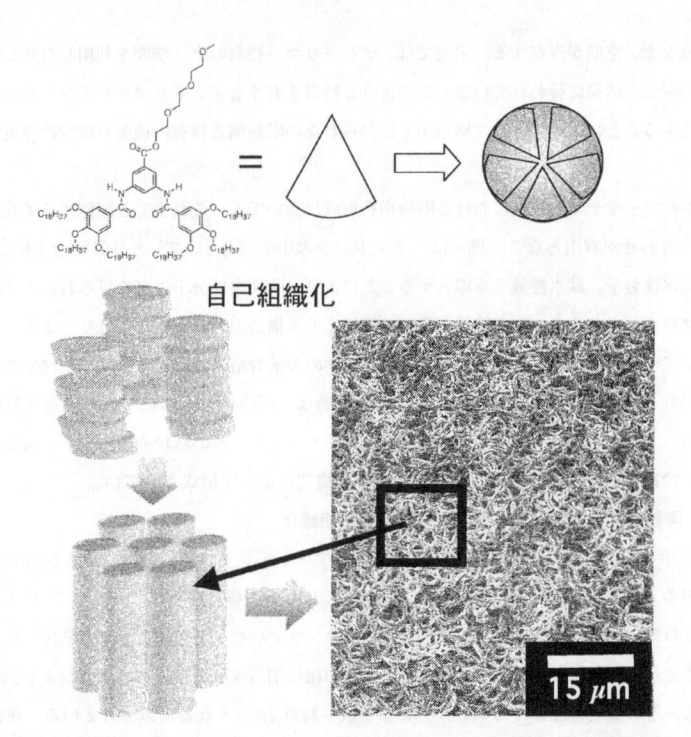

図9 両親媒性芳香族アミドデンドロンによる階層構造の模式図と紐状組織体の走査型電子顕微鏡写真

子設計にフィードバックさせ，任意で精密な階層構造の設計に役立てることが重要である．これから，この分野がどのように発展していくか，大いに期待されるところである．

文　献

1) M. Muthukumar *et al.*, *Science*, **227**, 1225 (1997)
2) F. S. Bates and G. H. Fredrickson, *Annu. Rev. Phys. Chem.*, **41**, 525 (1990)
3) C. Park *et al.*, *Polymer*, **44**, 6725 (2003)
4) G. Widawski *et al.*, *Nature*, **369**, 387 (1994)
5) S. A. Jenekhe and X. L. Chen, *Science*, **283**, 372 (1999)
6) O. Karthaus *et al.*, *Langmuir*, **16**, 6071 (2000)

第 4 章　両親媒性高分子の機能設計と応用

7) M. Srinivasarao, *et al*, *Science*, **292**, 79 (2001)
8) T. Hayakawa and S. Horiuchi, *Angew. Chem. Int. Ed*., **42**, 2285 (2003)
9) B. Kasemo, *Surface Science*, **500**, 656 (2002)
10) A. S. Blawas, W. M. Reichert, *Biomaterials*, **19**, 595 (1998)
11) M. Mrksich, G. M. Whitesides, *Trends. Biotechnol*., **13**, 228 (1995)
12) A. Kumar *et al*., *Acc. Chem. Res*. **28**, 219 (1995)
13) T. Hayakawa *et al*., *Polymer Preprint, Japan*, **52** (11), 2957 (2003)
14) T. Hayakawa and H. Yokoyama, submitted
15) T. Hayakawa *et al*., *Polymer Preprint, Japan*, **53** (1), 1714 (2004)
16) 相田卓三ほか，超分子の未来，化学同人，p.137 (2000)
17) S. Nakasugi *et al*., *Polymer Preprint, Japan*, **53** (1), 1774 (2004)
18) S. Horiuchi *et al*., *Langmuir*, **19**, 2963 (2003)

2 両親媒性ブロックコポリマーの分子設計と物性制御

吉田克典[*]

2.1 はじめに

有機溶剤を用いない環境に優しい水系素材として両親媒性高分子への期待はますます高まっている。両親媒性高分子は、一本の高分子構造中に親水基と疎水基を有するため、低分子の界面活性剤と同様に乳化能や可溶化能を示すだけでなく、周囲の環境に応じた規則・不規則構造の形成など自己組織化によりさまざまな機能を発揮する。このような性質を利用し、ナノスケールの微細なパターンニングなど高度情報化社会を支える基盤技術としての活用も期待されている[1]。

種々のアミノ酸配列からなるタンパク質は、天然の両親媒性高分子の代表例であり、カゼインなど我々は古くからこれを乳化剤として活用してきている。一方、合成の両親媒性高分子としては、Straussら[2]の四級化ポリ-2-ビニルピリジン(ポリソープ)が先駆的な研究として挙げられる。n-ドデシルブロマイドで四級化したポリビニルピリジンは、水溶液中で会合体を形成しコンパクトな構造をとること、また疎水性低分子化合物を可溶化することから疎水性相互作用による高分子ミセルの存在を示した。しかしながら、当時は水溶性両親媒性高分子への関心は低く、この分野の研究について、その後も1960年代から70年代にかけてDubinら[3]の研究など少数の報告例が見られるに過ぎない。その後、1980年代に入り両親媒性高分子の詳細なキャラクタリゼーションが、森島ら[4]、Guilletら[5]により独立して行われ、1990年代に入り産業界の環境対応機運の高まりとともに、急速に研究が進展した。

両親媒性高分子を親水基・疎水基の配列により大別すると、その配列が無作為なランダム共重合体、親疎水基がモノマー単位ごとに繰り返す交互共重合体、親疎水基が一定の連続的配列で続くブロック共重合体に分類される。両親媒性高分子が形成する組織構造と発現する物性をコントロールするには、モノマー配列や分子量及び分子量分布が制御されたブロック共重合体が最も望ましいと考えられる。ただし、量産性やコストの課題から実用化に至る両親媒性ブロック共重合体は数少ない。

本節では、これら両親媒性高分子のうち主に水溶性ブロックコポリマーについて、その分子設計と物性に関し、特に実用上重要な2種の非イオン性ブロックコポリマー(ポリオキシプロピレンポリオキシエチレンブロックポリマー、疎水化エトキシウレタン)を例に述べる。

2.2 両親媒性ブロックコポリマーの自己組織化

水溶性の両親媒性コポリマーを水中に溶解した場合、水が選択溶媒として働き、疎水性相互作

---

[*] Katsunori Yoshida ㈱資生堂 R&D企画部

第4章　両親媒性高分子の機能設計と応用

用による疎水基の会合により高分子ミセルが形成される。しかし，ポリマーの親疎水性バランス(HLB)が疎水側に片寄るに従い，高分子の水への溶解性は低下し，いずれは水に直接溶解することができなくなる。このような場合でも，溶解温度を変化させたり，ポリマーを一旦有機溶媒に溶解し，大量の水へ投入するか透析により水と溶媒交換することで透明なミセル水溶液を調製することができる。このような方法で調製されたミセル水溶液は，上述の直接溶解された熱力学的に平衡なミセルとは異なり，動力学的に凍結された(Frozen)ミセルとなる。すなわち，ポリマーはユニマー状態では水には溶けないので，全ての分子がミセルに取り込まれており，ミセルは静的な構造体として存在する。さらにこのような調製法をとった場合，ポリマーの自己組織化の結果生じる凝集構造は，常に均一なミセル状態になるとは限らず，ゲルや巨視的な相分離状態を示すことがある。このように両親媒性ポリマーにおいては，親疎水性バランスやその配列によって，水中で形成される組織構造は大きく異なったものとなる。

　両親媒性コポリマーにおいて，最も単純な構造は親水性連鎖(A)と疎水性連鎖(B)からなるABまたはABA(BAB)型ブロックコポリマーといえる。図1に水溶性の(1) AB型(2) ABA型(3) BAB型ブロックコポリマーが水溶液中で形成するミセル構造を示す。AB及びABA型ブロックコポリマーでは，いずれも疎水性連鎖Bの疎水性相互作用により会合し，親水性連鎖Aを水中に向けた独立したコア・コロナ型ミセルが形成される。このようなコア・コロナ型ミセルは水中に単分子溶解したユニマーとの熱力学的平衡状態にあると考えられ，会合数やミセルサイズ

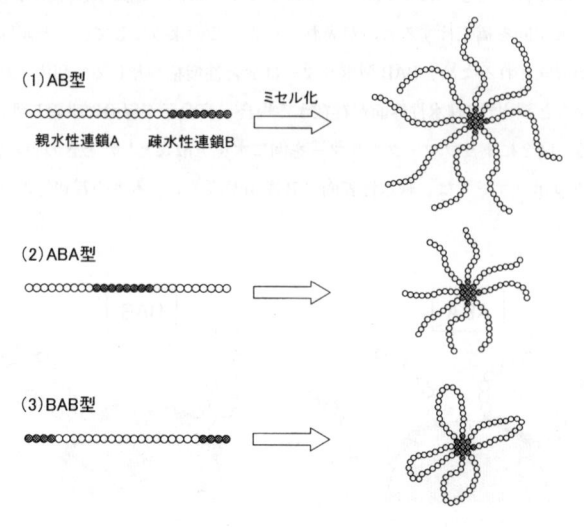

図1　両親媒性ブロックコポリマーの配列と水中での自己組織化

の分布は比較的狭い。このような例として，プロピレンオキサイドとエチレンオキサイドのブロック共重合体（POE-POP-POE，プロキシマー，プルロニック）が挙げられる。一方で，ブロック連鎖の配列様式がBAB型になるとブロックコポリマーの会合挙動は，上記のAB及びABA型とは著しく異なることになる。すなわち，図1に示すように親水性連鎖の両末端に会合性の疎水基を有するため，両端の疎水基が一つのミセルコアに含まれ親水性連鎖がループを巻くようにしてフラワー型ミセルを形成する。このようなポリマーの例として，リバースタイプのプルロニック（POP-POE-POP）や疎水化エトキシウレタン（HEUR）が挙げられる。ABA，BAB型ブロックコポリマーの会合状態をモンテカルロシミュレーションにより解析した結果，分子量及び組成が同じにも拘わらずその会合状態は大きく異なることが示唆されている[6]。すなわち，BAB型ブロックコポリマーでは，ミセル形成時にA連鎖がループを巻くことによるエントロピー損失から，ABA型ブロックコポリマーに比べてミセルを形成し難く，より高いcmcを示すことが予想されている。また，BAB型の場合，ポリマーのコンフォメーションとしてループのほか，ブリッジやダングリング鎖などいくつかの分布を有するため，ミセルのサイズ分布も広くなることが示唆されている。ZhouとChuら[7]は，組成比がほぼ同じのプルロニックL-64（EO_{13}-PO_{30}-EO_{13}）とリバースタイプのプルロニックR17R4（PO_{14}-EO_{24}-PO_{14}）の各種物性を比較し，リバースタイプはノーマルタイプに比較し2オーダー高いcmcを示すことを報告している。

さらに，BAB型ポリマーの場合，孤立したフラワー型ミセルを形成するほかに，高分子濃度が高くなると，隣り合った2つのミセルで一本のポリマーの両末端疎水性連鎖Bを共有し，親水性連鎖Aがミセル間を橋架けするものが表れてくる。このようにして，ミセル間を架橋するネットワークが形成されるため，BAB型ポリマーは会合性増粘剤としても利用されている。

エマルションなど親水性/疎水性界面が存在する場合，高分子が界面に吸着し乳化剤・分散剤として機能する。図2にトリブロックポリマーを例に水を分散媒としたときの吸着状態を示す。ABA型ブロックコポリマーでは，疎水性表面にB連鎖が吸着し，水への親和性の高いA連鎖が

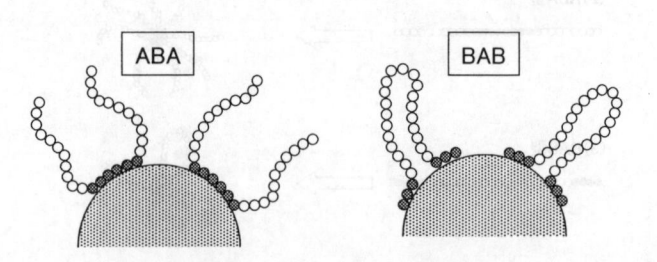

図2 トリブロックポリマーの吸着様式

第4章 両親媒性高分子の機能設計と応用

溶媒中に両末端のテールを伸ばす。溶媒中に伸ばしたA連鎖のエントロピー反発（浸透圧効果）により，分散体の凝集を防ぐため，ABA型コポリマーは分散剤としての設計に有利と考えられる。一方，同じ組成比のBAB型ブロックコポリマーを分散剤として使用した場合，吸着基となる疎水性連鎖Bは，ポリマーの両末端に存在するため，親水性連鎖Aはループを形成し自由末端鎖に比べ溶媒中への広がりは制限される。また，低ポリマー濃度においては分散体間でポリマーを共有し架橋する効果が現れるため，かえって凝集剤として働く場合がある。ポリカプロラクタン-ポリエチレンイミンブロック共重合体を分散剤として用いた検討で，ABA型はBAB型に比較して良好な分散性を示すことが実験的に確かめられている[8]。

2.3 両親媒性ブロックコポリマーの合成

親水性，疎水性部位の配列が制御された両親媒性ブロックコポリマーの合成において，いくつかの合成法が知られているが，一般的には図3に示す2つに大別される。

2.3.1 2種のモノマーの逐次重合（リビング重合）

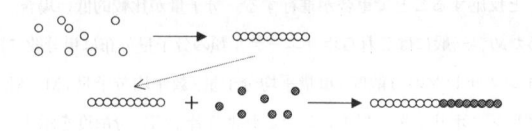

リビング重合では，理想的には，①生成ポリマーの収率と分子量は重合率（重合時間）とともに直線的に増大し，②その分子量は消費したモノマーと開始剤の濃度比で決定され，③分子量は単分散となり，④重合系に他のモノマーを加えるとさらにリビング重合が進行しブロックポリマーが容易かつ定量的に得られる。1956年，Szwaruc[9]によりスチレンのリビングアニオン重合が初めて報告されたが，モノマー配列の制御された両親媒性ブロックコポリマーの合成において，リビング重合は最も適した合成方法といえる。ただし，リビングアニオン重合では，スチレン，

(1) 2種のモノマーの逐次重合（リビング重合）

(2) 2種のポリマーの結合

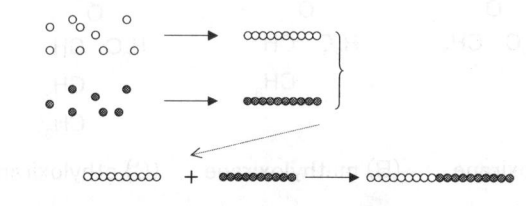

図3　ブロックコポリマーの合成法

界面活性剤・両親媒性高分子の最新機能

ジエン，メタクリレート，オキシラン，環状シロキサンなどのモノマーの重合が可能であるが，極性基への開始剤や成長末端の付加などの副反応により，一般にアクリル酸やアクリロニトリルなど極性モノマーの重合には制限がある。水溶性の両親媒性ブロックコポリマーを合成する上で，例えばポリメタクリル酸のような親水性ブロックを導入する場合，あらかじめカルボキシル基を保護して重合し，後に加水分解等の処理をする必要がある。実際に，ブチルメタクリレートやトリメチルシリルメタクリレートをモノマーとして用い，重合後，p-トルエンスルホン酸や塩酸で加水分解する方法により水溶性ブロックコポリマーが合成されている[10]。アニオン重合のほかにも，1970年代後半から，カチオン重合[11]，ラジカル重合[12]，開環重合[13]，配位重合[14]についてもリビング系が見出されてきており，リビング重合可能なモノマーの種類も増加してきている。

ポリオキシプロピレンポリオキシエチレンブロックコポリマー（プルロニック）は，最も良く知られた両親媒性ブロックコポリマーのひとつであり，その合成は異種のモノマーを逐次重合して得られる高分子の代表例といえよう。本ポリマーでは，疎水性連鎖であるポリオキシプロピレンの両端に親水性連鎖であるポリオキシエチレンを有するABA型トリブロックポリマーが一般的だが，AB型のジブロックタイプや，配列が逆のBAB型，疎水性連鎖にポリオキシブチレンを使用し疎水性を高めたタイプなども知られている。図4に本ポリマーの出発原料となるモノマー，オキシラン類（(A) oxirane，または，ethylene oxide，EO；(B) methyloxirane，または propylene oxide，PO；(C) ethyloxirane，または buthylene oxide，BO）を示す。オキシラン類のアルカリ触媒下での重合は，古くは19世紀中ごろから知られているが[15]，現在も水酸化カリウムやナトリウムといった強アルカリが実用上において最も有効な触媒として使用されている[16]。アルカリ触媒下の重合では，オキシラン炭素原子の一方が開始剤（アルコール，フェノール，アミン，カルボン酸など）の求核攻撃を受けて開環し，アルコキシアニオンを生じる。これが求核的に次のモノマーと反応することで重合が進行する。分子量が比較的低い場合，この反応はリビング的に進行するため，一般にはこれらポリエーテル類の分子量分布は単分散に近いものとなる。例えば，ポリオキシエチレンの分散度（重量平均分子量/数平均分子量；M_w/M_n）で1.05〜1.15，ポリオキシプロピレン，ポリオキシブチレンでこれより若干広い分散度を示すことが報告されて

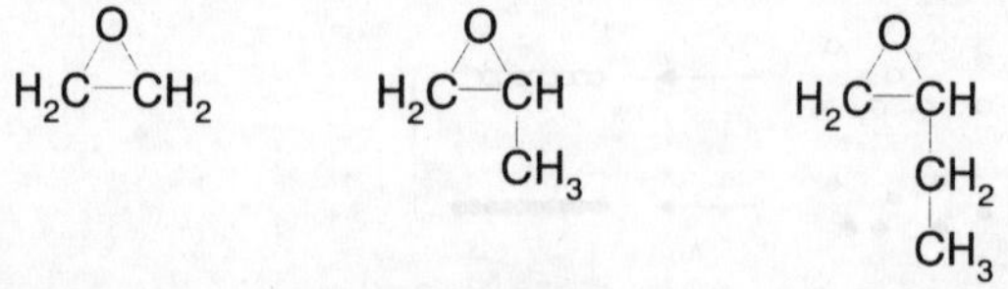

(A) oxirane　　(B) methyloxirane　　(C) ethyloxirane

図4 オキシラン類の構造

第4章 両親媒性高分子の機能設計と応用

いる[17]。ポリエーテルのアニオン重合で，このように分子量分布が揃ったポリマーが得られるのは以下のような理由によると考えられる。

まず，第一にポリエーテルの重合過程において連鎖移動反応が成長反応に優先することが挙げられる。図5に重合過程における反応を示すが，反応(1)はアルコキシアニオンとアルコールの酸塩基連鎖移動反応であり，反応(2)は成長過程，モノマーの成長末端への付加反応である。両者の反応において，常に連鎖移動反応が付加反応を上回り（$k_T \gg k_p$），その結果として全ての成長末端が次のモノマーと反応する確率が同じとなる[18]。また，第二にアルコキシアニオン（成長末端）の反応性が分子量に寄らず一定であること[19]，最後に開始剤濃度が重合開始時から一定であるため，一斉に重合反応が開始され成長末端が次のモノマーに出会う確率が同じになることが挙げられる。

このような重合のリビング性を利用して，異種のオキシランを組み合せた両親媒性ブロックコポリマーの設計が可能である。すなわち第一モノマー（例えばPO）をアルカリ触媒下でアニオン重合し，第一モノマーが重合により消費されポリマーが合成されたことを確認後，第二モノマー（例えばEO）を加え成長末端から第二モノマーの重合を開始させる。配列組成がはっきりと分かれたブロックコポリマーを合成するには，第一モノマーが完全に消費されたことを確かめた後に第二モノマーを供給する必要があり，そうでない場合には組成の移行部位では両モノマーがポリマー配列中に混在することとなる。極端な例は，反応当初から2種のモノマー（例えばEOとPO）を混合し重合した場合，ランダムコポリマーが合成され，このようなランダムコポリマーでは界面活性能は発揮されない[20]。

強アルカリ触媒下での反応は，重合終了時に酸を添加し中和され，結果として中和塩を生じる。両親媒性ブロックコポリマーの物性を評価する場合，特に表面張力，曇点，粘度，cmcなど高分子の溶液物性は塩の影響を受けるため注意が必要である。

2.3.2 2種のポリマーの結合

あらかじめ重合により得た2種の高分子の末端同士を化学結合することでも両親媒性ブロッ

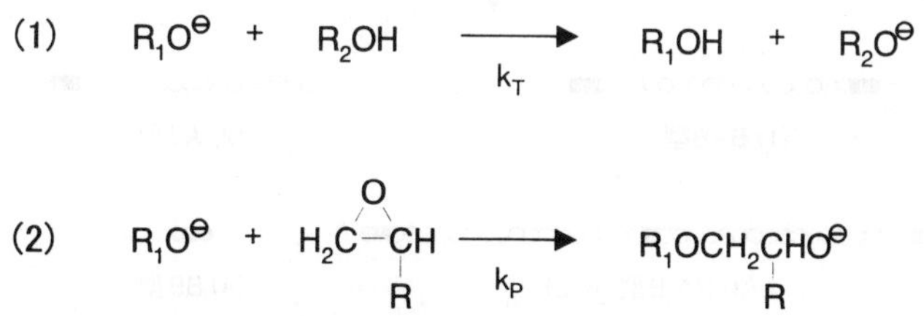

$$(1) \quad R_1O^\ominus + R_2OH \xrightarrow{k_T} R_1OH + R_2O^\ominus$$

$$(2) \quad R_1O^\ominus + \underset{R}{H_2C\overset{O}{-}CH} \xrightarrow{k_P} R_1OCH_2\underset{R}{CHO^\ominus}$$

図5　アルコキシアニオンの反応

クコポリマーの合成が可能である。しかしながら，極性の著しく異なる2種の高分子を溶解する反応溶媒の選択が困難であること，ブロックポリマーを合成するには高分子の反応基が両末端に限られ反応効率が低いことなどから，実際にはこの方法で合成されるブロックポリマーは限られている。厳密なブロックコポリマーの定義からはやや外れるが，上記ABA型ブロックポリマーの代表であるプルロニックに対し，BAB型ブロックポリマーとして，疎水化エトキシウレタン（HEUR：Hydrophobically-modified Ethoxylated Urethane）について触れる。

HEURは親水性連鎖のポリオキシエチレンの両末端が長鎖アルキルで封鎖されたBAB型の構造を有する。1970年代から水系塗料の増粘剤，レオロジー改質剤として使用されてきているが[21]，当初はさまざまな化学構造の混合物であり，水溶液中の構造も不明確であった。1980年代後半から90年代にかけて，ある程度構造が制御されたBAB型モデルポリマーが合成されるようになり，その水溶液の物性が，光散乱[22]，蛍光[23]，NMR[24]，レオロジー[25]などの手法により詳細に検討されるようになっている。

HEURの合成はトルエンなどの溶媒中でポリオキシエチレン，ジイソシアネート，長鎖アルコール（または長鎖アミン）をアルカリ触媒下で反応させるのが一般的であるが，工業的には高温溶融下，無溶媒系での合成も行われている。

図6にHEURの合成を示す。両末端OH型のポリオキシエチレンに2倍モル数のヘキサメチレンジイソシアネート及びオクタデシルアルコールを加え，ジブチルスズラウリン酸を触媒として加え無水条件下，70〜80℃で数時間反応させることで目的のHEURを得る。ただしこのような反応条件下では，目的とする①BAB型の他に，ポリオキシエチレンの片末端のみ封鎖された

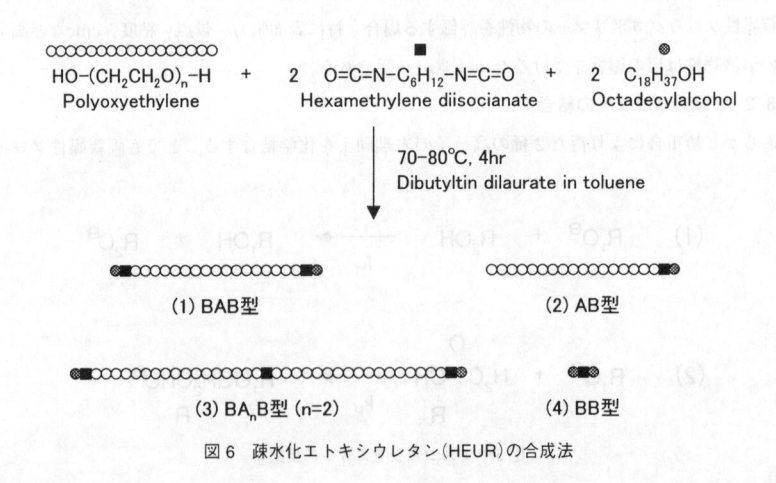

$HO-(CH_2CH_2O)_n-H$ + 2 $O=C=N-C_6H_{12}-N=C=O$ + 2 $C_{18}H_{37}OH$
Polyoxyethylene   Hexamethylene diisocianate   Octadecylalcohol

70–80℃, 4hr
Dibutyltin dilaurate in toluene

(1) BAB型 (2) AB型

(3) BA_nB型 (n=2) (4) BB型

図6 疎水化エトキシウレタン（HEUR）の合成法

第4章 両親媒性高分子の機能設計と応用

②AB型や,親水部のポリオキシエチレンが複数繰り返した③BA$_m$B型,親水部を持たない④BB型ともいうべきポリマーが合成される。これを防ぎBAB型ポリマーのみを得るために,ポリオキシエチレンとアルキルイソシアネートの反応[26],大過剰(～30等量)のイソシアネートでポリオキシエチレンの両末端を反応後,さらに大過剰(～40等量)の長鎖アルコールと反応させ,その後の精製でBAB型ポリマーのみ取り出す方法[27]が報告されており,理想的なモデルBAB型ポリマーが得られるようになっている。

末端疎水基としては,直鎖炭化水素の他に分岐炭化水素[27],フッ化炭素[28],ジメチルポリシロキサン[29]でも同様の会合性ポリマーが合成され,疎水基の自己組織構造や物性に及ぼす影響が検討されている。

2.4 両親媒性ブロックコポリマーの物性

両親媒性ブロックコポリマーについては,その水溶液の各種物性が報告されている。特に各種親水・疎水性連鎖長の組み合わせのプルロニック型ポリエーテルについて,界面科学的な各種物性値(cmc,曇点,ミセル化のエンタルピー・エントロピー・自由エネルギー,会合数,ミセル半径,コア半径)が体系的にまとめられている[30]。

親水性のポリオキシエチレンの両末端が長鎖アルキルで封鎖されたHEURの水溶液中での挙動は,ポリオキシエチレンアルキルエーテルタイプの非イオン性界面活性剤と類似したものとなる。ただし,親水鎖の両末端に疎水鎖を有するBAB型トリブロックの構造を持つことにより,通常の界面活性剤とは著しく異なる水溶液物性を示す場合もある。その代表的物性は,両末端の疎水性会合によるネットワークの形成と系の増粘であり,このタイプの水溶性BAB型ブロックコポリマーが会合性増粘剤と呼ばれる所以である。

ごく低濃度のHEUR水溶液の静的光散乱測定では,ポリマー濃度の増加によって散乱強度は緩やかな勾配を持って直線的に上昇するのみで,水溶液中でポリマーはユニマー状態で存在していると考えられる。ところが,ある特定の濃度(cmc)以上になると散乱強度は,ポリマー濃度に対して指数関数的に立ち上がり,その濃度以下では見られない大きな会合体の形成と成長が示唆される。また,同様の濃度領域でピレンを蛍光プローブに用いた実験により,疎水性ドメインの形成が示されている[31]。すなわち,ピレンの蛍光スペクトルは周囲の環境により変化することが知られ,特にスペクトルの第3ピークと第1ピークの強度比(I_3/I_1)は,ピレンの置かれた環境の親・疎水性を示す指標として利用されている。飽和濃度のピレン水溶液($\cong 3 \times 10^{-7}$mol/L)にHEURを加えていくと,ある濃度を境にI_3/I_1が上昇し始め,疎水性相互作用によりミセルの疎水性ドメインが形成され,ピレンが取り込まれることが示唆される。I_3/I_1変化のポリマー濃度依存性は,一般の低分子界面活性剤に比較して緩やかなものであり,ミセル会合数やサイズに

比較的広い分布を持つと考えられている。上にも述べたように、BAB型ブロックコポリマーが広いミセルサイズ分布を有することはシミュレーションでも予測されており[6]、実験もこれを支持する結果となっている。cmc濃度における動的光散乱測定から、HEUR水溶液では流体力学半径が5～10nmのミセルが観察される。アルキル鎖長を一定にした複数のHEURでは、ポリオキシエチレンの重合度が高くなるほどミセル半径も増大し、水中に親水性連鎖を伸ばしたコア・コロナ型ミセルの形成されることが分かる[24b]。ポリマー濃度を高めていくとある範囲までは、ミセルの平均粒子径及び分散度がやや増大するだけで孤立したミセルのまま存在するが、あるポリマー濃度を超えるとそれまでよりも1オーダー大きな会合体(動的光散乱スペクトルでのスローモード)が見られるようになる。同様の濃度範囲において、水溶液中のポリマーの自己拡散係数が著しく低下し[24a]、また溶液粘度に急激な立ち上がりが認められることから、この濃度から一部のポリマーが隣り合った2つのミセルで末端疎水基を共有し、ミセル間を繋ぐ架橋として働き、ネットワークの形成が始まることが示唆される。この様子を図7に模式的に示す。cmc以下ではポリマーは水中に単分子溶解しユニマーとして存在するが、cmc以上では両末端疎水鎖をコアに、親水鎖をループにしたフラワーミセルを形成する。更に高いポリマー濃度では、多くのポリマーはフラワーミセルを形成しているが、一部のポリマーがミセル間を繋ぐ架橋として働き始める。更にポリマー濃度が高くなると、全てのミセルが結ばれ(Percolate：端から端まで途切れなく浸透し繋がる意)、ネットワークを形成することになる。このようなBAB型ブロックコポリマーによる会合体及びネットワークの形成は、理論的にも興味ある対象として数多くの研究事例が報告されている[32]。ただし、HEURの形成するネットワークは、疎水性相互作用による物理架橋によって形成されるものであり、ネットワークは動的な性質を有している。すなわち、一般の界面活性剤と同様にミセルを形成している分子と水中に単分子溶解している分子は交換してお

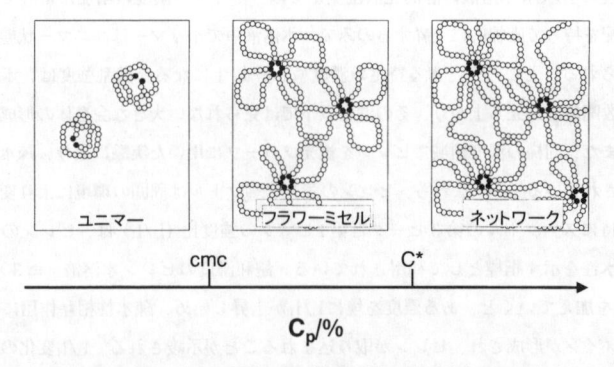

図7 BAB型ブロックポリマー(会合性増粘剤)の水中での構造

第4章 両親媒性高分子の機能設計と応用

り,架橋点は生成消長を繰り返している。よって図に示したネットワーク構造も,ある瞬間のスナップショットに過ぎずネットワークはある寿命を持っているともいえる。このような過渡的なネットワーク(Transient Network)の理論的考察は,古くはGreenとTobolsky[33]から始まり,近年,Jenkins[25b],田中ら[32a, d]によって新たな理論展開がなされている。実際の会合性増粘剤のレオロジーデータ[25a]と理論との整合は,まだ十分でないところもあり,今後も理論と実験の相補的研究によりこの分野の一層の進展が期待される。

BAB型ポリマーであるHEURの最大の特徴は会合性増粘であり,実用上も水性塗料,ペーパーコーティング,化粧品,ハウスホールド分野で増粘剤,レオロジー改質剤として活用されている。HEURのレオロジー特性をコントロールするには,親水性のポリオキシエチレンと疎水性のアルキル鎖長の制御が重要となる。一般に末端アルキル鎖が長くなるほど,疎水性会合には有利になるため,より増粘効果は高くなる。Annableら[25a]はポリオキシエチレンの分子量を一定(Mw=35,000)にし,アルキル鎖を炭素数12〜22まで変化させたHEURを合成し,粘度に及ぼす疎水鎖長の影響を検討した。その結果,アルキル鎖長の伸長に伴い粘度は指数関数的に増加し,ゴム弾性理論から展開した熱力学的解析から,ネットワークの生成消長に伴う活性化エネルギー変化は疎水基の1メチレン当り0.9〜1kTとなることが導かれている。親水基ポリオキシエチレン鎖長がレオロジー物性に及ぼす影響は十分整理されてはいないが,ポリオキシエチレン分子量が高くなるほど,増粘効果も高まる傾向にある。これは,長鎖親水基同士のエントロピー効果により,会合数が低くなる(ミセル数=架橋点が増える)こと,ブリッジ/ループの割合が高まることによると考えられる。

2.5 おわりに

1930年代,Staudingerはポリインデンを用いた実験により高分子の存在を証明し,その功績により1954年ノーベル化学賞を受賞している。しかし,そのときには既にStraussらによりポリソープが合成され,その後,長らく注目されることがなかったとしても,今日の両親媒性高分子研究の礎が当時既に築かれていたことはある意味驚きである。高分子の発展の過程では,新しいモノマーの合成と同時に新たな高分子が生まれ,新規な素材に従来にない物性を付与してきた。そしてホモポリマーからコポリマーへと複数のモノマーを共重合することにより,より高い要求性能を満たす工夫がなされてきた。いわばこれは一本の高分子中の組成比をコントロールすることによるポリマーの発展であった。現在は一本の高分子中の繰り返し配列までコントロールし,複数の高分子鎖が形成する集合体の構造を制御することにより,更に高い機能を果たすようにと発展してきている。その中で,両親媒性コポリマーは,ライフサイエンス,IT,ナノテクノロジー,バイオといった21世紀を支える基盤技術素材として今後も益々の発展が期待されている。

文　　献

1) T. T. Albrecht *et al.*, *Science*, **290**, 2126(2000).; A. C. Edrington *et al.*, *Adv. Matr.*, **13**, 421(2001).; 堀内伸ら, 高分子論文集, **59**, 571(2002)
2) U. P. Strauss and E. G. Jackson, *J. Polym. Sci.*, **6**, 649(1951)
3) P. L. Dubin and U. P. Strauss, *J. Phys. Chem.*, **71**, 2757(1967).; P. L. Dubin and U. P. Strauss, *J. Chem. Phys.*, **74**, 2842(1970).; P. L. Dubin and U. P. Strauss, *J. Phys. Chem.*, **77**, 1427(1973)
4) Y. Morishima *et al.*, *Makromol. Chem.*, **182**, 3155(1981)
5) D. A. Holden *et al.*, *Ann. N.Y. Acad. Sci.*, **366**, 11(1981)
6) S. H. Kim and W. H. Jo, *Macromolecules*, **34**, 7210(2001)
7) Z. Zhou and B. Chu, *Macromolecules*, **27**, 2025(1994)
8) H. L. Jakubauskas, *J. Coat. Techn.*, **58**, 71(1986)
9) M. Szwarc *et al., J. Am. Chem. Soc.*, **78**, 2656(1956).; M. Szwarc, *Nature*, **178**, 1168(1956)
10) A. Desjardins and A. Eisenberg, *Macromolecules*, **24**, 5579 (1991).; M. Kamachi *et al.*, *Macromolecules*, **5**, 161(1972).; Y. Morishima *et al.*, *J. Polym. Sci., Polym. Chem. Ed.*, **20**, 2007(1982).; A. Desjardins *et al.*, *Macromolecules*, **25**, 2412(1992)
11) M. Miyamoto *et al.*, *Macromolecules*, **17**, 265(1984)
12) T. Otsu and M. Yoshida, *Makromol. Chem., Rapid Commun.*, **3**, 127(1982).; T. Otsu *et al.*, *Makromol. Chem., Rapid Commun.*, **3**, 133(1982).; S. Yusa *et al*, *Macromolecules*, **37**, 7507(2004)
13) S. Kobayashi and T. Saegusa, "Ring Opening Polymerization", Elsevier, New York,1984.
14) Y. Doi *et al.*, *Macromolecules*, **12**, 814(1979)
15) A. Wurtz, *Compt. Rend.*, **49**, 813 (1859).; A. Wurtz, *Ann. Chim. et Phys.*, **69**, 317(1863)
16) N. Shachat and H. Greenwood, "Nonionic Surfactants", Surfactant Science Series vol. 60, p.12, Marcel Dekker, New York, 1967
17) E. Santacesaria *et al.*, *Ind. Eng. Chem. Res.*, **29**, 719(1990).; J. Ding *et al.*, *Eur. Polym. J.*, **27**, 895(1991)
18) E. Santacesaria, *Riv. Ital. Sostanze Grasse*, **68**, 261(1991)
19) J. V. Karabinos and E. J. Quinn, *J. Am. Oil Chem. Soc.*, **33**, 223(1956)
20) J. Lee *et al.*, *Polym. Matr. Sci. Eng.*, **57**, 613(1987).; V. M. Nace *et al.*, *J. Am. Oil Chem. Soc.*, **71**, 777(1994)
21) 林壮一ら, 特開昭48-97783; W. D. Emmons, US Patent 4079028(1978)
22) E. Alami *et al.*, *Macromolecules*, **29**, 2229(1996)
23) Y. Wang and M. A. Winnik, *Langmuir*, **6**, 437(1990).; O. Vorobyova *et al.*, *Langmuir*, **17**, 1357(2001).; E. Alami *et al.*, *Macromolecules*, **29**, 2229(1996)
24) (a) K. Persson *et al.*, *Colloid Polym. Sci.*, **270**, 465(1992).; (b) C. Chassenieux *et al.*, *Macromolecules*, **31**, 4035(1998)
25) (a) T. Annable *et al.*, *J. Rheol.*, **37**, 695(1993).; (b) R. D. Jenkins, Ph.D. thesis, Lehigh

第4章 両親媒性高分子の機能設計と応用

Univ.(1990).; (c) D. J. Lundberg *et al.*, *J. Rheol.*, **35**, 1255(1990)
26) E. Alami *et al.*, *J. Colloid Interface Sci.*, **193**, 152(1997)
27) P. T. Elliott *et al.*, *Macromolecules*, **36**, 8449(2003)
28) S. X. Ma and S. L. Cooper, *Macromolecules*, **34**, 3294 (2001).; J. Mewis *et al.*, *Macromolecules*, **34**, 1376 (2001).; J. F. Berret *et al.*, *J. Rheol.*, **45**, 477(2001)
29) 吉田克典ら, 特開2002-285019
30) B. Chu and Z. Zhou, "Nonionic Surfactants", Surfactant Science Series vol. 60, Marcel Dekker, New York, 1996, Chapter 3
31) E. Alami *et al.*, "Hydrophobic Polymers", Advances in Chemistry 248, American Chemical Society, Washington DC, 1995, Chapter 18
32) (a) F. Tanaka and S. F. Edwards, *J. Non-Newtonian Fluid Mech.*, **43**, 247 (1992).; (b) F. Clement *et al.*, *Macromolecules*, **33**, 6148 (2000).; (c) P. G. Khalatur *et al.*, *J. Chem. Phys.*, **110**, 6039 (1999).; (d) F. Tanaka, *Progr. Colloid Polym. Sci.*, **106**, 158(1997)
33) M. S. Green and A. V. Tobolsky, *J. Chem. Phys.*, **14**, 80(1946)

3 機能性ナノキャリアの設計とバイオマテリアル応用

菖蒲弘人[*1], 秋吉一成[*2]

3.1 はじめに

科学技術の進歩に伴い様々な疾病に対して効果的な薬剤が開発されてきた。しかし,薬物をそのまま投与しても広範囲の組織に拡散してしまい,患部に充分な薬剤を送り込むことは難しい。また,患部に対して必要な量の薬剤を使用すると,増やした薬剤の量に比例して副作用も大きくなる。そこで,特定の薬剤を特定の組織に届けるというドラッグデリバリーシステム(DDS)の確立が待ち望まれている。近年,数多くの生命現象の仕組みが分子レベルで理解されるようになり,またバイオナノテクノロジーを駆使して生体システムと類似の機能を有するバイオマテリアルの開発研究も進展し,標的細胞へのターゲティング,細胞への物質取り込みさらに細胞内部での物質移行を制御するシステムの設計が可能となってきた。組織への運搬と細胞内への取り込みを考えるとキャリアは必然的にナノサイズであることが要求される。ナノキャリアとは文字通り直径が~数十nm (10^{-9}) オーダーの微粒子からなり,粒子表面や内部に薬剤を付着・保持することによって薬剤を運搬する系である。主に疎水的な会合力を利用して開発されたナノキャリアとしては,リポソーム,リピッドマイクロスフェア,高分子ミセル,高分子ナノゲルなどが挙げられる。本節では,両親媒性高分子の自己組織化を利用したナノキャリアとして,高分子ミセルと高分子ナノゲルについて解説する。

3.2 高分子ミセルの機能

3.2.1 DDSナノキャリアとしての高分子ミセルの設計

親水性の高分子と疎水性の高分子からなるブロック共重合体は,水中において疎水鎖を内核,親水鎖を外殻とする会合体(高分子ミセル)を形成する。1990年以降,高分子ミセルは,特に抗癌剤のキャリアとして,活発に研究されてきた。

高分子ミセルの特徴として,リポソームのような低分子の両親媒性分子からなる集合体と比べて,両親媒性高分子鎖の集合体からの解離速度が小さく,結果的に血中での構造安定性が高い点が挙げられる。特にポリエチレングリコール(PEG)鎖を有するミセルは,免疫や細網内皮系といった体内防御機構を回避する機能(ステルス性)が高い[1]。また,ミセルを血中に投与(静注)した時に,組織にどのように分布するかを調べた実験では,低分子ミセルが毛細血管壁を透過し程度の差はあっても全ての臓器に分布してしまうのに対し,数十nmのサイズを有する高分子ミ

[*1] Hirohito Ayame 東京医科歯科大学 生体材料工学研究所 大学院生
[*2] Kazunari Akiyoshi 東京医科歯科大学 生体材料工学研究所 教授

第4章 両親媒性高分子の機能設計と応用

セルは癌組織に対して透過性や蓄積性が高いという性質を持つことが分かっている。これはEPR (enhanced permeability and retention) 効果と呼ばれている[2]。癌組織は血管の新生が常に行われているため血管の構築性が悪く,通常の組織に比べ約3～10倍の物質透過性が高い。そのため高分子化合物は通常の組織の血管壁は通過しにくいのに対して,癌組織の血管壁は比較的容易に透過できる。また,通常取り込まれた化合物は,リンパ管を通して排斥されるが,癌組織ではこの回収機構が不完全なため,結果的にがん組織内に高分子化合物は蓄積しやすいという効果がある。さらに,高分子ミセルが会合体であるために使用後は解離され腎臓から排出されるサイズ (分子量1～2万程度) にまで低下するため毒性も比較的小さいという利点も持つ[3]。高分子ミセルの外殻の親水連鎖には標的とした組織や細胞を認識する機能性分子を結合することも可能である (図1)。

このような特色を持つ高分子ミセルは世界各国でその有用性が認められ臨床試験段階に入っている。日本においても,片岡らが開発した高分子ミセルを用いてアドリアマイシンなどの抗癌剤を内包し,臨床試験が行われている。

最近,疎水的な会合力のみならず,静電的相互作用を駆動力とするポリイオンコンポレックス (PIC) ミセルが片岡らにより報告されている。PEG-poly(aspartic acid)と抗がん剤として使用されている白金錯体であるシスプラチンを混合するとシスプラチンがpoly(aspartic acid)の高分子鎖をつなぎ止める"のり"の役割をはたし,配位結合による比較的安定な高分子ミセルが形成した[4,5]。内包されたシスプラチンはアドリアマイシンと同様に血中半減期を伸ばすことに成功した[6,7]。また,光力学治療で有用性が期待されているデンドリマー型光増幅剤をPICミセルで内包することも可能であった[8]。

3.2.2 核酸キャリアとしての高分子ミセル

ポストゲノムの時代において,遺伝子診断にもとづくテーラーメイド医療が現実のものとなり,

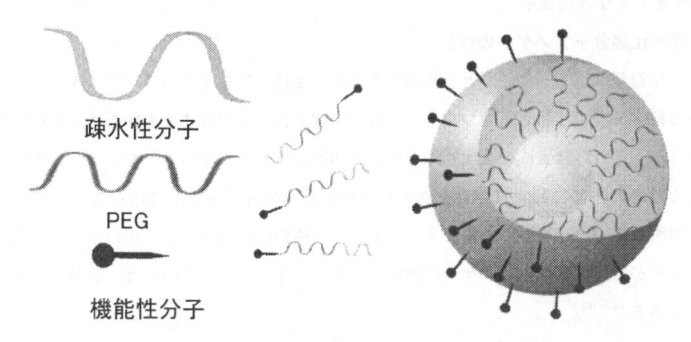

図1 高分子ミセルの構造

界面活性剤・両親媒性高分子の最新機能

それとともに遺伝子治療に用いられるキャリアの開発研究が活発である。これまでベクターとして主に無毒化されたウィルスがよく使用されている。ウィルスベクターはウィルスの感染機構を利用しているため、遺伝子の発現効率は良く導入した遺伝子の安定発現ができるという利点を持つ。しかし、ベクターとして用いたウィルスが原因と思われる免疫性のショック死が1999年アメリカで確認され、2002年のフランスでも白血病の発症が確認されている。このため、安全性の高い非ウィルス性の遺伝子デリバリーの開発が望まれている。現在、様々な非ウィルスベクターが報告されているが、1995年にPEG-ポリカチオンブロックコポリマーがポリアニオンであるDNAとポリイオンコンプレックスを形成し、数十nmの安定なPICミセルを形成することが片岡ら[4]やKavanovら[5]により報告された。それ以来、様々なPICミセルが開発されている。しかし、PICミセルが生体内の条件下において構造が不安定であるために長い循環中での耐久性がないという欠点がある。そこで、生体内環境においても安定な構造をとるPICミセルの開発が期待されていた。その一つの方法として、ミセル内部の高分子鎖を共有結合で架橋することにより構造安定性を増すことが考えられた。Poly(lysine)を有するPICミセルをglutaraldehydeにより架橋することで構造安定性を増すことがRiceらによって報告された[9]。しかし、PICミセルの構造が安定しすぎて、標的の組織及び細胞に取り込まれた後でも内包した物質の解離が抑えられては意味がない。そこで、細胞取り込み前では安定化し細胞内の環境下においてのみ解離するという刺激応答性ミセルの設計が重要である。細胞内において解離しえるジスルフィド結合架橋PICミセルが片岡らにより開発された。細胞内においてチオール基が酸化されジスルフィド結合の開裂にともない内包されたプラスミドDNAが効率よく放出された[10,11]。このように安定性が向上されたことにより、PICミセルは長鎖の核酸であるプラスミドDNA以外にも、最近注目を集めているsiRNAといった短い核酸を内包させることにも成功している[12,13]。

3.3 高分子ナノゲルの機能
3.3.1 疎水化高分子ナノゲルの設計

ナノゲル微粒子は、ナノ微粒子とゲルの特性を合わせ持つ微粒子として、バイオナノテクノロジー、生命科学分野で注目されつつある。有機、無機も含めて現在さまざまなナノ微粒子が開発されているが、それらは表面の2次元的な性質を利用したものが多い。一方、ナノゲルでは、表面はもとよりその内部に様々な物質やタンパク質などの高分子をも取り込むことができる3次元空間を利用しえる点が重要である。また、ゲルの体積相転移はゲルサイズの平方根に比例して早くなることが予想されており、ゲルの物性的にも興味深い。これらの点は、高分子ミセルにない特徴でもある[14~16]。

ナノゲルの合成方法として最も多く用いられているのは、マイクロエマルションをまず形成さ

第4章　両親媒性高分子の機能設計と応用

せ，その微少空間中架橋剤存在下で重合を行うものである。しかし，サイズの制御は簡単ではない。あらかじめポリマーに架橋しえる部位を導入して，一高分子内で架橋する方法や高分子ミセル形成後にその内核や外核を架橋する方法などが報告されている。筆者らは非常に疎水性の高いコレステロール基を部分的に(1～5 mol％以下)置換した多糖プルラン(コレステロール置換プルラン，CHP)が希薄水溶液中で安定な会合体微粒子を形成することを報告した(図2)[17]。詳細な検討から疎水化多糖が会合し，疎水基の会合領域を架橋点とするナノサイズ(20～30 nm)の物理架橋ヒドロゲル(ナノゲル)であることが分かった[18]。タンパク質の折り畳みのように，疎水基が高分子鎖を束ねる"のり"の役目を果たし糖鎖が集められてナノサイズのネットワークを形成した。疎水化高分子は疎水基がほんの少ししか導入(5モル％以下)されていないために，ポリマー鎖の立体的障害もあり，ポリマーミセルのように一つのコア領域を有するのではなく，疎水性の会合領域がいくつも点在するヒドロゲル様の構造しかとりえないことがわかった。ヒドロゲル中の水含量は80～90％程度であり，通常のマクロゲルを切り刻んでナノサイズにしたようなヒドロゲルである。物理架橋点を有する50 nm以下のナノゲルとしては，初めての報告であった。ナノゲルは導入する疎水基の構造や置換度を変えることで，その粒径や粒子内部の疎水領域の分布，つまり(ゲルのポアサイズ)などを制御しえた。このような自己組織化ナノゲル法は，比較的会合能力の高い会合性因子を高分子鎖に部分的に導入することで高分子の会合を動的に制御しえる新規物理架橋ナノゲルをえる手法と一般化されうる。様々な水溶性多糖類，ポリアミノ酸[19]，および合成高分子[20]においても同様なナノゲルが形成し，光や酸化・還元応答性ナノゲルの作成[21]も可能となった。

　微粒子としてのナノゲルの特性をさらにマテリアルとして応用するために，ナノゲルをビルディングブロックや架橋点としたマクロなヒドロゲルの開発へと展開している(図3)[22]。ナノゲルの特性を保持したナノマトリックスゲルは，分子シャペロン機能を有し，また薬物の徐放担体

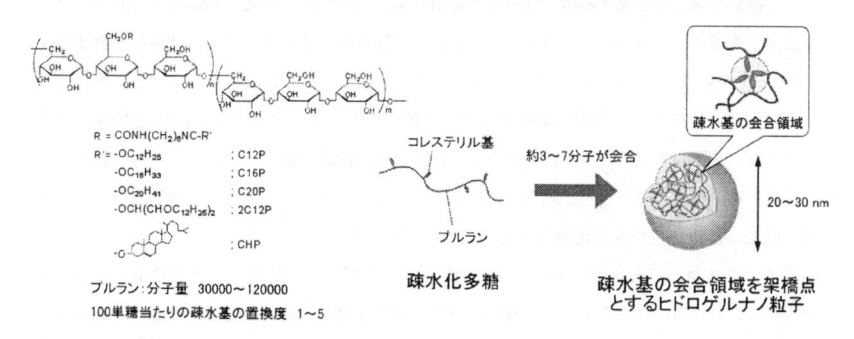

図2　コレステロール置換プルラン(CHP)の構造

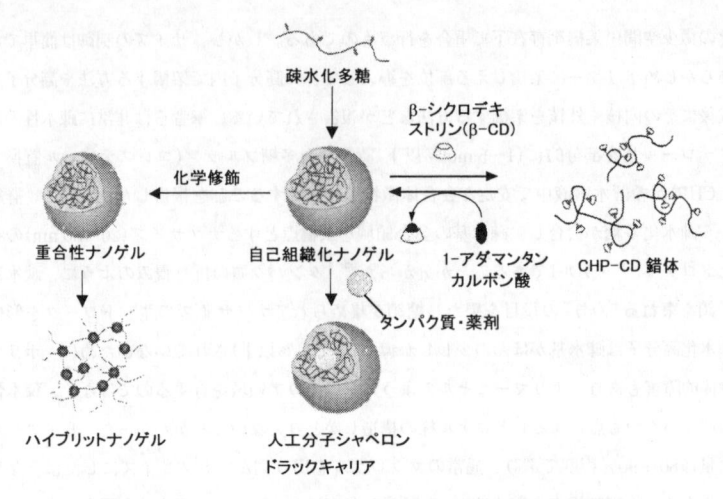

図3 ナノゲルエンジニアリングによる新規バイオマテリアルの創製

として従来にない性能を発揮することが明らかになってきた。ナノ構造が制御された新規ヒドロゲルは，その物性の面でも興味がある。また，ナノゲル-アパタイト複合体やナノゲル-量子ドット複合体など新規有機-無機ハイブリッド組織体の設計が可能となり，その利用を図っている[23]。

3.3.2 疎水化高分子ナノゲルのDDS応用

ナノゲルは内部の網目構造に様々な薬剤を取り込むことができ，網目構造のサイズに応じて徐放が可能である。筆者らはCHPナノゲルが疎水性薬物であるアドリアマイシンなどの抗がん剤を内包することを報告している[24]。内包したアドリアマイシンは数日間にわたり徐放し続け，pHの低下にともない急速に薬剤を放出することも報告されている。また，高分子ミセルと同様にナノゲルも組織や細胞を認識する機能性分子を結合することが可能である。細胞表層のレセプターの認識分子を導入した種々のナノゲル（ガラクトース基置換CHPナノゲル[25]，葉酸基を有するナノゲルなど）が報告されている。また，様々な疎水化多糖ナノゲルが設計されている。例えばプルランの代わりにキトサンを用いデオキシコール酸を修飾したナノゲルは，CHPと同様にアドリアマイシンを内包することが可能であり，7日間以上の徐放を確認している。一方，抗がん作用や抗血管新生作用を持つことが知られているヘパリンやカルボキシメチルカードランなどそれ自身が抗がん作用を持つ疎水化高分子も報告されている[26, 27]。

CHPナノゲルは，そのナノマトリックス内にタンパク質を取り込めることが特徴である。天然状態のタンパク質のみならず非天然状態のタンパク質を凝集させることなく効率よく取り込んだ。特に癌抗原タンパク質を取り込んだ複合ナノゲルは，癌免疫治療に威力を発揮することが明

第4章 両親媒性高分子の機能設計と応用

らかになった[28]。現在ヒトへの臨床応用がはじまったところである。

また,高分子ミセルと同様にナノゲルはプラスミドDNAなどの核酸キャリアとしても有用である。筆者らはナノゲルのサイズがクロマチン構造のヒストン・タンパク質複合体の大きさに近いことに着目し,核酸をテンプレートとしたナノゲルの集積制御を行っている。CHPにアミノ基を導入した粒径約20 nmのカチオン性CHPとプラスミドDNAとを混合することにより,粒径300 nmの比較的サイズのそろった球状微粒子を得ている。遺伝子キャリアとしても機能した。また,カチオン性ナノゲルによる巨大DNAの興味深い階層的折り畳み構造が確認されている。

3.3.3 ナノゲルの分子シャペロン機能

生体系では,タンパク質を捕まえたり放したりすることでタンパク質のフォールディングや酵素機能を制御し,細胞内でタンパク質のキャリアとして働いている分子シャペロンというタンパク質群が存在している。面白いことに疎水化多糖からなるナノゲルは,この分子シャペロンと同様な機能を再現できることがわかった[29~33]。生まれたてのタンパク質や加熱などのストレスを受けたタンパク質(変性タンパク質)は,タンパク質同士で凝集しやすくなる。細胞にとっては困った問題である。アルツハイマー病やプリオン病は,このようなタンパク質の凝集が原因で生じるといわれている。分子シャペロンは,凝集しやすいタンパク質を選択的に捕まえて,凝集を防いでいる。またある場合には,もとのタンパク質に再生させることも可能である。ナノゲルは,分子シャペロンと同様にタンパク質を捕捉するホストとして機能した[34,35]。また,化学変性したタンパク質や熱変性したタンパク質とナノゲルは素早く複合体を形成して,その凝集を阻害した。また,疎水性の"のり"を壊して水に溶かす作用のあるシクロデキストリンという分子をこのナノゲルに加えると,ナノゲルが壊れてタンパク質をゲルの中から取り出せることが分かった(図3)[30~32]。この系を利用すると生理活性タンパク質や抗体などを仮死状態で一度捕まえて保存しておき,必要な時に放出させて機能を復帰させるという新しい概念のタンパク質安定化剤が開発可能になる。

近年,さまざまな生理活性タンパク質が遺伝子操作により作りだされているが,その際に細胞内で多量に発現させたタンパク質は正しくフォールディングされずに凝集してしまう場合が多い。また,ポストゲノム時代を迎え,新たに見つかった遺伝子から発現する新規なタンパク質の機能解析が行われているが,この場合もタンパク質のフォールディングと凝集の問題は避けては通れない。現在,様々なタンパク質再生系が報告されているが,依然として汎用性のあるシステムの開発は大きな課題である。我々の開発したナノゲルシャペロンは,ポストゲノム時代でのタンパク質の機能解析になくてはならない技術として期待されている。最近では,光応答性人工分子シャペロン[21]の開発にも成功している。

文　献

1) G. S. Kwon, *et al., J. Contrl. Rel*, **29**, 17(1994)
2) Y. Matsuura, H. Maeda, *Cancer Res.*, **46**, 6387(1986)
3) 長崎幸夫, 高分子, **52**, 687(2003)
4) A. Harada, K. Kataoka, *Macromolecules*, **28**, 5294(1995)
5) A. V. Kabanov, S. V. Vinogradov, *Bioconj. Chem.*, **6**, 639(1995)
6) M. Yokoyama, *et al., Cancer Res.*, **51**, 3229(1991)
7) K. Kataoka, *et al., J. Contrl. Rel.* **24**, 119(1993)
8) W. D. Jang, *et al., Ang. Chem.*, **44**, 419(2005)
9) W. T. Collard, *et al., J. Pham.Sci.*, **89**, 499(2000)
10) D. Oupicky, *et al., Gene Ther.*, **8**, 713(2001)
11) Y. Kakizawa, *et al., Biomacromolecules*, **2**, 491(2001)
12) K. Itakara, *et al., J. Am. Chem.Soc.*, **126**, 13612(2004)
13) M. Oishi, *et al., J. Am. Chem.Soc.*, **127**, 1624(2005)
14) K. McAllister, *et al., J. Am. Chem.Soc.*, **124**, 15198(2002)
15) S. Kazakov, *et al., Macromolecules*, **35**, 1911(2002)
16) D. Kuckling, *et al., Langmuir*, **18**, 4263(2002)
17) K. Akiyoshi, *et al., Macromolecules*, **26**, 3062(1993)
18) K. Akiyoshi, *et al., Macromolecules*, **30**, 857(1997)
19) K. Akiyoshi, *et al., Macromolecules*, **33**, 6752(2000)
20) K. Akiyoshi, *et al., ibid*, **33**, 3244(2000)
21) T. Hirakura. *et al., Biomacromolecules*, **5**, 1804(2004)
22) N. Morimoto *et al., Biomacromolecules*, in press
23) U. Hasegawa *et al., Biochem. Biophys. Res. Commun.*, inpress
24) K. Akiyoshi, *et al., Eur. J. Pharma. Biopharm.*, **42**, 286(1996)
25) I. Taniguchi, *et al., J. Bioact. Compat. Polym.*, **14**, 195(1999)
26) K. Park, *et al., Langmuir*, **20**, 11726(2004)
27) K. Na, *et al., J.Contrl. Rel.*, **69**, 225(2000)
28) Y. Ikuta, *et al., Blood*, **99**, 3717(2002)
29) 秋吉一成, 生命化学のニューセントラルドグマ, p.160, 化学同人(2002)
30) 秋吉一成, 未来材料, **2**, 36, (2004)
31) K. Akiyoshi, *et al., Bioconj. Chem.*, **10**, 321(1999)
32) Y. Nomura. *et al., FEBS Lett.*, **553**, 271(2003)
33) Y. Nomura. *et al., Biomacromolecules*, **6**, 447(2005)
34) T. Nishikawa. *et al., Macromolecules*, **27**, 7654(1994)
35) T. Nishikawa. *et al., J. Am. Chem. Soc.*, **118**, 6110(1996)

4 高度なバイオ工学を実現するリン脂質サーフェイステクノロジー

石原一彦[*1]，渡邉順司[*2]，高井まどか[*3]

4.1 バイオインターフェイスの必要性

　21世紀に入り，バイオテクノロジーを基盤とした新しいバイオエンジニアリングに対する期待はますます高まってきている。特に遺伝子情報の解明はこれに拍車を掛け，バイオ関連産業を中心とした医学，薬学領域のみならず，環境，エネルギーなど基幹産業分野に大きな影響を与えることは必至の状況である。一方，バイオ関連産業を支えるバイオマテリアル工学は未だに発展途上であり，今後効率的な研究開発費と人材の投入により短期間での飛躍的発展が求められている。20世紀，科学技術はマテリアルの大きな発展とともに社会生活を大きく変革してきた。しかしながらバイオがこれからの中心産業として社会貢献できるかは，この領域で確実に利用できるマテリアルの開発に依存していると言って過言ではない[1, 2]。事実，現在，バイオ技術で産生される有用タンパク質を構造変化させることなく100%の効率で分離精製できる膜やカラム充填材すら存在しない。生体系とデバイスとの界面をきちんと形成できるバイオインターフェイスの構築はマテリアルの求められる最大かつ緊急に解決しなければならない問題である（図1）。

　生体あるいは生体系に優しい界面を持つバイオマテリアルは，生体の構造に注目して設計することが有効である。例えば血管表面の構造をマテリアル表面に構築できれば，タンパク質や細胞

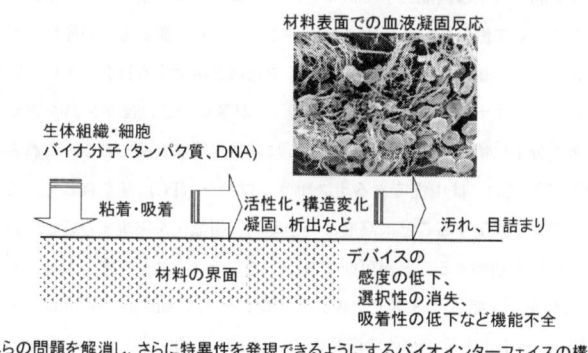

図1　バイオインターフェイスの重要性

[*1] Kazuhiko Ishihara　東京大学　大学院工学系研究科　マテリアル工学専攻　教授
[*2] Junji Watanabe　東京大学　大学院工学系研究科　マテリアル工学専攻　助手
[*3] Madoka Takai　東京大学　大学院工学系研究科　マテリアル工学専攻　講師

図2 細胞膜の構造と性質

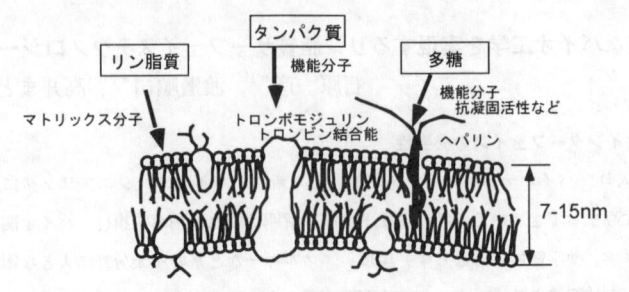

性質：親水性、不均質性、流動性、負荷電表面、生理活性、非特異性など

など生体成分の吸着や構造変化を抑制できる新しいポリマーバイオマテリアルが創製できる。これまでのポリマーバイオマテリアルの設計概念は血管内皮細胞表面での性質を基盤としているものがほとんどである。図2に一般に知られている生体（細胞）膜の構造と性質を示す。細胞膜表面はリン脂質分子の二分子膜中にタンパク質がモザイクのようにはめ込まれ、また表面から外側に向かって親水性の多糖が出ている[3]。細胞膜での生体反応のほとんどはタンパク質が関与し、その構造変化や分布状態の変化により外部からの信号が細胞内に伝達される。すなわち、細胞膜は適度な流動性を有している。多糖も外部の信号を受容するアンテナ分子として働いている。これらに対して、リン脂質分子は機能分子であるタンパク質を一定の空間位置に配置する役割、すなわちマトリックスとして働いているにすぎない。さらに、リン脂質分子の極性基が細胞内外で大きく異なっていることが知られている。他の分子や組織と接触する機会の多い細胞外側ではリン脂質（ホスファチジルコリン、スフィンゴミエリン）が多く、これはタンパク質や多糖などの機能分子、アンテナ分子に情報が選択的に届くように非特異的な表面である。これらのリン脂質分子は極性基として電気的には中性であるホスホリルコリン（PC）基を有している。

細胞膜構造を人工系で構築することは高度な分子配向、組織化を実現することであり、これにより生体との相互作用を制御することが可能である。ここでは天然系を模した人工系という観点から、筆者らはこれをリン脂質サーフェイステクノロジー（PC surface technology）として確立させた[4, 5]。21世紀のバイオ工学、バイオ産業あるいは高度先端医療を支える高機能デバイスを開発するために不可欠なPCサーフェイステクノロジーを概観する。

4.2 リン脂質サーフェイスの機能

細胞膜を構成するリン脂質分子の組織体を応用して、リポソームやリピッドミクロスフィアーによる薬物送達システムや脂質膜センサーなどに関する研究が行われている。LB膜も含めて、こ

第4章　両親媒性高分子の機能設計と応用

れらのリン脂質を吸着させた表面の生体親和性についてはいくつかの古典的な報告があり、良い効果が認められている（図3）。事実、リポソームなどは血液中に薬物を投与する担体として臨床的に用いられることがある。しかしながら、バイオマテリアルという観点からリン脂質組織体を考えてみると化学的、物理的安定性に乏しい。そこで、多孔性ポリマー支持体の利用や重合性リン脂質分子の適用などがなされている。

生体成分との反応を研究した例では、Throboelastograph法を用いたリン脂質吸着表面の抗血栓性評価がなされている。血液に接触するキュベット及びピストンを天然中性リン脂質であるジパルミトイルホスファチジルコリン（DPPC）で被覆すると、未処理あるいは酸性リン脂質のジパルミトイルホスファチジルセリン（DPPS）を被覆した系に比べ血液凝固に起因する振動開始時間が遅延した。未処理の系にDPPCリポソームを添加しても影響が無いことから、材料表面に被覆したDPPCが血液凝固の抑制に寄与している事がわかった。

ポリアミドマイクロカプセルをDPPCやジミリストイルホスファチジルコリン（DMPC）で被覆し（リン脂質ゲート構造体）、その表面のタンパク質吸着性と血小板粘着性が検討された。これによると、被覆したリン脂質はリン脂質分子の組織化構造の特徴であるゲル－液晶転移を示した。この表面ではγ-グロブリンとフィブリノーゲンの吸着を抑制し、また血小板の粘着も抑制したこと、さらにDPPCより室温で流動性（液晶状態）を有するDMPCを被覆した表面の方が効果的に血小板粘着を抑制することが見いだされている。

リン脂質極性基を表面に固定化する研究が盛んに行われている。特にSelf-assembled membrane (SAM) の考え方は細胞膜構造からくるものであり、新しい分子組織化素子としての意味

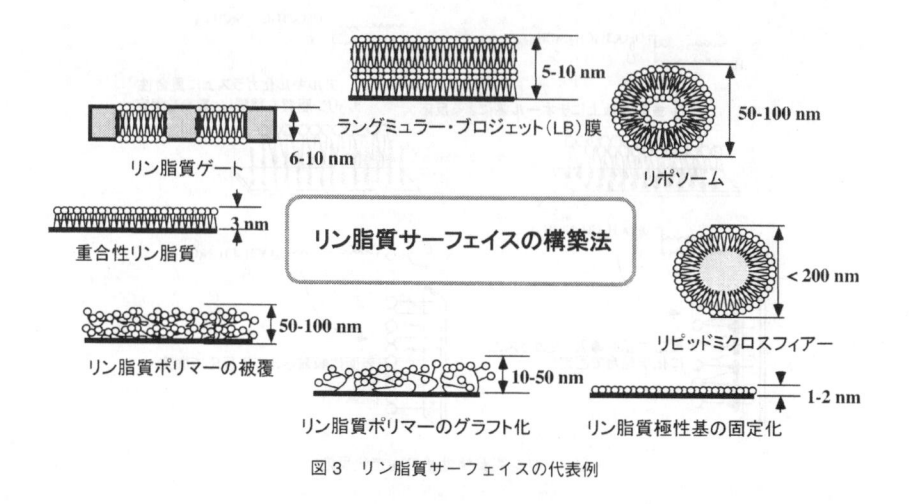

図3　リン脂質サーフェイスの代表例

合いも強い。

　生体親和性を獲得するための有力な手段として考えられてきていることから，既存の材料へのリン脂質極性基の固定化が検討されてきている（図4）。

　金薄膜上にリン脂質分子を安定に配列させることを目的として，疎水性部位末端にチオールやスルフィド結合を導入したホスファチジルコリン誘導体が合成された。この分子は自然に金膜上に単分子膜として配向した構造を形成した。リン脂質で処理した表面ではタンパク質の吸着が低減し，さらに細胞の接着が抑制されることが認められた。また，ガラス表面に長鎖アルキル基を導入した後に，アクリレート基を疎水性部位に有するホスファチジルコリンを組織化吸着された。このとき疎水性相互作用により安定な構造体ができるが，さらに安定性を増すために，アクリレートの部分を光重合して高分子量体とした。この組織体は1週間の水中浸漬にも表面のぬれ性が変化せず安定であることが見いだされた。また，血小板の粘着を完全に抑制することが認められた。

　より積極的にリン脂質分子組織化構造を材料表面に構築して，生体親和性を改善する試みがなされている。特にポリプロピレン（PP）やポリテトラフルオロエチレン（PTFE）のような医療分野で広く利用されている材料へのリン脂質分子の導入は興味深い。PPやPTFEをシランカップラーで処理した後にホスファチジルコリンを結合する処理法が報告されている。これにより血小板の粘着量が未処理の10～20%に大幅に低下することが見いだされている。ポリエーテルウレタン（PEU）に対してリン脂質極性基を導入する手法について，これまでPEUを合成する際

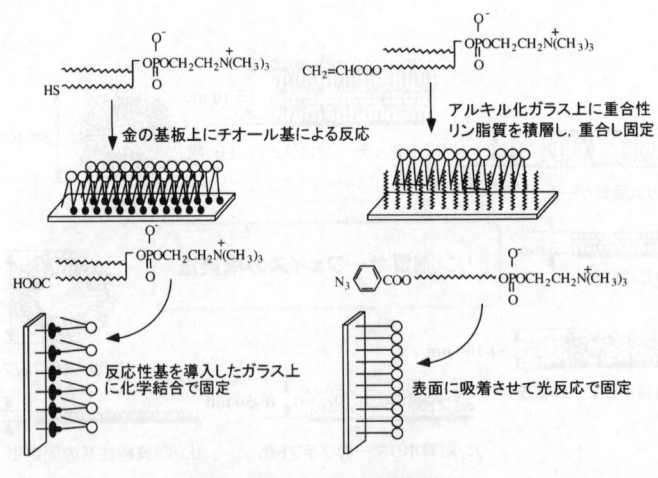

図4　リン脂質極性基の固定化反応

第4章 両親媒性高分子の機能設計と応用

にリン脂質極性基を持つジオール化合物を用いるなどが報告されているが，芳香族アジド基とホスホリルコリン基を持つ化合物を合成し，これを光反応でPEUに担持する方法が検討された。紫外光の照射によりこの化合物は効率よくPEUに反応し，未処理のPEUに比べて血液凝固時間の延長が観察され，やはり生体親和性の改善に有効であると考えられた。PEUなど，医療用弾性体は力学特性が重要である。合成時に親水性のホスホリルコリンを導入することは水が周囲に存在する生体環境下では力学的性質の低下を招くことが必然である。バルクの性質を変化させないような表面処理法を用い，さらにそれにより分子組織化が実現するならば，極めて高密度での表面修飾が可能であり，リン脂質極性基の持つ生体親和性を効果的に発現させられると考えられる。また，ポリエチレン（PE）に対してアクリル酸をグラフト重合し，側鎖のカルボキシル基を利用して高密度でホスホリルコリン基を導入すると血小板に対する反応が抑制されること報告されている。

これらのように，リン脂質極性基の表面への固定化は様々な手法により簡便に行えるようになってきている。また，組織体を形成させる条件についても詳細な検討が加えられ，今後大きな期待が寄せられる。

4.3 リン脂質サーフェイスを構築するポリマーマテリアル

バイオ関連産業において最も大きな問題は，取り扱うバイオ分子の構造変化（変性）と非特異的な吸着である。これをコントロールできることこそが，これからのバイオ戦略として大切であることは疑う余地もない。従来のマテリアルは本格的なバイオ産業において，全く機能しない。そこで新しいポリマーバイオマテリアルの開発，創製が不可欠である。

筆者らはPCサーフェイステクノロジーを確立するための新規ポリマーの創製に成功した。す

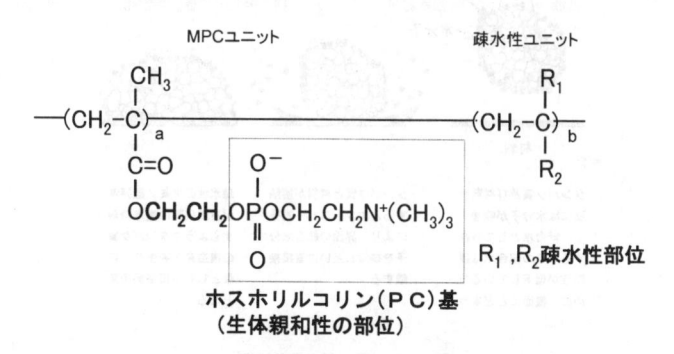

図5 代表的な両親媒性PCポリマー（MPCポリマー）

なわち，PC基を側鎖に有する2-メタクリロイルオキシエチルホスホリスコリン（MPC）ポリマー（図5）を合成し，表面での生体反応を解析してきた。血液などの体液が材料と接触すると血液中の血漿タンパク質の吸着が直ちに起こり，このタンパク質吸着層を介して血液凝固反応などの過激な生体反応が誘起される。したがって血液適合性を医療デバイスに付与するためにはタンパク質吸着を限りなく少なくすることが大きなポイントとなる。MPCポリマー上では血漿タンパク質吸着量がポリマー中のMPC組成の増加に伴い減少する傾向となった。このことはMPCユニットがタンパク質との相互作用を弱め，吸着を効果的に抑制する性質を有することを表している。さらに，MPCポリマーは細胞成分の粘着，活性化及び凝集も阻止し，これまでにない優れたバイオマテリアルであることが明らかとなった。

なぜ細胞膜類似構造表面では優れた生体親和性を発現するのであろうか？またタンパク質吸着を阻止する性質を持つのであろうか？これに関して最近一つの回答が示された。タンパク質の吸着はタンパク質の持つ結合水とポリマー表面の結合水の交換反応（共有化反応）を伴う，いわゆる疎水性相互作用が重要な役割を果たしている（図6）。この考えを発展させると，ポリマー側に結合水がないまたは少ない場合には交換する水分子が存在しないことにより，タンパク質分子はあたかも水溶液中に留まっているかのような挙動をとる。すなわち，表面への吸着が起こり難いものと考えられる。また，タンパク質分子は分子内でのアミノ酸残基の相互作用により血液や緩衝溶液など水を溶媒とした系では一定のコンホメーションを維持しているが，油―水界面に吸着（接触）した場合，著しいコンホメーション変化を起こす。これはタンパク質分子内の疎水性

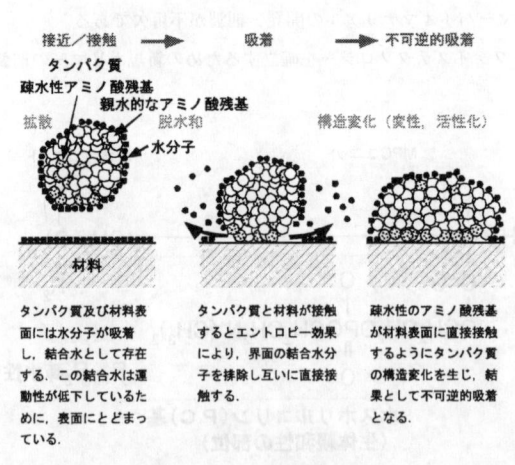

図6 タンパク質の吸着過程

第 4 章　両親媒性高分子の機能設計と応用

アミノ酸残基に起因する疎水性相互作用のバランスの変化に対応する。すなわち，タンパク質分子を取り巻く環境が僅かに変化するだけで，微妙な分子間力のバランスで規定されているコンホメーションの変化が生じるのである。このコンホメーション変化が不可逆的なマテリアル表面へのタンパク質吸着という現象につながる。

　タンパク質のポリマー表面への吸着現象に周囲の水が影響していると考え，様々な親水性モノマーユニットを持つポリマーを合成し，含水率及び自由水含率とタンパク質吸着量あるいは二次構造との関係を検討した。平衡含水したポリマー膜の熱分析を行い，0℃付近に現れる氷の融解に起因するピークよりポリマー膜中の水の融解に起因する熱量を求め，純水の値と比較して膜に含まれる自由水含率を求めた。その結果，MPCポリマーの自由水含率は他のポリマーに比較して大きいことが明らかとなった。この結果をタンパク質吸着量と相関させて考えてみると，自由水含率の増加に伴い明らかにタンパク質吸着量が低下する傾向となった（図7）。特に，60％以上が自由水で占められているMPCポリマー上ではタンパク質吸着量が単分子吸着層形成までも至っていないことが認められた。アクリル樹脂やPHEMAなどのポリマー表面では吸着時間の増加に対してタンパク質の二次構造変化が誘起されるが，MPCポリマー表面ではほとんど変化が起こらないことが明らかとなった。水の構造に与える影響を，水分子の水素結合数の変化の観点

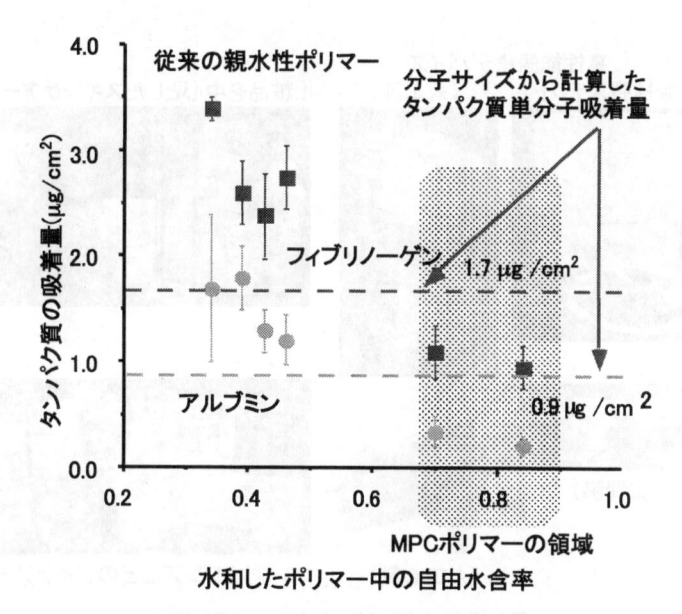

図7　タンパク質吸着に与える水の構造の影響

よりとらえると，MPCポリマーの場合にはほとんど水分子のクラスター状態に影響を与えないことが明らかとなった[6]。

これまでMPCポリマーのように親水性にもかかわらず結合水を持たないポリマーは全く知られておらず，MPCポリマーの特異性が示された。MPCポリマーの表面電位は-0.4mVと，電気的にも中性である。すなわち，タンパク質吸着を引き起こす疎水性相互作用や静電的な相互作用が弱いことを示しており，MPCポリマーのタンパク質吸着抑制効果が理解できる。

4.4 リン脂質サーフェイステクノロジーの応用

PCサーフェイステクノロジーは既存の材料表面に容易に適用することができる。例えば，ポリマー（アクリル樹脂，ポリカーボネート，ポリ塩化ビニル，ポリオレフィン，ポリウレタンなど），金属（チタン合金）には溶液浸漬法により，ガラスやシリコン，金などには表面への化学結合を利用したグラフト化により安定に被覆できる。したがって，医療デバイスの特性や機能を変えないで表面を修飾することが可能である（図8）。

完全埋め込み人工心臓や小口径人工血管など高性能人工臓器のみならず，生体あるいは生体成分と接触するバイオセンサーやバイオチップなどのバイオインターフェースとしての役割を充分

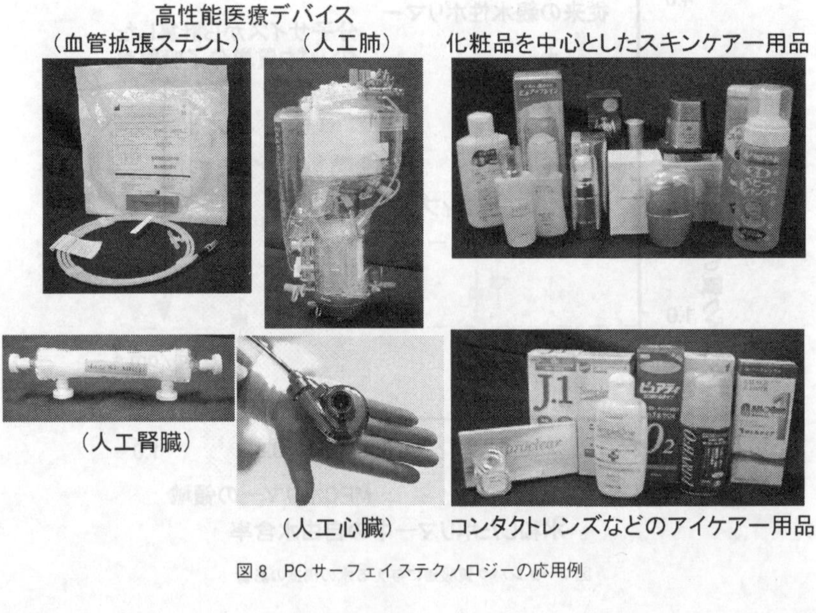

図8　PCサーフェイステクノロジーの応用例

第4章 両親媒性高分子の機能設計と応用

に果たし,臨床応用中や認可申請中のものも含め多数が上市されるに至っている。人工膵臓の埋め込み型血糖値センサー表面をMPCポリマーで被覆すると,連続14日間以上の安定な血糖値診断が可能であることがわかった。また,これからのヘルスケアーに有効なチップのキャピラリー部分の生体適合性向上にも有効であり,このチップの実用化に目途をつけることができた。食品や発酵工業用分離膜の表面修飾剤としての検討も行われ,非タンパク質吸着性により分離効率の長時間の維持が認められている。ELISAなどの臨床診断・検査性能を飛躍的に向上させることも可能である。

ポリマー中のPC基の組成は溶解性に大きく影響する。PC基の組成を高くし,さらに適度の疎水性官能基をポリマー中に担持させることにより両親媒性ポリマーが得られる。このポリマーは水溶液から固体基板上に簡単に吸着し,表面を人工細胞膜表面へと改変する。この性質を利用して,MPCポリマーがハードコンタクトレンズの処理液(アイケアー)として応用され,防汚,防曇作用が認められている。さらに臨床検査におけるタンパク質系のブロッキング剤の替わりに利用され,ロット差の低減や安定性の向上に有効であることが示されている。マテリアル表面ではなく,皮膚や毛髪,細胞など生体そのものの表面処理剤としても興味ある知見が得られている。PC基は水に対して高い応答性を持つ。したがって,PC基を導入した両親媒性ポリマーは,湿度の変化に伴い体表面からの水分蒸散を制御する機能を発現する。この機能により,現在,化粧品添加材(スキンケアー),毛髪処理材(ヘアーケアー)として多く利用されてきている。

両親媒性ポリマーの疎水性部位の組成を高くしても水溶性を維持できる特徴もある。これは,PC基が高い親水性を持つとともにバルキーであるために糸まり状で溶解しているポリマー鎖の外側(水との接触面)に集積し,一方,疎水性基が内部に存在する形態となるためである。例えば,疎水性基としてBMAを利用した場合,70mol%のBMAユニットを導入しても MPCポリマー全体の分子量を制御すると水溶性になることを見いだしている。この特徴を利用して難溶性化合物の水への溶解性を飛躍的に高めることができた。特に,筆者ら独自の研究成果として,抗がん剤,抗炎症剤,抗菌剤など,高性能であるが溶解性が低く,患者への投与が困難である薬剤の投与形態を大きく変化させることに成功した[7]。また安全性についても動物実験を通して確認してきており,今後,製剤用の生体親和性ポリマー可溶化材としての応用が大きく期待できる。

4.5 ナノテクノロジーとの融合

厚さがわずか10nm程度の細胞膜表面で生物は生命維持のための反応を行う場合が多い。この時に非特異的な反応が起こると生命維持が危うくなる。すなわち,細胞膜を構成するマトリックスであるPC基が集合し,高度に配向している表面では生体反応を完全に抑えることができる可能性が示唆された。この知見は今後の人工臓器,医療デバイスあるいはバイオエンジニアリング

231

(タンパク質工学，遺伝子工学，脳の機能解明など)用のデバイスを製作するマテリアル設計概念として重要となるであろう[8,9]。

近年のナノテクノロジーの進歩は目を見張るものがあり，新たなマテリアル，デバイスが開発され，機能や性能が従来のマテリアルに比較しても，著しく向上してきている。しかしながらバイオ関連ではバイオインターフェイスの問題もあり，これらのすばらしいテクノロジーの効果が発揮できない。生体親和性を材料に与える人工細胞膜表面の構築と呼ぶにふさわしい魅力あふれるPCサーフェイステクノロジーが，次世紀のバイオ関連産業に貢献することが間違いない事実である。さらには"生態系に優しい"という特徴を生かして環境問題，エネルギー問題をも解決できるハイパーマテリアルの設計にも有効となると確信する。

文　献

1) 中林宣男，石原一彦，岩崎泰彦，バイオマテリアル，コロナ社(1999)
2) 石原一彦，畑中研一，山岡哲二，大矢裕一，バイオマテリアルサイエンス，東京化学同人(2003)
3) 殿村雄次，佐藤予編，細胞膜の構造と機能，講談社(1979)
4) 石原一彦，化学と工業，**57**, 1071(2004)
5) 石原一彦，米山隆之，まてりあ，**43**, 118(2004)
6) 北野博巳，井出誠，高分子，**52**, 28(2003)
7) 金野智浩，*BIO INDUSTRY*，**20**, 35(2003)
8) 渡邉順司，朴鐘元，伊藤智美，松井謙次，高井まどか，石原一彦，化学工業，**56**, 45 (2005)
9) 石原一彦，何川，片桐裕司，検査技術，印刷中(2005)

5 ハイドロゲルの膨潤特性と体積相転移
― 親水/疎水バランスと水素結合の形成・開裂による制御 ―

鈴木淳史*

　ハイドロゲルは水を含んで膨潤した希薄で複雑な網目構造をもつ固体であり，それを構成する分子間に働く複雑な相互作用に起因して多様な物性を示す。親水性―疎水性（水和―脱水和）のバランスの変化により相転移を示すハイドロゲルの膨潤挙動については，ミクロな網目構造がどのようにしてマクロな機能を発現するかに関する数多くの基礎的な研究が行われてきた。最近，これらの系について，水素結合の形成と開裂を利用して，膨潤―収縮を制御することができるようになり，それに付随していくつかの興味深い現象が観測された。本節では，熱応答性のポリN-イソプロピルアクリルアミドゲルに焦点を当て，部分的なカルボキシル基の導入による水素結合の形成・開裂の制御，巨視的なゲルの膨潤特性と体積相転移について，筆者らの最近の研究を中心にまとめる。

5.1 はじめに

　ハイドロゲルは，さまざまな外的環境の無限小の変化に応答してその体積を不連続にかつ可逆的に変化する（図1）[1]。その体積変化は，ファンデルワールス力，疎水性相互作用，水素結合，静電相互作用といった基本的な分子間相互作用による力，ゴム弾性や高分子の排除体積効果による力などの微妙なバランスにより決定される[2]。分子間相互作用のそれぞれが主たる力として作用する単純な系についての相挙動は，多くの膨潤―収縮相転移が，流体の相転移のように，あらゆるゲルに普遍的な現象として理解されている[3]。

　ハイドロゲルの微視的な網目構造は，網目の性質（種類，硬さ），外的環境（温度，溶媒組成，拘束条件など）により決定される。ゲルの特異な性質は，その微視的な網目構造に起因している。しかしながら，実際のゲルの高分子網目は，希薄かつ複雑な構造をしており，そのナノメートルサイズレベルの構造を直接観察する手段は少ない。最近，ラジカル重合により合成された化学架橋ゲルについて，条件（ゲルの種類と組成，合成温度など）を適切に選択すると数10から数100ナノメートルサイズのドメイン構造が現われることが報告された[4,5]。それらのミクロドメインは，温度などの外部環境変化により，可逆的に形状変化することが，実空間でも確認されている[4]。その形状は，ゲルの不均一な網目構造に起因し，ゲルのもつ性質のいくつかは，ミクロドメイン構造が重要な役割を果たしている。

---

*　Atsushi Suzuki　横浜国立大学大学院　環境情報研究院　人工環境と情報部門　教授

一方，相転移の物性研究の中でも，ゲルの大きさを物差しで測る（図1）という原始的な方法は，ゲルの実験研究の基本となっている[1~3, 6, 7]。このことは，ゲルが高分子を網目状にゆるく架橋したものであり，物差しでその大きさと変化を調べることにより，一個一個の分子の振る舞いを巨視的に見ることができるからである。ここでは，温度変化により親水/疎水性のバランスを制御できる熱応答性高分子に着目し，部分的なカルボキシル基の導入による水素結合の形成・開裂の制御とゲルの体積相転移について概説する。

5.2 N-イソプロピルアクリルアミドゲルの体積相転移

ハイドロゲルの中でも，相転移について最も広く研究されてきたのが，N-イソプロピルアクリルアミド（NIPA）ゲルである[7]。NIPA高分子は，下部臨界溶解温度（LCST）を有する熱応答性高分子で，適当な高分子濃度（電気泳動で広く使用されている高分子濃度と架橋剤濃度）を用いて，LCST温度（NIPA高分子水溶液の曇点：5～10wt%では約31℃）[8] より十分低い温度（通常氷温）にて化学的に架橋すると，純水中のゆるやかな温度上昇により，約33.6℃で不連続に収縮相転移する。降温時には約0.1℃のヒステリシスを伴って可逆的に膨潤する。これは，親水性―疎水性（水和―脱水和）のバランスが温度により変化するためで，室温での塩添加によっても同様の現象が観測される[6]。疎水性相互作用が主たる引力として働き，親水/疎水バランスにより相転移を示す代表的なハイドロゲルと言える。膨潤曲線（膨潤比―温度曲線）は，高分子濃度や架橋密度に依存し，それらの影響はゲルの膨潤理論[1, 9] によって説明される。

このような単純な系でも，ゲルを構成する網目の微視的構造を制御することにより，全く異なる膨潤特性を示す場合がある。たとえば，NIPAゲルの合成温度を変化させると，不均一性の異

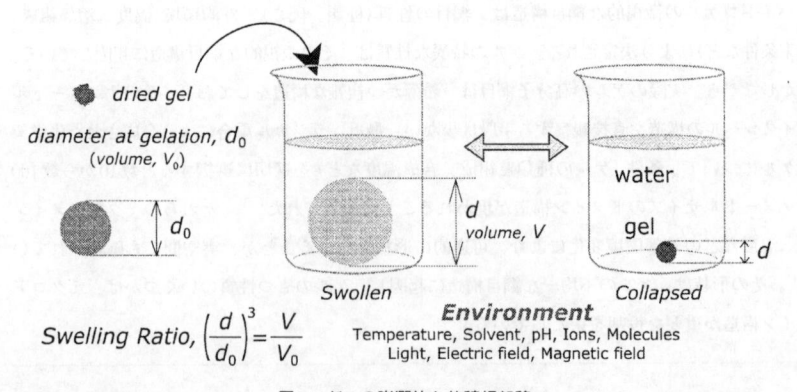

図1 ゲルの膨潤比と体積相転移

第4章 両親媒性高分子の機能設計と応用

なる高分子網目が形成される[5,10]。すなわち、微視的な網目構造は合成温度に依存し、合成温度の上昇とともにバルクの不均一性が大きくなる。合成温度がLCST温度を越えると不均一性は顕著になり、膨潤曲線も大きく変化することが期待される。実際、NIPAゲルを氷温から40℃の範囲の各温度で合成し、直径の温度変化を測定した結果、LCST点を境に巨視的な体積相転移の仕方が大きく変化した（図2(a)）[10]。このことは、ゲルの膨潤挙動が、そのバルクの不均一性を反映していることを意味している。このような不均一構造は、NIPAゲルビーズを均一なNIPA網目に包括固定することによっても導入することができる[10]。この場合も、ゲルビーズの濃度を増加させると、体積相転移の仕方が大きく変化する（図2(b)）。固体の巨視的な性質が、格子欠陥の導入により大きく変化するのと同様に、希薄な固体であるゲルの高分子網目に不均一性を導入すると、巨視的に観測される性質が大きく変化する。一般の固体と異なる点は、この欠陥はいかなる物理的あるいは化学的処理によっても回復しないことである。つまり、合成時に構造が決まってしまうのである。この決められた構造の範囲内で、平衡状態では、膨潤相と収縮相のどちらかの相をとる。ゲルは固体としての側面と液体としての側面を併せ持つために、その微視的な網目構造の決定条件は複雑であるが、これらのメソスコピックサイズの網目構造とその変化は、巨視的な機能に大きな影響を与える[10,11]。

一方、氷温で合成した均一性の高いNIPAゲルでも、力学的な拘束を与えると、相転移温度が

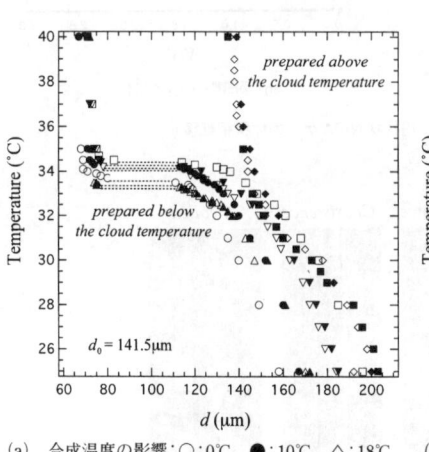

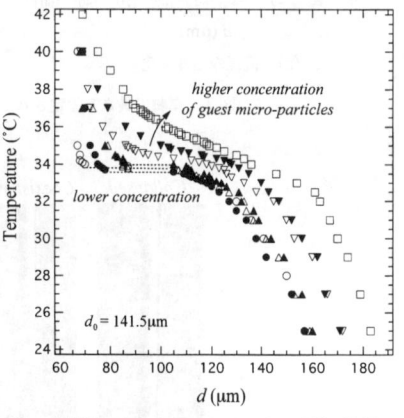

(a) 合成温度の影響：○；0℃，●；10℃，△；18℃，▲；20℃，▽；27℃，▼；29℃，□；30℃，◇；32℃，◆；33℃，■；35℃

(b) 包括固定されたNIPAゲルビーズ量の影響：○；0％，●；6.4％，△；32％，▲；64％，▽；80％，▼；83％，□；90％（ゲルの全NIPAモノマー700mMに対するビーズのNIPAモノマーの割合）

図2　NIPAゲルの体積相転移

上昇したり，膨潤相の膨潤比が増加する[12, 13]。これは，いわば網目を物理的に引張ることで，後に述べるイオン化と同じ効果を与えていることになる。円柱状のNIPAゲルの単軸の長さを標準状態の$\alpha_{//}$（=1～6）倍に固定して温度変化させると，直径と膨潤比の温度変化は著しく影響を受ける（図3）。単軸方向に引張られると直径方向には縮むが，$\alpha_{//}$の増加とともに低温の膨潤相の膨潤比は増加し，相転移温度は上昇する。この現象を利用して，二相共存現象が有限の温度領域で，安定して存在することが実証されている[14]。すなわち，拘束のない自由なゲルは，一つの温度で相転移するのに対して，拘束を受けると，ゲル内部で網目を引張る力にむらができ，膨潤相と収縮相が安定して共存し得るのである（図4）。これは，ゲルが網目構造を持つために見

(a) 直径の温度変化 (b) 膨潤比の温度変化

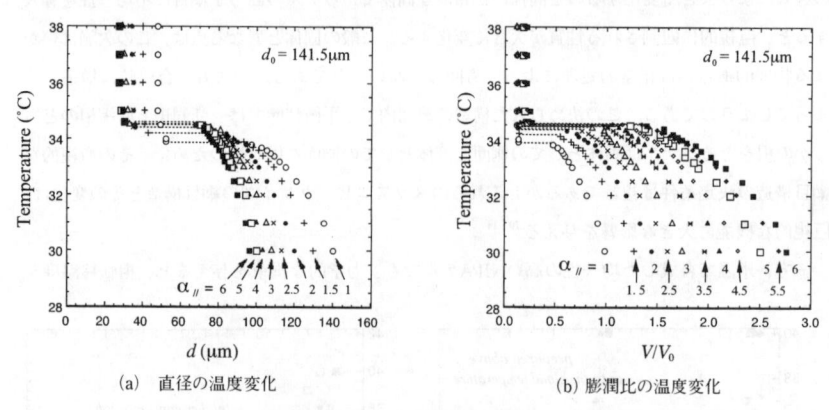

図3　単軸の長さを固定された円柱状NIPAゲルの体積相転移

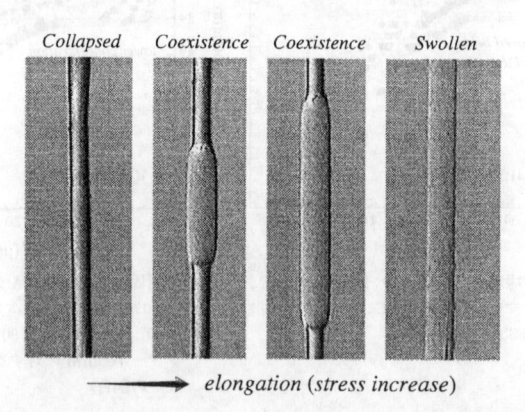

図4　円柱状NIPAゲル（d_0 = 141.5 μm）の単軸応力下での安定した二相共存現象

第 4 章 両親媒性高分子の機能設計と応用

られる現象で,流体の相転移では簡単には起こらない。

以上のように,非イオン性ゲルでもゲルを取り巻く物理・化学的環境を変化させることにより,実にバラエティーに富んだ膨潤挙動を示すことが分かる。ここで述べたNIPAゲルは,非イオン性モノマーからなる中性ゲルであるが,重合開始剤のイオン性分子が高分子の末端に結合して,合成されたNIPAゲルは微量のイオン基を含むと考えられている。しかし,その量は極めて少量であるために,実際の膨潤比の測定では問題になることは少ない。次に,イオン基が重要な役割を果たすゲルについて述べる。

5.3 イオン化されたゲルの膨潤比と体積相転移

ハイドロゲルの主鎖を部分的にイオン化すると[1, 15],そのイオン化度に応じて,体積が大きく変化することが一般に知られている。NIPAをイオン解離性のモノマーと共重合すると,相転移温度と膨潤相の膨潤比が変化する。イオン解離性のアニオン性モノマーとしては,アクリル酸やアクリル酸ナトリウム (SA) が代表的である。カチオン性モノマーとしては,MAPTACなどが使われている (図5(a))[16]。図5(b) に示したNIPAとSAの共重合ゲル (NIPA-SAゲル) の膨潤曲線[15]では,SA量の増加とともに,相転移温度が上昇し,膨潤相の膨潤比が増加している。これらの変化は,膨潤理論により半定量的に説明されている。

しかしながら,イオン化されたNIPAゲルの相転移には未解明の部分が多く,特に最近の実験では,従来の様に疎水性相互作用,対イオンと固定イオンによる浸透圧の効果のみでは説明することができない現象が見い出されている。たとえば,イオン化されたNIPAゲルの直径と体積相転移温度は,ゲルの合成直径に依存すると報告されている[17, 18]。また,イオン化された円柱状

(a) イオン性モノマー　　　　(b) NIPA-SAゲルの体積相転移

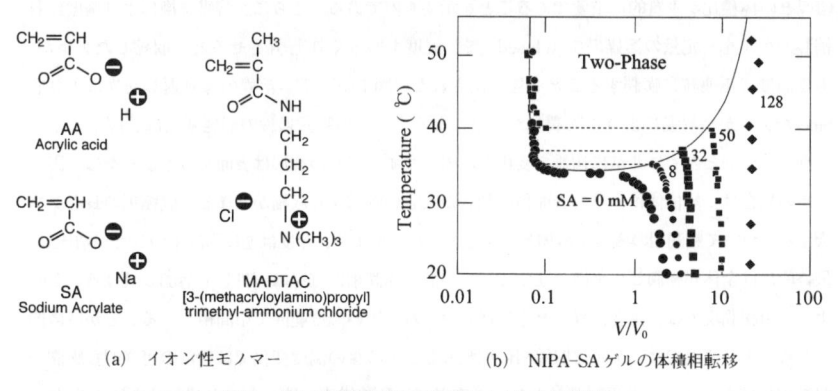

図5　ゲルの体積相転移に及ぼすイオン化の効果

NIPAゲルは、一定温度範囲で安定な二相共存状態が現れると報告されている[19]。しかし、これらの現象が、イオン化されたハイドロゲルに普遍的なものであるかは明らかにされていない。

一般に、イオン化されたゲルの膨潤比は、外部環境に極めて敏感である。通常、イオン性ゲルを合成した後に、未反応モノマーや重合に使用した化学薬品を除去するために、大量の純水で洗浄した後に、容器に純水と共に入れて、各外部環境下で膨潤比が測定されている。しかし、大量の純水で洗浄した後の対イオンの濃度と種類、外部環境変化や膨潤または収縮によるドナン平衡の変化などの問題については、これまでほとんど注目されて来なかった。イオン性ゲルを一定量の溶媒に投入すると、ゲルの内外でのイオン交換によりドナン平衡に達して、その閉じた環境下でゲルは膨潤する。溶媒中のイオンの種類や強度は、ゲルを投入する前とは異なり、その環境下での溶媒に変化している。したがって、溶媒の量が変われば、膨潤比も変わることになり、ゲルと溶媒の体積比は重要な問題である。そこで、NIPA-SAゲルについて、二相共存状態の出現条件を検討した。溶媒を一定量の新しい溶媒で交換したり、ゲルの周りに溶媒を連続的に流すことによって、ゲルと溶媒の体積比の及ぼすゲルの膨潤挙動への影響を詳細に調べた[20]。

5.4 溶媒の繰り返し交換による水素結合の形成と温度変化による開裂

NIPA-SAゲルを、NIPAとSAの合計のモル数を700mMに固定して、モノマーの比率を変えて円柱状(直径d_0)に合成した。それぞれのゲルを、室温(25℃)でゲル周囲の純水を流動させ、常に新しい溶媒下に置いた。この流動溶媒下(open)では、イオン化度によらずに、直径(d)は時間と共に中性のNIPAゲルの膨潤比付近にまで減少した(図6(a))。最終的には(溶媒の体積がゲルの体積を無視できるくらいに大きくなると)、非イオン性NIPAゲルの膨潤比(d/d_0=約1.10)程度にまで減少する。この実験結果は、イオン化されたゲルの膨潤比には、ゲルと溶媒との体積比が本質的に重要であることを示すものである。さらに、溶媒交換により適度に収縮したゲルを一定量の溶媒の中(closed)で、温度をゆっくり上昇させると、収縮したゲルが、ある温度で不連続に膨潤することも見い出された(図6(b))[20]。溶媒の繰り返し交換により収縮したゲルが、昇温により再膨潤したことになる。この再膨潤過程の形態変化は、図7に示すように、時間とともに非常に複雑な変化を示す。まず、ゲルの変形は表面から始まるため、円柱ゲルの場合は、単位体積当りの表面積の割合が大きい両端から収縮が始まる。収縮相の長さが増大するにつれて膨潤相の直径が増加し、あるところで止まり、今度は逆に膨潤相の長さが増加し、最終的には全体が膨潤して平衡に達する。この間、膨潤相の直径は一貫して増加し続ける。このような再膨潤現象は、温度上昇とともに繰り返され、短い温度範囲で中間相をとることが特徴的である。十分高温では、ゲルは収縮相に相転移し、その後の温度変化では通常の可逆的な膨潤—収縮相転移を示す。この再膨潤したゲルを室温で流動溶媒下に置くと、再び収縮を始める(図6

第4章 両親媒性高分子の機能設計と応用

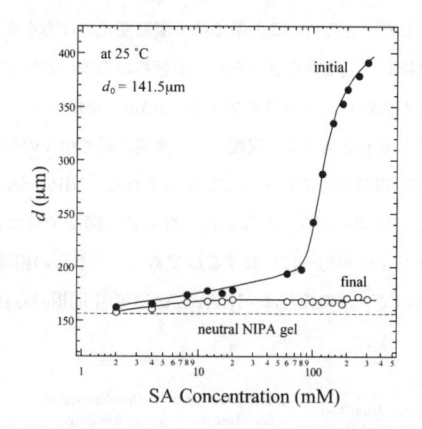

(a) 室温での流動溶媒下における初期（●）と最終（○）の直径

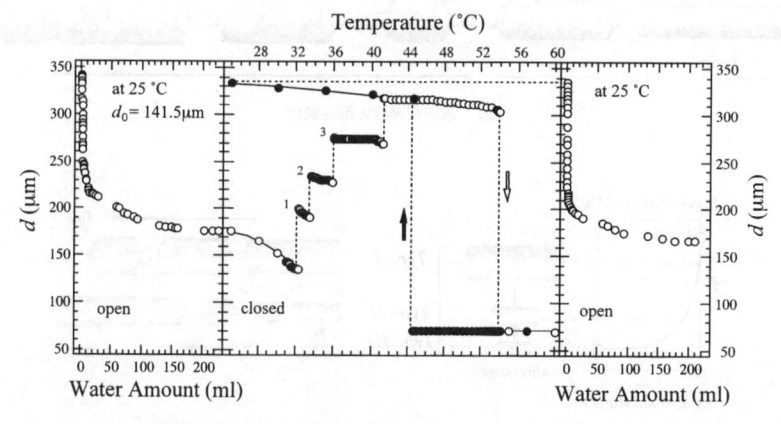

(b) 溶媒を室温で連続的に流し，流れを止めて温度変化させたときのゲル（SA＝200mM）の収縮，再膨潤挙動

図6　NIPA-SA ゲルの膨潤挙動

(b)）。

次に，純水交換の程度の異なる試料を用いて，相転移挙動の詳細な検討が行われた[21]。その結果，体積相転移の振舞いは，室温での純水交換後の初期膨潤比（25℃での d/d_0）に依存し，初期膨潤比の大きい方から「不連続相転移」，「再膨潤転移」，「連続体積変化」の3つのタイプに分類でき（図8），合成直径には依存しないことが示された。すなわち，不十分な溶媒交換では，これまで報告されていた通常の1回の相転移で収縮相へ変化し，十分洗浄を行うと，再膨潤せ

ず連続的に収縮相に変化した.さらに,この系では,温度変化の仕方を変えると,あるいは塩酸処理をした後に純水を交換して温度変化させると,相転移の振舞いが変化することも示されている.同様の実験をNIPAの代わりにアクリルアミド(AAm)を用いて,AAm-SAゲルでも行った.その結果,この系でも純水交換により収縮し,一定量の純水中での昇温に伴い不連続に再膨潤し,その転移温度が初期膨潤比に依存することが示された.NIPA-SAゲルとの相違は,一回の再膨潤で大きく膨潤し,中間相が存在しない点,ならびに図7で見たような複雑な過程を経ることなく,転移点でゲル全体が均一に膨潤する点である.これらの相違は,親水/疎水バランスの違いにより生じたもので,このことは,NIPA-SAゲルの中間相の存在と複雑な形態変化が,

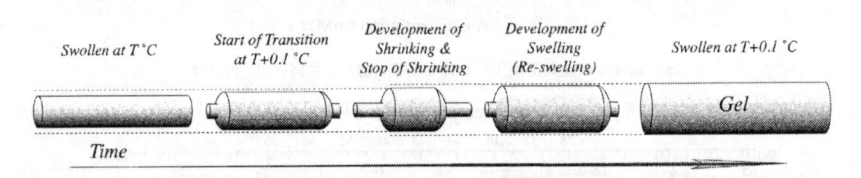

図7 再膨潤過程の形態変化

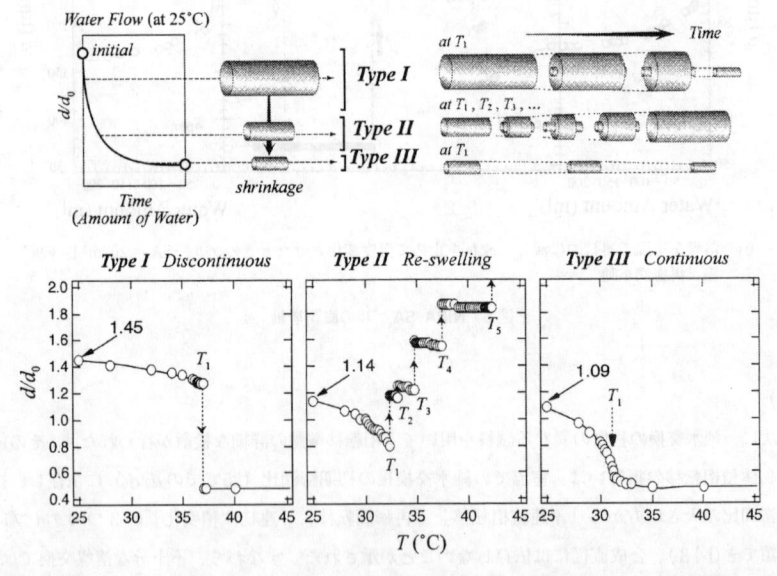

図8 室温における溶媒の繰り返し交換による収縮と初期膨潤比による再膨潤現象,相転移挙動の分類

第4章 両親媒性高分子の機能設計と応用

疎水性相互作用と何らかの関係があることを示唆している。

　以上の現象は，溶媒の繰り返し交換（または流動溶媒下）により，対イオンがプロトンに置換されてゲル外に拡散することと，分子間引力（水素結合）が新たに形成され，それが温度上昇により開裂することに起因すると考えられる。このことを確かめるために，いくつかの実証実験が行われた。まず，溶媒中のナトリウムイオンの濃度変化を定量的に測定した。対イオンがプロトンに置換されて溶媒中に流出し，仕込み量のほぼ100％が流出した後も，直径が減少し続けた。この遅い収縮は，水素結合の形成に起因するものと考えられる。次に，純水の繰り返し交換による，NIPA–SAゲルの分子構造の変化を，各種NMR実験により調べ，水素結合の形成が示唆された[22]。また，純水交換の程度の異なる試料を用いて，赤外分光分析実験（ATR–FTIR）を行った。その結果，純水の繰り返し交換により，主鎖のカルボキシル基およびアミド基間に水素結合（–COOH同士，–COOHと–CONH–間，–CONH–同士の3種類存在する可能性がある）が形成され，網目構造も変化することが示された。さらに，温度上昇により水素結合が開裂し，再膨潤という巨視的な体積変化に対応していることが明らかになった。AAm–SAゲルについても，ゲル内の水素結合形成を調べるため，純水交換の程度の異なる試料を用いてATR–FTIR測定を行ない，純水交換後に一定量の純水中での温度変化に伴う体積変化を詳細に調べた。NIPA–SAゲルと同様の水素結合形成と温度変化に伴う再膨潤に伴うスペクトルの変化が観測された。

　以上のように，部分的にカルボキシル基を導入したNIPAゲルの巨視的な膨潤特性と水素結合の形成・開裂が実験的には確認された。NIPA–SAゲルについて純水を交換すると，架橋剤による化学架橋点に加えて新たに水素結合による物理架橋点を持つことになり，よく知られた分子間相互作用（静電相互作用と疎水性相互作用）に加えて，水素結合がこの系の相転移の振舞いに重要な役割を持つことが明らかになった。ハイドロゲル内に形成された複数の種類の水素結合が，ゲルの体積相転移の振舞いを非常に複雑なものにしているものと考えられる。しかし，相転移の仕方が初期膨潤比（網目密度）に依存したり，中間相が存在することの物理的な意味は今後の課題である。膨潤特性は，一個一個の高分子の振る舞いを巨視的に示しているものの，分子間相互作用が複雑に働く任意の系での膨潤特性を予測するまでには至っていない。合成時のモノマーの量と割合を変化させると，相転移の挙動は大きく変化するはずである。例えば，主鎖のモノマー濃度やイオン性モノマーの割合を変化させると網目密度は変化し，初期膨潤比が同じでも系によって膨潤特性は異なるはずである。また，架橋密度を増やして網目密度を増加させる（ゲルを固くして膨潤しにくくする）と，初期膨潤比が同じでも不連続相転移は起こらないと考えられる。今後，「初期膨潤比」の物理・化学的な意味を定量的に説明するために，ゲルの網目構造の研究が一層重要になると考えられる。

5.5 水素結合の形成と昇温による開裂を利用した膨潤比の制御

化学架橋によるNIPA-SAゲルならびにAAm-SAゲルについて観測された膨潤挙動の一般性を確認するために，ポリアクリル酸ナトリウム（PSA）の物理架橋ゲルについても同様の実験を行った[23]。PSAは，適切な条件下で水酸化アルミニウム $Al(OH)_3$ と混合することにより，アルミニウムイオンにより架橋された弾力性のあるゲルを形成する。このゲルは，人体に与える害が少ないことから，湿布剤・医薬添加剤等，様々な用途で使用されている。しかしながら，この物理架橋ゲルの基本的な性質に関しては，これまでほとんど報告がなかった。そこでまず，この物理架橋されたPSAゲルを合成して，その膨潤・収縮挙動を詳細に調べた。

架橋密度の異なるいくつかのPSAゲルについて，繰り返し一定量の純水溶媒を交換する過程での膨潤挙動を図9(a)に示す（PSA-Al(x)：xが大きい方が架橋密度が大きい）。繰り返し回数の増加に伴い，2つの緩和現象が観測された。すなわち，ゲルは初め急速に膨潤し，その後緩やかに収縮した。アルミニウムイオンの流出は最初の膨潤過程で顕著に見られ，ナトリウムイオンは膨潤・収縮の全過程で徐々に流出することが分かった図9(b)。ただし，いずれの過程も，通常の高分子網目の協同拡散[24]に比べて，極端に遅い時定数で変化した。これは，アルミニウムイオンの流出と水素結合の形成をそれぞれ伴っているからである。ATR-FTIR測定により，収縮過程での水素結合の形成が確認された（図10）。さらに，収縮したゲルを昇温すると，ゲルは不連

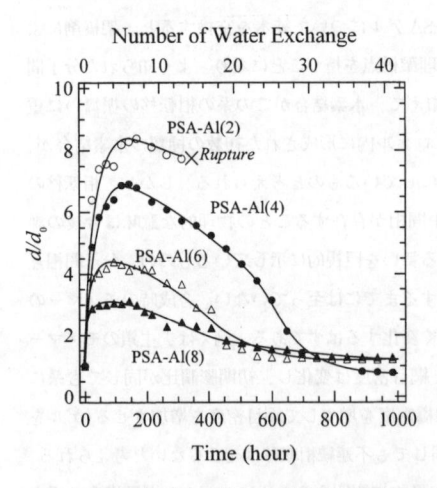

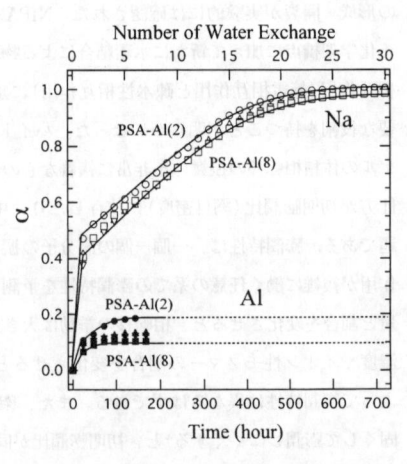

(a) 溶媒の繰り返し交換による膨潤比の変化　　(b) イオンの流出率 α（ゲルの外へ拡散したイオン数／合成時に混合したイオン数）

図9

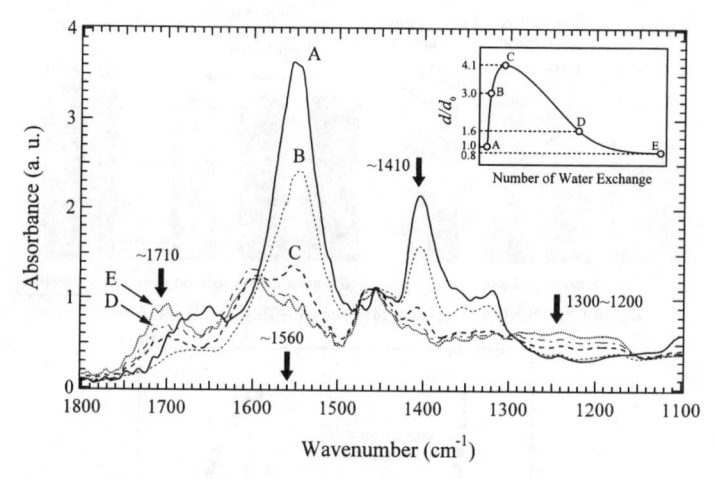

第4章　両親媒性高分子の機能設計と応用

図10　溶媒の繰り返し交換によるATR-FTIRスペクトルの変化
（PSA-AI(4)ゲル）

続に膨潤した．これは，FTIR測定の結果から，ゲル内部に形成された水素結合が，昇温により開裂したことに起因している．この系では，-COOH同士の水素結合形成が期待される．また，AAm-SAゲルと同様，中間相が存在せず，一回の再膨潤でゲル全体が均一に膨潤した．

以上のように，溶媒の繰り返し交換による水素結合の形成と昇温による開裂という現象は，カルボキシル基を含むハイドロゲルに特有の現象であり，この現象を利用して膨潤比を自由に制御できることが示され，さらに転移の様式を予測することができるようになった．

5.6　ゲルの体積相転移と形態変化

これまでに述べてきた膨潤特性は，すべて平衡状態に関するものであった．次に，動的な形態変化について述べ，二相共存状態，多相状態について考える．

高分子ゲルの体積相転移に伴って，表面にはパターンが現われることが知られている[25]．パターンは，ゲルの組成（イオン化度など），形状（板状，円柱状など），相転移前後のゲルの状態（膨潤か収縮か，相転移点からどのくらい離れているかなど）や機械的拘束条件（引張り，圧縮など）に敏感で，多彩な形状を呈する．相転移点付近で現われるパターンは，相転移速度と深く関わっている．

非イオン性NIPAゲルと弱くイオン化されたNIPAゲルについて，膨潤状態から相転移点を一定昇温速度で通過する場合（連続昇温過程）と，相転移点を越えた温度ジャンプにより収縮相に

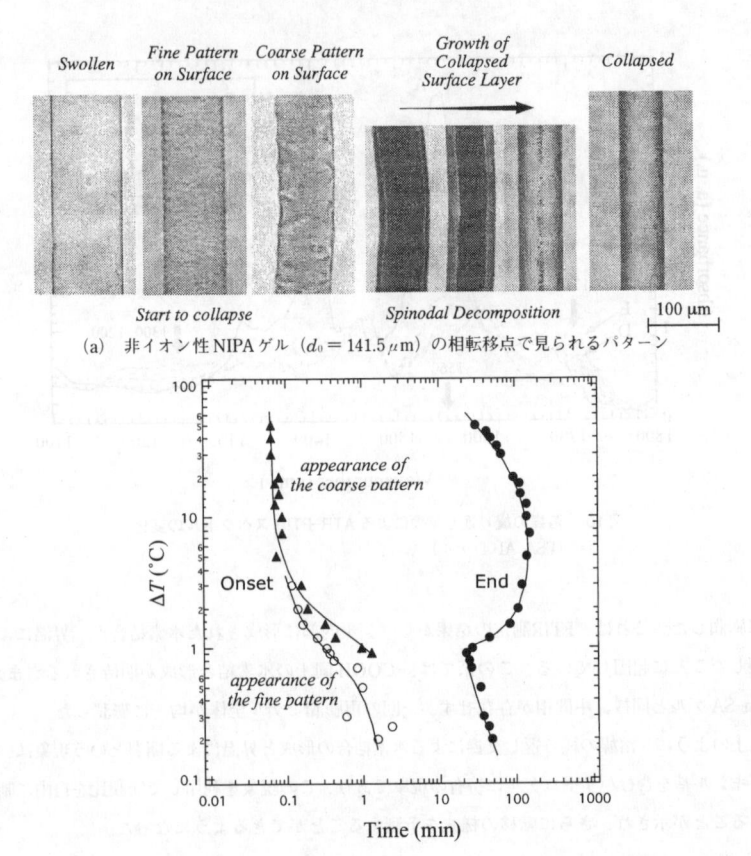

(a) 非イオン性 NIPA ゲル ($d_0 = 141.5\,\mu\mathrm{m}$) の相転移点で見られるパターン

(b) 温度ジャンプ（相転移点からの温度変化を ΔT とする）による恒温保持過程における相転移の開始および終了時間

図11

至る場合（恒温保持過程）について，形態変化（パターン）と相転移の開始および終了時間が調べられた（図11）[26]。ゲルの体積変化と相転移は，先にも述べた通り表面から始まり，幾つかの巨視的な表面パターンと表面相の成長過程が観察されている。相転移が終了するまでに要する時間は，昇温速度または温度ジャンプ幅に依存し，巨視的な形態変化と相関している[27]。一方，イオン化された NIPA ゲルの場合，形状変化は極めて複雑である（図12）[28]。直径に比べて十分長い円柱状ゲルでは，だんご状パターン，粒状パターン，バブル状パターンが，相転移点を通過する条件に対応して現れる。また，相転移点近傍での形態変化の緩和時間は極端に遅い。イオン性

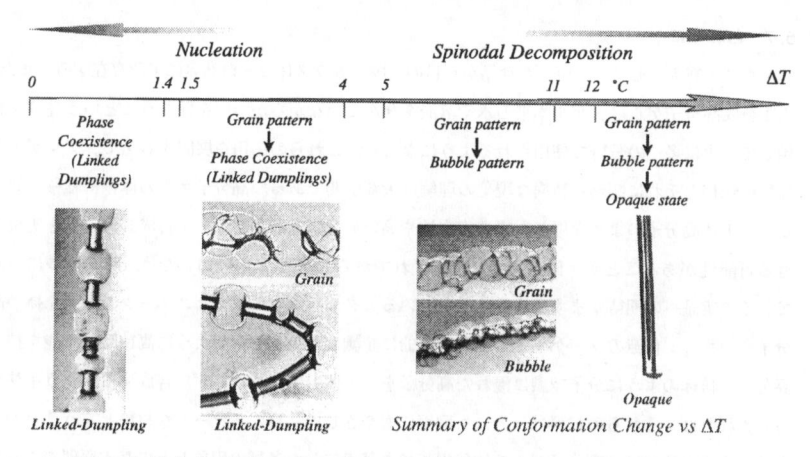

第4章 両親媒性高分子の機能設計と応用

図12 イオン化されたNIPAゲルの温度ジャンプΔTにより観測されるパターン

　NIPAゲルは，相転移点で二相共存し，収縮パターンは，外部環境変化の速度，温度ジャンプ幅，ゲルのイオン化度とサイズなどにより決定されることが示されている。これらの特異な表面パターンは，非平衡であり，最終的には均一で透明な収縮相に移行する。

　高分子ゲルは3次元の網目構造と溶媒からなる開いた系であり，網目間の相分離と同時に，網目—溶媒間の相分離が同時に起こる。網目の協同拡散（固体的側面）と溶媒分子の拡散（液体的側面）が同時に進行し，外部条件に依存して各々の性質が巨視的な変化となって現れたものである。このように，ゲル化により導入される不均一とは別に，相転移点で非平衡な相分離構造をとるところが，ゲルの特異な形態変化である。上に示した実験結果は，NIPAゲルの相分離が，昇温速度または温度ジャンプが小さい場合は核形成により，大きい場合はスピノーダル分解により収縮相へ転移することを示唆している。

　膨潤特性をゲルの網目構造や時間スケールの観点から見ると，ここに示した動的な性質と，先に述べた静的な膨潤特性との境界については不明な点が多い。流体では見られないような，複雑かつあいまいな相挙動を示す。そのあいまいさは，ゲルの網目構造の不均一性や拘束条件にも関係している。イオン化されたハイドロゲルの直径と体積相転移温度が，ゲルの合成サイズや形状に依存しているようにしばしば見えるのも，またゲルが一定温度範囲で安定した二相共存状態をとるように見えるのも，実はこのような問題に関係していると思われる。この網目構造やゲルが置かれた環境の不完全さが，ゲルの物性を複雑かつ豊かにし，ゲルの研究を面白くしているのであろう。

5.7 おわりに

　ゲルは，寒天，ゼリーといった食品から目の角膜，ガラス体など自然界に多数存在する。また，人工合成高分子ゲルは，ゲル本来の水や溶液を含んでいながらかつ形を保ちうるという性質を利用して，実に多くの分野で使用されるようになった。これらの応用を展開する上で，ゲルが示す体積相転移とそれに関わる特異な現象の理解は大変重要である。高分子ゲルの体積相転移の研究から，生体高分子のような優れた構造安定性や高い分子認識能力を，人工合成高分子でも実現できる可能性があることが，田中により指摘されてから10年以上が経過した[29]。時が経つにつれて，その実証への期待がますます強くなっている。タンパク質のようなユニークな機能を持つ高分子，つまり，任意のターゲット分子を特異的に認識したり，酵素のように高い触媒機能を持つ高分子，抗体のように分子認識に優れた高分子を，生体の助けを借りずに合成するという手法が確立されれば，それらの材料は，人にも環境にもやさしい，真にスマートな材料と言うことができる。そのためには，高分子ゲルの体積相転移を基礎にした各種の現象とその基本原理をさらに深く理解することにより，高分子の持つ機能を最大限に引き出す方向へ研究を展開させてゆく必要がある。

　我が国においては，世界と比較しても大変優れたゲルの科学と技術に関する成果が蓄積されてきた。ゲル研究の中には，食品や医用材料として，「人間」に関わる数多くの優れた研究成果がすでに応用されている。また，「環境」については，環境保全・修復としての機能が実践段階に近づいている。しかしながら，実際に広く利用されながら，その基礎的な裏づけが不足するためにブレイクスルーが求められていたり，技術的には優れていながら，コスト競争に勝てずに眠っているゲルや高分子の持つ物性とそのユニークな物性が多数ある。これらの問題を解決するためには，高分子ゲルの構造や機能をより深く研究する必要がある。ここで取り上げた内容はゲルの物性研究の一例であるが，新しい機能を付与した物質・材料技術の創成のための一助となることを信じている。

　本節で示した研究の大部分は，弘津俊輔先生のご研究，先生からいただいたご助言をもとに行ったものであり，深く感謝の意を表します。また，共同研究者の平島由美子博士，白　剛博士を初め多くの研究室の卒業生に感謝の意を表します。さらに，一部の研究は，科学研究費補助金，新日本製鐵㈱先端技術研究所，埼玉第一製薬㈱研究部からの援助によって行われました。ここに厚く御礼申し上げます。

第4章　両親媒性高分子の機能設計と応用

文　　献

1) T. Tanaka, *Sci. Am.*, **244**, 124 (1981)
2) F. Ilmain, T. Tanaka and E. Kokufuta, *Nature*, **349**, 400 (1991)
3) Y. Li and T. Tanaka, *Annu. Rev. Mater. Sci.*, **22**, 243 (1992)
4) A. Suzuki, M. Yamazaki and Y. Kobiki, *J. Chem. Phys.*, **104**, 1751 (1996)
5) Y. Hirokawa, H. Jinnai, Y. Nishikawa, T. Okamoto, and T. Hashimoto, *Macromolecules*, **32**, 7093 (1999)
6) A. Suzuki, Adv. Polym. Sci., 110., Springer-Verlag, 199 (1993)
7) Y. Hirokawa and T. Tanaka, *J. Chem. Phys.*, **81**, 6379 (1984)
8) M. Heskins and J. E. Guillet, *J. Macromol. Sci. -Chem.*, **A2**, 1441 (1968)
9) P. J. Flory, Principles of Polymer Chemistry (Cornell University Press: New York, 1953)
10) A. Suzuki, T. Ejima, Y. Kobiki, and H. Suzuki, *Langmuir*, **13**, 7039 (1997)
11) A. Suzuki and Y. Kobiki, *Jpn. J. Appl. Phys.*, **38**, Part 1, 2910 (1999)
12) A. Suzuki and S. Kojima, *J. Chem. Phys.*, **101**, 10003 (1994)
13) A. Suzuki, K. Sanda and Y. Omori, *J. Chem. Phys.*, **107**, 5179 (1997)
14) A. Suzuki and T. Ishii, *J. Chem. Phys.*, **110**, 2289 (1999)
15) S. Hirotsu, Y. Hirokawa and T. Tanaka, *J. Chem. Phys.*, **87**, 1392 (1987)
16) M. Annaka and T. Tanaka, *Nature*, **355**, 430 (1992)
17) S. Hirotsu, *Macromolecules*, **25**, 4445 (1992)
18) I. Yamamoto, *J. Phys. Soc. Jpn.*, **67**, 3312 (1998)
19) S. Hirotsu, *Ferroelectrics*, **203**, 375 (1997)
20) G. Bai and A. Suzuki, *Europ. Phys. J. E -Soft Matter*, **14**, 107 (2004)
21) Y. Hirashima and A. Suzuki, *J. Phys. Soc. Jpn.*, **73**, 404 (2004)
22) Y. Hirashima, H. Tamanishi, H. Sato, K. Saito, A. Naito, and A. Suzuki, *J. Polym. Sci. B : Polym. Phys.*, **42**, 1090 (2004)
23) H. Sato, Y. Hirashima, A. Suzuki, M. Goto, and M. Tokita, *J. Polym. Sci. B : Polym. Phys.*, **43**, 753 (2005)
24) T. Tanaka and D.J. Fillmore, *J. Chem. Phys.*, **70**, 1214 (1979)
25) E. Sato Matsuo and T. Tanaka, *Nature*, **358**, 482 (1992)
26) A. Suzuki, S. Yoshikawa, and G. Bai, *J. Chem. Phys.*, **111**, 360 (1999)
27) A. Suzuki and S. Yoshikawa, *Jpn. J. Appl. Phys.*, **39**, Part 1, 5195 (2000)
28) G. Bai and A. Suzuki, *J. Chem. Phys.*, **111**, 10338 (1999)
29) 田中豊一「ゲルと生命―田中豊一英文論文選集―」東大出版会 (2002)

6 天然高分子ゲルの最近の進歩

武政 誠[*1]，西成勝好[*2]

6.1 はじめに

天然高分子ゲルは，昔から食品や工業用途で広く使われているが，天然物あるいは生体起源であるための個体差，種の多様性，ゲルの分析手法が限定されることなどから，その本質（分子レベルで理解すること）を探ることが難しく，多数の研究がなされたが，不明な点が多く残っている。希薄溶液であれば，孤立分子鎖のコンフォメーション，分子量を決定する光散乱，浸透圧，超遠心分析，円偏光二色性，旋光分散その他の分光法など，固体であれば，X線回折，NMR，赤外分光など，各種の実験法が使われて高分子の構造と物性の関係が解明されてきたが，ゲル状態ではこれらの方法がそのまま使えるわけではなく，レオロジー，DSC など限られた方法しか適用できず，ゲルの構造と物性を分子レベルで理解することは非常に困難であった。

生体高分子のゲル及びゲル化の理解は食品，化粧品，塗料などだけではなく，生命現象の理解，関節や硝子体など生物器官・組織の理解，人工臓器への応用，薬学領域での徐放性制御などへの応用に道を開くものであると期待され，研究が盛んになりつつある。近年の測定技術の急速な発展により，従来から蓄積されてきた知見をより詳細に，また一部訂正しながら，明確にすることが可能になった。それらの発展により，現在では天然高分子ゲルを，分子レベルから「機能設計する」ことが可能になりつつある。

本節では，ゲルを形成する代表的な高分子として，多糖類が形成するゲルについて，基礎から応用までの最近の研究を紹介する。

6.2 ジェランガム

天然高分子が形成するゲルとして最も広く利用されているのは，多糖類のゲルであろう。天然由来であり，安心して食品用途にも利用できるため，増粘または分散・安定目的で食品に添加されることが多いが，工業的にも広く利用されている。

ゲルを形成する多糖類としては，寒天やカラギーナンなど，複数の研究が40年に渡り行われてきたものの，分子的なゲル化メカニズムに関しては，未だに議論が絶えない。特に，水溶液中でヘリックスコンフォメーションを取り，ヘリックス間で会合体が形成され，この会合体が架橋点として機能する，とするモデルが正しいと信じられてきた。しかし，ゲルの物性，例えばヤング率や剛性率に支配されるゲルの硬さなどを，詳細に制御しようとしても，上述のモデルに基づ

[*1] Makoto Takemasa　日本学術振興会　特別研究員　PD
[*2] Katsuyoshi Nishinari　大阪市立大学　大学院生活科学研究科　教授

第4章　両親媒性高分子の機能設計と応用

いた分子論的な設計はほとんど不可能であり，応用の現場で蓄積された経験だけを頼りに利用が進んできたといっても過言ではない。

このような問題は，系が持つ多様性に起因している。例えば，上述のモデルが正しかったとしても，ヘリックスの長さや，会合本数などといった基礎的な値を直接測定する方法が存在せず，そのような試み自体もほとんど行われていなかったためである。このような現状を打破するために，近年，ゲル形成多糖の一種であるジェランガムに対し，共通精製試料を作成し，多岐にわたる基礎物性や，食品添加剤として使用し，ゲルを飲み込む過程までを統一的に網羅して理解し，更なる応用発展を目指そうとする試みが進行中である。

ジェランガムは図1に示すように，β-D-グルコース，β-D-グルクロン酸，β-D-グルコース，α-L-ラムノースの4糖を繰り返し単位とする直鎖状の微生物産生多糖類である。*Sphingomonas elodea* 培養溶液から得られるネイティブジェランガムは，L-グリセリル基とアセチル基を有するが，市場に出回っており主に研究されているジェランガムは，脱アシル処理により，置換基が除去されたジェランガムである。

日本では，高分子学会の高分子ゲル研究会内にジェランガム共同研究グループが組織され，三栄源FFI㈱から試料が提供され，1990年から共同研究が続いた。その成果は3回にわたり，国際学術誌に特集号として発表された[1~3]。共同研究では，同じ試料のジェランガムのゲル化について多角的な視点からの研究がなされてきた。

天然由来の多糖類は，合成高分子に比べて，解析が容易なサンプルの作成が困難である。例えば，ゲル化には，サンプルの分子量が大きく影響するが，分子量依存性を調べる際でも単分散のサンプルの作成が非常に困難である。酵素合成アミロースなどの例外を除けば，多糖類は通常「天然物から抽出される段階で」既に多分散であり，重合段階で分布を制御することも可能な合成高分子ゲルと比べると，条件設定が困難であった。今後も企業を含めた共同研究グループの結成により，共通試料の作成と，それを用いた多方面からの測定手法の適用による総合的な検討が，この分野の発展に不可欠であると言える。

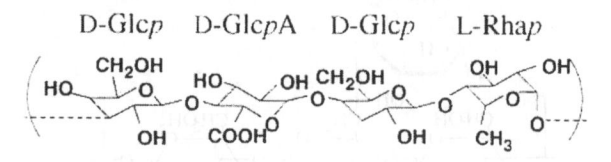

図1　脱アシル型ジェランガムの繰り返し単位の化学構造

6.3 シゾフィラン

Schizophyllan (SPG) は、ジェラン同様、多糖類の一種であるが、スエヒロタケ(*Schizophyllum commune Fries*)により産生される β-1,3-D-グルカンである（図2）。側鎖をもたない、主鎖部分だけのカードランは水溶性ではないことから、SPGの水溶性は側鎖が支配していると言える。抗腫瘍活性を持ち、抗がん剤として利用されるなどの応用面だけでなく、剛直分子のモデル物質として基礎的な研究も盛んに行われている。SPGの水溶液自身はゲル化しないため、SPGの研究は、抗腫瘍活性や、3重螺旋を形成するSPG分子のうち、一本がRNAと置き換え可能である点に注目した研究等、生理活性に関係したものが大半で、ゲル化に関する研究は、少なかった。

SPGの持続長は180nmと、剛直と言われるxanthanの120nmと比較しても、さらに長く、既知の多糖類の中では最も長い。このSPGの剛直性は3重螺旋構造に由来すると考えられている。このような剛直分子が形成するゲルにおいて、通常のフレキシブルな合成高分子の分子鎖が形成する化学ゲルに対して、基礎的な面でも新しい知見が得られることが期待されていた。また上記のような生理活性を生かして、ドラッグデリバリーシステムなどに活用するためにも、SPGに対するゲル化手法の探索が望まれていた。SPGは、ソルビトールの添加によりゲル化することは知られていたが[4~6]、ゲル化の機構については明らかでなかった。

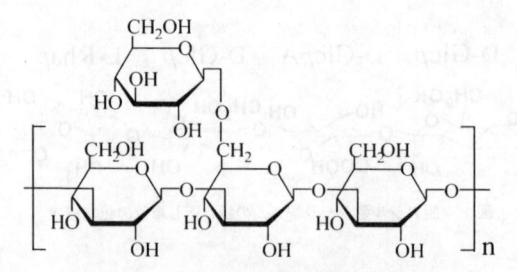

図3に、SPG-ソルビトール混合系における冷却時の、旋光度（OR）、貯蔵剛性率（G'）の温度依存性、DSCカーブを示す[7]。約20℃において、G'の急激な増加がみられることから、ゲル化したことがわかる。ほぼ同じ温度で、発熱ピークが観測され、また旋光度の変化も見られた。ORの変化と、DSCのピークが観測された温度に及ぼす「SPG/ソルビトール混合比率」や濃度を検討した結果、約20℃以下で観測された構造変化は、ヘリックスIIからヘリックスIへの構造転移によるものであると推察された。SPGは、室温、水溶液中では3重螺旋構造を取っているが、高温下や、DMSO中では螺旋がほどけてランダムコイル状態を取ることが知られている[8~10]。また、約5℃において、3重螺旋構造を保ったまま構造変化が起きることが知られてお

図2　シゾフィランの繰り返し単位の化学構造

第4章 両親媒性高分子の機能設計と応用

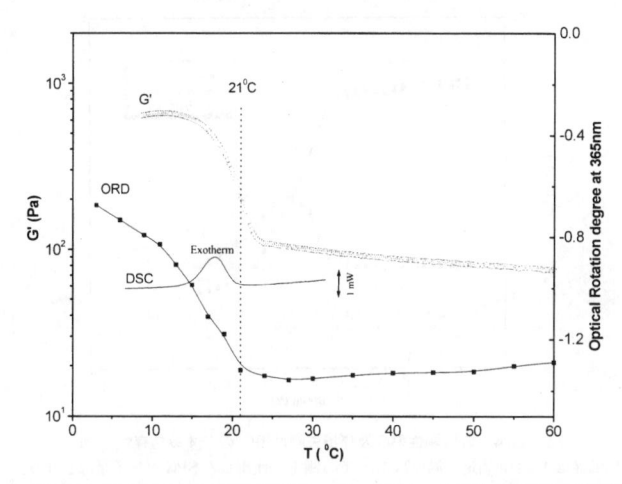

図3 1.2wt% SPG（分子量2,500,000）及び42 wt%ソルビトール混合水溶液の、貯蔵剛性率 G'（角周波数 $\omega = 36$ rad/s；歪み $\gamma = 1$%で測定）及び旋光度の温度依存性及び DSC カーブ 冷却速度 0.5 ℃/min で測定[7]

り，SPG 近傍の水の構造変化に起因すると推測されている[10]。

図4でわかるように，このゲルの貯蔵剛性率 G' 及び損失剛性率 G" の歪み依存性を調べると，歪が大きい時，つまり大変形時に G' が急激に減少する「ゲルの破壊」が見られたが，歪を減少させながら測定を続けると，再び元の値に戻っていることがわかる。通常，ゼラチンや寒天で見られる「硬い」ゲルでは，大変形によって G' が大きく減少した（破壊された）場合では，直後に歪みを減少させても，破壊されたゲルがバラバラの砕片になってしまい，弾性率の測定自体が不可能になる。SPG-ソルビトールの系では，3度の往復を経ても弾性率が回復することから，ゲルの網目構造は，一度破壊されても自己修復されていることがわかる。つまり，この系の網目構造は，元々，共有結合などに代表される化学結合のような，「永続的な寿命を持つ架橋」から形成されているわけではなく，水素結合などを始めとした，結合と解離を動的に繰り返す物理的な架橋あるいは緩和時間の非常に長い絡み合いであり，「架橋及び網目構造の動的な組み換えを伴う架橋」であることが分かった。

このようなタイプのゲルは，ゼラチンや寒天などが形成する，通常「ゲル」と呼ばれている系とは様々な点で性質が異なる。いずれも上記の網目構造の違いに由来すると考えられるが，巨視的には，ゲル状態でもヤング率や剛性率が比較的低く，それらの周波数依存性でも，ゆるやかな依存性が見られることが特徴である。同じく SPG に硼砂を添加した系[11] や，キサンタンガム単独の水溶液，またカラギーナンにヨウ素を添加した系などにおいても同様の現象が報告されてい

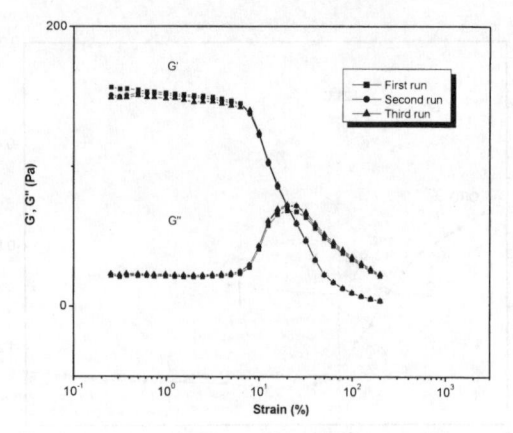

図4 貯蔵剛性率G'及び損失剛性率G"のひずみ依存性
周波数は1rad/s固定，温度は15℃での測定。使用したSPGの分子量は250万，
濃度は0.8wt%，ソルビトール濃度は42wt%である[7]

る。図4で見られるような性質や，架橋の種類を考えると，従来知られていたゲルが持つ，永続的な架橋構造による固定化された網目構造，高い弾性率などと同じ言葉，「ゲル」を使用してよいのかという議論も盛んに行われ，区別するために，SPG/ソルビトールなどで見られるゲルを，「弱いゲル」とする呼び方も一般的になりつつある。

定義はともかく，これから本系などのように，弱いゲルを形成する天然高分子の発見が続くと思われるが，大変形をしても直ちに元に復元する性質を生かして，薬品の徐放性や耐破壊性など，従来のゲルでは実現できない新規の用途開発が期待されている。

6.4 キシログルカン

キシログルカンは，図5のようにセルロース骨格を持つ多糖であり，一般に植物の細胞壁に存在するが，タマリンド種子内部のように貯蔵多糖としても存在する。タマリンドから抽出したキシログルカンの水溶液は，単独ではゲル化しないが，大量の糖あるいはアルコールを添加するとゲル化することが知られている[12〜15]。最近，生理機能特性が注目されているカテキン類の一種エピガロカテキンガレート（EGCG）を少量添加することによりゲル化することが見出された[16]。これは嚥下機能障害者がむせることなく安心してお茶などを飲めることの基礎になるだけではなく，これまでに報告されていない特性をもつゲルであることから，新しいテクスチャー（食感）モディファイヤーとして利用が期待されていた。

この混合系におけるテクスチャー創出の基礎研究として，最近力学物性なども調べられた[17]。

第4章 両親媒性高分子の機能設計と応用

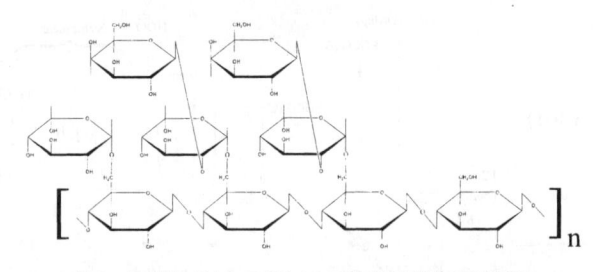

図5 タマリンドキシログルカンの繰り返し単位の化学構造

　多糖類を食品添加剤として用いる際には，多糖類以外にも，食品中の様々な物質との相互作用により，テクスチャーが変化することに注意しなければならない．混合によって初めてゲル化する多糖類（キサンタンガムとガラクトマンナンの混合系など）の研究は30年以上行われてきたにもかかわらず，水溶液中で直接結合していることを証明することすら困難であり，詳細な研究はあまりなされていなかった．EGCGとキシログルカンが直接結合していることを解明するために，それまで，多糖類での混合系では適用例のなかったNMR (NOESY) を導入するなど，手法面での進歩も見られた（図6）．

　タマリンドキシログルカンは，別の特徴的なゲルを形成する能力を有している．キシログルカンのガラクトースを除去すると，室温でゲル化することが知られていた[18]．近年，このゲルは，低温で融解するだけでなく，高温でも融解するという特徴的な性質を有することが明らかとなった[19]．図7に示すように，ガラクトースの除去率が30%以上でゲルを形成するが，低温領域だけでなく，高温領域においてもゾル状態になっていることがわかる．多糖類が形成するゲルは，ジェラン，カラギーナン，寒天のように温度を下げると低温側でゲルになる種類と，メチルセルロースなどのように，高温側でゲルになる種類があるが，ガラクトース除去キシログルカンが持つ図7のような性質は，天然高分子では，他には知られておらず興味深い．このガラクトース除去キシログルカンのゲル化機構として，疎水性相互作用によりゲル化するが，高温では熱運動の激しさが勝りゾルに戻るというモデルが提案されている．

　合成高分子では，2-(2-ethoxy)ethoxyethyl vinyl ether及び2-methoxyethyl vinyl etherの系で，同種の現象が報告されている．多糖の構造を自由自在に変化させて，ゲル化機構を調べるのは困難な場合が多いが，このような同種の現象を示す合成高分子の系[20]と比較することで，化学構造と物性との相関を明らかにすることが可能になると期待される．

6.5 マイクロゲル

　これまでは，ゲル内部の構造を新たに解明したり，特徴的な物性を発見した例などを紹介した

253

50°C (sol)

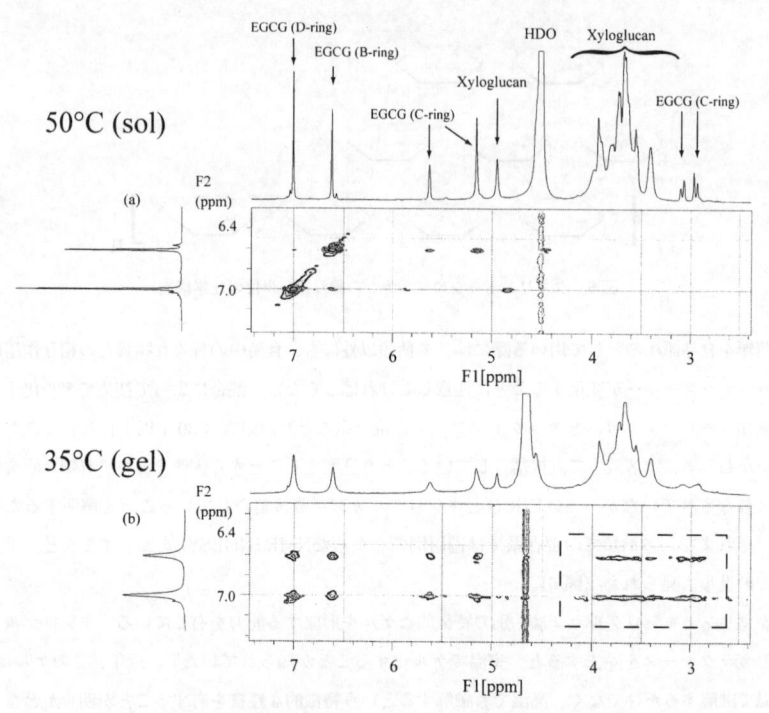

(a)

図6 NMR（NOESY）により得たEGCGとキシログルカンが結合することを示すデータ[17]
　　35℃のゲル状態でのみ、EGCGとキシログルカンの間でピークが観測されており（点線四角部分）両分子が結合していることが分かった。

35°C (gel)

(b)

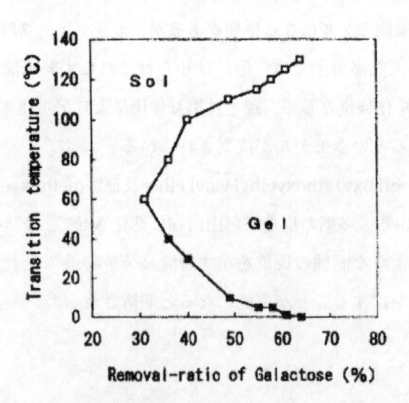

図7 ガラクトース除去率を変化させたときのゾル-ゲル転移温度の変化[19]

第4章 両親媒性高分子の機能設計と応用

が，最後に，ゲルの内部構造が従来と全く同じでも，巨視的な物性を新しい方法で制御する試みについて紹介する。

エマルションやコロイドなどにおいては，複数の構成成分の性質の一部は引継ぎ，その上新しい性質を付与することが可能である。もし，ゲルを微粒子として分散させれば，コロイド系で蓄積された膨大な知見を応用し，ゲルの新たな応用を開拓できると期待されていたが，天然高分子ゲルを用いて，そのようなゲル微粒子を作成することが困難であった。

近年，流動場中でゲル化させたり，エマルションを作成してからゲル化させたりすることにより，μmオーダーの粒子状のゲルが多数形成されることが発見されて応用が開始されている。ゲル微粒子を作成する一つの方法は，低温でゲル化するアガロースやカラギーナンなどの多糖の水溶液を作り，そこに界面活性剤を添加し，エマルション化した後に，温度を下げることで，μmオーダーの球状のゲルを作成する方法[21, 22)]である。つまり，通常系全体が一つのゲルになってしまう多糖水溶液を，エマルション化して，多糖部分を分離してからゲル化させる方法である。この方法で図8のような粒径分布を持つマイクロゲルが作成可能である。また，強いずり流動を加えながらゲル化させることで，より簡易的にマイクロゲルを形成する方法も開発されている[23)]。

大変形時のゲルの破壊挙動は，口内で食物を嚙む際に「食感」として人間が感じるため，新しい食感の創出等，テクスチャーコントロールには重要な役割を果たす。その意味で，「ゲル」は液体でもなく，固体でもない新しいテクスチャーを持つと言えるが，自然界に存在する多様な食物のテクスチャーを人為的に模倣したり，また全く新規のテクスチャーを創出する方策は限られてきた。マイクロゲルを使用することで，ゲル化させる多糖などの濃度や種類による弾性率制御

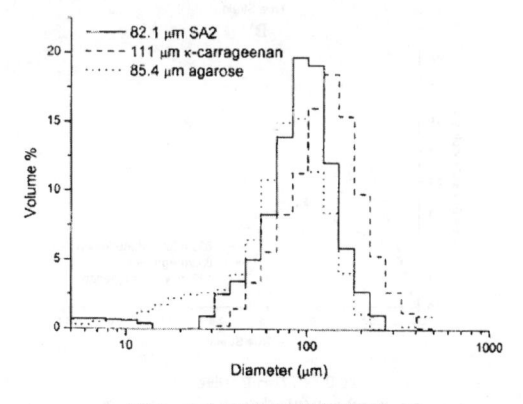

図8 マイクロゲルの粒径分布[24)]

に加えて，粒径や粒子形状，体積分率と言った，新たに制御可能なファクターが増えるために，制御の可能性が広がる。例えば，図8に示すような，様々な多糖を原料としたマイクロゲルを使用することで，図9に示すような様々な応力―歪み曲線を実現することができる。

体積分率を変化させる（Aの25％からBの40％へと）ことで，マイクロゲルの原料，粒径が同じ条件であっても，より低歪みで破断するような力学物性を設計することが可能になる。このように，大変形までを含めた広範囲のレオロジー特性，例えば応力―歪み曲線を制御すること[24]で，テクスチャーをより自在に設計することが可能になるなど，実用上は非常に重要である。力学物性の測定結果からはわずかな差しか認められない2つのゲル状物質でも，人間ははっきりとしたテクスチャーの差を認識することができる。過去に人類が作り出した様々な料理による食感に加えて，ごく最近，本節で紹介したようなゲルを用いて新たに創出されたゲルにより，様々な食感が作り出されている。ブリア・サバランの「美味しいご馳走の発見は人類の幸福にとって

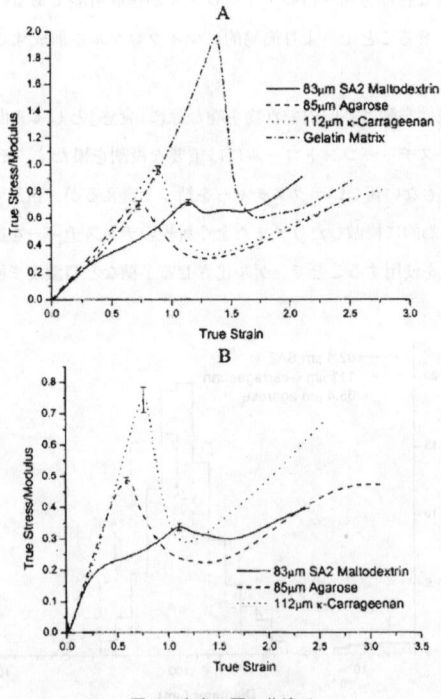

図9　応力―歪み曲線[24]
マイクロゲルの体積分率A：25％，B：40％

第4章 両親媒性高分子の機能設計と応用

新しい天体の発見より重要である」と言う有名な警句を引くまでもないであろうが，できるだけ多様なテクスチャーが求められている。

今後，年間産出量が1兆トンと言われる天然資源としての多糖類をより生かして，本節で紹介した以上に興味深い現象の発見や，さらなる高機能なゲルが設計されていくことを期待したい。

文　献

1) Food Hydrocolloids 1993, **7**, 361-456
2) In International Workshop on Gellan and Related Polysaccharides (IWGRP), Special Issue, Gellan Gum : Structures, Properties, and Functions, Carbohydrate Polymers ed.; Nishinari, K., Ed.; Elsevier Applied Science : Osaka, 1996; Vol. 30, pp75-218
3) In Physical Chemistry and Industrial Application of Gellan Gum; Nishinari, K., Ed., 1999; Vol. 114
4) Maeda, H.; Yuguchi, Y.; Kitamura, S.; Urakawa, H.; Kajiwara, K.; Richtering, W.; Fuchs, T.; Burchard, W. *Polym. J.* 1999, **31**, 530-534
5) Fuchs, T.; Richtering, W.; Burchard, W.; Kajiwara, K.; Kitamura, S. *Polym. Gels Netw.* 1997, **5**, 541-559
6) Fuchs, T.; Richtering, W.; Burchard, W. *Macromol. Symp.* 1995, **99**, 227-238
7) Fang, Y. P.; Nishinari, K. *Biopolymers* 2004, **73**, 44-60
8) Norisuye, T.; Yanaki, T.; Fujita, H. *J. Polym. Sci. Pt. B-Polym. Phys.* 1980, **18**, 547-558
9) Kitamura, S.; Kuge, T. *Biopolymers* 1989, **28**, 639-654
10) Kitamura, S.; Hirano, T.; Takeo, K.; Fukada, H.; Takahashi, K.; Falch, B. H.; Stokke, B. T. *Biopolymers* 1996, **39**, 407-416
11) Fang, Y. P.; Takahashi, R.; Nishinari, K. *Biomacromolecules* 2004, **5**, 126-136
12) Glicksman, M. In Food Hydrocolloids; Glicksman, M., Ed.; CRC Press: Boca Raton, 1986; Vol. 3, pp 191-202
13) Nishinari, K.; Yamatoya, K.; Shirakawa, M. In Handbook of Hydrocolloids; Phillips, G. O.; Williams, P. A., Eds.; Wood head Publishing Ltd., Cambridge, UK. CRC Press, 2000; pp 247-267
14) Yamanaka, S.; Yuguchi, Y.; Urakawa, H.; Kajiwara, K.; Shirakawa, M.; Yamatoya, K. *Food Hydrocolloids* 2000, **14**, 125-128
15) Yuguchi, Y. *Cellulose Communications* 2002, **9**, 76-79
16) Shirakawa, M.; Yamada, H.; P2000-354460A : Japan, 1999
17) Nitta, Y.; Fang, Y.; Takemasa, M.; Nishinari, K. *Biomacromolecules* 2004, **5**, 1206-1213
18) Reid, J. S. G.; Edwards, M.; Dea, I. C. M. In Gums and stabilisers for the food industry;

Phillips, G. O.; Wedlock, D. J.; Williams, P. A., Eds.; IRL Press: Oxford, 1988; Vol. 4.
19) Shirakawa, M.; Yamatoya, K.; Nishinari, K. *Food Hydrocolloids* 1998, **12**, 25-28
20) Aoshima, S.; Sugihara, S. *J. Polym. Sci. Polm. Chem.* 2000, **38**, 3962-3965
21) Frith, W. J.; Lips, A.; Melrose, J. R.; Ball, R. C. In Modern Aspects of Colloidal Dispersions; Ottewill, R. H.; Rennie, A. R., Eds.; Kluwer, 1998
22) Frith, W. J.; Lips, A.; Norton, I. T. In Structure and Dynamics of Materials in the Mesoscopic Domain; Lal, M.; Mashelkar, R. A.; Kulkarni, B. D.; Naik, V. M., Eds.; Imperial College Press, 1999; pp 207-218
23) Brown, C. R. T.; Cutler, A. N.; Norton, I. T.; EP0355908, 1990
24) Frith, W. J.; Blijdenstein, T. B. J.; Norton, I. T. In Gums and Stabilisers for the food industry; Williams, P. A.; Phillips, G. O., Eds.; The Royal Society of Chemistry: Chambridge, 2004; Vol. 12, pp272-279

第5章　界面活性剤・両親媒性高分子を用いた機能性固体材料開発

1　テンプレート法によるメソポーラス材料開発

坂本一民*

1.1　はじめに

　界面活性剤は両親媒性構造を持つことを特徴とし，親媒性基と疎媒性基のバランスおよび濃度と共存物質に応じてミセル生成やリオトロピック液晶など多様な自己組織体を生成する。ミセル溶液のように溶質が溶液中で分子分散せず，お互いの相互作用によって会合体を生成するような現象を一般に自己組織化（selforganization）といい，この様な溶液を自己組織化溶液（selforganized solution）とよぶ。溶質が自己組織化する一般的必要条件としては，①溶媒との親和性が低くお互いに凝集しやすい疎媒性基（水の場合疎水基）を持つこと，②溶媒となじむ親媒性基（水の場合親水基）をもつこと，③個々の分子が運動性を維持できる液体ないし液晶状態にあることがあげられる。上記①，②は安定な組織構造を形成するための条件である。一般に自己組織化する溶質の分子分散濃度はきわめて低いが，単に溶解性が低いだけでは固体の析出，2液相への分離ないし気体としての溶液からの排出に終わってしまう。③はより厳密には系全体としてある観測時間のなかで自己組織化による規則構造を持っているが，個々の分子レベルでは運動性を維持するとともにかなり早い頻度で共存する溶液中の分子分散体との交換が行われていることを意味する。

　自己組織体中の溶質が固体状態であると，固体（純粋な溶質）の融点以下で活動度が急激に低下し，析出によって系から排除されて自己組織体構造が維持できない。さらに自己組織体の特徴として溶媒を大量あるいは無限に膨潤・溶解できる性質を有する。この系の組成変化に対する柔軟性と③のやわらかさ，しなやかさが多くの自己組織体に見られる多岐にわたる機能性の原因であり，生体に見られる複雑多機能な組織が多くの場合自己組織体から成り立っていることと強く関連づけられる。この様に界面活性剤の自己組織体は溶液または液晶ゆえのソフトで揺らぎのある非平衡（動的）な秩序構造である。このため固体上で見られる特定の分子の構造に特異的な吸着や触媒反応など，絶対的な空間構造特性を起因とする現象への応用は困難である。ところが最近テンプレート法（鋳型法）によって界面活性剤の自己組織体構造を固体であるメソポーラス材料に転写する方法が確立され，ナノサイズの均一な細孔を持つ機能性素材として種々の用途への

---

*　Kazutami Sakamoto　㈱資生堂　素材・薬剤開発センター　特別技術顧問

適用も試みられている。そこで本節では種々のテンプレート法によるメソポーラス材料開発の概説とあわせて最近のトピックスを紹介する。

1.2 テンプレート法によるメソポーラス材料開発の歴史

多孔体(ポーラス素材)はその径によって2nm以下をマイクロポーラス，2～50nmをメソポーラス，50nm以上のものをマクロポーラスに分類される。本節でとりあげるメソポーラス材料は界面活性剤の自己組織体構造を転写する事によって生成する2～50nmの均一な細孔径を持つ無機物質である。この様な物質の報告に関しては1971年の特許が初出と思われ，現在の知識からその製法を考慮してメソポーラス構造体と推定されるが報告者にはその認識はなかった[1]。従って，構造と特性を認知した界面活性剤の自己組織体構造由来のメソポーラス構造体に関する最初の報告は早稲田大学の柳沢，黒田らによるもので，層状シリカとカチオン界面活性剤の相互作用の研究において偶然3次元的に均一なネットワーク構造を持つメソポーラスなシリカの生成を見出した[2]。

層状の粘土鉱物にカチオン界面活性剤を作用させると，挿入された界面活性剤の長さに相当して層間隔が拡大し，溶媒抽出などによって界面活性剤を除去するとその規則性は失われる事が知られていたが，黒田らはカネマイトとアルキルトリメチルアンモニウム塩からなる層間化合物がX線回折による約3nmほどの長周期規則構造とあわせてSi-NMRによってシリカが層間で3次元的に結合した構造を持つ事を認めた。さらにこの複合体を焼成し界面活性剤を除去しても構造が保持される事ことから，メソポーラス構造の生成を確認しこの物質をKSW-1(Kanemite Sheet at Waseda)と命名した。黒田らの発見は界面活性剤の自己組織化と層状シリカの自己縮合性を巧みに活用してメソポーラス構造を構築したもので，その後稲垣らによる反応条件の改良でより均一で規則的なヘキサゴナル構造のメソポーラスシリカの構築に発展し，これをFSM (Folded Sheet Mesoporous material) と命名した[3] (図1)。

ほとんど時を同じくしてMobilのKresgeらのグループにより現在主流となっている界面活性剤とアルコキシシランを用いるメソポーラスシリカの生成法が特許出願された[4]。Kresgeらの場合も新規触媒開発における偶然の発見であるが，これをKresgeは優れた観察眼と細孔材料に関する予備知識と新規な合成法への試みがもたらした予期せぬ発見であると述べており，いずれの場合も偶然から幸運を得たセレンディピティーの好例といえよう[5]。ゼオライトを代表とするマイクロポーラス材料の研究開発が成熟し，より大きなサイズの分子を対象とした吸着および触媒用のメソポーラスな均一細孔径の材料開発が焦眉されていた時代背景も大きいものと想定される。

当時知られていたメソポーラス材料はシリカゲルやピラー化粘土などであるがいずれも細孔分布が広く構造も不定形で，特定サイズの化合物に特異的な吸着剤や触媒としての特性は期待でき

第5章 界面活性剤・両親媒性高分子を用いた機能性固体材料開発

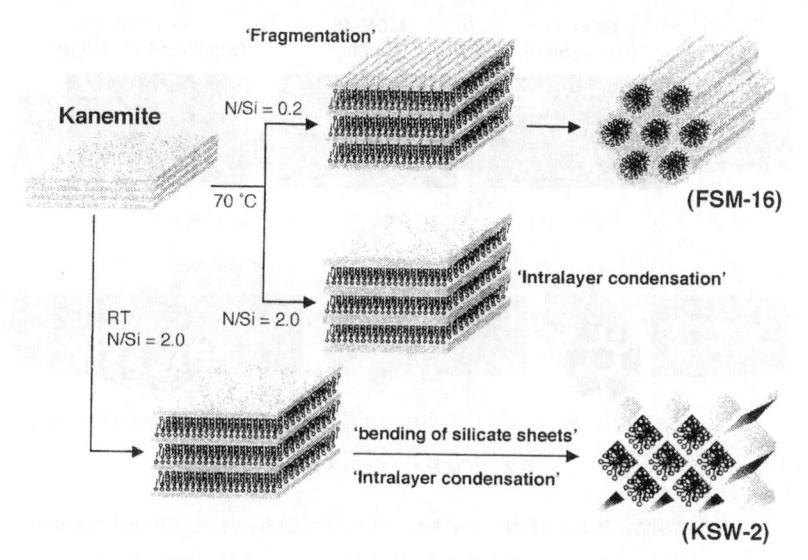

図1 カネマイトとカチオン界面活性剤から得られるメソポーラスシリカ[2,3]

　なかった。現在テンプレート法によるメソポーラス材料開発は，サイテーションされる論文数が3,000件を超え，"mesoporous material"をキーワードとしたWeb検索で29,000件ヒットするほどに，折からのナノテクノロジー興隆の波にも乗って世界中の研究グループによって盛んに行われている[6,7]。

　Kresgeらの研究はMCM(Mobil Composition of Matter)と称する新規触媒開発プロジェクトとして行われた[5]。当初は黒田らと同様ゼオライトへのカチオン界面活性剤の挿入で生じる層状構造(ラメラ構造)にアルコキシシランなどで柱状支持体を構築し，焼成後も保持される長周期メソポーラス体の生成を目指していた。この研究の途上で，MCMの一環として有機物質を構造規定剤(structure-directing-agent：SDA)とするゾル―ゲル法ゼオライト合成で，SDAとしてセチルトリメチルアンモニウムハイドロキシドを用いたところ，極めて比表面積が大きく約4nmの長周期構造を持つヘキサゴナル構造体の生成を認めMCM-41と命名した。その後一連のメソポーラスシリカとしてキュービック構造のMCM-48，ラメラ構造のMCM-50が合成された[5](図2)。これらアルコキシシランを用いるMCM系メソポーラスシリカの生成は，シリカの縮合が界面活性剤の自己組織体構造を鋳型として進行する事による。

　Kresgeらが創始した界面活性剤とアルコキシシランを用いたテンプレート法によるメソポーラス材料の開発研究は当初カチオン界面活性剤を構造規定剤(SDA)とするものであったが，そ

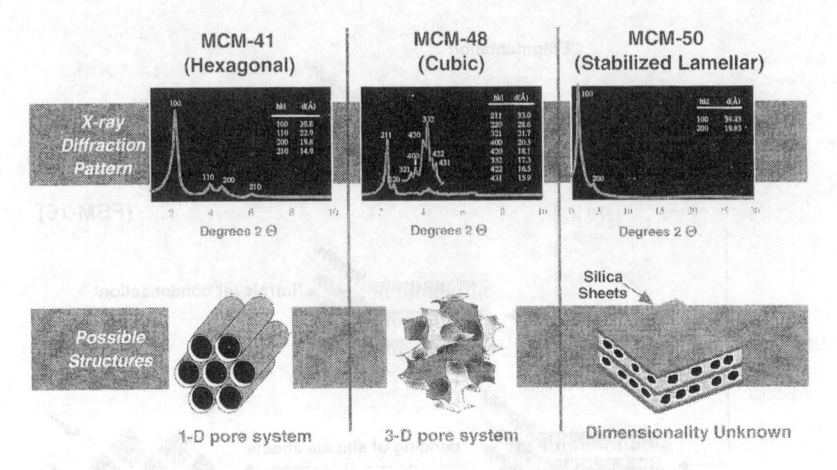

図2 MCM系メソポーラスシリカ[5]

の後非イオン界面活性剤をはじめ種々の界面活性剤の応用が試みられた。この方法によるメソポアのサイズは鋳型とする界面活性剤の自己組織体構造に依存し、水溶液中でミセルや液晶などの自己組織体を形成する通常の界面活性剤の疎水鎖長は炭素数10から20であるため、それらの繰り返し構造単位で転写されるメソ孔も数nmのオーダーに留まらざるを得ない。Stuckyらはより大きなメソ細孔を得るため両親媒性のプルロニックコポリマー$(EO)_x(PO)_y(EO)_z$を用い、20nmほどの細孔径のメソポーラスシリカであるSBA-15の合成に成功した[8]。このタイプのメソポーラスシリカは大きめの均一な細孔径とあわせシリカ壁もMCM系に比べ厚く強度上も通常の界面活性剤鋳型系に比べて高い。さらに、x, y, zの比を変えることで細孔径の制御も容易であるため、最近では触媒や分離担体としての実用的開発はSBA型メソポーラスシリカを中心に検討されている。

1.3 テンプレート法の原理

界面活性剤は水溶液中で濃度に応じて図3に示すような自己組織体を形成する。界面活性剤の典型的2成分系相図においては界面活性剤の濃度上昇でミセル溶液からまずヘキサゴナル(H_1)、ついでラメラ(L_α)液晶相が現れ、それぞれ温度上昇により徐々に融解して2相領域を経て液相であるミセル溶液に変わるが、液晶の頂点では2相が現れず単一物質のように決まった温度で液相に転移する。自己組織体の規則構造は系が存在する空間に占める自己組織体と分子分散溶液の割合および自己組織体を構成する両親媒性物質の分子構造によって決まり、与えられた条件の中で面積が最小になる幾何学的構造をとる。ここに、臨界充填パラメーター(CPP:Critical

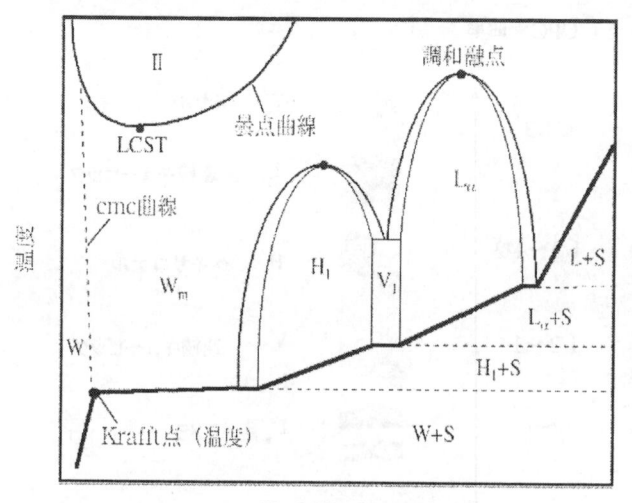

第5章 界面活性剤・両親媒性高分子を用いた機能性固体材料開発

図3 界面活性剤―水2成分系の模式的相衡図

Packing Parameter) が界面活性剤の分子構造と自己組織体の集合構造を関連づける最も有用な指針となる。CPPはミセルおよび液晶などの自己組織体中での疎水基の占有容積V_L，自己組織体中の疎水基の長さlおよび疎水基と親水基との界面における有効断面積a_sから式(1)で求められる[9]。

$$CPP = V_L/(l \times a_s) \qquad (1)$$

CPPは自己組織体の曲率をあらわすパラメーターでありCPP＞1は水側に凸，CPP＜1は凹であることを示す。ミセル溶液(W_m)では通常まず球状ミセル(CPPは0～1/3)が形成される。その後，界面活性剤濃度の増加に応じてCPPが低下し棒状やひも状(1/3～1/2)に成長し，この会合数増大とミセル構造変化はおもに粘度増加として認められる。さらに界面活性剤濃度が増加するとバルク水相の減少により自己組織体であるミセルが分散した状態から，自己組織体が水相を取り込んだリオトロピック液晶を生成する。この際CPPの変化に応じて典型的には図4のように非連続キュービック(I_1)，ヘキサゴナル(H_1)，連続キュービック(V_1)，ラメラ($L_α$)を経て，親水基が内部を向く逆構造の連続キュービック(V_2)，ヘキサゴナル(H_2)，非連続キュービック(I_2)と変化する。

これら自己組織体の水溶液中でアルコキシシランなどのシリカモノマーが縮合する事によって

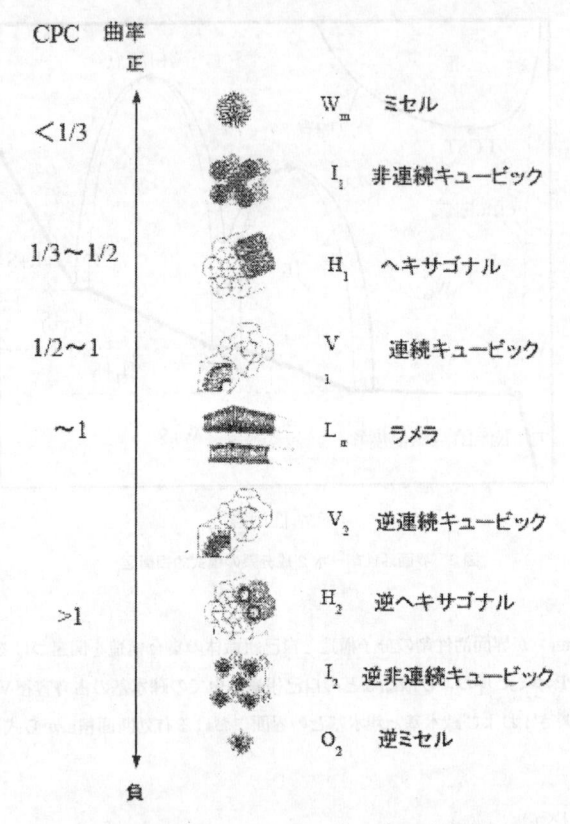

CPC	曲率		
<1/3	正 ↑	W_m	ミセル
		I_1	非連続キュービック
1/3〜1/2		H_1	ヘキサゴナル
1/2〜1		V_1	連続キュービック
〜1		L_α	ラメラ
		V_2	逆連続キュービック
>1		H_2	逆ヘキサゴナル
		I_2	逆非連続キュービック
	↓ 負	O_2	逆ミセル

図4 臨界充填パラメーター（CPP）と自己組織体の構造

構造の転写が起こる。すなわち，無機モノマーが有機構造体の表面に縮合して無機高分子化すると考えられている。反応のメカニズムとして，存在する液晶構造をそのまま転写する機構や，シリカモノマーの縮合にあわせて自己組織化が起こりつつ転写が起こるとする考えも提唱されている(図5)。しかしながら実際にテンプレート法に用いられる系は界面活性剤や各種電解質，アルコキシシランの可溶化剤であるアルコール類などを含む複雑混合系であり，自己組織化しないcmc以下の低濃度で添加された界面活性剤からのメソポーラスシリカ生成もしばしば行われている。しかもシリカモノマーの縮合により系の組成が変化し，特に疎水性であるアルコキシシランでは縮合によって親水性シリカが生成しつつ，界面活性剤の自己組織体構造を壊す傾向のあるエタノールやメタノールを生成する等，極めて動的な状態であるため反応の実態は不明の点が多い。

第5章 界面活性剤・両親媒性高分子を用いた機能性固体材料開発

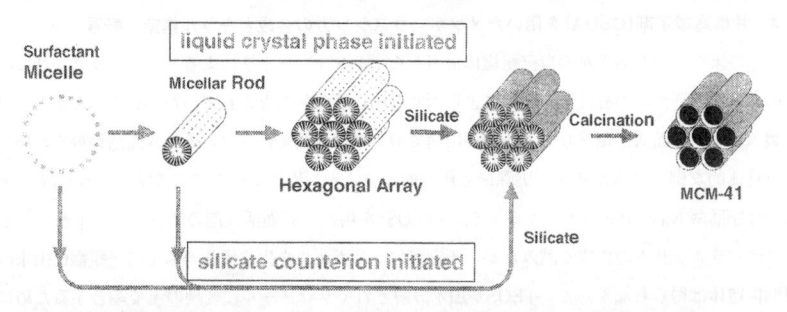

Mechanistic pathways for the formation of MCM-41
① liquid crystal phase initiated ② silicate anion initiated

図5 MCM系メソポーラスシリカの推定生成メカニズム[5]

 いずれにせよ，通常は組成及び反応条件を定めれば再現性良く一定の構造のメソ体が生成する事から，縮合時の動的に安定な自己組織体構造の確保が本法の鍵であり，メソ体の構造制御は主に試行錯誤的実験の繰り返しで条件設定が行われている。この様にして得られるメソポーラスシリカのマクロな構造は粒状，棒状，塊状，不定形粉末など組成や合成条件に拠ってさまざまであり，その形態制御もメソ構造の制御と同様に多分に試行錯誤的である。Brinkerらは反応溶媒をスピンコーティング法等によって，フィルム状に乾燥させる過程の，濃縮による界面活性剤の自己組織化を利用した薄膜状のメソポーラスシリカ作成法(EISA:Evaporation Induced Self-Assembly)を開発した。EISA法は基板上での構造の配列制御も可能である事から，エレクトロニクスおよびオプトエレクトロニクス用の素子としての可能性も含め種々の応用検討がなされている[10]。

 以上のようにして界面活性剤が形成する自己組織体の水溶液部分がシリケートで無機化した複合体が得られ，これを溶媒抽出あるいは焼成して界面活性剤を除去する事によりメソポーラスシリカが得られる。ラメラ状メソポーラスシリカの場合，層間の支持体がないため無機化による構造の保持が困難であるが，ヘキサゴナルやキュービックでは構造が良好に維持される。この様にして得られたシリカは界面活性剤の分子会合レベルでの規則性による周期構造を示すが，物質的にはゾルーゲル法で得られるシリカゲルと同様にアモルファス(非晶性)であり，物理的強度が実用上の課題である。無機源としてTiやZrなどのアルコラートを用いて触媒活性や担体としての特性を向上する試みも種々報告されているが，反応性や構造の作りやすさなどシリケートに比べ困難で多くの課題が残されている。

1.4 共構造規定剤(CSDA)を用いたメソポーラスシリカの合成とキラル構造の転写

前述のように界面活性剤の自己組織体構造からのテンプレート法によるメソポーラスシリカの生成は，界面活性剤の極性基の種類によらず普遍的なものとみなされていた．しかしながら文献を調べても，界面活性剤としてあらゆる用途で最も汎用されているアニオン界面活性剤を鋳型とした具体的な例は見当たらず，実際最も代表的なアニオン界面活性剤であるドデシル硫酸Naあるいは脂肪酸Naとテトラエトキシシラン(TEOS)を用いて界面活性剤のテンプレート法によるメソポーラスシリカの作成を試みたが，不定形のシリカゲルを生成するのみで自己組織化由来の規則構造体は得られなかった．TEOSが加水分解されてシラノールに変換の上で縮合するためには酸性ないしアルカリ性条件が必要である．しかしながらアニオン界面活性剤の場合酸性では水に不溶で界面活性を示さず自己組織化できない，一方アルカリ性ではTEOSの加水分解がバルク水溶液中で起こるため界面活性剤の存在にかかわらず，その自己組織化を固体シリカの構造に反映できないためと推定される．すなわち，自己組織化した界面活性剤会合体の水との界面でシリカの縮合が起こる事がテンプレート法によるメソポーラスシリカ生成の鍵と考えられる．

そこで，筆者らはアニオン界面活性剤の対イオンにアルコキシシランを導入した共構造規定剤(CSDA：Co-Structure Directing Agent)を用いる事により，各種アニオン界面活性剤からのメソポーラスシリカ(AMS：Anionic surfactant templated Mesoporous Silica)の合成に成功した[11]（表1，図6）。AMSは用いる界面活性剤の種類とCSDAの選択および反応条件によって，自己組織化構造に基づく種々の型が得られ，しかも他の界面活性剤を用いたものに比べて長周期繰り返し規則性に優れる．

CSDAによって自己組織体とバルク水相との界面でアルコキシシランの加水分解と縮合が起こる事を確認するために，TEOSを含まないラウリン酸(LA)とCSDAとしてのアミノプロピルアルコキシシラン(APS)と水の3成分混合について相図の時間変化を調べた．その結果小角X線回折およびIRの経時変化からCSDAの縮合がアニオン界面活性剤会合体と水との界面で起こる

表1 アニオン界面活性剤とCSDAとの自己組織体を鋳型とするメソポーラスシリカ[11]

Structure	Surfactant and CSDA	Unit cell* (nm)	Surface area‡ (m^2g^{-1})	Pore diameter‡ (nm)	Wall thickness (nm)
AMS-1(3D-hexagonal)	C_{14}GluS, TMAPS	$a=5.4, c=8.8$	501	2.3	
AMS-2(3D-cubic)	C_{12}GluA, APS	9.6	963	2.8	
AMS-3(2D-hexagonal)	C_{16}AS, TMAPS(ex)§	8.1(9.2)	387(311)	5.2(6.2)	2.9(3.0)
AMS-4(bicontinuous 3D-cubic)	C_{12}AlaA, APS	13.1	760	4.0	

* Calculated from the XRD patterns
† Calculated by the BET method
‡ Calculated from the adsorption branch of the N_2 isotherm by the BJH method
§ Extracted sample

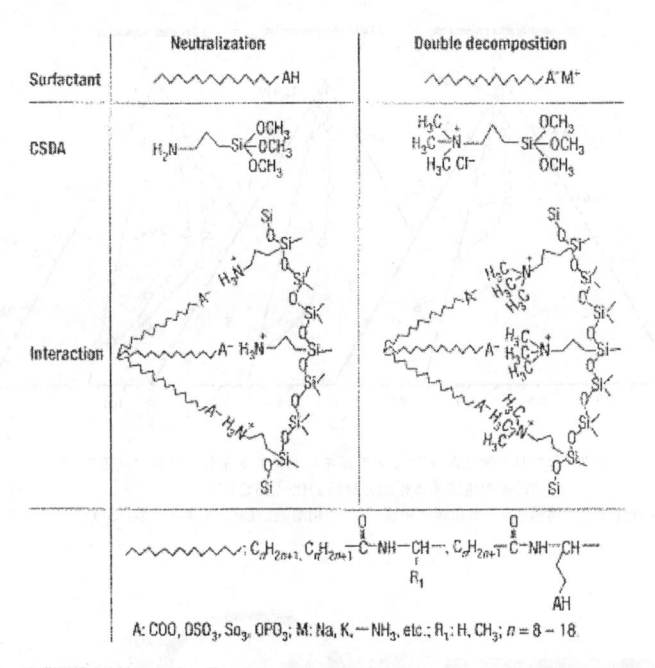

第5章 界面活性剤・両親媒性高分子を用いた機能性固体材料開発

図6 共構造規定剤(CSDA)を用いたアニオン界面活性剤からのメソポーラスシリカの合成[11]

事が確認された。すなわちLAとAPSの中和で生じたラメラ液晶は層状構造を保ったままアルコキシ基の加水分解とシリカの縮合が進行する事が示された。さらにこの液晶系にTEOSを添加することでラメラ構造を反映したメソポーラスシリカの生成が確認された[12](図7)。

この結果はCSDAを用いる事により従来の試行錯誤方式に拠らず，特定構造の自己組織体から任意の構造のメソポーラスシリカを合成できる可能性を示唆すると考えられる。

そこで筆者らはキラルな自己組織化構造(コレステリック液晶等)を形成する事が確認されている光学活性なアミノ酸系界面活性剤であるN-アシル-L-アラニンNa塩とCSDAとしてのTMAPSからなる自己組織体をテンプレートとして用いる事により，キラルな自己組織化構造由来の螺旋状細孔構造を有するメソポーラスシリカの合成に初めて成功した[13](図8)。このキラルなメソポーラスシリカは固体触媒および担体として不斉合成や光学分割への応用が期待される。

1.5 ハイブリッド化による構造強化と高機能化

テンプレート法により得られるメソポーラスシリカは界面活性剤の自己組織体構造を反映した

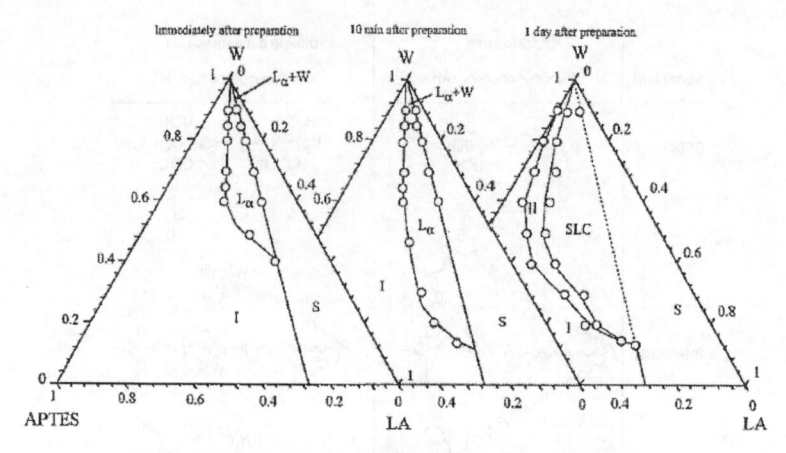

図7 ラウリン酸(LA)／アミノアルキルトリエトキシシラン(APTES)／
水(W)系の生成する相図の経時変化（25℃）[12]
I：等方性ミセル溶液，S：水和固体領域，II：2相溶液，$L\alpha$：ラメラ液晶，SLC：シリカ生成

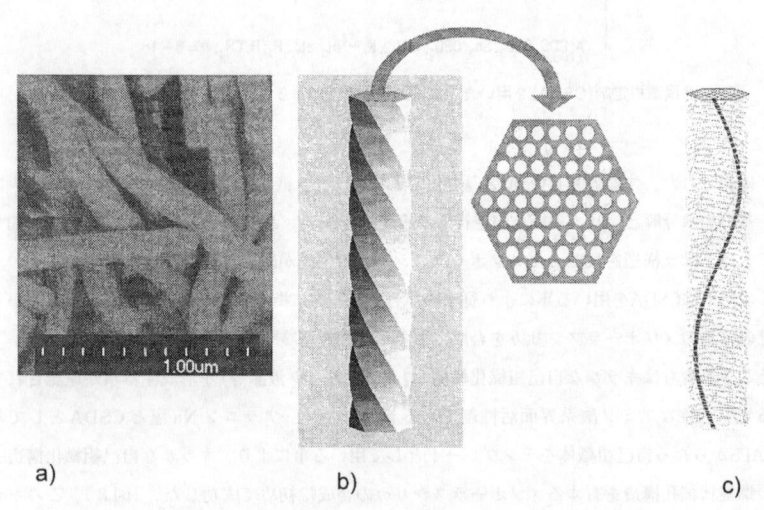

図8 螺旋状細孔を有するキラルなメソポーラスシリカ[13]
a) SEM画像，b) コンピューターシミュレーション画像，c) 螺旋状細孔

第5章　界面活性剤・両親媒性高分子を用いた機能性固体材料開発

2～50nmの範囲の規則的なメソポーラス構造を持ち，この細孔径に相当するサイズの分子に対する選択吸着や細孔の空間規制による分子配向や活性な細孔表面を用いた選択的触媒作用など，種々の応用が期待される。しかしながら前述のように，メソポーラスシリカは界面活性剤の自己組織体構造における連続相である水相の固定化という原理的宿命から，細孔壁としては薄くかつアモルファス構造である。このため触媒や分離担体として用いる際に物理的強度が不十分である。さらに高温焼成による結晶化を進めると，リジッドな結晶構造構築のため，細孔構造が破壊されてしまう。したがって自己組織体のメソ構造を維持しつつ構造強化を図る技術開発がメソポーラスシリカの実用化における重要な課題である。

稲垣らはメソポーラスシリカの骨格に有機基を導入する事による構造強化と高機能化に成功し，メソポーラス材料の実用化への道を一歩進めた。エチレン基やフェニル基の両端にアルコキシシリル基を持つ有機シランを界面活性剤の存在下に重縮合して得られたハイブリッド物質はテンプレートによるヘキサゴナルやキュービックなどの構造を示し，この構造規則性はシリケートのみの物より高くかつ単結晶状の粒子が得られた[14]（図9）。さらに，スタッキングによる分子間相互作用が期待できるフェニル基の導入によって，メソポーラス物質の細孔壁の結晶化に初めて成功した。この物質はTEMによる緻密な構造解析によって，図10のコンピュータシミュレーションモデルに示すように極めて緻密で規則的な構造である事が認められた[15]。このハイブリッドメソポーラス物質は結晶化による構造規則性と強度の向上によって応用面での発展が期待される。

1.6 メソポーラスシリカを鋳型とするナノカーボンの作成

メソオーダーの規則構造を持つカーボン材料は吸着剤，触媒担体，電極材料などへの応用が期待される。Ryooらはメソポーラスシリカを鋳型とすることにより，種々のタイプのメソポーラスカーボンの合成に成功しそれらをCMK-n (Carbon Mesostructured by KAIST) と名づけた[16]。その合成法は2段階の反応による。すなわちまずメソポーラスシリカの細孔に炭素源となる蔗糖，フルフラール，モノマー状フェノール樹脂，アセチレンなどを充填する（図11）。次に，通常の活性炭などの細孔状炭素製造の場合と同様の熱分解によって炭化させる。しかしながらメソポーラスシリカを鋳型とする場合は細孔内でのみ炭化反応が進むよう工夫が必要である。この目的で炭素源とあわせて硫酸などの触媒を細孔内に充填し熱分解の前に炭素源を架橋高分子化させる。鋳型としたシリカはNaOHやフッ化水素のエタノール水溶液で処理する事により容易に除去して目的のメソポーラスカーボンが得られる[17]。同様の方法によって各種遷移金属塩溶液をメソポアに充填後還元することによりメソポーラスシリカ細孔内への触媒金属の析出やメソサイズの金属ワイヤーあるいはメソポーラス金属の構築も可能である。実際，我々も図8cに示すような螺旋状のメソポーラスシリカ細孔内にPtやPdを析出させる事に成功しており，不斉触媒として

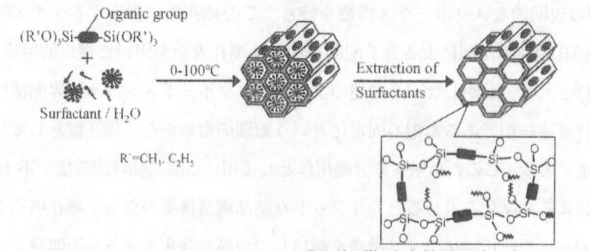

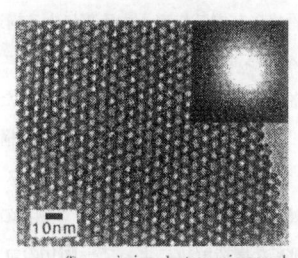

界面活性剤・両親媒性高分子の最新機能

図9 有機無機ハイブリッドメソポーラス物質の合成[14, 15]

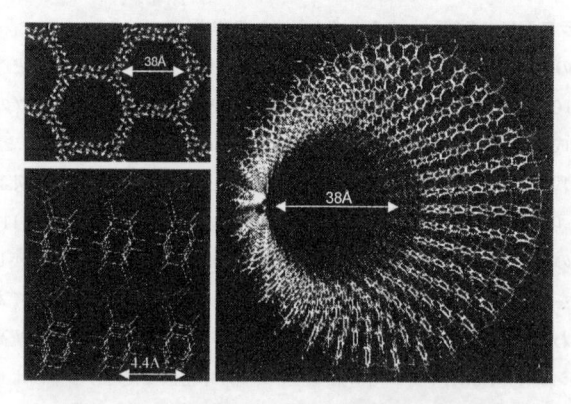

図10 フェニル基導入メソポーラス物質の結晶状壁構造[15]

第5章 界面活性剤・両親媒性高分子を用いた機能性固体材料開発

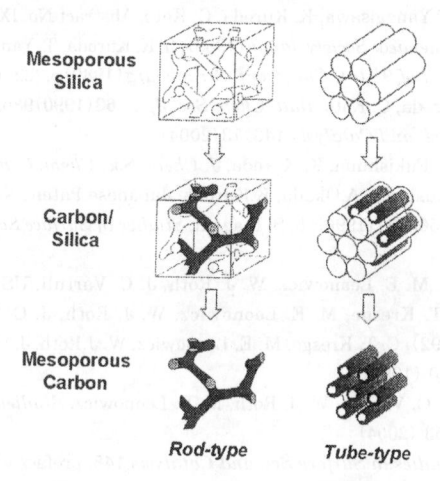

図11 メソポーラスカーボンの合成手順[17]

の応用が期待される[13]。

1.7 今後の期待

　界面活性剤の自己組織化による構造形成は理論的にも実用的にも深く探求され確立されている。このソフトな機能構造体を鋳型とするハードな高次規則構造体であるメソポーラスシリカは，特定の規則的空間構造を持つ材料を比較的容易に作れる事が特徴であり，触媒や吸着・分割担体など種々の機能素材としての応用展開が期待されている。アモルファス構造であるための実用上の物理的問題点解決に向けては，両親媒性ポリマーや有機シリカによるハイブリッド化などの工夫が進められている。一方，メソポア内の光応答性，触媒活性など機能性有機修飾によるさらなる高機能化の試みも盛んに行われている。さらに，長鎖アルキルアルコキシシランの自己組織化と自己縮合による層状メソ構造体の構築など新たな材料開発も積極的に進められており，学問的にも実用的にも今後の発展が大いに期待される[2d, 3b]。

文　　献

1) V.Chiola, J.E.Ritsko, C.D.Vanderpol, US Patent No.3556725(1971)

2) a) T. Shimizu, T.Yanagisawa, K. Kuroda, C. Kato, Abstract No. IXII D42(I-761), *Ann. Meeting of the Chemical Society Japan* (1988); b) K. Kuroda, T. Yanagisawa, T. Shimizu, C. Kato, *Abstract of 9th Int. Clay Conf. Straobourg* (1989) p.222; c) T. Yanagisawa, T. Shimizu, K. Kuroda, C. Kato, *Bull. Chem.Soc. Jpn.*, **63** (1990) 988; d) K. Kuroda, *Studies in Surface Sci. and Catalysis* **148**, 73 (2004)
3) a) S. Inagaki, Y. Fukishima, K. Kuroda, *J. Chem. Soc.,Chem. Commun.*, (1993) 680; S. Inagaki, Y. Fukushima, A.Okada, K.Kuroda, Japanese Patent No.H4-238810 (1991), US Patent No.5508081 (1996); b) S. Inagaki, *Studies in Surface Sci. and Catalysis* **109**, 73 (2004)
4) a) C. T. Kresge, M. E. Leonowicz, W. J. Roth, J. C. Vartuli, US Patent No.5098684 (1992); b) C. T. Kresge, M. E. Leonowicz, W. J. Roth, J. C. Vartuli, US Patent No.5102643 (1992); C. T. Kresge, M. E. Leonowicz, W. J.Roth, J. C. Vartuli, J. S. Beck, *Nature*, **359**, 710 (1992)
5) C. T. Kresge, J. C. Vartuli, W. J. Roth, M. E. Leonowicz, *Studies in Surface Sci. and Catalysis* **148**, 53 (2004)
6) O. Terasaki, *Studies in Surface Sci. and Catalysis* **148**, preface v (2004)
7) F. Schuth, *ibid* **148**, 1 (2004)
8) D. Zhao, J. Feng, Q. Huo, N. Melosh, G. H. Frederickson, B. F. Chmelka, G. D. Stucky, *Science*, **279** (1998) 548
9) a) J. N. Israelachvili, D. J. Mitchell, *J. Chem. Soc. FaradyTrans*, **172**, 1525 (1976); b) *Biochem. Biophys. Acta* **470**, 185 (1977)
10) a) H. Fan, J. Brinker, *Studies in Surface Sci. and Catalysis* **213**, 241 (2004); b) Y. Lu, R. Ganguli, C. Drewien, M. Anderson, J. Brinker, W. Gong, Y. Guo, H. Soyez, B. Dunn, M. Huang, J. Zink, *Nature* **389** (1997) 364; c) C. Brinker, Y. Lu, A. Sellinger, H. Fan, *ADVANCED MATERIAL* **11** (1999) 579
11) S. Che, A. E. Garcia-BEbett, T. Yokoi, K. Sakamoto, H.Kunieda, O. TErasaki, T. Tatsumi, *Nature Material*, **2**, 801 (2003)
12) C. Rodriguez-Abreu, T. Izawa, K. Aramaki, A. Ropez-Quintela, K. Sakamoto, H. Kunieda, *J. Phys.Chem.* B 2004, **108**, 20083
13) S. Che, Z. Liu, T. Osuna, K. Sakamoto, O. Terasaki, T. Tatsumi, *Nature*, **429** (2004) 281
14) S. Inagaki, S. Guan, Y. Fukushima, T. Osuna, O. Terasaki, *J. Am. Chem.Soc.*, **121**, 9611 (1999), S. Guan, S. Inagaki, T. Osuna, O. Terasaki, *J. Am. Chem. Soc.*, **122**, 5660 (2000)
15) S.Inagaki, S. Guan, T. Osuna, O. Terasaki, *Nature*, **416**, (2002) 304
16) R. Ryoo, S. H. Joo, S. Jun, *J. Phys.Chem.* B103 (1999) 7743
17) R. Ryoo, S. H. Joo, *Studies in Surface Sci. and Catalysis* **148**, 241 (2004)

2 超分子集合体構造・機能の無機材料への転写・固定化

有賀克彦[*]

2.1 はじめに―超分子集合体構造の転写・固定化の重要性―

　生体における優れた機能は，科学技術の究極の目標といえよう。例えば，光合成系のようなエネルギー生産システムは，いくつもの種類の色素分子やタンパク質分子が，合理的に配置され，驚くべき効率・精度で，情報・エネルギーの伝達・変換がなされている。それらの要素は，何者かが意図して正確に配置したわけではなく，分子自身が持ちうる自己組織化能によって，自然に高次機能構造へと組み立てられているのである。個々の要素となる分子をみると，あるものは極めて単純で，実験室で容易に合成できるようなものでしかない。つまり，生体の高機能発現の本質は，個々の生体分子にではなく，それをいかに配置・固定化するかにある。自然は，数十億年の歴史を経て，この脅威の組織化技術を身につけた。我々は，数十年の歴史で，自然に追いつこうと努力している。それは，超分子化学であり，昨今のナノテクノロジー技術である。

　さて，このような生体の高機能を如何に人の手による技術として展開するか，例を挙げて図1に示した。生体機能のうち自己集合構造の重要性が色濃く現れているものとして，細胞膜のエレガントな構造と機能をあげることができる。図1Aには，細胞膜の構造を極めて単純化した形で示してある。細胞膜は，両親媒性化合物であるリン脂質や糖脂質がコレステロールなどの膜補強要素とともに自己集合することによって構成される二分子膜構造を基本とする。ここに高機能性分子であるタンパク質がある程度の自由度を持って固定化されている。この複雑な構造・機能を人工機能系へ転用する第一段階は，機能のエッセンスを抽出して分子の集まり（超分子集合体）で表現することである。図1の例では，タンパク質の機能を抽出するため，グルコースオキシダーゼ（GOD）というタンパク質を脂質との複合体とし，超分子集合体であるラングミュアーブロジェット（LB）膜として薄膜化している（図1B）[1, 2]。タンパク質を単独でLB膜化する試みはあるが，水面における高い表面張力によって変性が起こる可能性も少なくない。脂質との超分子集合体にするという人為的な工夫によって，この難点を克服しているのである。この超分子集合体構造を実際に利用できるデバイスとするためには，電極などの無機の表面に転写・固定化することが必須となる。図1Cに示した例では，白金電極上にタンパク質と脂質の複合体LB膜を固定化し，グルコースセンサーを開発している。溶液中にグルコースを添加すると，電極上に固定化されたGOD上で酸化されるが，そのときに副生する過酸化水素を電極上で電気化学的に検出することによって，グルコース濃度を知ることができる。

　この例では，生体の高機能を人工のデバイスへと転用する際に，「超分子化による機能・構造

---

[*] Katsuhiko Ariga　㈱物質・材料研究機構　物質研究所　超分子グループ　ディレクター

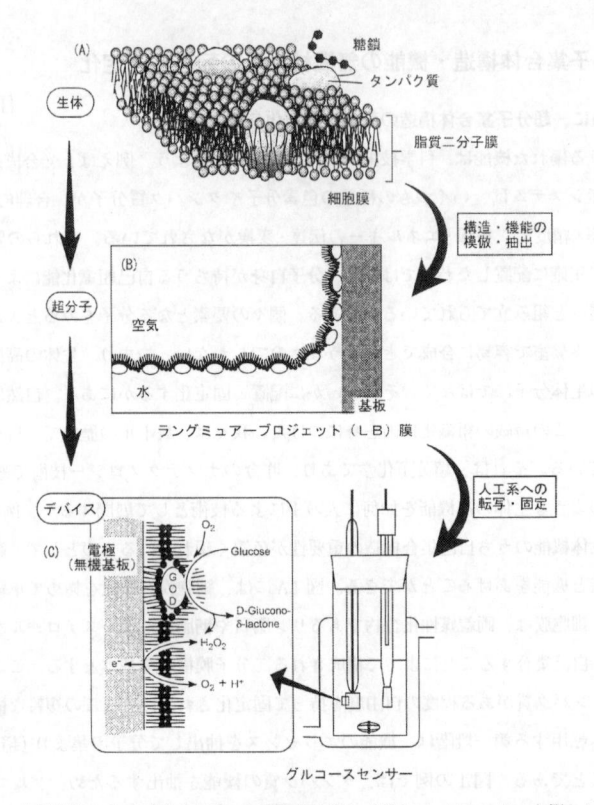

図1 生体機能を人工デバイス系へと展開する流れ(グルコースセンサーを例として)

の模倣・抽出」と「その超分子構造の人工系への転写・固定化」というプロセスが必要であることが示されている。超分子集合体構造の設計などについては、これまでに広く解説されているが[3]、第二段階の構造の転写・固定化に関しては、意外にその進展を論ずるものは少ない。また、近年では"分子転写"のような新しい概念も唱えられている[4]。そこで、本節では超分子集合体構造の無機材料への転写・固定化という面について、最近の例を挙げながら解説していきたいと思う。

2.2 超分子構造の転写

分子や超分子の構造を無機材料に刷り込むという考え方は、分子インプリンティング法などに用いられてきたが、ここ数年、この概念を発展かつ一般化させた「分子転写」という概念が用い

第5章　界面活性剤・両親媒性高分子を用いた機能性固体材料開発

られている．これは，分子やその集合体（超分子）の構造情報を，他の担体に転写するという概念である．この概念を積極的に推し進めた新海らによれば，分子転写は分子認識などの超分子化学の逆転の発想ということになる．つまり，超分子化学の手法では，ホスト分子を設計しターゲットとなる分子の識別をしてきたのだが，分子転写法では逆にターゲットとなる分子やその集合体構造を鋳型として，その周囲を適当な素材で固める手法をとる．この手法により，必然的にターゲットの構造情報を刷り込んだ安定なマトリックス素材を得る．この考えをさらに一般化して，超分子集合体の精緻な構造をシリカなどの強度の強い材料へと転写する手法としても提案されている．鋳型超分子は精緻な構造情報を持つが，応用に適さない脆弱な構造を持つ．一方，シリカなどの無機素材は構造強度に優れるが微細な加工は必ずしも容易ではない．超分子の構造情報をシリカに転写することによって，この相反する性質の二つの物質の利点を併せ持つ新物質の開発がなされる．このような構造情報を転写して，選りすぐれた物質を作るという概念は，DNAからRNAへ，RNAからタンパク質へと構造情報が手渡される生体のセントラルドグマとも共通している．

図2には，両親媒性のゲル化剤が形成する超分子構造をシリカ素材に分子転写した清水，新海らによる例を示した[5, 6]．この図にある分子を適当な溶媒中に分散させるとゲルが形成される．例えば，酢酸を溶媒として用いて作製したゲルの円偏光二色性（CD）スペクトルを測定すると，アゾベンゼンの吸収に相当する波長（353nm）に正のコットン効果が観察される．これは，アゾ

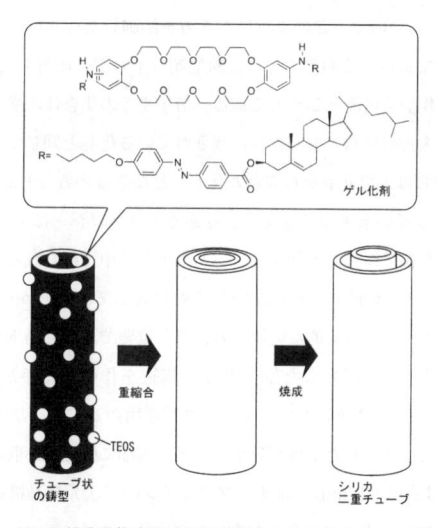

図2　ゲルの超分子集合体構造を鋳型としたシリカチューブの作製

ベンゼン部位が時計回りに配向した超分子集合構造を形成することを意味している。この構造を透過型電子顕微鏡（TEM）や走査型電子顕微鏡（SEM）により観察すると，外径が520nm程度のチューブ状構造が，超分子構造として主に形成されていることが明らかとなった。一部は，ピッチが1,700nm程度のヘリカルリボン構造となっていることがわかった。このゲル化剤分子は，自己集合してヘリカルリボン構造となり，融合・成長してゆくことによってチューブ状構造となっているのだと推定されている。このヘリカル構造は右巻きであり，上記のCDスペクトルとは矛盾しない。次に，チューブ状超分子構造を鋳型として，テトラエトキシシラン（TEOS）の加水分解重縮合を行い，このチューブ状構造をシリカへと転写する試みが行われた。加熱条件や溶液条件などを選ぶことにより，いくつかの形態を選択的に得ることができる。ある条件下では，TEOSの重縮合反応によるシリカ形成の後に，有機成分を焼結操作によって除去すると，図2に示したような二重のシリカチューブが形成されることが明らかとなった。これは，鋳型となった超分子集合体のチューブ構造の外側と内側でシリカの形成が進んだためであると考えられる。

　条件を選ぶことにより，ヘリカルリボン構造を転写したシリカや球状構造を転写したシリカを作ることもできる。同じコンセプトでチタニアなどのほかの無機物質へと構造転写ができることも明らかとされた。超分子集合体構造のうち，ヘリカルリボン構造はゲル化剤の構造を変えることによって，右巻きのものと左巻きのものを作製することができる。これらを鋳型として構造転写すれば，右巻きと左巻きのシリカナノ構造を作ることもできる。無機物質は不斉（キラリティー）構造を通常持たないので，このように巻き方を制御したヘリックス構造を直接合成することは原理的に不可能である。この手法では，鋳型超分子の不斉情報を転写することによって，不斉構造の無機物質の作製を可能としたのである。分子やその集合体の構造を無機物質に転写して残す。この概念は，太古の生物の形が岩石に残されている化石と同じである。このような観点から，得られた無機物質は「超分子から取れた化石」となぞらえることができるかもしれない。ただし，情報を残すのは遠い未来にではなく，今あるテクノロジーにである。

　さて，上記の分子転写法で得られる物体は，バルクの溶液中で得られるものであるので，デバイスなどへの応用ではやや不便かもしれない。それに対して，何らかの表面上に分子転写によって無機構造を作る方法は，将来的な応用を考えると重要である。山下らは，生体の超分子構造を巧みに用いて，規則的に配列した量子ドット構造を作製する手法を提案している（図3A）[7, 8]。この手法では，フェリチンというタンパク質を用いる。フェリチンは24個のペプチドサブユニットが自己集合してできた生体超分子で，その内部に酸化鉄を収納できるコアを持っている（フェリチン自体は直径約12nm）。まず，フェリチンの二次元結晶構造をつくるのがこの手法の第一段階である。フェリチンの水溶液をラングミュアトラフに満たし，その上に適当なポリ

第5章　界面活性剤・両親媒性高分子を用いた機能性固体材料開発

ペプチドの膜を形成すると，フェリチン分子がヘキサゴナル状に配列した二次元結晶構造を作製することができる．次に，この単分子膜を疎水化処理したシリコン基板に水平付着法で写し取る．この単分子膜をUV-オゾン処理すると，有機物であるポリペプチド部分が分解されて，後にはきれいにヘキサゴナル配列した酸化鉄の量子ドット構造が残ることになる．これは，フェリチンが二次元的に規則的に集合した超分子構造を無機粒子の配列構造に転写したものである．さらに，水素気流下に熱処理をすると，酸化鉄は還元されて導電性の鉄粒子となることも確認されている．ここで得られた無機粒子は，6nm以下の大きさであり，量子サイズ効果が期待されるものである．トランジスタのゲート部分に組み込むことにより，フローティング量子ドットゲートトラン

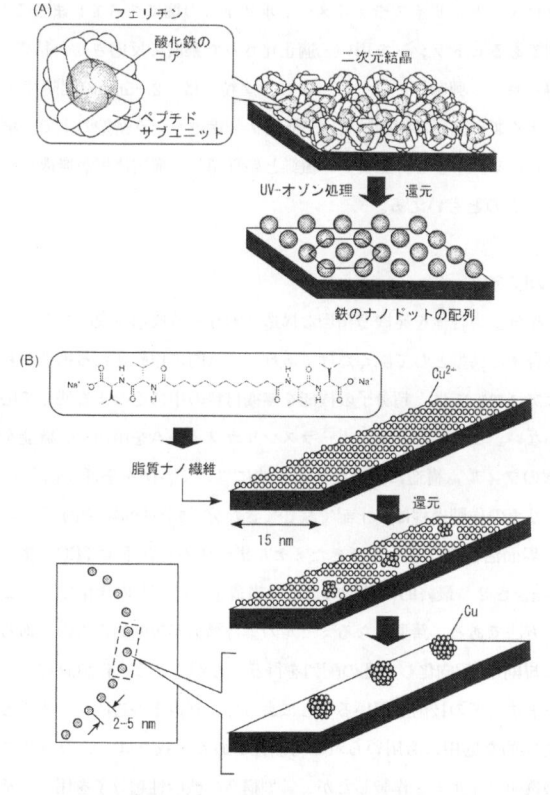

図3　(A) フェリチンを用いた鉄のナノドット配列の作成　(B) 脂質ナノ繊維上への銅のナノドット配列の作製

界面活性剤・両親媒性高分子の最新機能

ジスタとして，室温でも動作可能な多値論理素子への応用が期待されている。

ナノメートルサイズの超分子構造の表面へナノサイズの金属粒子を固定化する方法も提案されている。図3Bには，小木曽らによる脂質ナノ繊維上への銅ナノ粒子の一次元配列固定化の方法を示した[9]。彼らの研究グループでは，アミノ酸や糖などの水素結合性の残基が両端にある双頭型脂質 (bolaamphiphile) が，ナノメートルサイズの構造精度を持つ繊維状構造やチューブ状構造を形成することを広く研究している[10]。図に示した双頭型脂質はバリンダイマーを親水部としたもので，C末端フリー（未結合）となっている。これは，繊維状構造の外側に向く官能基となるので，金属イオンを共存させると脂質ナノ繊維の表面に量論的に固定化されることになる。彼らは，バリンダイマー型の双頭脂質の溶液に酢酸銅を適量加えたものを調整した。次に，この銅イオンを脂質ナノ繊維上にて還元することになるのだが，強い還元剤を用いると，還元反応が急激に進み，マイクロメートルサイズやミリメートルサイズの塊になってしまうことがわかった。比較的弱い還元剤であるヒドラジンを用い，適正化された濃度で反応させた結果，直径1～3nmの銅ナノ粒子が得られた。興味深いことに，このナノ粒子は，2～5nmの間隔で一次元状に並んでいた。これらのサイズや配列の制御効果は，脂質ナノ繊維という鋳型の上で，銅ナノ粒子を作製したためと考えられる。つまり，脂質ナノ繊維という超分子構造情報が無機粒子のサイズや配列に構造転写されたものともいえる。

2.3 超分子機能の固定化

上記の例では，超分子集合体を無機の精緻な構造に転写する技術を説明した。ここでは，有機物である超分子集合体は鋳型として働くだけであり，最終的に作製される構造からは除かれてしまう。このようなアプローチは，超分子の機能を無機材料の中にそのまま残して応用しようという目的にはそぐわない。ここでは，メソポーラスシリカフィルムを用いて，機能を持つ超分子構造をそのまま無機のフィルム構造に固定化する手法について，例を挙げて紹介する。

メソポーラスシリカの作製過程は，上記で論じてきた分子転写機構に順ずるものである。非常に簡単に言うと，界面活性剤などからできたミセル集合体の存在下でTEOSなどのシリカ前駆体を加水分解・重縮合させ，最終的に鋳型のミセル構造を焼結などの操作で除くことによって多孔性の構造を得る方法である。鋳型となるミセルの集合構造が規則的なものである条件で行うことにより，高度に規則化・配向化した孔の配列を得ることができる。作製過程で，スピンコート法やディップコート法などの技術を用いることによって，基板上の透明フィルムとして得ることもできるので，光学的な応用にも用いられる可能性がある。我々は，この方法に従って，メソポーラスシリカの透明フィルムを作製したが，鋳型構造に機能性超分子を用い，それを最終的に除かないという手法をとった。つまり，メソポーラスシリカフィルムを多孔体として用いるので

第5章　界面活性剤・両親媒性高分子を用いた機能性固体材料開発

はなく，機能性超分子を固定化するマトリックスとして用いたのである。

　図4には，電荷移動（Charge Transfer，CT）錯体をメソポーラスシリカフィルムに固定化した例を示した[11]。電荷移動錯体を構成する電子供与体としてオリゴエチレン型の親水部を六つ有するトリフェニレン分子を用い，さまざまな電子受容体と作る電荷移動錯体のカラム構造を鋳型として，メソポーラスシリカのフィルムを作製した（実は，孔の中には電荷移動錯体が封入されているので，"ポーラス"ではないのだが，便宜上，"メソポーラス"と呼ぶことにする）。TEMによる観察により，ヘキサゴナルに配列した一次元の孔（ナノチャネル）の中に，電荷移動錯体が入っていることが確かめられた（図4）。これらのフィルムは電子受容体の種類に応じて着色しており，UV-Visスペクトルには，それぞれの電荷移動錯体の形成に基づくピークが得られた。興味深いことに，シリカマトリックスがない場合（溶液や電荷移動錯体そのもののキャストフィルム）のスペクトルに比べて，メソポーラスシリカに封入されている電荷移動錯体のスペクトルには長波長シフトしていた。これは，カラム構造がよく発達していることを示すものであり，メソポーラスシリカのナノチャネル内で，一次元の電荷移動錯体のカラムの構造が安定化されていることを意味している。フィルム作製条件を変えることにより，層状に配列したシリカ構造（ラメラ層，二次元の空間）を作製することもできるが，そのようなマトリックスの中では，電荷移動錯体カラムの安定化を示すスペクトルは見られない。このようなマトリックス構造に基づく差異は，機械的な構造安定性にも現れていた。後者のラメラ構造のフィルムでは，フィルムを溶媒にさらすことによりその構造は簡単に破壊されて構成分子が溶媒中に溶け出した。一方，前者の一次元型のナノチャネルに封じ込まれた電荷移動錯体に対しては，溶媒にフィルムをさらしても

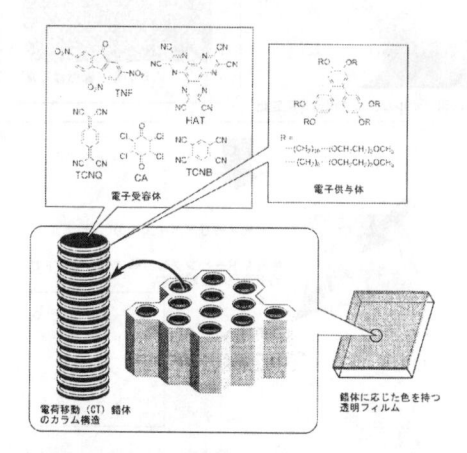

図4　電荷移動錯体のカラムを固定化したメソポーラスシリカフィルム

電荷移動錯体が漏れ出すことはなかった。さらに，より強力な電子受容体分子を溶液中に過剰に存在させても，元の電子受容体分子が置き換わることはなかった。以上の結果は，一次元の電荷移動錯体カラムは，その形によく適合した無機物質（シリカ）でできた一次元のナノチャネルに守られて安定化されていることを示している。

アミノ酸やペプチドのような残基を有する脂質や界面活性剤による超分子集合体構造が広く研究されている。これらの集合体を鋳型としたメソポーラスシリカフィルムの作製にも取り組んだ（図5)[12]。得られる素材の構造特性は，現存するタンパク質の構造になぞらえることができる。タンパク質は，全体が一様な構造であるわけではない。アミノ酸配列に規定された二次構造に基づいて様々な役割を果たす部分が存在し，構造を維持するリジッドな部分と機能を発現するフレ

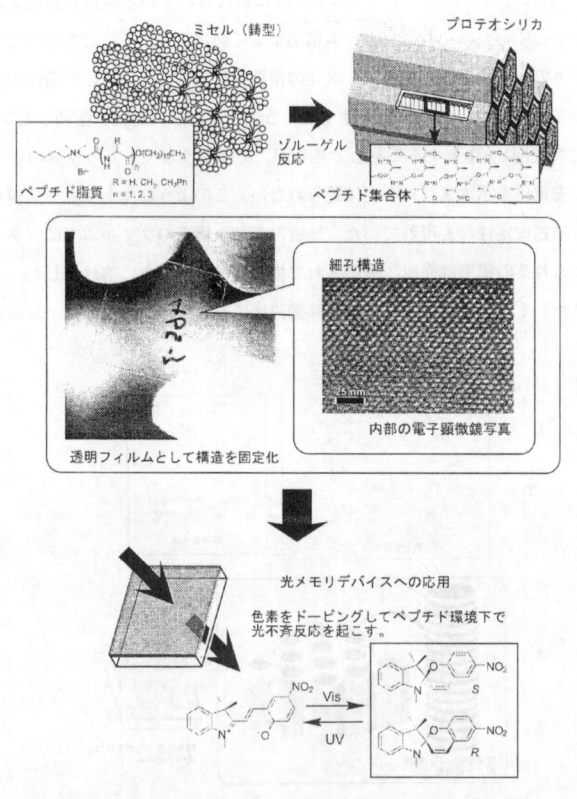

図5 プロテオシリカフィルムの作製と光デバイスへの応用

第 5 章　界面活性剤・両親媒性高分子を用いた機能性固体材料開発

キシブルな部位に大別される。我々のペプチド充填メソポーラスシリカにおいては，シリカ骨格がリジッドな部分をペプチド集積部がフレキシブルな機能発現部を与える。我々は，この構造を"プロテオシリカ"と命名した。プロテオシリカフィルムそのもの（カバーガラス上）は，無色透明な外観を持っている。それを透過型電子顕微鏡（TEM）で観察すると，規則的に配列した孔構造を確認することができた。ここで観察された孔の孔径は，別途測定したX線回折（XRD）パターンから予測されるものと矛盾しなかった。

　シリカのマトリックスに取り込まれ固定化された超分子集合体には，不斉構造や水素結合に基づき機能発現が期待される。ここでは，透明フィルムである特長を生かし，光官能性のゲスト分子をドープしてその不斉選択光反応を行った[13]。用いた光反応は，環化することによって不斉構造を生ずるスピロピランの光異性化である。UV-Vis スペクトルによる検討から，プロテオシリカフィルムに封入されたスピロピランは可逆的に光異性化することが確かめられた。より興味深い結果は，円偏光二色性（CD）スペクトルに現れた。ゲストが不斉中心のないメロシアニン型にある時は，有意のCDシグナルは得られないが，光環化によってゲストが不斉中心を持つスピロピラン型に変換されると，ホストペプチドの不斉構造に応じたCDシグナルを与えた。この現象は，不斉シグナルに基づいた記録媒体への応用が期待できるものである。大変興味深いことに，上記のCDシグナルは，シリカマトリックスが一次元のナノチャネルからなるヘキサゴナル相にあるときには，鋭敏に観測されるが，マトリックスが二次元のラメラ構造にある時には得られない。ナノ空間で規定されたペプチドの集積配向性が，ゲストの不斉環境感受率を大きく変えているのである。

2.4　将来への提言—有機/無機ハイブリッド脂質の活用—

　超分子集合体の構造や機能を無機材料へと転写したり固定化したりする技術の最近の例を概観した。超分子としての機能を実用材料に転用するためには，このように強度的にも優れる無機材料とのハイブリッド化が必須である。上記の例では，超分子の構造をそれと特異的に結合した無機物質へと転写したり，スピンコート法などによって固体基板上に固定化したりすることにより，超分子と無機材料との融合を図っている。ここにさらに，有機合成や超分子化学の要素を強く盛り込むためには，分子レベルでのハイブリッドが有用である。そのために，我々は界面活性剤や脂質の構造の一部に無機材料の要素を取り込んだ有機/無機ハイブリッド脂質の開発を進めている。将来への提言として，有機/無機ハイブリッド脂質を用いた超分子・無機材料作成の例を最後に示したい。

　図4と図5の例では，機能性超分子構造がメソポーラスシリカのナノチャネルに封入されていた。この場合，外部刺激が光のような侵入性のものであれば刺激応答がなされるのだが，外部

物質との相互作用などを含めた機能には適さない。後者の要請にこたえるためには，機能を保ったままメソポーラスシリカ本来の特性である孔構造を作製することが必要である。我々は，図6に示したような有機/無機ハイブリッド型界面活性剤を鋳型として，メソポーラスシリカを作製した[14]。この界面活性剤では，親水部の先にシリカ骨格に縮合性のアルコキシシリル基が導入され，アルキル基は加水分解可能なエステル結合がつながれている。このテンプレート分子を用いて，メソポーラスシリカを作製すると，はじめにテンプレートがシリカ内壁に共有結合で固定化されたハイブリッドが得られる。次に酸で加水分解すると，疎水基であるアルキル鎖のみが除かれて孔が開き，シリカ内壁には官能基（ここではアラニン）が密に残る。この手法は，界面活性剤がシリカ壁に食いついたまま尻尾が取れるので，Lizard（トカゲ）テンプレート法と名づけられた。赤外分光分析により，本方法の加水分解過程の後には，アラニン残基がほぼ完全に残ったままアルキル基が選択的に除かれることが確認された。それと同時に，メソポーラスシリカ自体の構造の規則性が保たれていることもXRDパターンと電子顕微鏡観察から明らかとなった。窒素吸着測定により内孔について調べたところ，加水分解前には全く孔が開いていなかったものが，加水分解後には通常のメソポーラスシリカ同様の孔体積を示すことがわかった。さらに，アンモニアの吸着・脱着挙動および酸・塩基滴定からアラニン残基（自由末端はC末端）が侵入してきた外部分子と自由に相互作用することも確かめられた。この方法によれば，アミノ酸やペプチドをはじめとした有機残基を孔の開いた"メソポーラス"シリカ内に固定化することが可能となり，

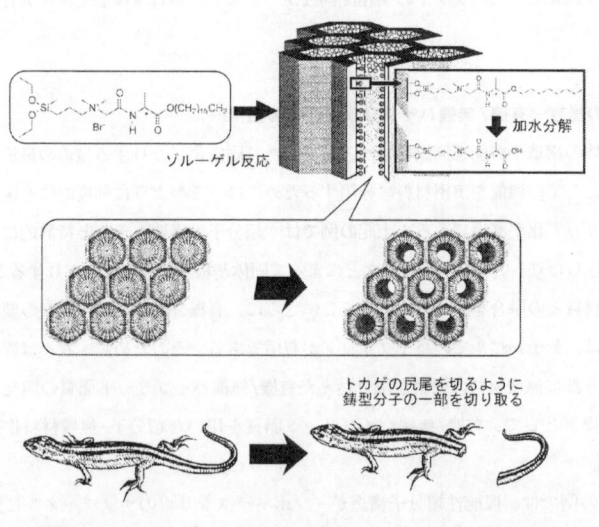

図6 トカゲテンプレート法による修飾メソポーラスシリカの作製

第5章 界面活性剤・両親媒性高分子を用いた機能性固体材料開発

不斉分子認識や人工酵素機能などの機能開発がなされるのではないかと期待される。

もう一つの例は,有機/無機ハイブリッドベシクルによる人工多細胞膜の作製である。ここでは,図7に示したようなジアルキル型の有機/無機ハイブリッド脂質を用いる。この脂質の油滴を水中に分散し,アルコキシシラン頭部を適度な速度で加水分解すると,化合物に強い両親媒性が現れ,脂質二分子膜ベシクルとして水中に分散するようになった。それと同時にシリカ頭部の重縮合が進み,表面にシリカのネットワークが形成された。これは,セラミックス様の表面と細胞類似の二分子膜小胞体構造 (soma) を持つので,"セラソーム"と名付けられた[15, 16]。セラ

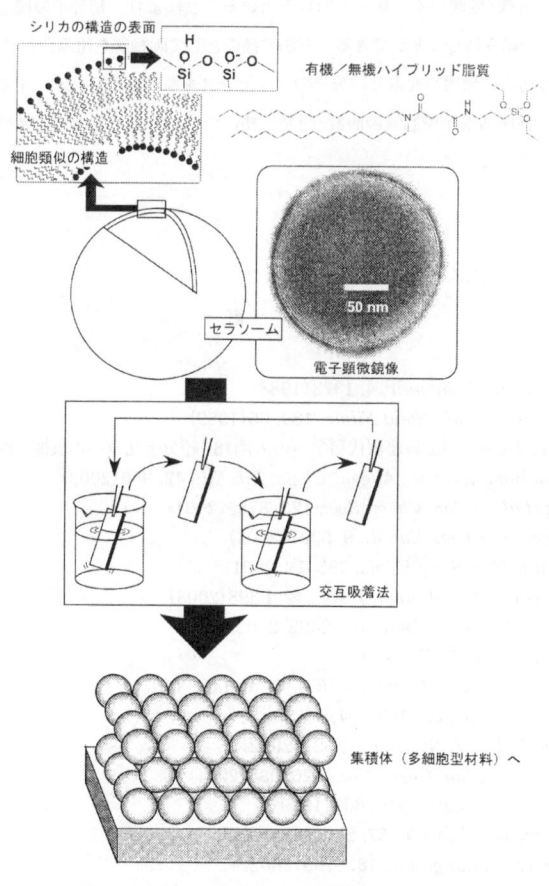

図7 セラソームの作製と人工多細胞構造への展開

ソームは，無機骨格に支えられた強固な構造を有し，さまざまなファブリケーションに耐えうるものと期待される。例えば，交互吸着技術を用いることにより，セラソームと高分子電解質の交互積層膜[17]や異種セラソーム間の交互積層膜[18]を作製することにも成功した。通常の脂質二分子膜ベシクルは，このような集積操作において崩壊し，平滑な多重二分子膜フィルム構造に変換されてしまう事実とは対照的である。ここで得られた構造は，人工細胞が多数集積したものであり，人工多細胞型の新しい素材である。この集積体は生体の組織を模した素材，人工皮膚や人工骨などに応用されるかもしれない。特に，安定な小胞体構造ということを生かして，ドラックデリバリーシステム（DDS）への適用も期待される。

以上のように，有機/無機ハイブリッド脂質を用いることにより，超分子の機能や構造を無機素材に分子レベルで組み込むことができる。方法や技術として両物質を組み合わせるのではなく，分子設計の段階で巧みに無機の要素と超分子のエッセンスを織り込むことが，重要である。このような観点からの界面活性剤や脂質の設計・開発は緒についたところであり，発展の余地が十分に残されていると考えている。

文　　献

1) Y. Okahata *et al.*, *Langmuir*, **4**, 1373 (1988)
2) Y. Okahata *et al.*, *Thin Solid Films*, **180**, 65 (1989)
3) 有賀克彦, 国武豊喜, 岩波講座現代科学への入門16：超分子化学への展開, 岩波書店 (2000)
4) K. J. C. van Bommel *et al.*, *Angew. Chem. Int. Ed.*, **42**, 980 (2003)
5) J. H. Jung *et al.*, *J. Am. Chem. Soc.*, **123**, 8785 (2001)
6) J. H. Jung *et al.*, *Chem. Eur. J.*, **9**, 5307 (2003)
7) I. Yamashita, *Thin Solid Films*, **393**, 12 (2001)
8) T. Hikono, *et al.*, *Jpn. J. Appl. Phys.*, **42**, L398 (2003)
9) M. Kogiso *et al.*, *Chem. Commun.*, 2492 (2002)
10) T. Shimizu, *Polym. J.*, **35**, 1 (2003)
11) A. Okabe *et al.*, *Angew. Chem. Int. Ed.*, **41**, 3414 (2002)
12) K. Ariga, *Chem. Rec.*, **3**, 297 (2004)
13) K. Ariga *et al.*, *Int. J. Nanosci.*, **1**, 521 (2002)
14) Q. Zhang *et al.*, *J. Am. Chem. Soc.*, **126**, 988 (2004)
15) K. Katagiri *et al.*, *Chem. Lett.*, 661 (1999)
16) 有賀克彦ほか, 高分子論文集, **57**, 251 (2000)
17) K. Katagiri *et al.*, *Langmuir*, **18**, 6709 (2002)
18) K. Katagiri *et al.*, *J. Am. Chem. Soc.*, **124**, 7892 (2002)

3 ナノテクノロジーによる微粒子表面の機能化処理

福井　寛*

3.1 はじめに

ファインマン教授が「There's plenty of room at the bottom.」と現在のナノテクノロジーを予見したという話があるが、21世紀の革新的技術としてナノテクノロジーは材料技術とドッキングして情報、環境、安全・安心、エネルギー等の広範な分野の基盤技術となりつつある。この中でナノコーティング技術も耐熱、耐食、耐磨耗などの構造材料のみならず、バイオ、情報の新たな産業分野の機能創生、材料保護、低コスト化などの基盤技術となっている。この領域にはナノ界面、ナノポア、ナノ粒子などを含む構造を精密制御する技術があり、コーティングの鍵を握っている。材料表面のナノコーティングは薄膜形成方法として非常に幅広く行われており、範囲が広すぎるため、ここでは一般的な技術紹介は行うが、主には微粒子表面のナノコーティングについて述べる。

3.2 表面処理方法

表面処理プロセスを基板との関係で考えると、以下のふたつおよびその複合処理が考えられる。
① 基板の表面を変化させることによって、目的とする表面をつくる方法：機械的処理方法、熱処理(高周波、レーザー、プラズマ処理)、および化学変化法(陽極酸化、エッチングなど)がある。
② 基板の表面を変化させないで、この表面に他の物質を被覆して、目的とする表面をつくる方法：めっき法、ゾルゲル法、コンポジット法、塗装などがある。

また、コーティングの方法については湿式法(ウエットプロセス)と乾式法(ドライプロセス)の大きく二つの方法がある。

乾式法は水溶液や溶媒などを用いない方法で、この方法を用いるとナノレベルの制御が可能である。

3.2.1 湿式法

湿式法の歴史は古く、すでに紀元前2000年頃、メソポタミア地方で鉄器にスズめっきがなされていた。また、わが国でも奈良時代、東大寺の大仏にアマルガム金めっきが行われていたことが知られている。このようにこの方法は美観の付与や鉄系材料の防錆を主として発展してきた。1970年代に発生した公害を克服する方法のひとつとしてめっき薄膜が現れ、その機能性(機械特性、電気特性)を積極的に活用するいわゆる機能めっきが広がりをみせている。

---

* Hiroshi Fukui　㈱資生堂　素材・薬剤開発センター　センター長

湿式法は大きく電解法と非電解法に分かれる。電解法では金属カソード析出や水素発生といったカソード反応を利用する方法（陰極反応利用法）と金属アノード溶解と酸素発生といったアノード反応を利用する方法（陽極反応利用法）がある。非電解法には無電解めっき、化学反応を利用した化成処理やゾル-ゲル法がある。ゾル-ゲル法は金属アルコキシドなどの金属の有機化合物や無機化合物を均一な溶液とし、溶液中で加水分解や縮重合を起こさせてゾルからゲルに移行させ、得られたゲルを加熱して酸化物固体とする方法であるが、この方法はコーティング膜を作るのに適しており、多くの機能性薄膜が作られている。主には原料としてテトラエトキシシランを用いてエタノール中で加水分解させ、エトキシ基を水酸基に置換し、水酸基とエトキシ基、あるいは水酸基同士の間で縮重合を起こさせてゲル膜を形成させる。その後熱処理によって金属酸化物を形成させるが、アルコキシ基の一部をアルキル基に変えたものを出発原料とすると機能性膜を形成できる。非水系で水を微粒子粉体の周りに存在させ、反応を制御することによってナノコーティングが可能である[1]。シリコンアルコキシドに比べて加水分解速度が速く不安定なアルミニウムやジルコニウムのアルコキシドはあらかじめβ-ジケトン類などのキレート化剤を修飾させることもなされている。

3.2.2 乾式法

湿式法と較べて乾式法は近年多く使われるようになった技術である。乾式法には大きくPVD（Physical Vapor Deposition）とCVD（Chemical Vapor Deposition）がある。しかし、最近は物理的な手法と化学的な手法が組み合わさって、プラズマやレーザーの助けを借りたCVDなどが現れており両者を明確に分類できなくなっている。

これらの蒸着法は湿式法に比べて比較的新しい技術であり、大きな特徴を持っているため新しい分野で機能膜の作成に用いられているが、微粒子の表面改質については応用されているものは少ない。ここではPVDとCVDによる微粒子の表面改質についてその研究例を挙げる。

3.3 PVD法による微粒子の表面改質

PVDは基本的には容器内を真空にして金属、金属酸化物、金属窒化物などの皮膜を金属のガス化からの凝固などを利用して表面に蒸着させるもので、具体的には真空蒸着、イオンプレーティング、スパッタリングなどの技術の総称である。

このようにPVDは真空中で固体を気化し、その蒸気を基板上に凝縮させ、被膜を形成させるものであるが真空中で成膜する理由はいくつかある。

第一の理由は真空度を高くすることによって、蒸発粒子の平均自由行程（気体分子が衝突して次にまた衝突するまでに飛行する平均の距離）を大きくして、蒸発粒子どうしの衝突による散乱を避け、皮膜を基板上に早い速度で形成させるためである。

第5章 界面活性剤・両親媒性高分子を用いた機能性固体材料開発

　第二の理由は純度の高い膜を作るためには残留ガスすなわち不純物として皮膜中に取り込まれる可能性のある気体分子を，なるべく少なくしておくためである。

　第三の理由としては，スパッタリングやイオンプレーティングなど放電現象を利用して成膜を行う場合，方式によって異なるが放電が起こる圧力範囲が限られており，一般的には中真空あるいは高真空の範囲（$10^1 \sim 10^{-2}$Pa）である。

　現在の真空技術は，真空ポンプ，真空容器，真空計器の発達により10^{-10}Paの極高真空まで得られるようになっている。

　代表的なPVDの原理を簡単に説明する。

　真空蒸着は古くからの技術で，薄膜形成のための原材料を，真空槽内（$10^{-3} \sim 10^{-4}$Pa）で抵抗加熱あるいは電子ビーム加熱などによって蒸発させ，基板上に凝集させ，堆積させて皮膜を形成するものである。

　それに対してイオンプレーティングは原材料を蒸発させ，その蒸発粒子をイオン化することによって運動エネルギーを増大させて，基板との密着性や膜質を高めたものである。イオンプレーティングとスパッタリングの原理図を図1に示す[2]。

　一方，スパッタリングの原理は上述のふたつの方法と異なり，$10^{-1} \sim 1$PaのArなどの不活性ガス雰囲気中でグロー放電を起こさせると正のイオンがターゲットに衝突して，運動量を交換して，主にターゲット材が中性の原子としてイオンが飛び込んできた方向と逆の方向に弾き飛ばされ，基板上で凝集し皮膜化する。スパッタリング法としては代表的に直流2極，高周波，マグネト

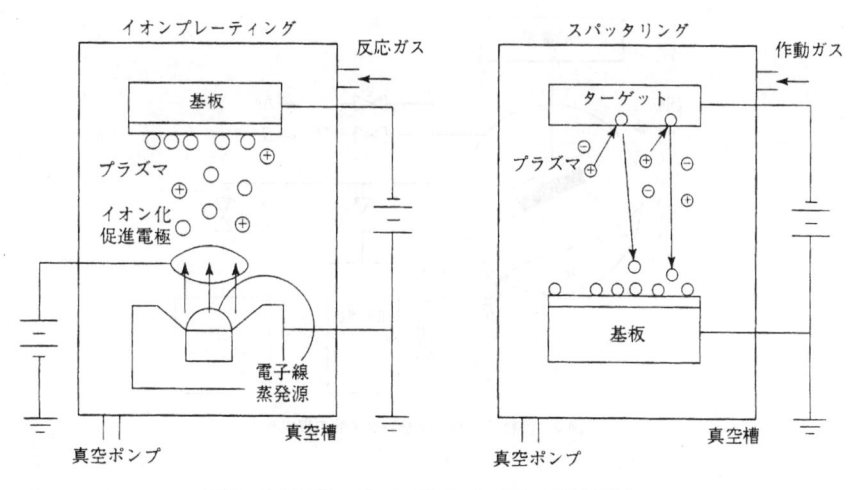

図1　イオンプレーティングとスパッタリングの原理図[2]

ロンがあり，その他には対向ターゲット，バイアス，プラズマ制御，マルチターゲットスパッタリングなどがある。

これらの方法で微粒子を表面改質した例として直径 $2\mu m$ の鉄微粒子を電子密度 $10^8 \sim 10^9 cm^{-3}$ のRFプラズマ中にトラップし，マグネトロンスパッタリングにより鉄微粒子表面にアルミニウムを被覆した例がある[3]。被覆された微粒子をSEMとXPSにより評価した結果，この方法によってより緻密なアルミニウム被覆層を有する鉄微粒子を得ることができるが収率は低かった。

実用されている例として，スパッタリングによる微粒子への金属の被覆がある[4]。装置はコーティング速度の速いDCマグネトロン方式を採用し，真空状態下で微粒子を均一に攪拌できる回転チャンバにより，種々の微粒子に対して種々の金属をスパッタリングできる（図2）。この方法で調製した複合微粒子の実例を表1に示す。微粒子とスパッタリング皮膜の組み合わせ方によって，特長のあるユニークな複合微粒子が得られており，平滑なガラスフレークに約10nmの金属を被覆した高光輝性着色メタリック顔料や，各種微粒子にアモルファス構造の銀・銅・亜鉛の3元合金を被覆した抗菌・防黴剤が開発されている。

イオン注入およびイオンビームミキシングも表面改質に用いることができる。イオンビームによる微粒子の表面改質の例として回転ウイングドラムと回転螺旋管を用いた均一なイオンビーム改質がある[5]。イオンビームで微粒子の表面を修飾してその性質を変化させる場合，微粒子の単位面積当たりのイオン注入量が非常に大きくなるが，これが工業化には経済的障害となっている。

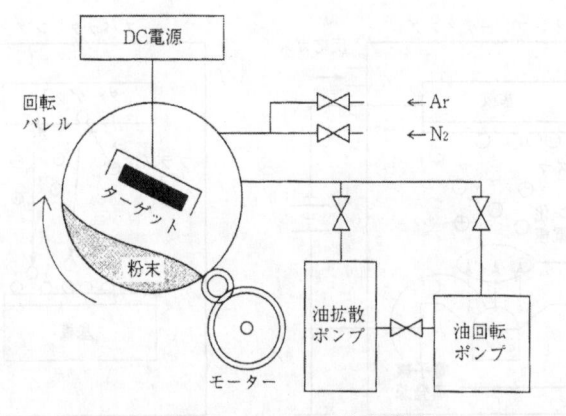

図2 微粒子スパッタリング装置の構成[4]

第5章 界面活性剤・両親媒性高分子を用いた機能性固体材料開発

表1 スパッタリングを用いた複合微粒子の実例[4]

分類	用途例	スパッタリング皮膜/粉末	
金属系	ヒートシンク材	Cu/W	Ni/Mo
	金属間化合物	Ni/Al	Ti/Al
	アルミ粉末冶金材	Cu/ジュラルミン	Cu/Al
無機系	機能性顔料	Ti/パールマイカ	
	耐摩耗摺動材	Cu/Tiアルミナ	Cr/WC
	金属系複合材料	Ti/Sicウィスカー	
	超硬工具	TiN/cBN	W/ダイヤ
	光線反射フィラー	Al/ガラス	Ag/SiC
	導電フィラー	Ag/マイカ	Ti/Alフレーク
有機系	防カビ性顔料	Cu/有機顔料	
	コピートナー	Al/アクリル樹脂	
	耐熱軽量複合材料	SUS 304/ポリスチレン樹脂	

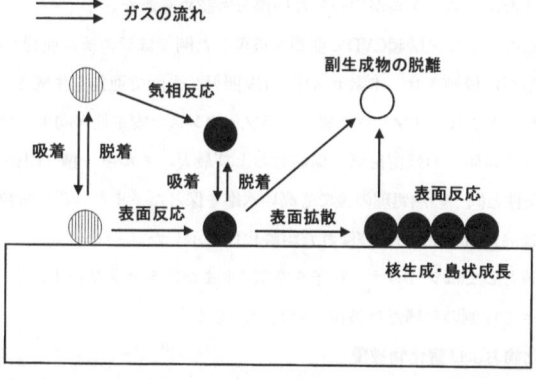

図3 CVDの基礎過程

3.4 CVD法による微粒子の表面改質

　CVD法とは目的皮膜を構成する成分を含んだ1種または2種以上からなる化合物ガスや単体ガスを基板上に供給し，表面上での化学反応により薄膜を形成付与する方法である．CVDの基礎過程を図3に示す．ガス状の化合物は表面に吸着し，表面拡散と表面反応を経て核形成・膜成長する．場合によっては気相反応が起こってその後に吸着する場合もある．いずれにしても副反応化合物は脱離し除去される．この方法で無機・金属系のみならず有機系まで広範囲にわたる薄膜を形成できる．化学反応を起こさせるエネルギーの与え方により熱CVD，プラズマCVDおよび光CVDなどに分類できる．

　原料としてはSiH$_4$などの水素化物を用いる水素化物CVD，TiCl$_4$などのハロゲン化合物を用い

るハライドCVD，炭素－金属結合を持つ有機金属化合物を用いるMOCVD（Metaloganic CVD）などがある。金属酸化物に蒸着する場合は表面にある水酸基上での反応から始まる。従って水酸基との高い反応性のもの，例えばアルコキシド，ハロゲン化合物，水酸化物が選ばれる。また，気相を利用するかぎり蒸気圧を持っていなくてはならない。金属アルコキシド，アセチルアセトナト錯体，金属カルボニル，アリル錯体および反応基を有するシリコーン化合物などが用いられている。

以下に微粒子にCVDで皮膜を形成した具体例を皮膜の種類ごとに紹介する。

3.4.1 金属被覆

回転粉体床CVDを用いてアルミナ微粒子表面にニッケルを被覆した例がある[6]。これは気化温度が比較的低いニッケルアセチルアセトナート錯体を用いてアルゴン/水素ガス気流中で行ったもので，X線回折，走査型電子顕微鏡およびエネルギー分散型X線分析によって高効率ニッケル被覆が達成できたが，ニッケルが均一でない部分も認められた。

サマリウム磁石の粒子に光励起CVDで亜鉛を被覆した例ではジエチル亜鉛とn-ヘキサンの蒸気をサマリウム磁石に接触させ，水素ガス中でUV照射し表面で亜鉛を生成させている[7]。表面には微細な亜鉛が形成され，サマリウム磁石のパフォマンスと安定性が向上した。こうしてできた亜鉛被覆サマリウム磁石の残留磁気，保磁力および最大エネルギー積（BHmax）は通常のボンド磁石の硬化条件と同一の熱処理の後でも高い水準を保った。また，この微粒子を用いて作製したボンド磁石は高いBhmaxおよび優れた耐酸化性を示した。

面白い表面改質としてはシリカナノ粒子を空気/水またはガラス基板上に単一層で固定化し，金属金と反応させて片側の半球だけ被覆させた例がある[8]。

3.4.2 金属酸化物および窒化物被覆

テトラエトキシシラン（TEOS）を用いたプラズマCVDでのシリカ被覆の例は多い。酸化チタン上にシリカを被覆したところ臭いが出た例がある[9]。この時はプラズマ酸化法で酸化させ臭い問題を解決している。

酸化鉄微粒子に二つの方法でシリカ薄膜を形成させた例を紹介する[10, 11]。ひとつは最初にTEOSを加水分解し，さらにN_2O-Heプラズマでシリカ膜をより酸化させるウエット法であり，もうひとつはN_2O-He-TEOSによって粒子表面にシリカ膜を直接形成させるドライ法である。これらのプラズマCVD法を大気圧下で行い，シリカ膜の形成を確認している。さらに，マグネタイトやゲーサイトおよびリソールルビンBCAにドライ法で同様の改質を行い表面をシリカでコーティングした。これらの顔料は未処理状態では加熱や酸化で容易に劣化するがプラズマ酸化前に顔料上に保護膜を蒸着すると劣化を防いだ。

アーク蒸発炉を用いてNiナノ粒子を生成させた後にCVD装置に導入してTEOSを用いてシリ

第5章 界面活性剤・両親媒性高分子を用いた機能性固体材料開発

カ処理した例がある[12]。こうしてできた磁性材料は磁気特性も高く,耐酸性が向上した。

CVDを利用したゼオライトの細孔入口制御による分子ふるい特性の向上に関する系統的な研究の例がある[13]。ゼオライトは構造により異なる0.4〜0.8nmの整った精密なミクロ細孔を持つ多孔性の物質で,触媒や吸着剤として用いられている。TEOSを用いたシリカのCVDによって細孔径をさらに精密に制御し,分子ふるい特性を向上させている。

非晶質磁性微粒子(fa-Co)に大気圧グロープラズマによりZr$(OC_4H_9)_4$を用いたジルコニア被覆を行い,透磁率の周波数依存性の向上を図った例がある[14]。

ヘキサメチルジシロキサンを用いて非平衡プラズマ条件の流動層でplasma enhanced CVDを行い表面改質を行った例では,モデルプロセスとして食塩結晶を種々の条件でシロキサンコーティングしている[15]。焼結金属フィルターを通して流動層へプロセスガス(アルゴン,酸素,ヘキサメチルジシロキサン)を導入した。真空にした後,純アルゴンでプラズマを発生させ,モノマーと酸素の混合物を供給して蒸着を開始した。最終段階では疎水性を得るため無酸素状態で1分間コーティングしている。

シランの流動層CVDを用いて微孔質微粒子にシリコンのナノ構造を形成させた例もある。細孔のすべての面に均一に蒸着物が被覆され,CVDによってナノメーターレベルの制御が可能になったと報告している[16]。

二酸化チタンを被覆した例として,混合機を装着したガラス反応器に煙霧質シリカを入れ,423Kで乾燥させた後に四塩化チタンを導入し,その後に水蒸気を導入して残留Ti-Cl結合を加水分解した報告がある[17]。被覆二酸化チタンの量が3wt%で初めてアナタースの結晶構造が現れた。単層被覆に必要な二酸化チタンの量は17wt%であった。その結合状態は水素結合,静電的相互作用および少数のSi-O-Ti結合であるとしている。また,この処理によって,1,100Kで2時間加熱処理してもルチルに転移しないことからシリカマトリクスによる転移妨害が考えられた。

触媒の分野でも二酸化チタンの被覆は重要で,四塩化チタンのCVDにより多孔質バイコールガラスの表面にチタニアを分散した触媒を用いて光触媒反応を行い,CO_2とH_2Oから光照射下でメタン,CO,メタノールのような生成物が高収率で得られている[18]。この時バンドギャップが通常のチタニアより小さくなったが,これは量子サイズ効果か4配位の酸化物の構造をとるためと考えられた。

酸化スズの例としては$SnCl_4$-H_2O-N_2系の流動化CVDによって超微細α-アルミナ上にナノ結晶SnO_2薄膜を形成させた報告がある[19]。アルミナ凝集体が流動している場合,ナノ結晶SnO_2は凝集体全体に均一に蒸着した。アルミナ表面上の薄膜は条件により非晶質SnO_2や直径6〜10nmの微結晶となった。流動化CVDは超微粒子の表面改質に適していると考えられる。

触媒調製に含浸法があるが,一般的には含浸法でシリカ上に酸化バナジウムや酸化モリブデン

を分散させることは難しい。そこでCVDを用いた検討がなされており、シリカにVO(OC$_2$H$_5$)$_3$を用いてV$_2$O$_5$を分散させているが、CVDで調製した触媒の方が含浸法を用いた場合より活性が高かった[20]。これは酸化バナジウムがシリカ上で高分散されるためであると考えられている。

窒化物ではSi$_3$N$_4$やAl$_2$O$_3$の粉体粒子にアルゴンや窒素存在下でアンモニアやSiH$_4$ガスのCVDを行った例がある[21]。その結果、反応温度1173K、アンモニア/SiH$_4$が10〜15の時、核微粒子表面上にSi$_3$N$_4$の超微粒子が生成し被覆されることが分かった。XPS測定結果からSi$_3$N$_4$は化学量論的に生成していることが示唆され、こうしてできた微粒子は通常のSi$_3$N$_4$の焼結プロセスより著しく穏やかとなった。

平行流および向流移動層反応器を用いてSi$_3$N$_4$超微粒子へのAlNのCVDを行い、全蒸着量に対する操作条件の影響を検討した例もある[22]。その結果、全蒸着量は反応温度、AlCl$_3$反応ガス入口濃度および固体滞留時間とともに増加し、凝集粒径とともに減少することが分かった。また、実験結果に基づいた数値シュミレーションの結果、AlNの転化率は平行流よりも向流の方がわずかに高いことが分かった。

WC粒子にCVDでTiC、TiNとCoを被覆しWCの偏析や炭素量制御、ハンドリング強度を強めたり、Cr$_3$C$_2$を被覆しさらにCoを被覆したものがある[23]。

その他、TiCl$_4$-N$_2$-H$_2$系のCVDを用いて球状鉄、二酸化チタン、グラファイト等にTiNまたはTi$_2$Nの薄膜を形成させた例や[24, 25]、ZrO$_2$微粒子の上に原子層堆積でBCl$_3$とNH$_3$を500KでABAB反応系列に交互に適用して26回のABサイクル後に約0.5nmの均一なBNを被覆した例がある[26]。

3.4.3 有機化合物

プラズマ中に超微粒子を導入し、クーロン結晶(格子)状態を利用して空間中に保持したまま、その周囲にメタンやメチレンのプラズマCVDによりコーティングを施すことによってミクロンサイズの球形単分散微粒子を作成したユニークな報告もある[27]。

また、薬物放出システムのため粒子上にパルスレーザー蒸着を用いてナノ官能化した薬物粒子を合成し、薬物粒子におけるナノスケールの高分子コーティングの厚さで薬物放出のコントロールも行われている[28]。

フッ素が関与した表面改質では、酸化アルミニウムの超微粒子表面にC$_{20}$F$_{42}$、アクリル酸ペルフルオロアルキルエステルなどの単量体をプラズマCVDで重合体被覆し、セラミックス/ポリマーの比率を変えることによって複素誘電率をコントロールした例もある[29]。

単純な実験として、モノマーを微粒子に気相接触させ、微粒子の触媒活性によって重合させることを試みた例があり、プロピレンオキシドではプロピレングリコールやポリプロピレングリコールが生成した[30]。同様にスチレンのガス処理によって、カオリンではカチオン重合で分子量2,000のオリゴマーが、酸化鉄ではラジカル重合によって分子量約30万のポリスチレンが生成し

第5章　界面活性剤・両親媒性高分子を用いた機能性固体材料開発

た[31]。ヘキサメチルシクロトリシロキサン（D_3）のCVDでは微粒子の酸点で分子量約4万の直鎖状ポリジメチルシロキサン（PDMS）が生成し被覆されることによって疎水化するが容易に脱離した。須原らはD_3とカオリンを混合し，大気圧下でプラズマ照射を行ったところ，クロロホルムにも溶解しない強靭なPMS膜が形成された[32]。

3.4.4　機能性ナノコーティング

SiHを有する環状シロキサンのCVDを用いた表面修飾法が化粧品やカラム充填剤などに実用化されている。テトラメチルシクロテトラシロキサンのCVDを用いて微粒子表面上に1nm以下の網目状メチルポリシロキサン（PMS）ポリマーを均一にコーティングし，PMS中の未反応のSi-H基に不飽和化合物を付加することによって残存のSi-Hを消失させると同時に，機能性のペンダント基を導入した[33]。この概念を図4に示す。

一段階目のナノコーティングは以下の特長を持っている。

① ナノコーティングなので粒子の形を変えない。多孔性粒子の細孔を塞ぐことなくナノオーダーで均一被覆できる。
② 著しい疎水性を示す。
③ 触媒活性が封鎖され共存成分の分解を抑制する。
④ マグネタイトなどの酸化および結晶転移を抑制する。

さらに，Si-H基には適当な触媒を用いて不飽和化合物を付加することができる。この反応を用いるとこの微粒子を使用していても水素発生が起こらずしかも機能性基を導入することができ

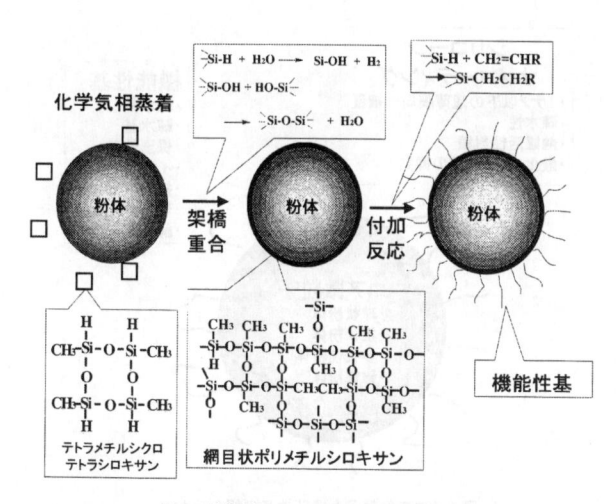

図4　機能性ナノコーティングの概念図

る。二段階目の付加反応の導入例を図5に示す。

　アルキル基を付加した顔料は油への分散性が良くなり，乳化ファンデーションや彩度の高い口紅などに用いられている。アルコール性水酸基付加微粒子は，親水基を有するペンダント基が外側にあり，内側には疎水性のメチル基を有しているため，水を含むスポンジで取り易く，肌に塗布した後は化粧持ちが良いという特長を持っている。また，グリセリン残基を付加した微粒子は皮膚改善効果も認められた。さらに第四級アンモニウム塩を修飾した粉体の抗菌性を測定した結果を表2に示す。この粉体は黄色ブドウ状球菌やアクネ菌のようなグラム陽性菌に作用し，フリーと同様にアルキル基がC_{14}とC_{16}の時に最も効果があらわれた。C_6はフリーでは活性がなかったが，固定化すると効果が現れた。固定化した第四級アンモニウム塩の抗菌性は微生物の細胞膜との相互作用で効果を出していると思われ，グラム陰性菌には効果がなかったものと思われる[34]。また，固定化していることから経皮吸収もなく，化粧品に適していると思われる。

　このように機能性ナノコーティング技術を利用すれば薬剤，殺菌剤，紫外線吸収剤，色素，酵素，ホルモンなどを微粒子に固定化でき，経皮吸収のない安全性に優れた機能性材料が提供できる。

　また，多孔性微粒子の細孔内面の均一なコーティングおよびペンダント基の均一導入が可能なことから耐久性に優れた液体クロマト用カラム充填剤が開発されている。また，PMSシリカに疎水性基と親水性基を導入することによって，前処理操作（除蛋白，抽出等）なしで生体試料（血清や血しょう）を直接注入しても生体試料中の薬物を分離定量することができるミックスド

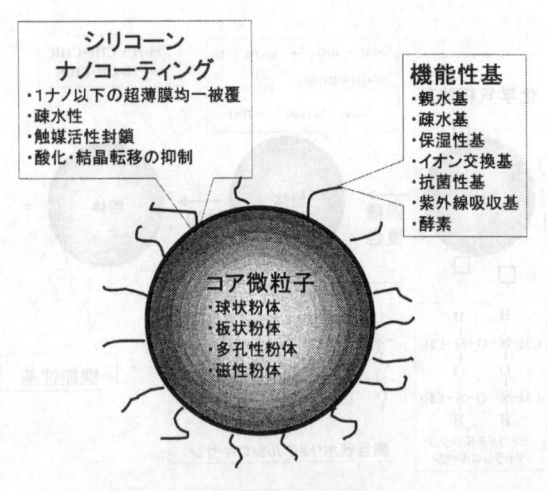

図5　コア微粒子と機能性基の組み合わせ

第5章 界面活性剤・両親媒性高分子を用いた機能性固体材料開発

表2 第四級アンモニウム塩修飾粉体のアルキル基と抗菌性

	XN4	XN6	XN8	XN10	XN12	XN14	XN16	XN18	BTDAC
P. acnes	–	40	42	150	80	50	60	60	1
S. aureus	1000<	10	1000<	1000<	50	50	10	50	1
B. subtilis	1000<	130	700	750	800	900	1000<	1000<	<10
Ps. aeruginosa	1000<	1000<	1000<	1000<	1000<	1000<	1000<	1000<	1000<
E. coli	1000<	1000<	1000<	1000<	1000<	1000<	1000<	1000<	500
C. albicans	120	650	1000<	1000<	1000<	900	950	1000<	500
Penicillium SP	1000<	1000<	1000<	1000<	1000<	1000<	1000<	1000<	<100

BTDAC : Benzyl tetradecyl dimethyl ammonium chloride

ファンクショナル充填剤が開発されている。

3.5 おわりに

ナノテクノロジー，特に乾式法による微粒子の表面改質はまだ余り一般的ではない。しかしながら，①分子の特性と表面の反応を精密に制御できること，②極めて薄い原子レベルの層を表面に発生できること，などの特長が顕著となっており，材料の機能を化学的に制御する方法として評価されてきている。具体的には光輝性微粒子や殺菌・抗菌微粒子などの機能性微粒子として，また，化粧品やカラム充填剤など付加価値の高い分野で徐々に利用されて来ており，製造条件をうまく設定しコストを下げることでより幅の広い利用が期待できる。

文　献

1) 山東睦夫，セラミックス，**31**，185(1996)
2) 武井厚，色材，**68**，710(1995)
3) H. Kersten, P. Schmetz, G.M.W. Kroesen, *Surf. Coat. Technol.*, **108-109**, 507(1998)
4) 竹島鋭機，粉体と工業，**30**，58(1998)
5) W. Ensinger, Nucl. Instrum. Methods Phys. Res. Sect B, **148**, 17(1999)
6) 大杉朋広，伊藤秀章，岩原弘育，第11回日本セラミック協会秋季シンポジウム予稿集，171 (1998)
7) H. Izumi, K. Machida, M. Iguchi, A. Shiomi, G. Adachi, *J. Alloy and Compounds*, **261**, 304(1997)
8) L. Petit, J-P. Manaud, E. Duguet, C. Mingotaud, S. Ravaine, *Mater. Lett.*, **51**, 478(2001)
9) T. Ono, S. Okazaki, T. Inomata, A. Takeda, M. Kogoma, 9th Symposium on Plasma Science for Materials, 11(1996)

10) T. Mori, K. Tanaka, T. Inomata, A. Takeda, M. Kogoma, *Thin Solid Films*, **316**, 89 (1998)
11) T. Mori, S. Okazaki, T. Inomata, A. Takeda, M. Kogoma, *Proc. Symp. Plasma Sci. Mater*, **9**, 7 (1996)
12) K. L. Klug, V. P. Dravid, D. L. Johnson, *J. Mater. Res.*, **18**, 988 (2003)
13) 丹羽幹, 村上雄一, 日化, **1992**, 410
14) S. Ogawa, K. Tanaka, T. Inomata, M. Kogoma, A. Takeda, M. Oguchi, *Thin Solid Films*, **386**, 213 (2001)
15) C. bayer, M. Karches, A. Matthews, P. R. von Rohr, *Chem. Eng. Technol.*, **21**, 427 (1998)
16) S. Kouadri-mostefa, M. Hetani, B. Caussat, *Powder Technol.*, **120**, 82 (2001)
17) V. M. Gun'ko, V. I. Zarko, V. V. Turov, R. Leboda, E. Chibowski, L. Holysz, E. M. Pakhlov, E. F. Voronin, V. V. Dudnik, Yu. I Gornikov, *J. Colloid and Interface Science*, **198**, 141 (1998)
18) M. Anpo, K. Chiba, *J. Mol. Catal.*, **74**, 207 (1992)
19) B. Hua, C. Li, *Mater. Chem. Phys.*, **59**, 130 (1999)
20) K. Inumura, T. Okuhara, M. Misono, *Chem. Lett.*, 1207 (1990)
21) T. Hanabusa, S. Uemia, T. Kojima, *Chem. Eng. Sci.*, **54**, 3335 (1999)
22) B. Golman, K. Shinohara, *Adv. Powder Technol.*, **10**, 65 (1999)
23) A. J. Sherman, G. Smith, D. Baker, *Adv. Powder Metal Part Mater*, **2001** (8), 142 (2001)
24) H. Itoh, N. Watanabe, S. Naka, *J. Mater. Sci.*, **23**, 43 (1988)
25) H. Itoh, K. Hattori, S. Naka, *J. Mater. Sci.*, **24**, 3643 (1989)
26) J. D. Ferguson, A. W. Weimer, S. M. George, *Thin Solid Films*, **413**, 16 (2002)
27) 林康明, マツダ財団研究報告, **9**. 151 (1997)
28) R. K. Singh, W-S. Kim, M. Ollinger, V. Cracium, I. Coowantwong, G. Hochhaus, N. Koshizaki, *Appl. Surf. Sci.*, **197/198**, 610 (2002)
29) S. D. Vinga, I. Lamparth, D. Vollath, *Macromol. Symp.* **181**, 393 (2002)
30) H. Fukui, M. Tanaka, M. Nakano, 色材, **58**, 640 (1985)
31) H. Fukui, M. Tanaka, M. Nakano, 色材, **61**, 277 (1988)
32) 須原常夫, 福井寛, 中野幹清, 山口道広, 色材, **64**, 359 (1991)
33) 福井寛, 粉体工学, **36**, 833 (1999)
34) 須原常夫, 福井寛, 山口道広, 佐藤嘉行, 浅賀良雄, 第113回薬学会研究発表会要旨, 4-186 (1993)

4 食べるナノテクノロジー―食品の界面制御技術によるアプローチ―

南部宏暢*

4.1 はじめに

フード・ナノテクノロジーという言葉に詳細な定義がなされている訳ではないが，我々が以下の基準を元に開発したナノテク応用素材について実例を挙げて解説する。

①動力学的にナノメーター次元で制御された組成物である事。
②可食性素材で構築された，安全性の高い組成物である事。
③食品の1～3次機能を意識した構成である事。

我々の開発は一貫してキーマテリアルを「食品用乳化剤」に置いており，それを用いた乳化・分散加工技術によって新しい「界面制御」を行う事がキーテクノロジーと成っている。

ポリグリセリン脂肪酸エステルや酵素分解レシチン等を用いると，ビタミンEやコエンザイムQ10といった油溶性機能性素材を平均粒径8～50nmの安定なO/W型ナノエマルジョンを調整する事が可能となる。これらは，単なる可溶化性状を呈するだけでなく，加熱殺菌等の熱履歴や加工中における酸化履歴に対して極めて高い安定性をもたらし，生体吸収性を数段高める。

しかし，この様な液／液乳化系については類縁技術が旧知であるが，固／液分散系おいてナノオーダーで制御した事例は少ない。本節では，水不溶性の超微粒子の凝集を界面制御により防止して独立分散させる技術「スーパーディスパージョン技術」に焦点を絞り，その概要についてピロリン酸Fe製剤を例示して説明する。

4.2 超微粒子ピロリン酸第二鉄製剤（サンアクティブFe）

サンアクティブFeは，水不溶性のピロリン酸第二鉄（比重；2.9）のサブミクロン粒子を連続水相に固／液分散させた製剤で，平均粒径200nm以下で増粘安定剤等を使用せずに安定な分散性を有すると共に生体吸収性を考慮した界面設計を行っている。サンアクティブFeの溶状は白色乳液状で，長期間安定な分散状態を呈する。一方，市販のピロリン酸第二鉄粉末を同濃度に分散させたものは，数分以内に沈殿を生じるが，その差異はサンアクティブFeと市販粉末品の粒度分布に起因する。市販品ピロリン酸第二鉄は，図1に示す様に高次凝集体によるブロードな粒度分布を呈したのに対し，サンアクティブFeは平均0.2μm（200nm）と約1/20のシャープな粒度分布を示した。これは，市販品の分散系に対して約400倍の界面ポテンシャルエネルギーを制御して，物理的分散平衡を維持させている事となる。サンアクティブFeの核となるピロリン酸第二鉄のサブミクロン粒子は，塩化第二鉄とピロリン酸四ナトリウムの中和造塩により不溶塩

---

* Hironobu Nanbu 太陽化学㈱ ナノファンクション事業部 執行役員事業部長

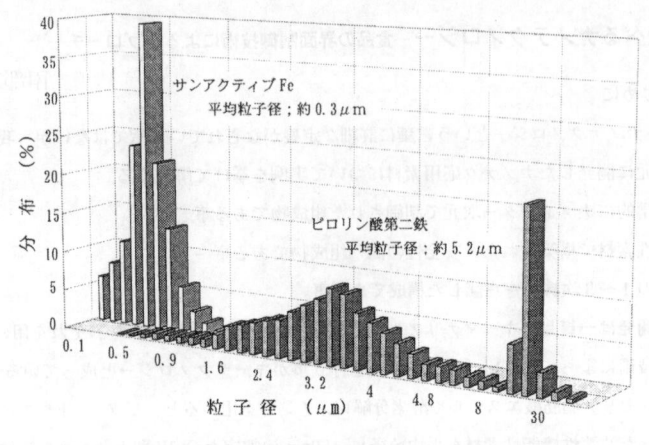

図1 粒度分布図

として析出形成させるが，反応直後には数10nmの超微粒子であるものの急速に凝集して粗大粒子化する。反応直後に界面活性剤による分子吸着膜を形成させると粒子表面のゼータ電位を高位に維持することが可能となり，粒子凝集を著しく阻害して，結果として安定な分散系を呈する。因みに，市販品ピロリン酸第二鉄のゼータ電位は−5mV程度であるに対して，サンアクティブFeのゼータ電位は約−50mVを呈する。ファン・デル・ワールス力による粒子間引力に抗する静電的斥力により，ストークス域の分散状態が維持されていると考えられる。当然ながら，この平衡状態が食品加工上の加熱殺菌や経時変化により左右されない強度を有する吸着界面層を形成させねばならず，かつバイオアベイラビリティーを損なわない為に生体親和性の個性をも併せ持つ特殊な乳化剤がキーマテリアルとなる。物理安定性面でポリグリセリン脂肪酸エステル，生体親和性面で酵素分解レシチン（リゾレシチン）を主とする複合型の吸着膜を用いると，上記の特性を併せ持つ分散系を調製できる。

4.2.1 開発の背景

鉄は，ヨウ素，ビタミンAと並び世界の三大不足栄養素の一つといわれている。ヨウ素，ビタミンAについては改善傾向が現れているが，依然として鉄不足だけが改善されておらず，ラテンアメリカでは人口の約25%，南アジアやアフリカの発展途上国では約50%，先進国でも約10〜20%が鉄欠乏性貧血症との報告がある[1]。

我々日本人においても同様に鉄の摂取不足の状態が続いており，平成13年の国民栄養調査によれば，栄養所要量に対する充足率が男性で約70〜90%，女性で約60〜80%と不足傾向を示し，特に男女ともに若年層でその傾向が大きいデータが開示されている[2]。一般的な鉄不足の要

第5章 界面活性剤・両親媒性高分子を用いた機能性固体材料開発

因として，成人女性では月経に伴う鉄の損失，成長期の子供では身体成長に伴う赤血球および筋肉内での鉄要求量の増加，運動選手などでは激しい運動による汗などからの鉄の排泄量増加，胃切除者や老人では胃内での消化の低下や吸収能の低下が挙げられる。

生体内の鉄は，毛髪や糞便，尿から1日で1〜2mgが排泄されるが，通常の食事によりこの損失の約10倍量（10〜20mg）の鉄が摂取される。しかし，実際には腸管での吸収性が悪いため，排泄量と同量の1〜2mgが生体内に吸収されるだけである[3]。加えて，現代ではファーストフードの普及，偏食やダイエットなど食事のアンバランスによって，日々必要とされる鉄分を日常の食生活ではカバーしきれず鉄不足を助長，鉄欠乏性貧血に悩まされる割合が高くなっているものと推測される。鉄欠乏性貧血になると，酸素を全身の組織に運搬する能力が低下し疲れ易い，息切れ，動悸，頭痛，食欲不振，頻尿などの症状が現れるだけでなく，子供の成長や能力の低下などにも影響がある[4]。現在，貧血の治療や積極的な鉄の補給の手段として硫酸鉄，クエン酸鉄，ピロリン酸第二鉄などの無機鉄が一般に使用されているが，これら無機鉄の投与は人によっては嘔吐，下痢，食欲不振などの消化管傷害を起こす[5]。また，これら無機鉄の鉄吸収性は低く，吸収率は約5〜10%と言われている[6]。

4.2.2 安定性

本製剤の溶液は，白色の乳液で長期間安定な分散状態を呈するが，市販のFePP粉末を溶解させたものは，数分以内に沈殿を生じる。本製剤と市販のFePPの粒度分布を図1に示す。市販品は高次凝集体の存在を示唆するブロードな粒度分布を示したのに対し，本製剤の平均粒径は市販品の約1/20となる0.2〜0.3μmとなり，非常にシャープな粒度分布を示した。これは，市販品の分散系に対して約400倍の界面ポテンシャルエネルギーを制御して分散平衡を維持させていることを示している。安定分散性は，粒径と粒度分布を長期間維持することを可能とする乳化剤技術によるものである。本製剤におけるゼータ電位を測定すると，約-50mVの負の電荷を呈し，未処理の場合の約10倍の環境を調製できる。

鉄剤を飲料への添加した場合の安定性について確認するため，本製剤，クエン酸第一鉄ナトリウム，硫酸第一鉄およびFePPをそれぞれ水100mlに鉄として5mgになるように添加した溶液の安定性を検討した結果，本製剤添加溶液では，40℃で3ヶ月保存後でも，沈殿なども認められず，ほぼ無色透明の溶液であった。一方，他の鉄剤を添加した溶液は2日も経たないうちに沈殿が発生するか，溶液が黄褐色化した。さらに市販の飲料，お茶およびコーヒーに本製剤を添加した結果，他の鉄剤と同様にタンニンやカフェインを含むお茶やコーヒーではキレート反応により若干黒色化が認められたが，これら以外の飲料ではほとんど問題が認められず，お茶やコーヒー飲料を除くすべての飲料に利用可能である。

4.2.3 風味・官能評価

栄養素を強化目的で添加した飲料は数多くあるが，鉄を強化したものは鉄独特の風味の問題があり，あまり上市されていない。果糖ブドウ糖希釈水溶液100ml中に5mgの鉄を添加した飲料での官能検査の結果を表1に示す。

パネラー評価法は「鉄風味を感じない」を0とし，「非常に強く鉄風味を感じる」を4とした5段階評価とした。クエン酸第一鉄ナトリウムや硫酸第一鉄添加群では，当初から鉄イオンが遊離状態にあり，強く鉄味を感じると評価されたが，本製剤添加群はほとんど鉄味を感じないという結果であった。

4.2.4 鉄吸収性

ラットに鉄剤を経口投与した後の血清鉄濃度の経時的変化から鉄吸収性を検討した結果を図2に示す。本製剤投与群は鉄剤投与2時間後に最高血中濃度を示した後，ゆるやかに減少し，8時間後でも高い血清鉄濃度を維持した。一方，硫酸第一鉄，FePP及びクエン酸第一鉄ナトリウム投与群は鉄剤投与30分〜1時間で最高血中濃度を示した後，急激に減少した。鉄剤投与から12時間後までの血清鉄濃度の総和は，本製剤が2,732μg/dl，FePPが1,459μg/dl，硫酸第一鉄は1,854μg/dl，クエン酸第一鉄ナトリウムは1,970μg/dlであり，本製剤が鉄吸収性に優れ，しかも徐放性効果があることが確認された[7]。

4.2.5 生体内鉄利用率

鉄欠乏食を与え作出した鉄欠乏性貧血ラットに，新たに鉄剤を配合した飼料を摂取させ，出納試験法により鉄吸収量を，また採取した血液よりヘモグロビン量を測定し，吸収された鉄がヘモグロビンに変換された割合を示すヘモグロビン再生効率を検討した結果を図3に示す。本製剤投与群は，他の鉄剤と比較してヘモグロビン再生効率が良く，貧血改善効果に優れていることが

表1 各種鉄剤水溶液の官能検査結果

鉄素材	評価点
サンアクティブFe	1.2 ± 0.4
ピロリン酸第二鉄	1.6 ± 0.6
クエン酸第一鉄Na	2.7 ± 0.5
硫酸第一鉄	3.3 ± 0.4

(n = 10)
試料：5mg鉄／5%果糖ブドウ糖溶液100ml
評価法：
0：鉄風味を全く感じない。
1：ほとんど鉄風味を感じない。
2：鉄風味を感じる。
3：強く鉄風味を感じる。
4：非常に強く鉄風味強い。

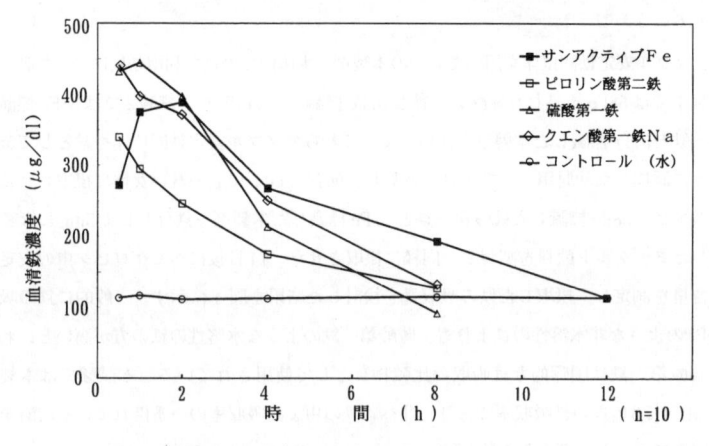

第5章 界面活性剤・両親媒性高分子を用いた機能性固体材料開発

図2 各種鉄剤経口投与後の血清鉄の変動（2mg鉄／kgラット）

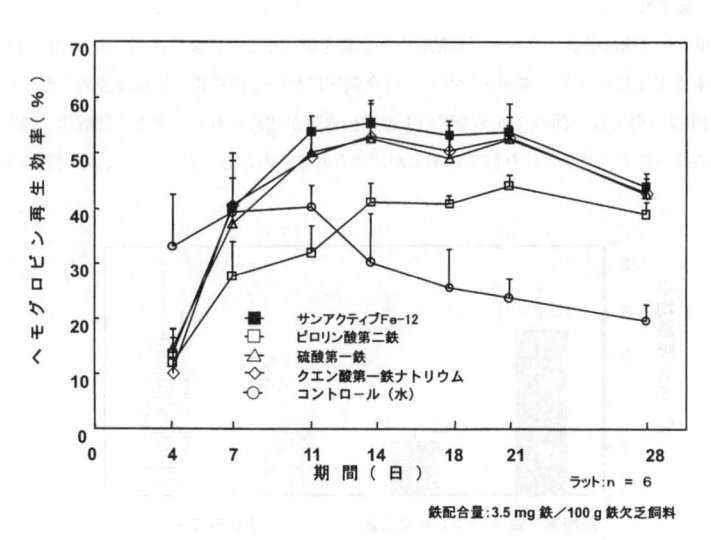

図3 各種鉄剤配合飼料投与後のヘモグロビン再生効率の変動

確認された。

次に，ダブル安定鉄同位体を用いた人での本製剤の生体内での鉄の利用効果について調べた結果，試験1では58Fe標識した硫酸第一鉄と57Fe標識したFePPを，試験2では58Fe標識した硫酸第一鉄と57Fe標識した本製剤を使用して，これらのダブル安定鉄同位体を鉄として5mgになるように添加した幼児用シリアル食を調製し，朝食として10名の若い女性に摂取させた。また試験3では，58Fe標識した硫酸第一鉄と57Fe標識した本製剤を鉄分として5mgになるように添加したヨーグルト飲料を調製し，同様に摂取させた。14日後にヘモグロビン中の安定鉄同位体の含量を測定し，摂取した鉄の吸収量を検討した結果を図4に示す。一般的に鉄の吸収率は，FePPのような非水溶性の鉄よりも，硫酸第一鉄のような水溶性の鉄の方が高いといわれており，硫酸第一鉄は国際的な鉄吸収の比較物質として使用されている。本試験では本製剤はFePPに比べて3倍近い鉄吸収率であり，非ヘム鉄の中で鉄吸収率の一番優れている硫酸第一鉄とほぼ同等であると評価された[8〜11]。

この結果は，FePP粒子表面の界面活性剤の吸着層が，動物やヒトの消化酵素(おそらくリパーゼ類と思われる)により破壊され，内包したFePPが腸液内で露呈している事を示している。

4.2.6 安全性

Adamiらの方法に準じてラットの胃粘膜への影響を調べることにより鉄剤による副作用を検討した結果を表2に示す[10]。本製剤投与群では全個体において胃粘膜の異常は認められなかったが，FePP投与群では一部のラットで胃の上部に出血帯が認められた。また，硫酸第一鉄およびクエン酸第一鉄ナトリウム投与群では潰瘍が認められるものがあった[7]。さらに本製剤の急性毒

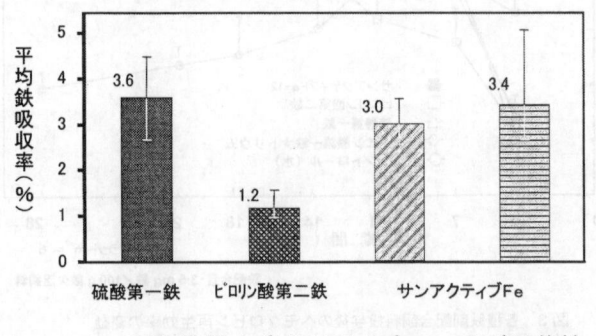

図4 ダブル安定鉄同位体による鉄吸収率比較試験

若年女性：10名

第5章 界面活性剤・両親媒性高分子を用いた機能性固体材料開発

表2 鉄剤投与による胃潰瘍形成結果

検体	サンアクティブFe	ピロリン酸第二鉄	硫酸第一鉄	クエン酸第一鉄Na
1	0	0	0	1
2	0	1	0	1
3	0	0	2	1
4	0	1	2	1
5	0	0	1	1
6	0	0	1	2
7	0	0	1	0
8	0	1	2	1
9	0	1	1	0
10	0	2	2	1
平均±標準偏差	0.0±0.0	0.5±0.5	1.2±0.7	0.8±0.6

投与量：ラット体重当たり鉄として30mg/kgを24時間以内に3回投与
潰瘍評価数値 (Adomi法による)
 0＝障害無し．
 1＝血出帯を認める．
 2＝数個の小さな潰瘍を認める．
 3＝多数の小さな潰瘍又は1個の大きな潰瘍を認める．
 4＝多数の大きな潰瘍を認める．
 5＝完全に穴の開いた潰瘍を認める．

性については，オランダの研究機関にて実施し，ラットにおける経口投与によるLD_{50}では，635mg鉄/kg以上であり，変異原性に関しても異常はなかったという報告が得られた．
　この結果は，FePP粒子表面の界面活性剤の吸着層が，pH1～2の胃酸中でも剥離，崩壊せずに維持されていることを表している．

4.3 飲料への応用

　栄養強化表示可能な量の鉄分を添加したバナナ風味の栄養補給飲料の処方例を表3に示す．この栄養補給飲料100gで鉄分1.8mgとエネルギー80.3kcalを摂ることかできる．表4は，鉄分を添加したピーチ風味のニアーウォーター飲料の処方例である．このニアーウォーター飲料100ml中には，鉄分0.9mgを含み，鉄含有・鉄入りなどの表示が可能である．さて，実際の飲料製造工程において，本製剤は他の副原料などとプレミックスされ添加されることが予想される．このため，本製剤をプレミックス調製時に添加する場合，①高い香料製剤濃度（アルコール製剤），②高アスコルビン酸濃度，③高塩類濃度，④高有機酸濃度，の点に留意して使用する必要がある．これらの溶液中では，本製剤を構成するFePPの平衡状態あるいはFePP粒子表面へ配向した乳化剤の状態が変化することで，吸着膜の分子密度が低下して鉄イオンの遊離を助長する，あるいはゼータ電位が低下して凝集を生じ易くする可能性が高いからである．

表3 栄養補給飲料の処方例

	原料名	重量（％）	工 程
1	牛乳	50.000	13
2	脱脂粉乳	3.800	→2～4, 7, 8, 11
3	グラニュー糖	5.000	添加・分散
4	トレハロース	3.700	→加熱・溶解
5	バナナ果汁 BS-2	3.000	(80℃)
6	ビタミンプレミックス	0.020	→冷却
*7	サンソフト V-578	0.110	(20～30℃)
*8	サンカラ V-10	0.010	→1, 5, 6, 9, 10
*9	サンアクティブ Fe-12	0.150	添加・溶解
*10	サンアクティブ Ca-40P	0.250	→加熱 (70℃)
11	重曹	0.030	→12 水分補正
12	香料（バナナフレーバー）	0.120	→均質化
13	水	残量	→缶充填・巻締
	合計	100.000	→殺菌
*太陽化学製品			(121℃, 10分)
			→冷却

表4 ニァーウォーター飲料の処方例

	原料名	重量（％）	工 程
1	1/5ピーチ透明果汁	0.42	1～6, 8
2	果糖	4.00	→撹拌・溶解
3	クエン酸（結晶）	0.18	→加熱殺菌
4	クエン酸三ナトリウム	0.05	(93～95℃)
5	L-アスコルビン酸	0.05	→7添加
*6	サンアクティブ Fe-12	0.075	→水分補正
7	香料（ピーチフレーバー）	0.10	→缶充填
8	水	残量	(ホットパック)
	合計	100.000	→冷却
*太陽化学製品			

4.4 おわりに

　サンアクティブFeは食品添加物として認められた乳化剤とピロリン酸第二鉄を当社独自の超微粒子分散技術を駆使して製剤化した鉄製剤であり，安全性にも問題がなく，鉄の低吸収性，副作用，鉄独特の風味および黄褐色化などの無機鉄由来の問題点を克服した，人にやさしい鉄補給剤である。鉄不足が指摘されている若い世代，成長期の児童，妊婦，授乳期の方，激しい仕事をする方およびスポーツマンなどのあらゆる層の鉄補給に最適な鉄補給剤といえ，当社が提唱しているNDS (Nutrition Delivery System) に基づき開発されたものでもある。現在，NDSに基づいたミネラルやビタミン製剤などについても界面活性剤をキーマテリアルとする開発・検討を行っており，このフード・ナノテクノロジーを基盤とするNDSがより良い健康的な食生活に大きく貢

第5章 界面活性剤・両親媒性高分子を用いた機能性固体材料開発

献できるものと考えている。

文　　献

1) DeMaeyer, E. and M. Adiels-Tegman: *World Health Statist quart*, **38**, 302 (1985)
2) 厚生省保健医療局：平成13年国民栄養調査結果の概要, (2003)
3) Conrad, M. E.: Iron Absorption. Physiology of Gastrointestional Tract, 1437 (1987)
4) 内田立身：鉄欠乏性貧血-鉄の生理と病態, 新興医学出版社 (1984)
5) Solvell, L.: Oral iron therapy, Therapy, p.573, Academic Press, London (1970)
6) Hallberg, L.: *J. Clin. Invest.*, **53**, 247 (1974)
7) 坂口騰：第51回日本栄養・食糧学会 講演要旨集, p.18, (1997)
8) Hurrell, R. F.: *British Journal of Nutrition*, **91**, 107-112 (2004)
9) Fidler, M. C.: 2003 INACG Symposium Morroco poster, **94** (2003)
10) 南部宏暢, 科学と工業, **77** (5), 240-246 (2003)
11) Nanbu, H.: *International Journal for Vitamin and Nutrition*, **74** (1), (2004)
12) Adami, E.: *Phamacological Research on Gefarnate. Arch. Int. Pharmacodyn.*, **147**, 113 (1964)

《CMCテクニカルライブラリー》発行にあたって

　弊社は、1961年創立以来、多くの技術レポートを発行してまいりました。これらの多くは、その時代の最先端情報を企業や研究機関などの法人に提供することを目的としたもので、価格も一般の理工書に比べて遙かに高価なものでした。

　一方、ある時代に最先端であった技術も、実用化され、応用展開されるにあたって普及期、成熟期を迎えていきます。ところが、最先端の時代に一流の研究者によって書かれたレポートの内容は、時代を経ても当該技術を学ぶ技術書、理工書としていささかも遜色のないことを、多くの方々が指摘されています。

　弊社では過去に発行した技術レポートを個人向けの廉価な普及版《**CMCテクニカルライブラリー**》として発行することとしました。このシリーズが、21世紀の科学技術の発展にいささかでも貢献できれば幸いです。

2000年12月

株式会社　シーエムシー出版

界面活性剤と両親媒性高分子の機能と応用　　(B0932)

2005年 6月30日　初　版　第1刷発行
2010年 7月23日　普及版　第1刷発行

監　修	國枝　博信	
	坂本　一民	
発行者	辻　　賢司	
発行所	株式会社　シーエムシー出版	
	東京都千代田区内神田1-13-1　豊島屋ビル	
	電話 03 (3293) 2061	
	http://www.cmcbooks.co.jp	

Printed in Japan

〔印刷　倉敷印刷株式会社〕　　　　© H. Kunieda, K. Sakamoto, 2010

定価はカバーに表示してあります。
落丁・乱丁本はお取替えいたします。

ISBN978-4-7813-0250-8 C3043 ¥4600E

本書の内容の一部あるいは全部を無断で複写（コピー）することは、法律で認められた場合を除き、著作者および出版社の権利の侵害になります。

CMCテクニカルライブラリー のご案内

ナノサイエンスが作る多孔性材料
監修／北川　進
ISBN978-4-7813-0189-1　　　　　　B915
A5判・249頁　本体3,400円＋税（〒380円）
初版2004年11月　普及版2010年3月

構成および内容：【基礎】製造方法（金属系多孔性材料／木質系多孔性材料　他）／吸着理論（計算機科学　他）【応用】化学機能材料への展開（炭化シリコン合成法／ポリマー合成への応用／光応答性メソポーラスシリカ／ゼオライトを用いた単層カーボンナノチューブの合成　他）／物性材料への展開／環境・エネルギー関連への展開

執筆者：中嶋英雄／大久保達也／小倉　賢　他27名

ゼオライト触媒の開発技術
監修／辰巳　敬／西村陽一
ISBN978-4-7813-0178-5　　　　　　B914
A5判・272頁　本体3,800円＋税（〒380円）
初版2004年10月　普及版2010年3月

構成および内容：【総論】【石油精製用ゼオライト触媒】流動接触分解／水素化分解／水素化精製／パラフィンの異性化【石油化学プロセス用】芳香族化合物のアルキル化／酸化反応【ファインケミカル合成用】ゼオライト系ピリジン塩基類合成触媒の開発【環境浄化用】NO_x選択接触還元／$Co-\beta$によるNO_x選択還元／自動車排ガス浄化【展望】

執筆者：窪田好浩／増田立男／岡崎　肇　他16名

膜を用いた水処理技術
監修／中尾真一／渡辺義公
ISBN978-4-7813-0177-8　　　　　　B913
A5判・284頁　本体4,000円＋税（〒380円）
初版2004年9月　普及版2010年3月

構成および内容：【総論】膜ろ過による水処理技術　他【技術】下水・廃水処理システム　他【応用】膜型浄水システム／下水・上水・排水処理システム（純水・超純水製造／ビル排水再利用システム／産業廃水処理システム／廃棄物最終処分場浸出水処理システム／膜分離活性汚泥法を用いた畜産廃水処理システム　他）／海水淡水化施設　他

執筆者：伊藤雅喜／木村克輝／住田一郎　他21名

電子ペーパー開発の技術動向
監修／面谷　信
ISBN978-4-7813-0176-1　　　　　　B912
A5判・225頁　本体3,200円＋税（〒380円）
初版2004年7月　普及版2010年3月

構成および内容：【ヒューマンインターフェース】読みやすさと表示媒体の形態的特性／ディスプレイ作業と紙上作業の比較と分析【表示方式】表示方式の開発動向（異方性流体を用いた微粒子ディスプレイ／摩擦帯電型トナーディスプレイ／マイクロカプセル型電気泳動方式　他）／液晶とELの開発動向【応用展開】電子書籍普及のためには　他

執筆者：小清水実／眞島　修／高橋泰樹　他22名

ディスプレイ材料と機能性色素
監修／中澄博行
ISBN978-4-7813-0175-4　　　　　　B911
A5判・251頁　本体3,600円＋税（〒380円）
初版2004年9月　普及版2010年2月

構成および内容：液晶ディスプレイと機能性色素（課題／液晶プロジェクターの概要と技術課題／高精細LCD用カラーフィルター／ゲスト-ホスト型液晶用機能性色素／偏光フィルム用機能性色素／LCD用バックライトの発光材料他）／プラズマディスプレイと機能性色素／有機ELディスプレイと機能性色素／LEDと発光材料／FED他

執筆者：小林駿介／鎌倉　弘／後藤泰行　他26名

難培養微生物の利用技術
監修／工藤俊章／大熊盛也
ISBN978-4-7813-0174-7　　　　　　B910
A5判・265頁　本体3,800円＋税（〒380円）
初版2004年7月　普及版2010年2月

構成および内容：【研究方法】海洋性VBNC微生物とその検出法／定量的PCR法を用いた難培養微生物のモニタリング　他【自然環境中の難培養微生物】有機性廃棄物の生分解処理と難培養微生物／ヒトの大腸内細菌叢の解析／昆虫の細胞内共生微生物／植物の内生窒素固定細菌　他【微生物資源としての難培養微生物】EST解析／系統保存化　他

執筆者：木暮一啓／上田賢志／別府輝彦　他36名

水性コーティング材料の設計と応用
監修／三代澤良明
ISBN978-4-7813-0173-0　　　　　　B909
A5判・406頁　本体5,600円＋税（〒380円）
初版2004年8月　普及版2010年2月

構成および内容：【総論】【樹脂設計】アクリル樹脂／エポキシ樹脂／環境対応型高耐久性フッ素樹脂および塗料／硬化方法／ハイブリッド樹脂【塗料設計】塗料の流動性／顔料分散／添加剤【応用】自動車用塗料／アルミ建材用電着塗料／家電用塗料／缶用塗料／水性塗装システムの構築他【塗装】【排水処理技術】塗装ラインの排水処理

執筆者：石倉慎一／大西　清／和田秀一　他25名

コンビナトリアル・バイオエンジニアリング
監修／植田充美
ISBN978-4-7813-0172-3　　　　　　B908
A5判・351頁　本体5,000円＋税（〒380円）
初版2004年8月　普及版2010年2月

構成および内容：【研究成果】ファージディスプレイ／乳酸菌ディスプレイ／酵母ディスプレイ／無細胞合成系／人工遺伝子系【応用と展開】ライブラリー創製／アレイ系／細胞チップを用いた薬剤スクリーニング／植物小胞輸送工学によるタンパク質生産／ゼブラフィッシュ系／蛋白質相互作用領域の迅速同定　他

執筆者：津本浩平／熊谷　泉／上田　宏　他45名

※ 書籍をご購入の際は、最寄りの書店にご注文いただくか、㈱シーエムシー出版のホームページ(http://www.cmcbooks.co.jp/)にてお申し込み下さい。

CMCテクニカルライブラリーのご案内

超臨界流体技術とナノテクノロジー開発
監修／阿尻雅文
ISBN978-4-7813-0163-1　B906
A5判・300頁　本体4,200円+税（〒380円）
初版2004年8月　普及版2010年1月

構成および内容：超臨界流体技術（特性／原理と動向）／ナノテクノロジーの動向／ナノ粒子合成（超臨界流体を利用したナノ微粒子創製／超臨界水熱合成／マイクロエマルションとナノマテリアル 他／ナノ構造制御／超臨界流体材料合成プロセスの設計（超臨界流体を利用した材料製造プロセスの数値シミュレーション 他／索引

執筆者：猪股 宏／岩井芳夫／古屋 武 他42名

スピンエレクトロニクスの基礎と応用
監修／猪俣浩一郎
ISBN978-4-7813-0162-4　B905
A5判・325頁　本体4,600円+税（〒380円）
初版2004年7月　普及版2010年1月

構成および内容：【基礎】巨大磁気抵抗効果／スピン注入・蓄積効果／磁性半導体の光磁化と光操作／配列ドット格子と磁気物性 他【材料・デバイス】ハーフメタル薄膜とTMR／スピン注入による磁化反転／室温強磁性半導体／磁気抵抗スイッチ効果 他【応用】微細加工技術／Development of MRAM／スピンバルブトランジスタ／量子コンピュータ 他

執筆者：宮崎照宣／高橋三郎／前川禎通 他35名

光時代における透明性樹脂
監修／井手文雄
ISBN978-4-7813-0161-7　B904
A5判・194頁　本体3,600円+税（〒380円）
初版2004年6月　普及版2010年1月

構成および内容：【総論】透明性樹脂の動向と材料設計【材料と技術各論】ポリカーボネート／シクロオレフィンポリマー／非複屈折性脂環式アクリル樹脂／全フッ素樹脂とPOFへの応用／透明ポリイミド／エポキシ樹脂／スチレン系ポリマー／ポリエチレンテレフタレート 他【用途展開と展望】光通信／光部品用接着剤／光ディスク 他

執筆者：岸本祐一郎／秋原 勲／橋本昌和 他12名

粘着製品の開発
—環境対応と高機能化—
監修／地畑健吉
ISBN978-4-7813-0160-0　B903
A5判・246頁　本体3,400円+税（〒380円）
初版2004年7月　普及版2010年1月

構成および内容：総論／材料開発の動向と環境対応（基材／粘着剤／剥離剤および剥離ライナー）／塗工技術／粘着製品の開発動向と環境対応（電気・電子関連用粘着製品／建築・建材関連用／医療関連用／表面保護用／粘着ラベルの環境対応／構造用接合テープ）／特許から見た粘着製品の開発動向／各国の粘着製品市場とその動向／法規制

執筆者：西川一哉／福田雅之／山本宣延 他16名

液晶ポリマーの開発技術
—高性能・高機能化—
監修／小出直之
ISBN978-4-7813-0157-0　B902
A5判・286頁　本体4,000円+税（〒380円）
初版2004年7月　普及版2009年12月

構成および内容：【発展】【高性能材料としての液晶ポリマー】樹脂成形材料／繊維／成形品【高機能性材料としての液晶ポリマー】電気・電子機能（フィルム／高熱伝導性材料）／光学素子（棒状高分子液晶／ハイブリッドフィルム）／光記録材料【トピックス】液晶エラストマー／液晶性有機半導体での電荷輸送／液晶共役系高分子 他

執筆者：三原隆志／井上俊英／真壁芳樹 他15名

CO_2固定化・削減と有効利用
監修／湯川英明
ISBN978-4-7813-0156-3　B901
A5判・233頁　本体3,400円+税（〒380円）
初版2004年8月　普及版2009年12月

構成および内容：【直接的技術】CO_2隔離・固定化技術（地中貯留／海洋隔離／大規模緑化／地下微生物利用）／CO_2分離・分解技術／CO_2有効利用【CO_2排出削減関連技術】太陽光利用（宇宙空間利用発電／光化学的水素製造／生物的水素製造）／バイオマス利用／超臨界流体利用技術／燃焼技術／エタノール生産／化学品・エネルギー生産 他

執筆者：大隅多加志／村井重夫／富澤健一 他22名

フィールドエミッションディスプレイ
監修／齋藤弥八
ISBN978-4-7813-0155-6　B900
A5判・218頁　本体3,000円+税（〒380円）
初版2004年6月　普及版2009年12月

構成および内容：【FED研究開発の流れ】歴史／構造と動作 他【FED用冷陰極】金属マイクロエミッタ／カーボンナノチューブエミッタ／横型薄膜エミッタ／ナノ結晶シリコンエミッタBSD／MIMエミッタ／転写モールド法によるエミッタアレイの作製【FED用蛍光体】電子線励起用蛍光体【イメージセンサ】高感度撮像デバイス／赤外線センサ

執筆者：金丸正剛／伊藤茂生／田中 満 他16名

バイオチップの技術と応用
監修／松永 是
ISBN978-4-7813-0154-9　B899
A5判・255頁　本体3,800円+税（〒380円）
初版2004年6月　普及版2009年12月

構成および内容：【総論】【要素技術】アレイ・チップ材料の開発（磁性ビーズを利用したバイオチップ／表面処理技術 他）／検出技術開発／バイオチップの情報処理技術【応用・開発】DNAチップ／プロテインチップ／細胞チップ（発光微生物を用いた環境モニタリング／免疫診断用マイクロウェルアレイ細胞チップ）／ラボオンチップ

執筆者：岡村好子／田中 剛／久本秀明 他52名

※書籍をご購入の際は、最寄りの書店にご注文いただくか、㈱シーエムシー出版のホームページ(http://www.cmcbooks.co.jp/)にてお申し込み下さい。

CMCテクニカルライブラリー のご案内

水溶性高分子の基礎と応用技術
監修／野田公彦
ISBN978-4-7813-0153-2　　　　B898
A5判・241頁　本体3,400円＋税（〒380円）
初版2004年5月　普及版2009年11月

構成および内容：【総論】概説【用途】化粧品・トイレタリー／繊維・染色加工／塗料・インキ／エレクトロニクス工業／土木・建築／用廃水処理【応用技術】ドラッグデリバリーシステム／水溶性フラーレン／クラスターデキストリン／極細繊維製造への応用／ポリマー電池・バッテリーへの高分子電解質の応用／海洋環境再生のための応用　他
執筆者：金田　勇／川副智行／堀江誠司　他21名

機能性不織布
―原料開発から産業利用まで―
監修／日向　明
ISBN978-4-7813-0140-2　　　　B896
A5判・228頁　本体3,200円＋税（〒380円）
初版2004年5月　普及版2009年11月

構成および内容：【総論】原料の開発（繊維の太さ・形状・構造／ナノファイバー／耐熱性繊維　他）／製法（スチームジェット技術／エレクトロスピニング法　他）／製造機器の進展【応用】空調エアフィルタ／自動車関連／医療・衛生材料（貼付剤／マスク）／電気材料／新用途展開（光触媒空気清浄機／生分解性不織布）
執筆者：松尾達樹／谷岡明彦／夏原豊和　他30名

RFタグの開発技術Ⅱ
監修／寺浦信之
ISBN978-4-7813-0139-6　　　　B895
A5判・275頁　本体4,000円＋税（〒380円）
初版2004年5月　普及版2009年11月

構成および内容：【総論】市場展望／リサイクル／EDIとRFタグ／物流【標準化，法規制の現状と今後の展望】ISOの進展状況　他／政府の今後の対応方針／ユビキタスネットワーク　他【各事業分野での実証試験及び適用検討】出版業界／食品流通／空港手荷物／医療分野　他【諸団体の活動】郵便事業への活用　他【チップ・実装】微細RFID　他
執筆者：藤浪　啓／藤本　淳／若泉和彦　他21名

有機電解合成の基礎と可能性
監修／淵上寿雄
ISBN978-4-7813-0138-9　　　　B894
A5判・295頁　本体4,200円＋税（〒380円）
初版2004年4月　普及版2009年11月

構成および内容：【基礎】研究手法／有機電極反応論　他【工業的利用の可能性】生理活性天然物の電解合成／有機電解法による不斉合成／選択的電解フッ素化／金属錯体を用いる有機電解合成／電解重合／超臨界CO_2を用いる有機電解合成／イオン性液体中での有機電解反応／電極触媒を利用する有機電解合成／超音波照射下での有機電解反応
執筆者：跡部真人／田嶋稔樹／木瀬直樹　他22名

高分子ゲルの動向
―つくる・つかう・みる―
監修／柴山充弘／梶原莞爾
ISBN978-4-7813-0129-7　　　　B892
A5判・342頁　本体4,800円＋税（〒380円）
初版2004年4月　普及版2009年10月

構成および内容：【第1編　つくる・つかう】環境応答（微粒子合成／キラルゲル　他）／力学・摩擦（ゲルダンピング材　他）／医用（生体分子応答性ゲル／DDS応用　他）／産業（高吸水性樹脂　他）／食品・日用品（化粧品　他）他【第2編　みる・つかう】小角X線散乱によるゲル構造解析／中性子散乱／液晶ゲル／熱測定・食品ゲル／NMR　他
執筆者：青島貞人／金岡鍾局／杉原伸治　他31名

静電気除電の装置と技術
監修／村田雄司
ISBN978-4-7813-0128-0　　　　B891
A5判・210頁　本体3,000円＋税（〒380円）
初版2004年4月　普及版2009年10月

構成および内容：【基礎】自己放電式除電器／ブロワー式除電装置／光照射除電装置／大気圧グロー放電を用いた除電／除電効果の測定機器　他【応用】プラスチック・粉体の除電と問題点／軟X線除電装置の安全性と適用法／液晶パネル製造工程における除電技術／湿度環境改善による静電気障害の予防　他【付録】除電装置製品例一覧
執筆者：久本　光／水谷　豊／菅野　功　他13名

フードプロテオミクス
―食品酵素の応用利用技術―
監修／井上國世
ISBN978-4-7813-0127-3　　　　B890
A5判・243頁　本体3,400円＋税（〒380円）
初版2004年3月　普及版2009年10月

構成および内容：食品酵素化学への期待／糖質関連酵素（麹菌グルコアミラーゼ／トレハロース生成酵素　他）／タンパク質・アミノ酸関連酵素（サーモライシン／システインペプチダーゼ　他）／脂質関連酵素／酸化還元酵素（スーパーオキシドジスムターゼ／クルクミン還元酵素　他）／食品分析と食品加工（ポリフェノールバイオセンサー　他）
執筆者：新田康則／三宅英雄／秦　洋二　他29名

美容食品の効用と展望
監修／猪居　武
ISBN978-4-7813-0125-9　　　　B888
A5判・279頁　本体4,000円＋税（〒380円）
初版2004年3月　普及版2009年9月

構成および内容：総論（市場　他）／美容要因とそのメカニズム（美白／美肌／ダイエット／抗ストレス／皮膚の老化／男性型脱毛）／効用と作用物質（ビタミン／アミノ酸・ペプチド・タンパク質／脂質／カロテノイド色素／植物性成分／微生物（乳酸菌，ビフィズス菌）／キノコ成分／無機成分／特許から見た企業別技術開発の動向／展望
執筆者：星野　拓／宮本　達／佐藤友里恵　他24名

※書籍をご購入の際は、最寄りの書店にご注文いただくか、
㈱シーエムシー出版のホームページ（http://www.cmcbooks.co.jp/）にてお申し込み下さい。

CMCテクニカルライブラリー のご案内

土壌・地下水汚染
—原位置浄化技術の開発と実用化—
監修／平田健正／前川統一郎
ISBN978-4-7813-0124-2　B887
A5判・359頁　本体5,000円＋税（〒380円）
初版2004年4月　普及版2009年9月

構成および内容：【総論】原位置浄化技術について／原位置浄化の進め方【基礎編・原理、適地事例、注意点-】原位置抽出法／原位置分解法【応用編】浄化技術（土壌ガス・汚染地下水の処理技術／重金属等の原位置浄化技術／バイオベンティング・バイオスラーピング工法 他）／実際事例（ダイオキシン類汚染土壌の現地無害化処理 他）
執筆者：村田正敏／手塚裕樹／奥村興平 他48名

傾斜機能材料の技術展開
編集／上村誠一／野田泰稔／篠原嘉一／渡辺義見
ISBN978-4-7813-0123-5　B886
A5判・361頁　本体5,000円＋税（〒380円）
初版2003年10月　普及版2009年9月

構成および内容：傾斜機能材料の概観／エネルギー分野（ソーラーセル 他）／生体機能分野（傾斜機能型人工歯根 他）／高分子分野／オプトデバイス分野／電気・電子デバイス分野（半導体レーザ／誘電率傾斜基板 他）／接合・表面処理分野（傾斜機能構造CVDコーティング切削工具 他）／熱応力緩和機能分野（宇宙往還機の熱防護システム 他）
執筆者：鎔田正雄／野口博徳／武内浩一 他41名

ナノバイオテクノロジー
—新しいマテリアル、プロセスとデバイス—
監修／植田充美
ISBN978-4-7813-0111-2　B885
A5判・429頁　本体6,200円＋税（〒380円）
初版2003年10月　普及版2009年8月

構成および内容：マテリアル（ナノ構造の構築／ナノ有機・高分子マテリアル／ナノ無機マテリアル 他）／インフォーマティクスとデバイス（バイオチップ・センサー開発／抗体マイクロアレイ／マイクロ質量分析システム 他）／応用展開（ナノメディシン／遺伝子導入法／再生医療／蛍光分子イメージング 他）他
執筆者：渡邉英一／阿尻雅文／細川和生 他68名

コンポスト化技術による資源循環の実現
監修／木村俊範
ISBN978-4-7813-0110-5　B884
A5判・272頁　本体3,800円＋税（〒380円）
初版2003年10月　普及版2009年8月

構成および内容：【基礎】コンポスト化の基礎と要件／脱臭／コンポストの評価 他【応用技術】農業・畜産廃棄物のコンポスト化／生ごみ・食品残さのコンポスト化／技術開発と応用事例（バイオ式家庭用生ごみ処理機／余剰汚泥のコンポスト化）他【総括】循環型社会にコンポスト化技術を根付かせるために（技術的課題／政策的課題）他
執筆者：藤本 潔／西尾道徳／井上高一 他16名

ゴム・エラストマーの界面と応用技術
監修／西 敏夫
ISBN978-4-7813-0109-9　B883
A5判・306頁　本体4,200円＋税（〒380円）
初版2003年9月　普及版2009年8月

構成および内容：【総論】【ナノスケールで見た界面】高分子三次元ナノ計測／分子力学物性 他【ミクロで見た界面と機能】走査型プローブ顕微鏡による解析／リアクティブプロセシング／オレフィン系ポリマーアロイ／ナノマトリックス分散天然ゴム 他【界面制御と機能化】ゴム再生プロセス／水添NBR系ナノコンポジット／免震ゴム 他
執筆者：村瀬平八／森田裕史／高原 淳 他16名

医療材料・医療機器
—その安全性と生体適合性への取り組み—
編集／土屋利江
ISBN978-4-7813-0102-0　B882
A5判・258頁　本体3,600円＋税（〒380円）
初版2003年11月　普及版2009年7月

構成および内容：生物学的試験（マウス感作性／抗原性／遺伝毒性）／力学的試験（人工関節用ポリエチレンの磨耗／整形インプラントの耐久性）／生体適合性（人工血管／骨セメント）／細胞組織医療機器の品質評価（バイオ皮膚）／プラスチック製医療用具からのフタル酸エステル類の溶出特性とリスク評価／埋植医療機器の不具合報告 他
執筆者：五十嵐良明／矢上 健／松岡厚子 他41名

ポリマーバッテリーⅡ
監修／金村聖志
ISBN978-4-7813-0101-3　B881
A5判・238頁　本体3,600円＋税（〒380円）
初版2003年9月　普及版2009年7月

構成および内容：負極材料（炭素材料／ポリアセン・PAHs系材料）／正極材料（導電性高分子／有機硫黄系化合物／無機材料・導電性高分子コンポジット）／電解質（ポリエーテル系固体電解質／高分子ゲル電解質／支持塩 他）／セパレーター／リチウムイオン電池用ポリマーバインダー／キャパシタ用ポリマー／ポリマー電池の用途と開発 他
執筆者：高見則雄／矢田静邦／天池正登 他18名

細胞死制御工学
～美肌・皮膚防護バイオ素材の開発～
編著／三羽信比古
ISBN978-4-7813-0100-6　B880
A5判・403頁　本体5,200円＋税（〒380円）
初版2003年8月　普及版2009年7月

構成および内容：【次世代バイオ化粧品・美肌健康食品】皮脂改善／セルライト抑制／毛穴引き締め【美肌バイオプロダクト】可食植物成分配合製品／キトサン応用抗酸化製品【バイオ化粧品とハイテク美容機器】イオン導入／エンダモロジー【ナノ・バイオテクと遺伝子治療】活性酸素消去／サンスクリーン剤【効能評価】【分子設計】他
執筆者：澄田道博／永井彩子／鈴木清香 他106名

※ 書籍をご購入の際は、最寄りの書店にご注文いただくか、
㈱シーエムシー出版のホームページ（http://www.cmcbooks.co.jp/）にてお申し込み下さい。

CMCテクニカルライブラリー のご案内

ゴム材料ナノコンポジット化と配合技術
編集／鞠谷信三／西敏夫／山口幸一／秋葉光雄
ISBN978-4-7813-0087-0　　B879
A5判・323頁　本体4,600円＋税（〒380円）
初版2003年7月　普及版2009年6月

構成および内容：【配合設計】HNBR／加硫系薬剤／シランカップリング剤／白色フィラー／不溶性硫黄／カーボンブラック／シリカ・カーボン複合フィラー／難燃剤（EVA 他）／相溶化剤／加工助剤 他【ゴムナノコンポジットの材料】ゾル－ゲル法／動的架橋型熱可塑性エラストマー／医療材料／耐熱性／配合と金型設計／接着／TPE 他
執筆者：妹尾政宣／竹村泰彦／細谷 潔 他19名

有機エレクトロニクス・フォトニクス材料・デバイス
－21世紀の情報産業を支える技術－
監修／長村利彦
ISBN978-4-7813-0086-3　　B878
A5判・371頁　本体5,200円＋税（〒380円）
初版2003年9月　普及版2009年6月

構成および内容：【材料】光学材料（含フッ素ポリイミド 他）／電子材料（アモルファス分子材料／カーボンナノチューブ 他）【プロセス・評価】配向・配列制御／微細加工【機能・基盤】変換／伝送／記録／変調・演算／蓄積・貯蔵（リチウム系二次電池）【新デバイス】pn接合有機太陽電池／燃料電池／有機ELディスプレイ用発光材料 他
執筆者：城田靖彦／和田善玄／安藤慎治 他35名

タッチパネル―開発技術の進展―
監修／三谷雄二
ISBN978-4-7813-0085-6　　B877
A5判・181頁　本体2,600円＋税（〒380円）
初版2004年12月　普及版2009年6月

構成および内容：光学式／赤外線イメージセンサー方式／超音波表面弾性波方式／SAW方式／静電容量式／電磁誘導方式デジタイザ／抵抗膜式／スピーカー一体型／携帯端末向けフィルム／タッチパネル用印刷インキ／抵抗膜式タッチパネルの評価方法と装置／凹凸テクスチャ感を表現する静電触感ディスプレイ／画面特性とキーボードレイアウト
執筆者：伊勢有一／大久保諭隆／齊藤典生 他17名

高分子の架橋・分解技術
－グリーンケミストリーへの取組み－
監修／角岡正弘／白井正充
ISBN978-4-7813-0084-9　　B876
A5判・299頁　本体4,200円＋税（〒380円）
初版2004年6月　普及版2009年5月

構成および内容：【基礎と応用】架橋剤と架橋反応（フェノール樹脂 他）／架橋構造の解析（紫外線硬化樹脂／フォトレジスト用感光剤）／機能性高分子の合成（可逆的架橋／光架橋・熱分解系）【機能性材料開発の最近の動向】熱を利用した架橋反応／UV硬化システム／電子線・放射線利用／リサイクルおよび機能性材料合成のための分解反応 他
執筆者：松本 昭／石倉慎一／合屋文明 他28名

バイオプロセスシステム
－効率よく利用するための基礎と応用－
編集／清水 浩
ISBN978-4-7813-0083-2　　B875
A5判・309頁　本体4,400円＋税（〒380円）
初版2002年11月　普及版2009年5月

構成および内容：現状と展望（ファジィ推論／遺伝アルゴリズム 他）／バイオプロセス操作と培養装置（酸素移動現象と微生物反応の関わり）／計測技術（プロセス変数／物質濃度 他）／モデル化・最適化（遺伝子ネットワークモデリング）／培養プロセス制御（流加培養他）／代謝工学（代謝フラックス解析 他）／応用（嗜好食品品質評価／医用工学）他
執筆者：吉田敏巳／滝口 昇／岡本正宏 他22名

導電性高分子の応用展開
監修／小林征男
ISBN978-4-7813-0082-5　　B874
A5判・334頁　本体4,600円＋税（〒380円）
初版2004年4月　普及版2009年5月

構成および内容：【開発】電気伝導／パターン形成法／有機ELデバイス【応用】線路形素子／二次電池／湿式太陽電池／有機半導体／熱電変換機能／アクチュエータ／防食被覆／調光ガラス／帯電防止材料／ポリマー薄膜トランジスタ 他【特許】出願動向／欧米における開発動向／ポリマー薄膜フィルムトランジスタ／新世代太陽電池 他
執筆者：中川善嗣／大森 裕／深海 隆 他18名

バイオエネルギーの技術と応用
監修／柳下立夫
ISBN978-4-7813-0079-5　　B873
A5判・285頁　本体4,000円＋税（〒380円）
初版2003年10月　普及版2009年4月

構成および内容：【熱化学的変換技術】ガス化技術／バイオディーゼル【生物化学的変換技術】メタン発酵／エタノール発酵【応用】石炭・木質バイオマス混焼技術／廃材を使った熱電供給の発電所／コージェネレーションシステム／木質バイオマスペレット製造／焼酎副産物リサイクル設備／自動車用燃料製造装置／バイオマス発電の海外展開
執筆者：田中忠良／村松幸彦／美濃輪智朗 他35名

キチン・キトサン開発技術
監修／平野茂博
ISBN978-4-7813-0065-8　　B872
A5判・284頁　本体4,200円＋税（〒380円）
初版2004年3月　普及版2009年4月

構成および内容：分子構造（βキチンの成層化合物形成）／溶媒／分解／化学修飾／酵素（キトサナーゼ／アロサミジン）／遺伝子（海洋細菌のキチン分解機構）／バイオ農林業（人工樹皮：キチンによる樹木皮組織の創傷治癒）／医薬・医療／食（ガン細胞障害活性テスト）／化粧品／工業（無電解めっき用前処理剤／生分解性高分子複合材料）他
執筆者：金成正和／奥山健二／斎藤幸恵 他36名

※書籍をご購入の際は、最寄りの書店にご注文いただくか、
㈱シーエムシー出版のホームページ（http://www.cmcbooks.co.jp/）にてお申し込み下さい。

CMCテクニカルライブラリーのご案内

次世代光記録材料
監修／奥田昌宏
ISBN978-4-7813-0064-1　　B871
A5判・277頁　本体3,800円＋税（〒380円）
初版2004年1月　普及版2009年4月

構成および内容：【相変化記録とブルーレーザー光ディスク】相変化電子メモリー／相変化チャンネルトランジスタ／Blu-ray Disc技術／青紫色半導体レーザ／ブルーレーザー対応酸化物系追記型光記録膜 他【超高密度光記録技術と材料】近接場光記録／3次元多層光メモリ／ホログラム光記録と材料／フォトンモード分子光メモリと材料 他

執筆者： 寺尾元康／影山喜之／柚須圭一郎 他23名

機能性ナノガラス技術と応用
監修／平尾一之／田中修平／西井準治
ISBN978-4-7813-0063-4　　B870
A5判・214頁　本体3,400円＋税（〒380円）
初版2003年12月　普及版2009年3月

構成および内容：【ナノ粒子分散・析出技術】アサーマル・ナノガラス【ナノ構造形成技術】高次構造化／有機-無機ハイブリッド（気孔配向膜／ゾルゲル法）／外部場操作【光回路用技術】三次元ナノガラス光回路【光メモリ用技術】集光機能（光ディスクの市場）／コバルト酸化物薄膜）／光メモリヘッド用ナノガラス（埋め込み回折格子） 他

執筆者： 永金知浩／中澤達洋／山下 勝 他15名

ユビキタスネットワークとエレクトロニクス材料
監修／宮代文夫／若林信一
ISBN978-4-7813-0062-7　　B869
A5判・315頁　本体4,400円＋税（〒380円）
初版2003年12月　普及版2009年3月

構成および内容：【テクノロジードライバ】携帯電話／ウェアラブル機器／RFIDタグチップ／マイクロコンピュータ／センシング・システム【高分子エレクトロニクス材料】エポキシ樹脂の高性能化／ポリイミドフィルム／有機発光デバイス用材料【新技術・新材料】超高速デジタル信号伝送／MEMS技術／ポータブル燃料電池／電子ペーパー 他

執筆者： 福岡義孝／八甲谷明彦／朝桐 智 他23名

アイオノマー・イオン性高分子材料の開発
監修／矢野紳一／平沢栄作
ISBN978-4-7813-0048-1　　B866
A5判・352頁　本体5,000円＋税（〒380円）
初版2003年9月　普及版2009年2月

構成および内容： 定義、分類と化学構造／イオン会合体（形成と構造／転移）／物性・機能（スチレンアイオノマー／ESR分光法／多重共鳴法／イオンホッピング／溶液物性／圧力センサー機能／永久帯電 他）／応用（エチレン系アイオノマー／ポリマー改質剤／燃料電池用高分子電解質膜／スルホン化EPDM／歯科材料（アイオノマーセメント） 他）

執筆者： 池田裕子／香水祥一／舘野 均 他18名

マイクロ/ナノ系カプセル・微粒子の応用展開
監修／小石眞純
ISBN978-4-7813-0047-4　　B865
A5判・332頁　本体4,600円＋税（〒380円）
初版2003年8月　普及版2009年2月

構成および内容：【基礎と設計】ナノ医療：ナノロボット 他【応用】記録・表示材料（重合法トナー 他）／ナノパーティクルによる薬物送達／化粧品・香料／食品（ビール酵母／バイオカプセル 他）／農業／土木・建築（球状セメント 他）【微粒子技術】コアーシェル構造球状シリカ系粒子／金・半導体ナノ粒子／Pbフリーはんだボール 他

執筆者： 山下 俊／三島健司／松山 清 他39名

感光性樹脂の応用技術
監修／赤松 清
ISBN978-4-7813-0046-7　　B864
A5判・248頁　本体3,400円＋税（〒380円）
初版2003年8月　普及版2009年1月

構成および内容： 医療用（歯科領域）／生体接着・創傷被覆剤／光硬化性キトサンゲル）／光硬化、熱硬化併用樹脂（接着剤のシート化）／印刷（フレキソ印刷／スクリーン印刷）／エレクトロニクス（層間絶縁膜材料／可視光硬化型シール剤／半導体ウェハ加工用粘・接着テープ）／塗料、インキ（無機・有機ハイブリッド塗料／デュアルキュア塗料） 他

執筆者： 小出 武／石原雅之／岸本芳男 他16名

電子ペーパーの開発技術
監修／面谷 信
ISBN978-4-7813-0045-0　　B863
A5判・212頁　本体3,000円＋税（〒380円）
初版2001年11月　普及版2009年1月

構成および内容：【各種方式（要素技術）】非水系電気泳動型電子ペーパー／サーマルリライタブル／カイラルネマチック液晶／フォトンモードでのフルカラー書き換え記録方式／エレクトロクロミック方式／消去再生可能な乾式トナー像方式 他【応用開発技術】理想的ヒューマンインターフェース条件／ブックオンデマンド／電子黒板 他

執筆者： 堀田吉彦／関根啓子／植子秀昭 他11名

ナノカーボンの材料開発と応用
監修／篠原久典
ISBN978-4-7813-0036-8　　B862
A5判・300頁　本体4,200円＋税（〒380円）
初版2003年8月　普及版2008年12月

構成および内容：【現状と展望】カーボンナノチューブ 他【基礎科学】ピーポッド 他【合成技術】アーク放電法によるナノカーボン／金属内包フラーレンの量産技術／2層ナノチューブ【実際技術】燃料電池／フラーレン誘導体を用いた有機太陽電池／水素吸着現象／LSI配線ビア／単一電子トランジスター／電気二重層キャパシター／導電性樹脂

執筆者： 宍戸 潔／加藤誠／加藤立久 他29名

※書籍をご購入の際は、最寄りの書店にご注文いただくか、
㈱シーエムシー出版のホームページ（http://www.cmcbooks.co.jp/）にてお申し込み下さい。

CMCテクニカルライブラリー のご案内

プラスチックハードコート応用技術
監修／井手文雄
ISBN978-4-7813-0035-1　　　B861
A5判・177頁　本体2,600円＋税（〒380円）
初版2004年3月　普及版2008年12月

構成および内容：【材料と特性】有機系（アクリレート系／シリコーン系 他／無機系／ハイブリッド系（光カチオン硬化型 他）【応用技術】自動車用部品／携帯電話向けUV硬化型ハードコート剤／眼鏡レンズ（ハイインパクト加工 他）／建築材料（建材化粧シート／環境問題 他）／光ディスク【市場動向】PVC床コーティング／樹脂ハードコート 他
執筆者：栢木 實／佐々木裕／山谷正明 他8名

ナノメタルの応用開発
編集／井上明久
ISBN978-4-7813-0033-7　　　B860
A5判・300頁　本体4,200円＋税（〒380円）
初版2003年8月　普及版2008年11月

構成および内容：機能材料（ナノ結晶軟磁性合金／バルク合金／水素吸蔵 他）／構造用材料（高強度軽合金／原子力材料／蒸着ナノAl合金 他）／分析・解析技術（高分解能電子顕微鏡／放射光回折・分光法 他）／製造技術（粉末固化成形／放電焼結法／微細精密加工／電解析出法 他）／応用（時効析出アルミニウム合金／ピーニング用高硬度投射材 他）
執筆者：牧野彰宏／沈 宝龍／福永博俊 他49名

ディスプレイ用光学フィルムの開発動向
監修／井手文雄
ISBN978-4-7813-0032-0　　　B859
A5判・217頁　本体3,200円＋税（〒380円）
初版2004年2月　普及版2008年11月

構成および内容：【光学高分子フィルム】設計／製膜技術 他【偏光フィルム】高機能性／染料系 他【位相差フィルム】λ/4波長板 他／【輝度向上フィルム】集光フィルム・プリズムシート 他（バックライト用）導光板 他／反射シート 他／プラスチックLCD用フィルム基板／ポリカーボネート／プラスチックTFT 他【反射防止】ウェットコート 他
執筆者：綱島研二／斎藤 拓／善如寺芳弘 他19名

ナノファイバーテクノロジー －新産業発掘戦略と応用－
監修／本宮達也
ISBN978-4-7813-0031-3　　　B858
A5判・457頁　本体6,400円＋税（〒380円）
初版2004年2月　普及版2008年10月

構成および内容：【総論】現状と展望（ファイバーにみるナノサイエンス 他）／海外の現状【基礎】ナノ紡糸（カーボンナノチューブ 他）／ナノ加工（ポリマーレイナノコンポジット／ナノボイド 他）／ナノ計測（走査プローブ顕微鏡 他）【応用】ナノバイオニック産業（バイオチップ 他）／環境調和エネルギー産業（バッテリーセパレータ 他）他
執筆者：梶 慶輔／梶原莞爾／赤池敏宏 他60名

有機半導体の展開
監修／谷口彬雄
ISBN978-4-7813-0030-6　　　B857
A5判・283頁　本体4,000円＋税（〒380円）
初版2003年10月　普及版2008年10月

構成および内容：【有機半導体素子】有機トランジスタ／電子写真用感光体／有機LED（リン光材料 他）／色素増感太陽電池／二次電池／コンデンサ／圧電・焦電／インテリジェント材料（カーボンナノチューブ／薄膜から単一分子デバイスへ 他）【プロセス】分子配列・配向制御／有機エピタキシャル成長／超薄膜作製／インクジェット製膜【索引】
執筆者：小林俊介／堀田 収／柳 久雄 他23名

イオン液体の開発と展望
監修／大野弘幸
ISBN978-4-7813-0023-8　　　B856
A5判・255頁　本体3,600円＋税（〒380円）
初版2003年2月　普及版2008年9月

構成および内容：合成（アニオン交換法／酸エステル法 他）／物理化学（極性評価／イオン拡散係数 他）／機能性溶媒（反応場への適用／分離・抽出溶媒／光化学反応 他）／機能設計（イオン伝導／液晶型／非ハロゲン系 他）／高分子化（イオンゲル／両性電解質型／DNA 他）／イオニクスデバイス（リチウムイオン電池／太陽電池／キャパシタ 他）
執筆者：荻原理加／宇恵 誠／菅 孝剛 他25名

マイクロリアクターの開発と応用
監修／吉田潤一
ISBN978-4-7813-0022-1　　　B855
A5判・233頁　本体3,200円＋税（〒380円）
初版2003年1月　普及版2008年9月

構成および内容：【マイクロリアクターとは】特長／構造体・製作技術／流体の制御と計測技術 他【世界の最先端の研究動向】化学合成・エネルギー変換・バイオプロセス／化学工業のための新生技術 他【マイクロ合成化学】有機合成反応／触媒反応と重合反応【マイクロ化学工学】マイクロ単位操作研究／マイクロ化学プラントの設計と制御
執筆者：菅原 徹／細川和生／藤井輝夫 他22名

帯電防止材料の応用と評価技術
監修／村田雄司
ISBN978-4-7813-0015-3　　　B854
A5判・211頁　本体3,000円＋税（〒380円）
初版2003年7月　普及版2008年8月

構成および内容：処理剤（界面活性剤系／シリコン系／有機ホウ素系 他）／ポリマー材料（金属薄膜形成帯電防止フィルム 他）／繊維（導電材料混入型／金属化合物型 他）／用途別（静電気対策包装材料／グラスライニング／衣料 他）／評価技術（エレクトロメータ／電荷減衰測定／空間電荷分布の計測 他）／評価基準（床、作業表面、保管棚 他）
執筆者：村田雄司／後藤伸也／細川泰徳 他19名

※書籍をご購入の際は、最寄りの書店にご注文いただくか、㈱シーエムシー出版のホームページ（http://www.cmcbooks.co.jp/）にてお申し込み下さい。